S

問題編

物理 ［物理基礎・物理］

標準問題精講 六訂版

Standard Exercises in **Physics**

旺文社

学ぶ人は、
変えて
ゆく人だ。

目の前にある問題はもちろん、

人生の問いや、

社会の課題を自ら見つけ、

挑み続けるために、人は学ぶ。

「学び」で、

少しずつ世界は変えてゆける。

いつでも、どこでも、誰でも、

学ぶことができる世の中へ。

旺文社

Standard Exercises in Physics

物　理

［物理基礎・物理］

標準問題精講

六訂版

中川 雅夫・為近 和彦 共著

問題編

旺文社

はじめに

　大学入試の物理は標準問題の出来で決まるのは事実です。しかし，難関大学では，標準レベルの内容がいろいろと工夫されて出題されています。ただ単に公式を覚えただけ，解法を暗記しただけでは，合格点が取れない問題が出題されます。**しっかりした状況設定で「なぜ？」と考えて解くことが要求されます。**

　本書は，このような難関大学を中心に見られる本格的な物理の問題に対処するために書きました。標問 として厳選した 95 題の問題を丁寧に解説し，**受験生が自分で考えられる力を養成することを目的としました。**各問題で「なぜ」そのように考えるのか，そのポイントをマスターし，「なぜ」そう考えなければならないのか，その必然性を理解して下さい。問題を演習してしばらくしてからもう１度問題を読み直して，その考えの筋道，何が起こったか，物理的ポイントは何か，などが浮かんでくるようなら，その問題で鍛えるべき力は身についています。今までの勉強を振り返ってみて下さい。問題を漠然と考え，一応答を出し，答が合っていたと喜んでも，何か達成感がなかったのではないでしょうか。本当に物理の問題が解けたときは，スッキリして気持ちがよいものです。本書の演習を通じて，達成感を味わって下さい。

　本書では，問題を厳選して物理の力を伸ばすことを狙いましたので，たとえ問題が解けて答が合ったとしても，精講，着眼点，解説 は熟読して下さい。物理の力をつけるエッセンスが凝縮されています。**本書の１題１題で扱った物理を確実に自分のものにしていけば，初めて見る設定の問題にもワクワクして立ち向かう力が身につきます。**

　我々著者は本書を仕上げた君の合格を確信しています。

中川　雅夫

為近　和彦

　入試では，ほとんどの受験生が解ける基本問題を完全に解答することはもちろん，標準〜やや難しい問題もかなり解けないと，合格にはおぼつきません。

　本書は国公立大二次・私立大の入試問題を徹底的に分析し，難関大学の入試で合否の分かれ目になる問題を厳選し，それらを解くためにはどのような学習をしたらよいのかを示しながら丁寧に解説したものです。したがって，基本的な学習を終了した上で本書にチャレンジしてください。なお，本書の姉妹書として『物理（物理基礎・物理）基礎問題精講（四訂版）』がありますので，基礎力に少し不安のある人は，そちらを理解してから本書にとりかかってください。

　本書は6章95標問で構成されています。学習の進度に応じて，どの項目からでも学習できますので，自分にあった学習計画を立て，効果的に活用してください。

標問

国公立大二次・私立大の入試問題を徹底的に分析し，物理基礎・物理の分野から，難関大学の入試で合否の分かれ目になる問題を厳選しました。

扱うテーマ

関連する分野を示しました。チャレンジしたい問題を探すときの目安に使うなど，うまく活用してください。

解答・解説 p.●●

本書は，問題編と解説編で構成されています。各問題の解答・解説が掲載されている解説編でのページを示しています。

「物理基礎」「物理」

使いやすいように「物理基礎」「物理」の分野を示しました。

★印

★なし…必修問題（入試の基礎レベルの問題）

★………合格ラインの問題（難関大の合否を決める問題［平均点をとるためには正解することが必要］）

★★……チャレンジ問題（難関大の物理で点差をつけたい人が正解したい問題）

図版：なかがわみさこ　　本文デザイン：イイタカデザイン
編集協力：吉田 幸恵

3

目　次

/第1章/力　学

第2章 / 熱力学

第3章 / 波動

第4章 電磁気

著者紹介

中川　雅夫（なかがわ　まさお）

代々木ゼミナール物理科講師。物理を考える楽しさを伝えるため、幅広いレベルの受験生相手に日夜奮闘中。競泳コーチの資格を持ち水泳指導もする。著書に『物理の良問問題集』、『物理思考力問題精講』(以上、旺文社) などがある。『全国大学入試問題正解 物理』(旺文社) の巻頭言ならびに解答執筆者。

為近　和彦（ためちか　かずひこ）

代々木ゼミナール物理科講師。山口県出身。東京理科大大学院修士課程修了。物理をいかに楽しく、いかにやさしく説明するかを日々考え中。『為近の物理基礎＆物理 合格へ導く解法の発想とルール』(学研プラス)、『ビジュアルアプローチ 力学』(森北出版) など著書多数。

図1に示すように，固定された平板上に1辺の長さがLの立方体Aを置き，両側面に糸を付け，それぞれ張力T_0およびT_1で糸を引いた。立方体Aと平板との静止摩擦係数はμ，立方体の両側面と糸とのなす角度はそれぞれθ（$0<\theta<\pi/2$）である。立方体Aは平板に対して平行にしか動かない（回転しない）とする。また，Aに働く重力は，糸の張力に比べてきわめて小さく，無視できるものとする。$T_0=T_1$の状態から，T_0のみを少しずつ増加させたとき，立方体Aがすべり始める直前のT_0をT_1を用いて表すと，

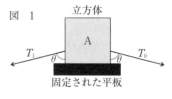

図　1　立方体

固定された平板

$$T_0 = \boxed{\quad(1)\quad}$$

となる。

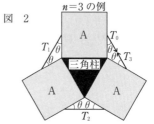

図　2　$n=3$ の例

次に，n個の立方体Aを固定された正n角柱の各側面に置き，互いに糸で結んだ。正n角柱の1辺の長さはLであり，立方体Aと正n角柱との静止摩擦係数はμである。糸の張力を順にT_0, T_1, $\cdots$, T_nとする。図1の場合と同じように，n個の立方体Aと$n+1$本の糸とのなす角θはすべて等しいとする。図2は $n=3$ の場合の例である。θをnで表すと，$\theta=\boxed{\quad(2)\quad}$ である。$T_0=T_n$ の状態から少しずつ T_0 のみを増加させたとき，n個の立方体Aがすべり始める直前のT_0をT_nを用いて表すと，

$$T_0 = \boxed{\quad(3)\quad} \quad \cdots(\mathrm{i})$$

となる。

$n\to\infty$ のときの(i)式を考慮すると，

$$T_0 \leq T_\infty e^{2\pi\mu} \quad \cdots(\mathrm{ii})$$

となる場合にはすべりが起こらないことが導かれる。ここで，$e=2.718\cdots$ である。

★ 問1　上の文中の空欄に適切な数式を入れよ。

★★ 問2　(ii)式を導け。必要ならば，

$$\lim_{\theta\to 0}\frac{\tan\theta}{\theta}=1 \qquad \lim_{x\to 0}\frac{\log(1+x)}{x}=1$$

を用いよ。

★★ 問3　円柱に糸を巻き付け，一方を張力T_0で引くとき，この糸にすべりを起こさせないために他方を引く張力T_∞は，T_0に比べてはるかに小さくてよいことを説明せよ。

｜慶大｜

扱うテーマ ▶ 摩擦力の判別／力のモーメントのつり合い／非保存力と力学的エネルギー保存　　　　物理

　長さ L の不透明な細いパイプの中に，質量 m の小球1と質量 $2m$ の小球2が埋め込まれている。パイプは直線状で曲がらず，その口径，および小球以外の部分の質量は無視できるほど小さい。また小球は質点とみなしてよいとし，重力加速度の大きさを g とする。これらの小球の位置を調べるために次の2つの実験を行った。

Ⅰ　まず，図1に示したように，パイプの両端A，Bを支点 a，b で水平に支え，両方の支点を近づけるような力をゆっくりとかけていったところ，まず b が C の位置まですべって止まり，その直後に今度は a がすべり出して D の位置で止まった。パイ

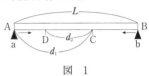

図　1

プと支点の間の静止摩擦係数，および動摩擦係数をそれぞれ μ，μ'（ただし $\mu > \mu'$）として，以下の問いに答えよ。

問1　b が C で止まる直前に支点 a，b にかかっている，パイプに垂直な方向の力をそれぞれ N_a，N_b とする。このときのパイプに沿った方向の力のつり合いを表す式を書け。

問2　AC の長さを測定したところ d_1 であった。パイプの重心が左端Aから測って l の位置にあるとするとき，重心のまわりの力のモーメントのつり合いを考えることにより，d_1 を l，μ，μ' を用いて表せ。

問3　CD の長さを測定したところ d_2 であった。摩擦係数の比 μ'/μ を d_1，d_2 を用いて表せ。

問4　上記の測定から重心の位置 l を求めることができる。l を d_1，d_2 を用いて表せ。

★問5　さらに両方の支点を近づけるプロセスを続けると，どのような現象が起こり，最終的にどのような状態になるか。理由も含めて簡潔に述べよ。

Ⅱ　次に，パイプの端Aに小さな穴を開け，図2のようにAを支点として鉛直に立てた状態から静かに放し，パイプを回転させた。パイプが180°回転したときの端Bの速度の大きさを測ったところ，v であった。端Aから測った小球1，2の位置をそれぞれ l_1，l_2 として以下の問いに答えよ。ただし，支点での摩擦および空気抵抗は無視できるものとする。

★問6　v を l_1，l_2，g，L を用いて表せ。

★問7　v を問4で得られた重心の位置 l の値を用いて表したところ，

$$v = L\sqrt{\frac{8g}{3l}}$$

であった。小球の位置 l_1，l_2 を l を用いて表せ。ただし，$l_1 \neq 0$，$l_2 \neq 0$ とする。

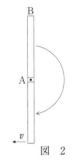

図　2

｜東大｜

扱うテーマ 力のモーメントの具体的計算法／重心の取扱い 物理

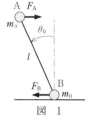

図 1

　長さ l〔m〕の棒の両端に、それぞれ質量 m_A〔kg〕, m_B〔kg〕のおもり A, B を取り付けた物体がある。これを最初、図1のように、B を水平な床につけたまま、A には水平方向右向きに力 F_A〔N〕を、B には水平方向左向きに力 F_B〔N〕を加えることにより、鉛直方向から反時計回りに θ_0〔rad〕だけ傾いた状態で静止させた。その後、力 F_A と力 F_B を同時に取り去った。B は床から離れることはなく、B と床との接触はなめらかであるとする。運動中の物体の鉛直方向からの傾きを θ〔rad〕とし、反時計回りを正とする。重力加速度の大きさを g〔m/s²〕とし、おもりの大きさ、棒の質量と太さ、空気の抵抗は無視できるものとして、以下の問いに答えよ。

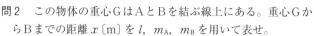

図 2

問1　力 F_A と力 F_B によりこの物体を θ_0 だけ傾いた状態で静止させているとき、棒からおもりに働く力は棒に平行であるとする。

(1)　力 F_A〔N〕の大きさを m_A, θ_0, g を用いて表せ。

(2)　おもり A が棒から受ける力の大きさ T〔N〕を m_A, θ_0, g を用いて表せ。

(3)　おもり B が床から受ける垂直抗力の大きさ N〔N〕を m_A, m_B, g を用いて表せ。

問2　この物体の重心 G は A と B を結ぶ線上にある。重心 G から B までの距離 x〔m〕を l, m_A, m_B を用いて表せ。

図 3

★問3　力 F_A と力 F_B を同時に取り去った後、この物体には水平方向の力が働かないので、重心 G の速度 V〔m/s〕は鉛直方向の速度成分のみをもつ。一方、A, B の速度は、重心 G の速度と、重心 G に対するそれぞれの相対速度の合成になる。A, B の重心 G に対する相対運動は、重心 G を中心とする回転運動である。速度の水平成分は右向きを、鉛直成分は上向きをそれぞれ正とし、また角速度は反時計回りを正とする。

(1)　ある瞬間の相対運動の角速度を ω〔rad/s〕、そのときの物体の鉛直方向からの傾きを θ とする。図2を参照して、重心 G に対する B の相対速度 u_B〔m/s〕の鉛直成分 u_{By}〔m/s〕を l, m_A, m_B, θ, ω を用いて表せ。

(2)　B が床から離れないので、B の速度の鉛直成分は常に 0 となる。図3のように鉛直方向からの傾きが θ のとき、重心 G の速度は鉛直下向きで大きさが V〔m/s〕であった。このときの相対運動の角速度 ω〔rad/s〕を l, m_A, m_B, θ, V を用いて表せ。

(3) このときのBの速度の水平成分 V_{Bx}〔m/s〕，Aの速度の水平成分 V_{Ax}〔m/s〕と鉛直成分 V_{Ay}〔m/s〕を m_A, m_B, θ, V の中から適当なものを用いてそれぞれ表せ。

問4　力 F_A と力 F_B を傾き θ_0 で取り去った後，物体の傾きはしだいに増加する。このとき力学的エネルギーは保存され，おもりAの位置エネルギーが減少した分だけ，おもりAとおもりBの運動エネルギーが増加する。力 F_A と力 F_B を取り去った後，Aが床に衝突する直前のAの速度の向きと大きさ〔m/s〕を求めよ。ただし，θ が $\dfrac{\pi}{2}$ に達したときにAが床に衝突するものとし，速度の大きさは l, θ_0, g を用いて表せ。

| 九大 |

扱うテーマ ▶ 糸やロープにおける束縛条件／速度や加速度に変換 物理基礎

次の文を読んで，空欄に適した式をそれぞれ最も簡単な形で記せ。

2種類のおもりA，Cが質量を無視できる軽いロープでつながれている。このロープを右図に示す2個の定滑車と1個の動滑車に通し，動滑車にはおもりBをつり下げた。3個の滑車は同一の鉛直平面内に配置され，動滑車はこの平面内を鉛直方向にのみ移動する。

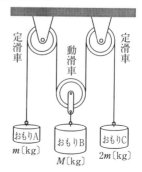

動滑車とおもりA，Cをつり下げている部分のロープは十分に長く，鉛直とする。また，滑車はなめらかに回転し質量は無視でき，ロープは伸び縮みせず，たるむこともない。おもりA，B，Cの質量はそれぞれ m〔kg〕，M〔kg〕，$2m$〔kg〕であり，重力加速度の大きさを g〔m/s²〕とする。

I　最初，3個のおもりを動かないように手で支えておいた状態から，ある瞬間に手を離すと，おもりは動き出した。このとき，3個のおもりA，B，Cに生じる加速度を鉛直上向きを正としてそれぞれ a_A〔m/s²〕，a_B〔m/s²〕，a_C〔m/s²〕とし，おもりAをつるしているロープの張力を T〔N〕と表す。おもりの運動中，ロープの張力は一定とすると，おもりA，B，Cの動きを表す運動方程式は m，M，g，T，a_A，a_B，a_C を用いて，

　　　おもりA： (1) ，　　　おもりB： (2) ，　　　おもりC： (3)

で表される。

各おもりが動き出してから微小な時間 t_0〔s〕経過後の各おもりの変位は，鉛直上向きを正とし，a_A，a_B，a_C，t_0 を用いて表すと，

　　　おもりA： (4) 〔m〕，おもりB： (5) 〔m〕，おもりC： (6) 〔m〕

となる。

おもりA，Cが1本のロープでつながれているため，3個のおもりの変位は互いに制約されるという条件と，(4)～(6)から，a_A，a_B，a_C が満たすべき関係式は， (7) で表される。

(1)～(3)と(7)の式より，a_A，a_B，a_C，T を m，M，g で表すと，

$$a_A = \boxed{(8)}\ \text{〔m/s²〕}, \qquad a_B = \boxed{(9)}\ \text{〔m/s²〕}, \qquad a_C = \boxed{(10)}\ \text{〔m/s²〕}$$
$$T = \boxed{(11)}\ \text{〔N〕}$$

となる。

Ⅱ　おもり A, B, C は，それぞれの質量の大小関係により，上向きか下向きに運動するが，Ⅰの議論に基づくと，おもり B が静止したまま，おもり A, C のみ運動する場合があり得る。このとき，おもり B の質量 M〔kg〕が満たすべき条件をおもり A の質量 m〔kg〕を用いて表すと，$\boxed{(12)}$ となる。

　また，この条件のもと，おもり A, C が動き出してから時間 t_1〔s〕経過後までのおもり A, C の変位は，鉛直上向きを正として g, t_1 で表すと，

　　　　おもり A：$\boxed{(13)}$〔m〕，　　　おもり C：$\boxed{(14)}$〔m〕

となる。

採う テーマ 運動方程式と運動量・力積の関係／等加速度運動 物理

次の文を読んで，□□□には適した式または数を，{ }には適切なものの記号を1つ選び，それぞれ記せ。

図のように，水平面と角度 θ をなす斜面をもった質量 M の台車が，水平な床面に敷設された直線のレール上を摩擦なしになめらかに動けるように置かれている。いま，時刻 $t=0$ に，台車の斜面の下端点Oから質量 m の小球が，斜面に沿って，大きさ v_0 の初速度で動き出した。このとき，台車の初速度はゼロで，小球の初速度の向きは，斜面の下端線 OO′ から測った斜面内の仰角が α であった。ここで，下端線 OO′ は床面に平行でレールと垂直である。また，斜面はなめらかで，小球と斜面の間に摩擦はないとして，小球が動き出した後の小球および台車の運動を議論しよう。ただし，斜面は十分に広く，小球は再び斜面の下端線 OO′ に戻ってくるまでは斜面から飛び出さず，また，台車の車輪は4つともレールから離れることはないと仮定する。

床面に固定した水平面内の直交座標系の X，Y 軸，および台車に固定した斜面上の直交座標系の x，y 軸を，それぞれ図のようにとる。ただし，Y 軸はレールに，X 軸は x 軸にそれぞれ平行で，x，y 軸の原点は下端点Oであり，y 軸は斜面の最大傾斜の方向を向いている。また，重力加速度の大きさを g とする。

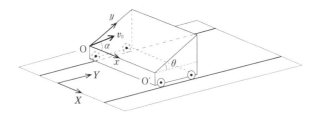

★ I　小球が斜面上を運動している間，台車は，床面から見て Y 軸方向に速度 V，加速度 A で運動している。台車から見た小球の速度の x，y 成分を v_x，v_y，加速度を a_x，a_y とする。まず，床面から見れば，小球の速度の Y 成分は，V，v_y，θ を用いて表すと　(1)　となるから，小球と台車からなる系の Y 軸方向の運動量保存則は　(2)　と書ける。この保存則を表す式の時間変化率を考えれば，速度の時間変化率が加速度であることから，台車の加速度 A と小球の加速度の y 成分 a_y との間に，

$$A = \boxed{(3)} \times a_y \quad \cdots (i)$$

の比例関係式が成り立っていることがわかる。

Ⅱ 次に，斜面に固定した座標系に乗って，小球の運動を考えよう。台車の加速度Aによる慣性力も考慮して，小球の運動方程式は，

x成分：$ma_x=$ (4)

y成分：$ma_y=$ (5)

となる。ここで(i)式よりAを消去すれば，小球の加速度はg，m，M，θを用いて，

$a_x=$ (6)

$a_y=$ (7)

と求められる。

★ Ⅲ 以下，簡単のため，$M=2m$，$\theta=30°$，$\alpha=45°$ の場合を考え，空欄に記入する解答は m，g，v_0，t を用いて表せ。

時刻 t での小球の斜面上での位置は，

$x=$ (8)

$y=$ (9)

で与えられ，したがって，小球はある時刻 $t=T$ で最高点に達し，$t=2T$ で再び下端に戻る。このTは (10) で与えられる。

また，$t=2T$ での台車の速度Vは (11) となり，小球が斜面を離れた後$(t>2T)$，台車はこの速度で等速運動をすることになる。

時刻 $t(0<t<2T)$ のとき，小球に対する運動方程式の斜面に垂直な方向の成分を考えれば，小球が斜面から受ける垂直抗力が (12) の大きさであることがわかる。さらに，台車に働く力の鉛直方向成分のつり合いを考えることにより，台車が床から受ける垂直抗力の大きさは (13) となることがわかる。これは小球と台車の総重量 $3mg$ より {(14)：ア．大きい　イ．大きくも小さくもなる　ウ．小さい}。

| 京大 |

撮うテーマ 運動方程式と力のつり合い 物理基礎

図1のように，水平に対して $45°$ の角度をなす斜面上に，質量 M の直角二等辺三角形の物体Aを，斜辺の面が斜面と接するように置く。直角二等辺三角形の等しい2辺の長さを d とする。Aの上面に質量 m で大きさの無視できる小さな物体Bを置く。斜面上に原点Oをとり，水平右向きに x 軸，鉛直下向きに y 軸をとる。はじめ，Aは上面が $y=0$ となる位置にあり，BはAの上面の右端，すなわち，$(x, y)=(d, 0)$ の位置にある。空気の抵抗および斜面とAの間の摩擦は無視できるものとする。重力加速度の大きさを g とする。

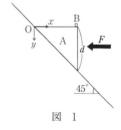

図 1

I AとBの間の摩擦も無視できるとき，以下の問いに答えよ。

問1 図1のようにAの右側に水平左向きに力 F を加えたところ，A，Bともに最初の位置に静止したままであった。F の大きさを求めよ。

問2 力 F を取り除いたところ，AとBは運動を開始した。その後，BはA上面の左端に達した。この瞬間のBの y 座標を求めよ。

問3 BがA上面の左端に達する直前の，Bの速さ v を求めよ。

II 図2のようにA上面の点Pを境にして右側の表面があらく，この部分でのAとBの間の静止摩擦係数および動摩擦係数はそれぞれ μ，μ'（ただし $\mu>\mu'$）である。A上面の点Pより左側は，なめらかなままである。問1と同様に，力 F を加えて両物体を静止させた。力 F を取り除いた後の両物体の運動について，以下の問いに答えよ。

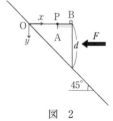

図 2

問4 μ が十分に大きいとき，BはA上面をすべり出さず，両物体は一体となって斜面をすべり降りる。このときの両物体の x 軸方向の加速度 a_x と y 軸方向の加速度 a_y を求めよ。

★問5 μ がある値 μ_0 より大きければBはA上面をすべり出さず，小さければすべり出す。その値 μ_0 を求めよ。

★問6 μ が μ_0 より小さい場合に，Bが最初の位置 $(x, y)=(d, 0)$ からA上面の左端に達するまでの軌跡として最も適当なものを次ページの図①～⑤から1つ選べ。ここで，Q_1，Q_2，Q_3 はそれぞれ，Bの最初の位置，BがA上面の点Pに達した瞬間の位置，BがA上面の左端に達した瞬間の位置を表す。また，破線は直線 $y=x$ を示す。

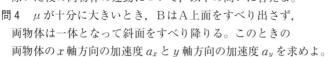

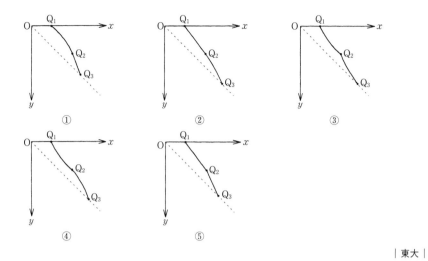

①　　　　　　　　　②　　　　　　　　　③

④　　　　　　　　　⑤

| 東大 |

扱う
テーマ ▶ 慣性力／エネルギーと仕事の関係

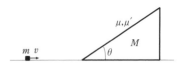

　右図のように、摩擦の無視できる十分に広い水平な床の上に、大きさの無視できる質量 m の小物体と、床との傾斜角が θ の斜面をもつ質量 M の三角台が置かれている。三角台の斜面はあらく、小物体と斜面の間の静止摩擦係数を μ、動摩擦係数を μ' $(\mu' < \mu)$ とする。いま、両物体を床に対して静止させたあと、斜面に向けて正面から小物体に速さ v を与えた。重力加速度の大きさを g とする。

I　両物体は接触し、その後、小物体は斜面に沿って上向きにすべり、三角台は一定の加速度で床の上をなめらかにすべり始めた。ただし、小物体は斜面が床と接する境界をなめらかに通過するものとする。

問1　三角台とともに運動する観測者からは、小物体には①重力、②斜面からの垂直抗力、③斜面からの動摩擦力、および④慣性力が作用しているように見える。これらを小物体の中心を始点とする矢印で右の図中に表し、それぞれの矢先に①、②、③、④の区別を記せ。ただし、それらの大きさを答える必要はない。

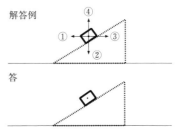

問2　小物体が斜面から受ける垂直抗力の大きさを N とする。床に対する三角台の加速度の大きさを N、M、μ'、θ を用いて表せ。

問3　三角台とともに運動する観測者からは、小物体に加わる力の斜面に垂直な方向の成分はつり合っているように見える。このことを用いて N を求めよ。

II　その後、小物体は床からの高さが h の位置まですべると斜面に対して静止し、そのまま両物体は一体となって床の上をすべった。

問4　このようになるための条件を θ と μ を用いて表せ。

問5　一体となって運動している両物体の速さ V を求めよ。

★問6　小物体が斜面に対して静止するまでに摩擦により失われた力学的エネルギーを h、N、θ、μ' を用いて表せ。

★問7　高さ h を求めよ。ただし、N、V を用いてもよい。

|　東京工大　|

　次の文を読んで，空欄に適した式または数値を記せ。

　最大の初速度Vで，あらゆる方向に打ち分けることができる最強の打者を考慮して，ドーム球場（屋根付き野球場）を設計したい。右図のように，座標の原点Oをホームベース上にとり，ボールが飛ぶ鉛直面内で原点Oから水平方向にx軸を，

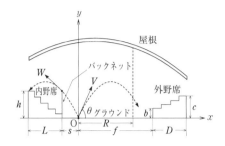

また鉛直上向きにy軸をとる。ただし，簡単のため，ボールは原点Oで打たれるものとする。また，重力加速度の大きさをgとし，空気の抵抗およびボールの大きさは無視できるものとする。

★ Ⅰ　時刻 $t=0$ において，速さV，水平面となす角度θで打ち上げられたボールの時刻tでの位置は，$x=$ □(1) ，$y=$ □(2) で表される。ここで仮に屋根や外野席がなければ，このボールがx軸上で最も遠くまで飛ぶのは，$\theta=$ □(3) 度の場合であり，このときの飛距離は □(4) である。

　　いま，$\tan\theta=a$ とおくと，このボールが描く軌跡は，aを用いて，

　　　$y=$ □(5)

と表される。初速度Vで打たれたボールが，打ち上げられた角度に関わらずドームの天井に当たらないためには，ホームベースからRだけ離れた地点での天井の高さが □(6) より大きくなければならない。

★ Ⅱ　図のように，外野席は，最前部の高さをb，最後部の高さをc（ただし，$b<c$），最前部から最後部までの水平距離をDとすることがあらかじめ決められている。この条件の下で，初速度Vで打たれたボールが外野席に直接入る可能性を残すためには，原点Oから外野席最前部までの水平距離fが $f<$ □(7) でなければならない。さらに，外野席の最後部を飛び越えて場外へ出てしまう可能性を排除するためには，$f>$ □(8) でなければならない。

★★ Ⅲ　ホームベース後方（図では左側）に設ける内野席は，最後部をグラウンドからの高さがhの位置に，また，バックネットを内野席の最前部に最後部と等しい高さhで設置する。この条件の下で，バックネットとホームベースの間の距離sと，内野席の奥行きLを適当にとると，初速度Vでホームベース後方に打たれたファウルボールが，バックネットに触れずにその上端をかすめた後，ちょうど内野席最後部に当

たるようにできる。この場合に，内野席の奥行き L を最大にすることを考えよう。まず，ボールがバックネットの上端をかすめるときの速度 W を，エネルギー保存則を用いて求めると，

$$W = \boxed{(9)}$$

となる。次に，Ⅰの結果を利用すると，バックネットの上端をかすめて上昇する瞬間の軌道の角度が(3)度の場合に，高さ h の水平面上で最も遠くまで到達することがわかる。したがって，L の最大値は V, g, h を用いて $\boxed{\quad (10) \quad}$ と表される。またこのとき，s は W, g, h を用いて $\boxed{\quad (11) \quad}$ となる。

｜ 京大 ｜

扱う
テーマ ▶ 斜面上での物体の運動の取扱い／反発係数 e の床との衝突　　物理

図1に示すように，傾きの角が θ〔rad〕のなめらかな斜面に対し，斜面左下の点 O を原点として直交座標系 x-y を定め，x 軸を水平に，y 軸を斜面上に設定する。y 軸上にあって，斜面の y 軸方向 L_0〔m〕の位置に置かれた質量 M〔kg〕の質点が時刻 $t=0$〔s〕で水平方向に初速度 v_0〔m/s〕ではじき出されたとする。

図2に示すように，斜面最下部の縁面はなめらかで斜面と直交しており，質点は斜面最下部の縁に衝突しても斜面から離れることはない。質点と斜面最下部の縁との衝突は非弾性衝突であり，その反発係数を e とする。斜面は十分に広く，空気の抵抗は無視できる。重力加速度の大きさを g〔m/s²〕として，以下の問いに答えよ。後で特に指定がない限り，解答には θ，M，v_0，L_0，e，g の中から必要なものを用いること。

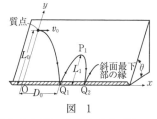
図　1

図　2

問1　図1に示した矢印の方向をそれぞれ x，y 軸の正の方向とし，質点が図1の点 Q_1 に達するまでの運動について，以下の問いに答えよ。

(1)　質点の y 軸方向の加速度 α_y〔m/s²〕を符号を含めて求めよ。

(2)　質点が Q_1 に達するまでの時間 t_0〔s〕を求めよ。

(3)　図1で，OQ_1 間の距離 D_0〔m〕を求めよ。

★問2　質点は，Q_1 で斜面最下部の縁と非弾性衝突し，斜面をすべり上がった後，再び斜面をすべり下りる。質点が Q_1 で斜面最下部の縁と衝突した後の運動について，以下の問いに答えよ。

(1)　質点が Q_1 で斜面最下部の縁と衝突した直後の x 軸，y 軸方向の速度 v'_{x1}〔m/s〕，v'_{y1}〔m/s〕をそれぞれ求めよ。

(2)　Q_1 で斜面最下部の縁と衝突後，質点は斜面上をすべり上がり，衝突後の運動における最高点 P_1 に達する。斜面最下部の縁と P_1 との y 軸方向の距離 L_1〔m〕を求めよ。また，質点が Q_1 から P_1 に達するまでの時間 t_1〔s〕を求めよ。

(3)　P_1 に達した質点は斜面をすべり下り，Q_2 で2度目の衝突を行った後，再び斜面をすべり上がり，2度目の衝突後の運動における最高点 P_2 に達する。以下，同様の現象が繰り返され，Q_n で n 度目の衝突を行い，n 度目の衝突後の運動における最高点 P_n に達する。ここで，n 度目の衝突直後の y 軸方向の速度を v'_{yn}〔m/s〕，

斜面最下部の縁と P_n との y 軸方向の距離を L_n〔m〕として，$\dfrac{v'_{yn}}{v'_{y1}}$，$\dfrac{L_n}{L_1}$ を求めよ。

なお，解答には n を用いてよい。

(4) 時刻 $t=0$〔s〕で水平方向にはじき出された質点が斜面最下部の縁と最初に衝突するまでの運動については，質点の軌跡を下の図3に，y 軸方向速度 v_y〔m/s〕の x 軸に対する変化の概形を下の図4にそれぞれ示している。その後の運動について，$e=0.5$ として，第3回目の衝突まで図3，図4を完成せよ。ただし，図3には，Q_2，Q_3，P_1，P_2 各点の位置に黒丸印（●）を Q_2，Q_3，P_1，P_2 の記号と共に記入すること。なお，図4には記号を記入する必要はない。

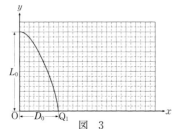
図 3

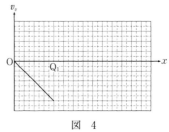
図 4

| 九大 |

22

扱うテーマ　放物運動と座標軸のとり方／軸上での式の取扱い　　　物理

　図のように，点Aから投げられたボールが，水平面上の距離 L の点Bに垂直に立てられた高さ L のネットをちょうど越えて，距離 $2L$ はなれた点Cに落下し，さらに前方の斜面を何回かはね（バウンドし），やがて点Cに戻ってくる状況を考えよう。ここで，斜面は十分に長く，その傾きは θ であり，水平面および斜面はなめらかで，ボールと面とのはね返り係数（反発係数）は $e(0<e<1)$ である。ボールの大きさ，ボールの回転，およびボールに対する空気抵抗は無視し，重力加速度の大きさを g として以下の問いに答えよ。なお，θ と e はボールが斜面上を1回以上はねることのできる条件を満たしているものとする。

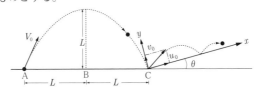

問1　点Aでのボールの初速度 V_0 を g, L を用いて表せ。

★ **問2**　ボールは点Cのわずかに左側の水平面でバウンドした。図のように，点Cを原点として斜面に平行に x 軸，斜面に垂直に y 軸をとったとき，バウンド直後のボールの速度の x 成分 u_0, y 成分 v_0 を g, L, e, θ を用いて表せ。

★ **問3**　ボールが点Cではね上がった時刻を $t=0$ として，1回目に斜面上でバウンドするまでの間の任意の時刻 t における速度の x 成分 u, y 成分 v, および位置 x, y を表す式を u_0, v_0, g, θ, t を用いて表せ。また，1回目にバウンドする時刻 t_1 を g, L, e, θ を用いて表せ。

★ **問4**　斜面上でボールが繰り返しはねた。n 回目 $(n \geqq 1)$ にバウンドする時刻 t_n を g, L, e, θ, n を用いて表せ。また，バウンドがおさまる時刻 t_∞ を g, L, e, θ を用いて表せ。

★★ **問5**　ボールはやがて点Cに戻ってくるが，点Cを点Bに向かって通過するとき，バウンドしていない条件を e, θ を用いて表すと，

$$2\tan\theta \cdot e^2 + e - (1+\tan^2\theta) \leqq 0$$

となることを示せ。

| 東大（改）|

扱う
テーマ 保存則に関する注意点／反発係数の式／単振動の周期 物理

図1のように，ばね定数kをもつばねが階段上に等間隔に並んでいる。隣り合うばねの間隔をwとする。ばねの上には質量Mの板が固定されている。ばねの長さはどれも等しく，ばねの質量は無視できる。ばねは鉛直方向の振動だけが許されている。平衡位置における隣り合う板の高さの差をhとする。また，重力加速度の大きさをgとする。

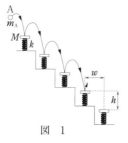

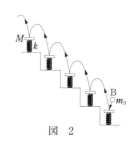

図 1   図 2

I すべての板を平衡位置に静止させ，質量m_Aをもつ物体A（質点）を階段上方のある位置からある初速度で運動させたところ，物体Aは図1のように各板の中心と次々に衝突しながら階段の下方へ運動を続けた。ただし，物体Aは板と反発係数1で衝突するとし，$M > m_A$とする。

問1 物体Aが板と衝突する直前における，物体Aの速度の水平成分をu，鉛直成分を$-v$とする（速度の鉛直成分は上向きを正とする）。このとき，衝突直後の物体Aの速度の鉛直成分をv，m_A，Mを用いて表せ。

問2 物体Aが各板の中心と次々に衝突するためには，各衝突直前における物体Aの速度は等しくなければならない。この条件を満たすvをm_A，M，h，gを用いて表せ。また，衝突から次の衝突までの時間間隔をm_A，M，h，gを用いて表せ。

問3 物体Aが各板の中心と次々に衝突するためには，uもある条件を満たす必要がある。そのようなuをm_A，M，h，g，wを用いて表せ。

問4 物体Aと衝突した直後に板がもつ運動エネルギーをm_A，h，gを用いて表せ。

問5 衝突後，板は単振動を始める。その周期と振幅をm_A，M，h，g，kのうち必要なものを用いて表せ。

II 物体Aが通り過ぎた後，各板は単振動を続けている。そこで質量m_Bをもつ物体B（質点）を，ある時刻に階段下方のある位置からある初速度で運動させたところ，物体Bは図2のように各板の中心と次々に衝突しながら階段の上方へ運動を続けた。物体Bは板と反発係数1で衝突するとする。

★ 問6　物体Bが図2のような運動をするためには，各衝突直前における物体Bの速度は等しくなければならない。また，板についても同様で，衝突直前における板の振動の位相はどの衝突においても等しくなければならず，衝突から次の衝突までの時間間隔Tはとびとびの値しかとりえない。その値Tをm_A, M, h, g, kを用いて表せ。

★ 問7　各衝突の直前と直後における板の速度の鉛直成分を，それぞれm_B, M, h, g, Tを用いて表せ。

★ 問8　各衝突によって物体Bが獲得する力学的エネルギーをm_B, h, gを用いて表せ。

★ 問9　$m_B > m_A$のとき，前ページの図2のような運動は起こりえない。その理由を簡潔に述べよ。

｜東大｜

扱う テーマ ▶ 振り子運動の重心 物理

図1に示すように，質量 M_B の台車Bが水平に取り付けられたレールに沿って摩擦なしに移動できるようになっている。台車Bの重心の位置Pを支点として棒が取り付けられており，その棒の先に質量 M_A（$M_A < M_B$）の小さいおもりAがついている。支点PからおもりAまでの長さは R である。棒は支点Pを中心になめらかに回転するようになっており，おもりAの大きさおよび棒の質量は無視できるものとする。x 座標は図に示すように

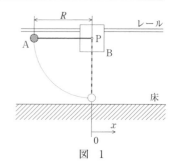

図　1

とるものとする。初期状態では，図1に示すように台車Bの重心の位置は $x=0$ にあり，棒は水平に支えられ，おもりも台車も静止しているものとする。このとき，重力加速度の大きさを g として，以下の問いに答えよ。また，解答は特にことわらない限り M_A, M_B, g, R および以下の問いにでてくる M_C の中から必要なものを用いて表せ。

Ⅰ　まず台車Bを水平方向に動かないようにして，おもりの支えを解放した。

問1　おもりAが最下点に達したとき，おもりAの速度の x 成分 V_0 を求めよ。

Ⅱ　次に，台車Bを水平方向に自由に動けるようにして，上記と同じ初期状態からおもりの支えを解放した。今度はおもりAが落下すると同時に台車Bも水平方向に運動を始める。図2を参考にして以下の問いに答えよ。

問2　おもりAが最下点Qに達したとき，おもりAの速度の x 成分 V_1 と台車Bの速度の x 成分 V_2 を求めよ。

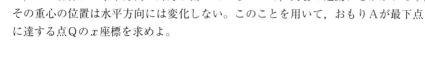

図　2

★ 問3　おもりAと台車Bを1つの物体とみなすと，この物体には水平方向の外力が働いていないので，両者の運動にもかかわらず，その重心の位置は水平方向には変化しない。このことを用いて，おもりAが最下点に達する点Qの x 座標を求めよ。

Ⅲ　問3で求めた水平な床上の点Qに，図2に示すように質量 M_C の小さい物体Cを置いておもりAと衝突させる。ただし，物体Cは質点とみなせるものとし，おもりAと物体Cは完全弾性衝突をするものとする。

問4　衝突直後のおもりA，台車B，物体Cの速度の x 成分をそれぞれ V_3, V_4, V_5 と

する。おもりA，台車Bおよび物体Cを1つの物体とみなすとき，この物体には水平方向には外力が働いていない。このことを使って，この物体に関する運動量保存則とエネルギー保存則を M_A，M_B，M_C，g，R，V_3，V_4 および V_5 を用いて表せ。ただし，おもりAと床との間や物体Cと床との間に摩擦はないものとする。

問5　衝突直後に $V_3=0$ となった。このときの物体Cの質量 M_C を求めよ。

Ⅳ　$V_3=0$ となっても台車Bの運動のために，おもりAはこの後台車Bに対して振り子のように揺れる運動を続ける。この運動によっておもりAが到達する高さを求める。

問6　おもりAが最高点に達するとき，おもりAと台車Bの速度の x 成分は等しくなる。そのときのおもりAの速度の x 成分 V_6 を求めよ。

問7　おもりAと物体Cの衝突直後，また，おもりAが最高点に達するとき，これら2つの瞬間のおもりAと台車Bの運動エネルギーの和をそれぞれ E_1，E_2 とする。このとき $\Delta E=E_2-E_1$ を求めよ。

問8　問7の結果を用いて，おもりAが到達する高さ h を求めよ。ただし，h は最下点Qより測るものとする。

| 名古屋工大 |

扱う
テーマ ▶ 鉛直面内の円運動の解法 物理

次の文を読んで，空欄に適した式を記せ。必要であれば三角関数の公式
$\sin 2\theta = 2\sin\theta\cos\theta$ を用いること。

水平面上に質量が十分に大き
い直方体の台（右図の斜線部）
があり，その台上に，側面が
ABCE で表される質量 M のす
べり台を置いた。AB は直線で
あり，BC は半径 R の円弧であ
る。すべり台の先端（点 C）には，

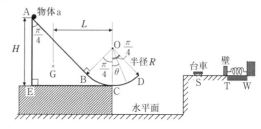

図のように質量の無視できる半径 R の円弧 CD の板が取り付けられており，すべり台
と円弧 CD は剛体として一体となって動く。すべり台と円弧 CD の厚み（図では紙面
に垂直な方向の長さ）は考えないものとする。また，半径 OB と OC，および OC と
OD のなす角度はそれぞれ $\dfrac{\pi}{4}$ である。直方体の台と水平面の間，およびすべり台と直
方体の台の間には摩擦力が働き，水平方向には動かないものとする。

点Aは，直方体の台の上面から高さ H の位置にある。A から，大きさの無視できる
質量 m の物体 a が斜面をすべり落ち，半径 R の円弧 BCD の区間を通って点 D から
空中に放出された。$H > R$ とし，斜面 AB および円弧 BCD はなめらかであるとする。
また，重力加速度の大きさを g とし，空気抵抗は無視できるものとする。

1　物体 a が円弧 CD を通過するとき，すべり台（ABCE の部分）が点 C を中心とし
て回転し，浮き上がるかどうかを考えよう。

まず物体 a が円弧 CD に及ぼす力による点 C のまわりの力のモーメントを計算す
る。物体 a が半径 OC から円弧 CD の方向に測って角度 θ $\left(0 \leqq \theta \leqq \dfrac{\pi}{4}\right)$ の位置にあ
るとき，物体 a の速度の大きさを H, R, g, θ を用いて表すと ___(1)___ となる。また，
物体 a が円弧に及ぼす力の大きさを H, R, g, θ, m を用いて表すと ___(2)___ となり，
$$\theta = \boxed{(3)}$$
の位置で最大となる。点 C のまわりの力のモーメントは，右回り（時計回り）を正と
すれば，H, R, g, θ, m を用いて ___(4)___ と表され，
$$\theta = \boxed{(5)}$$
の位置で最大となる。

一方，すべり台の重心の位置は図中の点 G であり，点 G と点 C の水平距離を L
とする。すべり台の質量による点 C のまわりの力のモーメントは，左回り（反時計

回り）を正とすれば MgL となるので，すべり台が浮き上がらない条件は，

$$MgL \geqq \boxed{(6)} \quad ((4)の最大値)$$

で与えられる。

★ Ⅱ　物体aは点Dで空中に放出された後，点Dと同じ高さの水平な床面上に置いてある，大きさが無視できる質量 m の台車に点Sで衝突した。点Dと点Sの距離を H，R を用いて表すと $\boxed{(7)}$ となる。

　物体aは点Sで台車と完全非弾性衝突し，衝突後一体となり質量 $2m$ の物体bとして床面の上を水平方向に動いた。ただし，点Tまで床はなめらかであり，台車と床との間に摩擦力は働かないものとする。そのときの物体bの速度の大きさ V は，H，R，g を用いて，

$$V = \boxed{(8)}$$

となる。

　物体bはばねのついた質量 m の壁に完全非弾性衝突し，物体bと壁は一体となって，質量 $3m$ の物体cとして動き出した。衝突前のばねの長さは自然の長さであった。衝突直後の物体cの速度の大きさ U は，V を用いて表すと $\boxed{(9)}$ となる。

　物体cが動き出した後，TWの区間内では質量 $3m$ の物体cと床面の間に摩擦力が働くものとし，そのときの静止摩擦係数は μ_0，動摩擦係数は μ である。物体bが壁に衝突してから，物体cが最初に速度0となったときのばねの縮み量を Δl とおく。ばね定数を k とすると，Δl は U，m，g，μ，k を用いて $\boxed{(10)}$ となる。また，ばねが Δl だけ縮んだ位置から再び動き出さないための条件式は，

$$k\Delta l \leqq \boxed{(11)}$$

となる。

｜京大｜

扱うテーマ 円運動と放物運動 物理

Ⅰ 図1のような途中がループしている1本の
レールがある。レールの太さは無視できるも
のとし、ループ BCDE は鉛直面をなす半径 r
の円軌道になっている。いま、図2のように
ループの上部を切り取り、点Aから初速0で
出発した質量 m の質点が、点Pから空中に
飛び出した場合の運動について考える。点A
の水平面 GB からの高さを h として、以下の
問いに答えよ。ただし、重力加速度の大きさ
を g とし、摩擦や空気の抵抗は無視できるも
のとする。

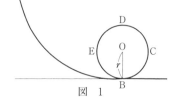

図 1

問1 点Pに達したときの質点の速度を、鉛直
上向きと水平左向きに分解して、g, h, r を用
いて表せ。

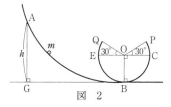

図 2

問2 点Pに達したときの質点の速さを v_P とおく。質点が点Pを飛び出したときの
時刻を0として、最高点に到達するまでの時間と、点Pから見た最高点の高さを、g
と v_P を用いて表せ。

問3 点Pを飛び出した質点が点Qから再びレール上の軌道に戻った。このときの
出発点Aの高さ h_0 を、r を用いて表せ。

Ⅱ 次に、図3のように元のループの頂点Dの位
置が中心にくるように長さ l の平らな板を水平
に置いた。この板と質点は完全弾性衝突するも
のとする。板の長さ l を適当に選ぶと、板の上
面で質点がはね返ることで、h_0 より低い h でも、
点Pから飛び出した質点を点Qで再びレール
上に戻すことができる。

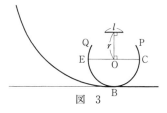

図 3

★問4 点Pから飛び出した質点を点Qで再びレール上に戻す h を最小 (h_{min}) にする
板の長さ l を、r を用いて表せ。

★問5 l を問4で求めた値にすると、点Pから飛び出した質点を点Qで再びレール上
に戻す h は h_0 から h_{min} の間でとびとびに存在する。それらを高い方から順に h_0,
h_1, …, h_{min} とおいたとき、h_1 と h_2 の場合について、点Pから点Qまでの軌道の概
形を図3の中に描け。ただし、図は概略でよく、頂点の座標値などは求めなくてよ
い。

問6 h_1 を r を用いて表せ。

千葉大

扱う テーマ 円運動の速度, 加速度／円運動の2つの解法 物理

半径Rの輪と穴のあいた質量mの小球がある。小球は輪に通されており, 輪に沿って動くことができる。右図のように, 輪が, 中心を通る鉛直な軸のまわりに角速度ωで回転している場合, 小球に働く力のつり合いや小球の運動を, 輪と一緒に回転する立場で考える。輪に対する小球の位置は, 角度θで表すことができる。重力加速度の大きさをgとする。

★ 問1 　輪と小球の間に摩擦がない場合を考える。

(1) 小球が位置θにあるとき, 小球に働くすべての力について説明せよ。さらに, それらの向きを図示せよ。

(2) 小球が $\theta=\theta_0$ の位置に止まっているとき, 位置θ_0, 半径R, 角速度ωの間の関係式を求めよ。ただし, $0<\theta_0<\dfrac{\pi}{2}$ とする。

(3) 角速度ωが十分に小さい場合は, 小球は $\theta=0$ を中心とする振幅の小さな単振動をした。その単振動の周期を求めよ。ここで, θ は十分に小さいとして, 近似式 $\sin\theta\fallingdotseq\theta$, $\cos\theta\fallingdotseq1$ を用いてよい。

★★ 問2 　輪と小球の間に摩擦がある場合を考え, 静止摩擦係数を $\mu\,(0<\mu<1)$ とする。小球が $\theta=\dfrac{\pi}{4}$ の位置に止まっているとする。角速度ωを徐々に変えた場合, 小球が動き始めるときの角速度を求めよ。

| 東北大 |

扱う テーマ 円運動する板上の物体の運動 物理

右図のように，水平に支えられ，モーターによって中心のまわりに回転できる大きい円板の表面に，円板の中心を通る四角の小さな溝が掘られている。この溝の中で，一端を円板の中心に固定させたばね（ばね定数 k，自然長 l_0）につながれた質量 M の小物体Aが，円板の中心から l_0 だけ離れた位置に置かれている。小物体Aの上には質量 m の小物体Bが載っている。小物体AとBの幅は，ともに溝の幅と同じであり，小物体AとBは溝に沿って動くことができる。この状態から円板をまわし始め，その角速度 ω を

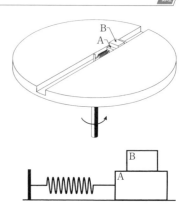

ゆるやかに増していった。小物体AとBの間の静止摩擦係数を μ，重力加速度の大きさを g とする。ばねの質量は無視してよい。小物体AとBの大きさは l_0 に比べて十分に小さく，無視してよい。

Ⅰ　溝の側面はなめらかであるが，底面はなめらかではなく，底面と小物体Aの間の静止摩擦係数が μ_0 である場合を考える。円板の角速度が ω_1 になったとき，小物体AとBが一体となって溝の中をすべり出した。

問1　ω_1 を，l_0，g，μ_0 を用いて表せ。

問2　円板上にいる観測者の立場で，すべり出す直前に小物体A（下側の小物体）に働くすべての力を，右上の図に描き込め。それぞれの力の向きを矢印で示し，大きさを l_0，M，m，g，μ_0，ω_1 から必要なものを用いて表せ。

問3　小物体が動き出すとき，小物体AとBが一体のままである条件を，μ と μ_0 を用いて表せ。

Ⅱ　次に，溝の側面も底面もなめらかである場合を考える。円板の角速度が増すにつれてばねの伸びが増し，円板の角速度が ω_2 になったとき，小物体Bが小物体Aの上をすべり出して，飛び去り，小物体Aは溝の中で小さな振幅で振動を始めた。ただし，以下の問いでは，小物体Bがすべり出す直前は，小物体AとBは溝の中で静止していたものとする。また，小物体Aが振動している間，角速度は ω_2 で変化しないものとする。

問4　小物体Bが小物体Aの上をすべり出す直前のばねの伸びを，k，M，m，μ，g を用いて表せ。

問5　ω_2 を，k，l_0，M，m，μ，g を用いて表せ。

★ 問6　小物体Aの振動の中心と円板の中心との距離を，k，l_0，M，ω_2 を用いて表せ。

★ 問7　小物体Aの振動の周期を，k，M，ω_2 を用いて表せ。

｜ 東北大 ｜

万有引力・ケプラーの法則

扱う テーマ　万有引力を考える問題　　　　　　　　　　　　　　　　　　　　物理

質量 m の探査機を地球上から打ち上げ，火星表面に着陸させることを考える。

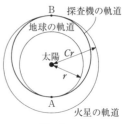

図 1

問1　はじめに，探査機を地球のまわりで地表すれすれの軌道をまわらせるとしよう。このとき必要な速さ V_1 を，地表における重力加速度の大きさ g と地球の半径 R を用いて表せ。

問2　次に，探査機を加速して，地球の引力を振り切って飛び出させる。探査機がいったん地球の引力を振り切った後は，太陽の引力だけを受けて，地球の公転軌道とまったく同じ軌道を地球と同じ速さでまわる人工惑星になると仮定する。この速さを求めよう。地球の公転軌道は，太陽を中心とした半径 r の円であると近似する。地球が太陽のまわりを公転する速さ v_E を，地球公転軌道の半径 r と万有引力定数 G，太陽の質量 M を用いて表せ。

★ 問3　さらに，探査機をごく短い時間だけ加速して，火星に向かう軌道に乗せるとしよう。探査機が描く軌道は，図1のように，太陽を1つの焦点とし，地球の公転軌道に点Aで接し，火星の公転軌道に点Bで接する楕円軌道としたい。点Bは太陽をはさんで点Aの反対側の点である。なお，火星の公転軌道は，太陽を中心とした半径 Cr（地球の公転軌道の半径 r の C 倍）の円であると近似する。

　⑴　ケプラーの第2法則によると，惑星と太陽とを結ぶ線分が一定時間に描く面積は一定である。探査機を楕円軌道を描く惑星とみなしてケプラーの第2法則を用いることによって，点Aで探査機が太陽のまわりを公転する速さ v_A と点Bで探査機が太陽のまわりを公転する速さ v_B との間の関係を求めよ。

　⑵　探査機が点Aでもつべき運動エネルギーを，火星と地球の公転軌道半径の比 C と探査機の質量 m，地球の公転速度 v_E を用いて表せ。

　⑶　ケプラーの第3法則によると，各惑星の公転周期 T と軌道の半長軸 a の間には，$T^2 = ka^3$（k は比例定数）が成り立つ。この探査機の軌道の半長軸は線分 AB の半分である。探査機が楕円軌道を半周して点Bに達するのは，点Aを出発してから何年後か。C を用いて表せ。また，C が1.5だとすると，これは何年か，有効数字1桁で答えよ。

問4　探査機が点Bに達したときに火星も点Bに達し，探査機の速度をうまく制御して火星に衝突させることができたとする。

　探査機は，図2のように，火星の水平な表面に対してある角度をなして速さ V で衝突した後，水平から45°の

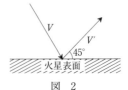

図 2

方向にはね返った。火星の表面はなめらかな面であるとする。はね返った探査機が，火星の表面から 25 m の高さの最高点に達した。はね返った直後の速さ V' は秒速何mか。有効数字 1 桁で答えよ。ただし，地球の表面での重力加速度の大きさ g は 10 m/s^2，火星の質量は地球の質量の 0.1 倍，火星の半径は地球の半径の 0.5 倍とする。

│ 名大 │

扱うテーマ 万有引力を受けて運動する物体 物理

太陽系の惑星の周回運動および惑星と隕石との衝突を考える。図1のように，質量 M_S の太陽から万有引力を受けながら，太陽のまわりを周回する質量 M の惑星がある。この惑星は，太陽を焦点の1つとする楕円軌道上を反時計回りに運動している。

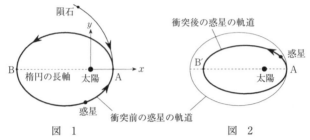

図　1　　　　　　　　　　　　図　2

図1のように，太陽を原点とし，太陽から近日点へ向かう方向に x 軸，惑星の軌道平面上で x 軸と垂直な方向に y 軸をとる。太陽は静止しているとする。太陽，惑星，隕石の大きさは考えなくてよい。また，万有引力としては，太陽と惑星との間および太陽と隕石との間のみを考える。万有引力定数を G として，以下の問いに答えよ。

Ⅰ　まず，隕石と衝突する前の惑星の周回運動を考えよう。衝突前の惑星の近日点での速さは V_A，近日点と太陽との距離は R_A であった。

問1　惑星が近日点を通過する瞬間の惑星の加速度ベクトル $\vec{a}=(a_x,\ a_y)$ の各成分を，G，M_S，M，R_A，V_A のうちの必要なものを用いて，それぞれ表せ。

問2　惑星が近日点を通過した瞬間から Δt だけ時間が経過したときの惑星の速度ベクトル $\vec{V'}=(V_x',\ V_y')$ の各成分を，G，M_S，M，R_A，V_A，Δt のうちの必要なものを用いて，それぞれ表せ。ただし，Δt は十分に小さく，Δt の間，加速度ベクトルの大きさと向きは一定とする。

Ⅱ　次に，隕石と衝突した後の惑星の運動を考えよう。

　図1のように，惑星がちょうど近日点を通過する瞬間に，質量 m の隕石が惑星に正面衝突し，合体した（完全非弾性衝突）。惑星と隕石の軌道は同じ平面上にあり，衝突直前の隕石の速度は，大きさが v で y 軸の負の向きであった。衝突は瞬時であり，惑星と隕石の全運動量は衝突の直前直後で変わらない。また，衝突直前の隕石の運動量の大きさは，衝突直前の惑星の運動量の大きさよりも小さいとする。

問3　衝突直後の惑星の速度ベクトル $\vec{W}=(W_x,\ W_y)$ の各成分を，G，M_S，M，m，R_A，V_A，v のうちの必要なものを用いて，それぞれ表せ。

問 4　衝突直後の惑星の加速度ベクトル $\vec{b}=(b_x,\ b_y)$ の各成分を，G，M_S，M，m，R_A，V_A，v のうちの必要なものを用いて，それぞれ表せ。

問 5　衝突直後から $\varDelta t$ だけ時間が経過したときの惑星の速度ベクトル $\overrightarrow{W'}=(W_x',\ W_y')$ の各成分を，G，M_S，M，m，R_A，V_A，v，$\varDelta t$ のうちの必要なものを用いて，それぞれ表せ。ただし，$\varDelta t$ は十分に小さく，$\varDelta t$ の間，加速度ベクトルの大きさと向きは一定とする。

問 6　問 5 で求めた，衝突後の惑星の速度ベクトル $\overrightarrow{W'}$ は，問 2 で求めた $\overrightarrow{V'}$ よりも，太陽の側に傾いていることを示せ。

★ 問 7　したがって，衝突後の惑星は，前ページの図 2 のように，衝突前の軌道よりも内側にある楕円軌道上を反時計回りに運動する。この楕円軌道は，衝突前の軌道と同一平面上にあり，長軸は x 軸上にある。しばらくすると，惑星は楕円の長軸上（図 2 の点 B′）に来る。このときの惑星と太陽との距離 R' を，G，M_S，M，m，R_A，W_x，W_y のうちの必要なものを用いて表せ。

｜阪大｜

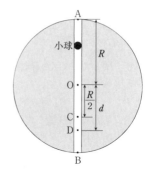

　図のように，地球の中心Oを通り，地表のある地点Aと地点Bとを結ぶ細長いトンネル内における小球の直線運動を考える。地球を半径 R，一様な密度 ρ の球とみなし，万有引力定数を G として以下の問いに答えよ。なお，地球の中心Oから距離 r の位置において小球が地球から受ける力は，中心Oから距離 r 以内にある地球の部分の質量が中心Oに集まったと仮定した場合に，小球が受ける万有引力に等しい。ただし，地球の自転と公転の影響，トンネルと小球との間の摩擦および空気抵抗は無視するものとし，地球の質量は小球の質量に比べ十分に大きいものとする。

問1 質量 m の小球を地点Aから静かにはなしたときの運動を考える。

(1) 小球が地球の中心Oから距離 $r\,(r<R)$ の位置にあるとき，小球に働く力の大きさを求めよ。

(2) 小球が運動開始後，はじめて地点Aに戻ってくるまでの時間 T を求めよ。

★ **問2** 同じ質量 m をもつ2つの小球P，Qの運動を考える。時刻0に小球Pを，時刻 t_1 に小球Qを同一の地点Aに静かにはなしたところ，2つの小球はOBの中点Cで衝突した。ここで2つの小球間のはね返り係数を0とし，衝突後2つの小球は一体となって運動するものとする。ただし，t_1 は問1(2)で求めた時間 T より小さいものとする。

(1) t_1 を T を用いて表せ。

(2) 2つの小球P，Qが衝突してからはじめて中心Oを通過するまでの時間を，T を用いて表せ。

★★ **問3** 問2と同様に，時刻0に小球Pを，時刻 t_1 に小球Qを同一の地点Aで静かにはなした。ただし，2つの小球間のはね返り係数は $e\,(0<e<1)$ とする。

(1) 2つの小球が最初に衝突した後，小球Pは地点Bに向かって運動し，地球の中心Oから距離 d の点Dにおいて中心Oに向かって折り返した。このときの d の値を，はね返り係数 e および地球の半径 R を用いて表せ。

(2) 小球Pと小球Qが2回目に衝突する位置を求めよ。

(3) その後2つの小球は衝突を繰り返した。十分に時間が経過した後，どのような運動になるか答えよ。

| 東大 |

標問 20 単振動の運動方程式と一般式

解答・解説 p.62

扱うテーマ 単振動の一般式　物理

図　1

図　2

Ⅰ　大きさを無視できる質量 m の物体Aが質量 M の直方体の台B上にあり，質量の無視できるばね定数 k のばねで台Bの左端に図1のようにつながれている。ばねが自然長のとき，物体Aは台Bの重心の真上にある。すべての摩擦は無視できるものとして，以下の問いに答えよ。ただし，重力加速度の大きさは g とする。

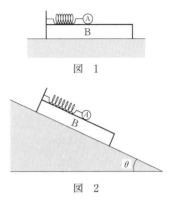

問1　物体Aと台Bの全体を，図2のように水平面と角度 θ をなす斜面上に台Bの左端が上になるように置いて，台Bだけを手で押さえて静止させた。つり合いの状態におけるばねの伸びはいくらか。

Ⅱ　次に，問1のように静止させた状態で時刻 $t=0$ に手を離した。

問2　A，Bの運動方程式を立てよ。ただし，斜面に沿って下向きに測ったAとBの重心の座標をそれぞれ x_A，x_B とし，A，Bの斜面方向下向きの加速度をそれぞれ a_A，a_B とする。

問3　Bと一緒に運動している観測者から見たAの斜面方向下向きの加速度 a_{AB} を，k，M，m およびBの重心から測ったAの座標 $x_{AB}(=x_A-x_B)$ を用いて表せ。

★問4　時刻 t における x_{AB} を θ，k，M，m，g，t を用いて式で表せ。

★★問5　AとB全体の重心Gはどのような運動をするか。理由を述べて説明せよ。

｜埼玉大｜

右図のように，質量 $2M$ の物体Aと質量 M の物体Bが，ばね定数 k で質量の無視できるばねによってつながれて，なめらかで水平な床の上に静止していた。また，物体

Aはかたい壁に接していた。床の上を左向きに進んできた物体Cが，物体Bに完全弾性衝突して，はね返された。右向きを正の向きと定めると，衝突直後の物体Cの速度は $+u_1\,(u_1>0)$，物体Bの速度は $-v_1\,(v_1>0)$ であった。その後，物体Bと物体Cが再び衝突することはなかった。

Ⅰ　まず，衝突前から物体Aが壁から離れるまでの運動を考える。

問1　衝突前の物体Cの速度 $u_0\,(u_0<0)$ を u_1 と v_1 を用いて表せ。

問2　ばねが最も縮んだときの自然長からの縮み $x\,(x>0)$ を求めよ。

問3　衝突してからばねの長さが自然長に戻るまでの時間 T を求めよ。

Ⅱ　ばねの長さが自然長に戻ると，その直後に物体Aが壁から離れた。

問4　やがて，ばねの長さは最大値に達し，そのとき物体Aと物体Bの速度は等しくなった。その速度 v_2 を求めよ。

問5　ばねの長さが最大値に達したときの自然長からの伸び $y\,(y>0)$ を求めよ。

問6　その後ばねが縮んで，長さが再び自然長に戻ったとき，物体Aの速度は最大値 V に達した。V を求めよ。

Ⅲ　物体Aが壁から離れた後，物体Bと物体Cの間隔は，ばねが伸び縮みを繰り返すたびに広がっていった。

★★問7　このことからわかる u_1 と v_1 の関係を，不等式で表せ。

| 東大 |

扱う
テーマ 2本以上のばねにつながれた物体／加速度運動する台上での単振動 物理

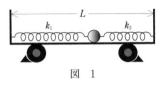

図 1

図1のように，質量 m のおもりの両端につながれた自然長 l の2本のばねが，長さ L の台車の両端に固定されている。左右それぞれのばねのばね定数は k_1，k_2 であり，2本のばねの自然長の和 $2l$ は台車の長さ L より短い。おもりの大きさは，台車やばねの長さに比べて無視できるものとする。また，おもりと台車の間の摩擦力，空気抵抗などは無視できるとして以下の問いに答えよ。

Ⅰ 最初に，台車を地面に対して動かないよう固定した。台車の左端を原点にとり，右向きを x 軸の正の向きとする。

問1 おもりは台車の左端から距離 X だけ離れた位置に置いたとき静止した。おもりが左右それぞれのばねから受ける力を符号に注意して答えよ。

問2 静止の位置 X を，L，l，k_1，k_2 を用いて表せ。

問3 問1の静止の位置から，おもりを x 軸の正の向きにわずかにずらして離し，単振動させた。静止の位置からのずれが $\varDelta x$ である瞬間に，おもりがばねから受ける復元力は，静止の位置に比べてどれだけ変化したか。左右それぞれのばねについて符号に注意して答えよ。

問4 単振動の周期を求めよ。

Ⅱ 次に，図2のように，左側のばねをはずし，おもりをつり合いの位置に置いたまま，一定速度 V_0 で x 軸の正の向きに台車を走らせた。

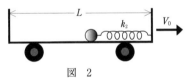

図 2

問5 一定速度 V_0 で走行中の台車を，$t=0$ の時刻に x 軸の正の向きに，一定加速度 a で加速を始めたところ，おもりは台車上のある位置を中心に単振動を始めた。振動の中心の位置を台車の左端からの距離で答えよ。

★★ **問6** 台車が加速を始めた後，おもりおよび台車の地面に対する速度の時間変化はどうなるか。次ページの図3の①〜⑥の中から1つ選べ。

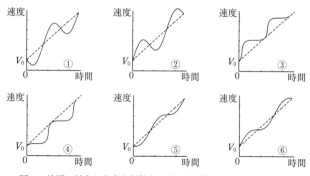

図3　地面に対する台車（破線）とおもり（実線）の速度の時間変化

｜都立大｜

走行中の電車の中で電車の加速度を測定するために，図1に示すように，質量 m のおもり，質量 M の枠，質量の無視できるばね定数 k のばねからなる加速度計を，電車の床に固定した。ばねの一端はおもりに固定され，他端は枠の内側に固定されており，

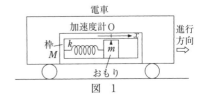

図 1

おもりは枠の中で直線運動するようになっている。枠に固定された座標系を考え，この座標系におけるおもりの位置を x とする。ばねが自然の長さのときのおもりの位置を $x=0$ とし，ばねが伸びる向きを x 軸の正の向きとする。また，x 軸の正の向きは，電車の進行方向と一致しているとする。枠とおもりの間の摩擦は無視でき，おもりが枠の端に接触したり，ばねが縮みきったりすることはないものとして，以下の問いに答えよ。ただし，重力加速度の大きさを g とし，電車の加速度の向きは，電車の進行方向を正として，正負の符号により表すものとする。

Ⅰ 電車が水平でまっすぐなレールの上を走っている場合を考える。

問1 電車が一定の加速度で走っているとき，おもりは枠に対して単振動した。振動の中心の x 座標を x_0 とするとき，電車の加速度を m，k，x_0 を用いて表せ。

★問2 電車の中で時刻 t とおもりの位置 x の関係を測定したところ，図2のようになった。ただし，$t=0$ では電車とおもりはともに静止しており，$t=0$〜t_1，t_1〜t_2，t_2〜t_3 の間は，それぞれおもりが枠に対して単振動したとする。単振動の振幅は，$t=0$〜t_1，t_2〜t_3 の間が l，$t=t_1$〜t_2 の間が $2l$ である。

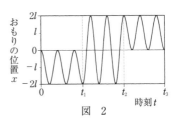

図 2

このとき，時刻 t と電車の速さ u の関係をグラフで表せ。また，$t=0$ から t_3 までの間に電車が移動した距離を，t_1，t_2，t_3 を用いずに表せ。

★問3 問2において，時刻 $t=0$〜t_1 の間に電車が加速度計に対してした仕事を，t_1，t_2，t_3 を用いずに表せ。

問4 問2において，時刻 $t=0$〜t_3 の間，加速度計を床に固定しなくても加速度計がすべり出さないための条件を求めよ。ただし，床と加速度計の間の静止摩擦係数 μ は，おもりの位置によらず一定であるとする。

Ⅱ 図3に示すように，電車が傾斜角 θ の斜面上で停止し，おもりがつり合いの位置で静止している状態から，時刻 $t=0$ 以降において，電車が一定の加速度 a で斜面を登る場合を考える。

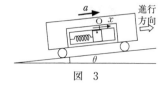

図 3

★★ 問5 時刻 t とおもりの位置 x の関係を，グラフおよび数式で表せ。

問6 時刻 $t=t_4$ で，電車の運動は等速直線運動に変わった。$t>t_4$ において，おもりが枠に対して静止し続けるための t_4 の条件を求めよ。

| 東大 |

扱う
テーマ 単振動におけるエネルギー

物理

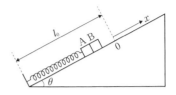

　自然の長さ l_0, ばね定数 k の質量を無視できる
ばねの一端に質量 m の小物体Aを固定する。こ
のばねの他端を右図のように固定し, 小物体が,
傾き θ で摩擦の無視できる十分に長い斜面上を,
なめらかに運動できるようにする。斜面上での静
止時のばねの長さは l になったとする。小物体A
を手で支えてばねの長さを l に保ったまま, 同じ質量の小物体Bを小物体Aの上に図
のようにのせる。次に, 小物体Bに適当な力を加えて, 小物体A, Bが互いに接した
まま大きさ v_0 の初速度で斜面に沿って下向きに運動するようにする。座標原点をば
ねの自然長の位置にとり, x 軸を図のように斜面に沿って上向きにとる。重力加速度
の大きさを g とし, 小物体の大きさは無視できるものとする。

★ 問1　v_0 が十分に小さければ, 小物体 A, B は一体となって単振動をする。小物体 A,
　　　B が最下端に来たときの小物体の位置 x_0 を求めよ。

★ 問2　速度 v_0 がある値 v_1 より大きくなると, 小物体Bが小物体Aから離れて運動を
　　　するようになる。v_1 を求めよ。また, 離れる位置 x_1 も求めよ。

★ 問3　$v_0 > v_1$ の場合, x_1 で分離後しばらく小物体 A, B はそれぞれ独立に斜面上を運
　　　動する。分離してから小物体Aがはじめて x_1 に戻ってくる間に小物体Aは小物体
　　　Bと衝突することはない。その理由を簡潔に述べよ。

★★ 問4　分離した小物体 A, B が x_1 ではじめて衝突したとする。このようなことが分離
　　　後最短時間で実現できるのは v_0 がどのような値のときか。

| 東京工大 |

ゴムひもによる単振動

扱うテーマ　ゴムひもによる振動　物理

次の文を読んで，空欄に適した式をそれぞれ記せ。

　長さ l の質量の無視できるゴムひもの両端に，2つの小球AおよびBがついている。小球AおよびBの直径は無視できるほど十分に小さく，質量はいずれも m とし，重力加速度の大きさを g とする。また，このゴムひもは，引き伸ばされた状態ではフックの法則に基づく復元力が働くが，細くてやわらかいために，たるんだ状態では小球の運動を妨げないものとする。

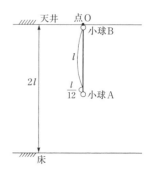

　右図のように，天井の点Oに小球Bを固定し，小球Aを静かにつるしたとき，ゴムひもは $\dfrac{l}{12}$ だけ伸びた。このゴムひもが自然長 l から x だけ引き伸ばされたとき，ゴムひもには $\dfrac{12mg}{l}x$ の復元力が働く。

I　小球Aを小球Bと同じ位置Oまで持ち上げ，小球Bを固定したまま小球Aのみをそのまま自由落下させた。このとき，落下する小球Aが到達する最下端の位置は，天井から ⎣ (1) ⎦ だけ下方となる。小球Aは(1)の位置から，ゴムひもの復元力 ⎣ (2) ⎦ によって上昇運動をはじめる。その上昇運動において，小球Aは天井から l の位置を速さ ⎣ (3) ⎦ で通過するが，その瞬間に，天井の点Oで固定していた小球Bを静かに解放した。その後，小球AとBは天井から ⎣ (4) ⎦ の位置で衝突するが，小球Bを解放してから衝突するまでに要する時間は ⎣ (5) ⎦ である。この衝突が完全非弾性衝突（反発係数 $e=0$）であり，衝突後は完全にひとつの小球として運動する場合，衝突してからこの小球が天井から鉛直距離で $2l$ だけ下にある床に落下するまでに要する時間は ⎣ (6) ⎦ である。

★II　次に，Iと同様の手順で点Oから小球Aを自由落下させ(1)の位置に小球Aが到達した瞬間に，点Oで固定していた小球Bを静かに解放した。この解放した瞬間においては，小球AとBはゴムひもの復元力(2)によって，お互いに引き寄せられている。自由落下している仮想的な観測者からこの2つの小球を見ると，どちらの小球にも重力が働かず，ゴムひもの復元力のみにより運動しているように見える。したがって，小球Bを解放した瞬間からゴムひもが自然長 l に戻るまでに要する時間は ⎣ (7) ⎦ であり，その後，小球AとBが衝突するまでにはさらに ⎣ (8) ⎦ だけ時間がかかる。その衝突する位置は天井から ⎣ (9) ⎦ の位置となる。

｜京大｜

水平な机の上に置かれた台の内側に，半径Rの半円形のレールが取り付けられている（図1）。机上の1点Oを原点として水平にx軸をとり，レールの中心Cのx座標が原点に一致するように台を置いた。まず，台を机に固定したまま，図1のように小球をレールの最下点Pから$+x$方向にLだけ離れたレール上の点Qに一旦静止させる。その後小球はレール上を摩擦を受けることなく運動するものとして，以下の問いに答えよ。ただし，小球の質量をm_1，レールを含んだ台の質量をm_2，重力加速度の大きさをgとする。また，LはRに比べて十分小さいものとする。必要であれば，θ〔rad〕が十分小さいときの近似公式，$\cos\theta\fallingdotseq1$，$\sin\theta\fallingdotseq\theta$を用いてもよい。

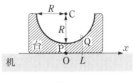

図　1

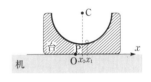

図　2

Ⅰ　台を机に固定したままで，小球を静かに放したところ，単振動をはじめた。小球のx座標をx_1，x軸方向の加速度をa_1とする。

問1　小球のx軸方向の運動方程式を求めよ。

問2　この単振動の周期を求めよ。

Ⅱ　図1の状態に戻し，今度は，台が机に対して摩擦を受けることなく動けるようにした。その上で小球を点Qから静かに放したところ，小球はやはり単振動をはじめた。図2のように小球と点Pのx座標をそれぞれx_1，x_2，小球と台のx軸方向の加速度をそれぞれa_1，a_2とする。

問3　小球と台に働く力の関係から，a_1とa_2の間に成り立つ関係式を求めよ。

問4　小球と台を合わせた系に対してはx軸方向には外からの力は働かないので，系の重心のx座標は変化しない。このことから，x_1とx_2の間に成り立つ関係式を求めよ。

★問5　小球の単振動の中心位置のx座標を求めよ。

★問6　小球の単振動の振幅を求めよ。

★問7　小球の単振動の周期を求めよ。

| 東大 |

標問 27 熱気球

解答・解説 p.81

扱うテーマ　ボイル・シャルルの法則と状態方程式　　　　　　　　　　　　　　　　物理

右図のような，気球とゴンドラからなる熱気球を考える。気球部分は，熱を通さず，伸び縮みしない軽い布からできている。気球の下部には弁があり，弁を開けると気球内部は大気と同じ圧力になる。気球には内部の気体をあたためるヒーターがついている。また，

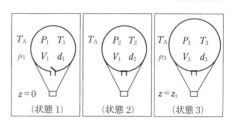

| T_A ρ_1 | P_1 V_1 | T_1 d_1 | T_A | P_2 V_1 | T_2 d_2 | T_A ρ_3 | P_3 V_3 | T_3 d_3 |

$z=0$　　　　　　　　　　　　　　　　　　　$z=z_3$

（状態1）　　　　　（状態2）　　　　　（状態3）

布を操作して，気球がいっぱいにふくらんだときの体積を変化させることができる。気球内の気体を除いた熱気球の質量は M である。大気と気球内の気体は同じ種類の理想気体であるとし，その分子量を W，定積モル比熱を C_V とする。大気の絶対温度 T_A は高度によらず一定と仮定する。熱気球に働く浮力の大きさは，気球部分が押しのけた大気に働く重力の大きさに等しいとする。気体定数を R として，以下の文中の(1)〜(7)，(9)には適切な数式を記入せよ。(8)と(10)については，理由を簡潔に述べよ。

Ⅰ　気球の弁を開けた状態で，気球内の気体をあたためたところ，気球はいっぱいにふくらんで地表から離れ，空中に浮いて静止していた（状態1）。この位置を原点（$z=0$）として，鉛直上向きに z 軸をとる。

　　状態1での気球内の気体の圧力，体積，絶対温度，密度を，それぞれ P_1，V_1，T_1，d_1 とする。このとき，$\dfrac{P_1}{d_1 T_1}$ は，W と R を用いて，

$$\frac{P_1}{d_1 T_1} = \boxed{\quad(1)\quad}$$

と表される。このことから，$\dfrac{P_1}{d_1 T_1}$ は気体の圧力や絶対温度に依存せず，理想気体の種類で決まることがわかる。この関係は大気についても成り立つ。したがって，高度 $z=0$ での大気の密度を ρ_1 とすると，T_1 は，ρ_1，d_1，T_A を用いて，

$$T_1 = \boxed{\quad(2)\quad}$$

と表される。また，熱気球に働く力のつり合いから，気球内の気体の密度 d_1 は，ρ_1，M，V_1 を用いて，

$$d_1 = \boxed{\quad(3)\quad}$$

と表される。

Ⅱ　次に，弁を閉じ，気体の体積を V_1 に保ったまま，ヒーターで内部の気体に熱量 Q（$Q>0$）を与えたところ，気球内の気体の圧力，絶対温度は，それぞれ P_2，T_2 となっ

た (状態 2)。このとき，T_2 を C_V，Q，P_1，V_1，T_1，R を用いて表すと，

$$T_2 = \boxed{\quad (4) \quad}$$

となる。また，P_2 は，C_V，Q，P_1，V_1，R を用いて，

$$P_2 = \boxed{\quad (5) \quad}$$

と表される。

Ⅲ 次に，弁を閉じたまま，気球の体積を V_1 から V_3 にゆっくりと増加させたところ，気球内の気体の圧力，絶対温度，密度は，それぞれ P_3，T_3，d_3 となり，気球は高度 z_3 で静止した (状態 3)。この高度における大気の密度を ρ_3 とすると，ρ_1，V_1，V_3 を用いて，

$$\rho_3 = \boxed{\quad (6) \quad}$$

と表される。

ところで，高度 z における大気の密度が $\rho_1 \times 10^{-az}$ (a は正の定数) で与えられるとすると，高度 z_3 は，a，V_1，V_3 を用いて表すことができ，

$$z_3 = \boxed{\quad (7) \quad}$$

となる。

★ Ⅳ 状態 2 から状態 3 への過程では，気球内の気体は断熱変化をする。断熱変化の途中の気体の圧力 P と体積 V の間には，定数 γ を用いて，$PV^{\gamma} =$ 一定 という関係が成り立つ。以下，状態 2 から状態 3 への断熱変化の考察から，$\gamma > 1$ であることを導こう。

この過程では，気体の体積が増加するにつれて，気球内の気体の内部エネルギーは減少する。その理由を $\boxed{\quad (8) \quad}$ に簡潔に述べよ。ただし，熱力学第 1 法則を用いて解答すること。次に，断熱変化の途中の気体の絶対温度 T を V，V_1，T_2，γ を用いて表すと，

$$T = \boxed{\quad (9) \quad}$$

となる。以上の結果と，理想気体の内部エネルギーは絶対温度に比例するという性質を用いて，$\gamma > 1$ である理由を $\boxed{\quad (10) \quad}$ に簡潔に述べよ。ただし，この過程で気球内の気体の絶対温度がどのように変化するかを示し，解答すること。

｜阪大｜

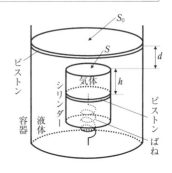

　右図のように液体の入った円筒状の容器の中に，熱をよく通すシリンダーがさかさまに浮いている。容器とシリンダーにはそれぞれ，気密性を保ちながらなめらかに動き，質量が無視できるピストンがついている。シリンダーには質量が無視できる n 〔mol〕の理想気体が入っており，シリンダーのピストンと容器の底は質量が無視できるばねでつながれている。容器とシリンダーの断面積はそれぞれ S_0 〔m^2〕，S 〔m^2〕，液体の密度は ρ 〔kg/m^3〕，外気圧は P_0 〔Pa〕，気体定数は R 〔J/(mol·K)〕，重力加速度の大きさは g 〔m/s^2〕とする。シリンダーの軸は常に鉛直方向に保たれており，容器とシリンダーのピストンの厚さおよびシリンダーの底の厚さは無視できるものとする。

問1　シリンダーは液面下 d 〔m〕のところに静止しており，シリンダーの底からピストンまでは h 〔m〕であり，ばねは自然長であった。

(1)　シリンダー内の気体の圧力 P 〔Pa〕および温度 T 〔K〕を求めよ。

(2)　シリンダーの質量 M 〔kg〕を求めよ。

問2　液体と気体の温度をともに T 〔K〕から T_1 〔K〕に上昇させ，容器のピストンの上に質量 W 〔kg〕のおもりをのせると，シリンダーは静止し，ばねは再び自然長に戻った。液体の密度および外気圧は変化しないものとする。

(1)　シリンダー内の気体の体積 V_1 〔m^3〕および圧力 P_1 〔Pa〕を求めよ。

(2)　おもりの質量 W 〔kg〕を求めよ。

★問3　問1の状況でばねを取りはずす。ただし，液体と気体の温度は変化しないものとする。

(1)　シリンダーを問1の位置から微小な距離 x 〔m〕上昇させると，シリンダーのピストンも問1の位置から y 〔m〕上昇した。x を y で表せ。ただし，$x=0$ のときのシリンダー内の気体の圧力を P 〔Pa〕とし，S_0 は S に比べて十分に大きく，容器のピストンの位置の変化は無視できるものとする。

(2)　このとき，シリンダーに働く合力 F 〔N〕を上向きを正として求め，その結果を用いてシリンダーが上下方向の変位に対して不安定である理由を述べよ。

東京工大

扱う テーマ   気体の分子運動／分子の平均運動エネルギーの算出   物理

図1のような円筒容器(底面の半径 a,高さ L)に質量 m の分子 N 個からなる理想気体を入れる。容器の内壁はなめらかであり,分子は容器の内壁と弾性衝突をしているとする。以下では,重力の影響は無視でき,分子どうしの衝突はないものとする。図1のように,容器の上面(および底面)に平行な面内(水平面内)に x 軸と y 軸をとり,円筒の中心軸に平行に z 軸をとる。

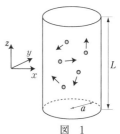

図 1

以下の文中の空欄にあてはまる数式を記入せよ。ただし,文中および図中で使われる文字のうち,p_z,p_h,$\overline{f_z}$,$\overline{f_h}$,l を用いてはいけない。

I 容器の上面が受ける圧力を求めよう。上面と衝突する直前のある1個の気体分子の速度を $\vec{v}=(v_x,\ v_y,\ v_z)$ とすると,衝突直後の速度は <u> (1) </u> となるので,この1個の分子が1回の衝突で壁に及ぼす力積の大きさは <u> (2) </u> となる。重力の影響を無視し,分子どうしの衝突がないとしているので,分子の速度は次の衝突まで変化しない。また,速度の z 成分は,上面および底面との衝突で変化するが,側壁との衝突では変化しない。分子は上面の衝突から次の上面との衝突までに z 方向に距離 $2L$ 移動する。したがって,上面との衝突から次の上面との衝突までの時間は <u> (3) </u>,単位時間あたりの衝突回数は <u> (4) </u> となる。上面が1個の分子から受ける力の大きさの平均 $\overline{f_z}$ は,単位時間あたりの力積に等しいので,$\overline{f_z}=$ <u> (5) </u> となる。よって,N 個の分子が上面に及ぼす力は,N 個の分子の $v_z{}^2$ の平均値 $\overline{v_z{}^2}$ を用いて <u> (6) </u> となる。上面が受ける圧力 p_z は,上面が受ける単位面積あたりの力の大きさなので,$p_z=$ <u> (7) </u> となる。底面が受ける圧力も同じ値になる。

★ II 次に,容器の側壁が受ける圧力を求めよう。まず,図2のように,上面(および底面)に平行に運動している,ある1個の分子($v_z=0$ で,水平方向の速さ v_h)に着目する。図2のように,この分子が側壁の点Aにおいて線分 OA とのなす角度 θ で衝突する場合,壁に垂直な速度成分(OA 方向成分)のみが衝突の前後で変化する。ただし,点Oは点Aを含む水平面

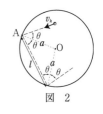

図 2

と円筒の中心軸との交点である。衝突前の壁に垂直な速度成分の大きさは <u> (8) </u> なので,1回の衝突で分子が壁に及ぼす力積の大きさは <u> (9) </u> となる。側壁との衝突から次の側壁との衝突までに分子は距離 $l=$ <u> (10) </u> 移動する。したがって,単位時間あたりの衝突回数は <u> (11) </u> となり,側壁がこの1個の分子から受ける力の大きさの平均 $\overline{f_h}$ は,$\overline{f_h}=$ <u> (12) </u> となる。v_z が0でない場合にも,$\sqrt{v_x{}^2+v_y{}^2}$ を v_h とお

くと1個の分子から受ける力の大きさの平均は(12)と表される。よって，N個の分子が側壁に及ぼす力は，N個の分子の${v_h}^2$の平均値$\overline{{v_h}^2}$を用いて $\boxed{(13)}$ となり，側壁が受ける圧力p_hは $p_h=\boxed{(14)}$ となる。

Ⅲ　容器内を多数の分子が飛び回っている場合，上面が受ける圧力p_zと側壁が受ける圧力p_hが等しいことを示そう。分子の速さをvとすると，v^2の平均値$\overline{v^2}$は，$\overline{v^2}=\overline{{v_x}^2}+\overline{{v_y}^2}+\overline{{v_z}^2}$ と表される。多数の分子の運動は乱雑で，向きによる差がないので，$\overline{{v_x}^2}=\overline{{v_y}^2}=\overline{{v_z}^2}$ が成り立つ。また，$\overline{{v_x}^2}+\overline{{v_y}^2}=\overline{{v_h}^2}$ であることに注意すると，$\overline{{v_h}^2}$ と $\overline{{v_z}^2}$ はそれぞれ $\overline{{v_h}^2}=\boxed{(15)}\overline{v^2}$，および $\overline{{v_z}^2}=\boxed{(16)}\overline{v^2}$ と表すことができる。したがって，$p_z=p_h=\boxed{(17)}\overline{v^2}$ となる。

Ⅳ　上の結果より，分子の運動エネルギーの平均値をp_zを用いて表すと，

$\dfrac{1}{2}m\overline{v^2}=\boxed{(18)}\,p_z$ となる。気体の絶対温度をT，アボガドロ定数をN_{A}，気体定数をRとすれば，状態方程式により $p_z=\boxed{(19)}$ となる。このことから，分子の運動エネルギーの平均値と気体の絶対温度Tの関係が，$\dfrac{1}{2}m\overline{v^2}=\boxed{(20)}\,T$ となることがわかる。

｜九州工大｜

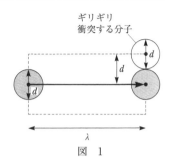

ギリギリ
衝突する分子

図　1

　実際の気体分子は有限の大きさをもち，互いに
衝突して不規則な運動を行っている。１つの分子
が他の分子と衝突してから，次に別の分子と衝突
するまでの平均距離を平均自由行程 λ〔m〕とよぶ。
分子は球状であると仮定し，その直径を d〔m〕と
する。他の分子が止まっていると仮定すると，図
１に示すように半径 d，長さ λ の円筒中に平均し
て１個の分子が存在することになる。一方，分子
が N_A 個集まって 1 mol の体積 V〔m³〕を形成す
るので，V を d，λ，N_A を用いて表すと $V=$ ⑴ となる。したがって，λ は圧力
p〔Pa〕，絶対温度 T〔K〕，気体定数 R〔J/(mol·K)〕と $\lambda=$ ⑵ という関係で結ば
れている。λ は１気圧では 1×10^{-7} m 程度と短いが，圧力を下げると長くなる。また，
$\dfrac{\overline{v}}{\lambda}$ は分子間の衝突が起こる頻度を表すが，１気圧, 27℃の気体について計算してみる
と, １秒間におよそ 4×10^9 回衝突していることがわかる。

　気体中に温度の分布があると，熱は高温側から低温側
に伝わる。これは，分子どうしの衝突により運動エネル
ギーが交換されることによる。ここで，気体分子による
熱伝導を図２のように考えてみる。ある平面Aにおいて
両側から飛び込んでくる分子は，Aに飛び込む前にはA
からおよそ λ だけ離れた場所にいたと考えられる。今，

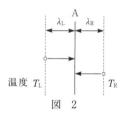

図　2

Aの左右において温度が異なり，平均自由行程も異なることを考慮して，Aから右側
に平均自由行程 λ_R 離れたところの温度を T_R〔K〕，左側に平均自由行程 λ_L 離れたとこ
ろの温度を T_L〔K〕とする。このとき，温度 T_R のところから飛び込んでくる１個の分
子は ⑶ のエネルギーを運んでくる。同様にして，温度 T_L のところから飛び込ん
でくる１個の分子は ⑷ のエネルギーを運んでくる。Aに右側から飛び込む単位
時間，単位面積あたりの分子の数を f_R〔1/(m²·s)〕，左側から飛び込む分子の数を
f_L〔1/(m²·s)〕とすると，Aを右側から左側へ通過する単位時間，単位面積あたりのエ
ネルギー Q〔J/(m²·s)〕は，

　　　$Q = f_R \times (3) - f_L \times (4)$ …①

となる。

　温度勾配を $\dfrac{\varDelta T}{\varDelta x}$ と書くことにすれば，$\dfrac{\varDelta T}{\varDelta x} = \dfrac{T_R - T_L}{\lambda_R + \lambda_L}$ である。また，定常な状態で
は平面Aに左右から飛び込んでくる分子の数はつり合っているので，$f_R = f_L$ である。

したがって，$f = f_R = f_L$ として①式に代入すると，

$$Q = \boxed{(5)} \times \frac{\Delta T}{\Delta x}$$

とまとめることができる。すなわち，Aを通過するQは温度勾配に比例する。この比例係数αを熱伝導度とよぶ。fは平面A付近の平均的な速さ$\bar{v}$を用いて

$f = \frac{1}{4}\bar{v}N_A\frac{p}{RT}$ 〔$1/(\text{m}^2 \cdot \text{s})$〕であることがわかっている。

また，λ_Rとλ_Lの平均 $\dfrac{\lambda_R + \lambda_L}{2}$ がλであると近似して(5)に代入すると，結局

$\alpha = \boxed{(6)}$ となる。

問1　上の文中の空欄にあてはまる式を，単位とともに答えよ。

★ 問2　物質の熱伝導度αは熱の伝えやすさを示す値である。ヘリウム（原子量4，$d = 2.6 \times 10^{-10}$〔m〕）とアルゴン（原子量40，$d = 3.4 \times 10^{-10}$〔m〕）を比較した場合，どちらが熱を伝えやすいか，理由とともに答えよ。

★ 問3　二重にした窓ガラスの場合には，2枚のガラスの隙間に空気が入っている。27℃，1.0×10^5 Pa における空気の平均自由行程は 1.0×10^{-7} m，平均的な速さは 400 m/s であるとし，空気の熱伝導度を求めよ。一方，ガラスの熱伝導度は 1.0 J/(m·s·K) である。空気の熱伝導度とガラスの熱伝導度の比を求めよ。

| 東大 |

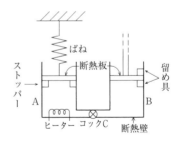

　右図のように，断熱壁で囲まれた同一形状の
シリンダー A，B が，コック C のついた体積の
無視できる細い管でつながれている。最初，
コック C は閉じていて，シリンダー A には，圧
力 P_0，体積 V_0，物質量 n の単原子分子の理想気
体が質量 m の断熱板で閉じ込められている。
断熱板はすべり落ちないように，下からストッ
パーで支えられており，天井から質量の無視で

きるばね定数 k のばねが取り付けられている。ばねの長さは自然長に等しい。また，
シリンダー A 内にはヒーターがあり，スイッチをいれると，気体を加熱することがで
きる。シリンダー B は真空になっていて，内部の容積が V_0 になるような高さに断熱
板があり，留め具により固定されている。断熱板の断面積を S，重力加速度の大きさ
を g，気体定数を R とする。シリンダー外部の圧力による影響は無視してよい。

問1　コック C をゆっくり開く。十分に時間が経過して，気体がシリンダー A，B の
　　　内部に一様に充満したときの気体の状態を Z_1 とし，そのときの温度 T_1 と圧力 P_1
　　　を求めよ。ただし，シリンダー A 内の断熱板はストッパーから離れないものとする。

問2　状態 Z_1 において，ヒーターのスイッチを入れて気体をゆっくり加熱すると，し
　　　ばらくして，シリンダー A の断熱板が動き始めた。その瞬間に，ヒーターのスイッ
　　　チを切った。スイッチを切った後の気体の状態を Z_2 とし，そのときの気体の圧力
　　　P_2 と温度 T_2 を求めよ。

★ 問3　状態 Z_2 において，ヒーターのスイッチを入れて気体を徐々に加熱すると，シリ
　　　ンダー A の断熱板がゆっくりと上方に動いた。気体の体積が ΔV だけ増えたとき，
　　　ヒーターのスイッチを切った。スイッチを切った後の気体の状態を Z_3 とし，状態
　　　Z_2 から状態 Z_3 への変化に関して，以下の問いに答えよ。
　　(1)　気体の圧力増加 ΔP を ΔV を用いて表せ。
　　(2)　気体がした仕事 W_g を P_2，ΔP，ΔV を用いて表せ。
　　(3)　ヒーターが気体に与えた熱 Q_h を P_2，V_0，ΔV，ΔP を用いて表せ。

問4　状態 Z_2 において，コック C を閉め，シリンダー B の断熱板の留め具をはずし，
　　　その断熱板を機械的に速く上下振動させた後に，元の位置に戻し，再び，留め具で固
　　　定した。この間に，気体がなされた仕事を $W_m (>0)$ とする。その後，十分に時間が
　　　経過したときの状態を Z_4 とする。状態 Z_4 の温度 T_4 を T_2，W_m を用いて表せ。

★ 問5　状態 Z_4 において，コック C をゆっくりと開くと，シリンダー A の断熱板がゆっ
　　　くりと上下に動き，状態 Z_3 と同じ状態になった。このとき，W_m と Q_h の関係を記
　　　せ。また，その関係が成り立つ理由を簡潔に述べよ。 ｜東大｜

1 mol の理想気体が図のような状態変化を行うものとする。まず過程①では，理想気体が一定の温度 T_2 に保たれて，その体積が V_1 から V_2 まで増大し，その間に（つまり温度 T_2 の等温膨張が起こっている間に），理想気体は外部から熱量 Q_1 を受け取り，外部に対して仕事 W_1 を行う。次に過程②では，理想気体の断熱膨張が起こり，

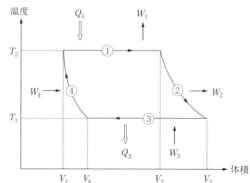

その温度が T_2 から T_1 まで下降する間に理想気体は外部に対して仕事 W_2 を行う。さらに過程③では，温度 T_1 の等温圧縮が起こり，理想気体が外部へ熱量 Q_3 を放出し，また外部から仕事 W_3 を受け取る。最後に過程④では，断熱圧縮が起こり，理想気体が外部から仕事 W_4 を受け取る。エネルギー保存の法則（熱力学第 1 法則）や，理想気体の内部エネルギー変化が温度の変化だけによることに注意して，以下の問いに答えよ。

問1　Q_1 と W_1 との間には，どのような関係式が成り立つか。

問2　Q_3 と W_3 との間には，どのような関係式が成り立つか。

★★ 問3　気体定数を R とすれば，W_1 は $RT_2 \log \dfrac{V_2}{V_1}$ と表される。W_3 はどのように表されるか。

問4　理想気体の定積モル比熱を C_V とすれば，W_2 および W_4 は C_V と温度を用いてどのように表されるか。

★★ 問5　理想気体の状態が断熱的に変化する過程では，その温度 T と体積 V が次の関係式を満足する。

$$TV^{\gamma-1} = 一定$$

この式中の $\gamma-1$ は，R と C_V を用いてどのように表されるか。

問6　問5の関係式に基づいて，$\dfrac{V_2}{V_1}$ を，V_3 と V_4 を用いて表せ。

問7　問6の結果に基づいて，W_3 と W_1 との比 $\dfrac{W_3}{W_1}$ を求めよ。

問8　図に示した状態変化が一巡する間に，理想気体が外部に対して行う仕事の総和 W_T は，W_1 と温度を用いてどのように表されるか。

問9　この W_T と Q_1 との比 $\dfrac{W_T}{Q_1}$ （すなわち熱効率）は，温度を用いてどのように表されるか。

早大

次の文を読んで，空欄に適した式または数値を，それぞれ記せ。なお，$|x|\ll 1$，$|y|\ll 1$ を満たす任意の微小量 x，y に対して $\dfrac{1+x}{1+y}\fallingdotseq 1+x-y$ を用いてよい。

Ⅰ　圧力 P の気体の体積 V が微小体積 $\varDelta V$ だけ増加したとき，気体がされた仕事は ⎡(1)⎤ である。このとき気体の内部エネルギーが $\varDelta U$ だけ増加すると同時に，熱量 Q が気体に流れ込む。この熱量 Q は熱力学第1法則を考慮すると ⎡(2)⎤ と表される。

Ⅱ　モル比熱とは，1 mol の気体の温度を 1 K 上昇させるのに必要な熱量である。圧力 P，体積 V，温度 T の 1 mol の理想気体は状態方程式 $PV=RT$ を満たす。ただし，R は気体定数である。この気体の圧力を一定に保ち，体積，温度をそれぞれ $\varDelta V$，$\varDelta T$ だけ変化させると，$\varDelta V=$ ⎡(3)⎤ $\varDelta T$ という関係式が成り立つ。したがって，定圧モル比熱 C_p と定積モル比熱 C_v の差は $C_p-C_v=$ ⎡(4)⎤ となる。

★Ⅲ　1 mol の理想気体の圧力，体積，温度をそれぞれ P，V，T から $P+\varDelta P$，$V+\varDelta V$，$T+\varDelta T$ に断熱的に微小変化させてみる。このとき $\dfrac{\varDelta T}{T}$ を比熱比 $\gamma=\dfrac{C_p}{C_v}$ を用いて表すと ⎡(5)⎤ $\dfrac{\varDelta V}{V}$ である。次に状態方程式を考慮して，$\dfrac{\varDelta V}{V}$ を P，$\varDelta P$，T，$\varDelta T$ を用いて表すと ⎡(6)⎤ となるので，$\dfrac{\varDelta T}{T}=$ ⎡(7)⎤ $\dfrac{\varDelta P}{P}$ と書ける。

Ⅳ　今までの議論を踏まえて，地表近くの空気の温度低下率について考えてみよう。地表から 10 km 位までの空気の層は対流圏とよばれ，空気の塊が重力加速度 g を受けながらゆっくりと上昇または下降する。今，空気を断熱変化をする理想気体とみなし，上昇している空気の塊に着目する。密度 ρ の空気の塊が高さ $\varDelta z$ だけ上昇すると，圧力は $-\rho g\varDelta z$ だけ変化する。また ρ は 1 mol あたりの空気の質量 M および，P，T，R を用いて ⎡(8)⎤ と表されるので，圧力の変化率は $\dfrac{\varDelta P}{P}=$ ⎡(9)⎤ $\varDelta z$ という関係を満たす。以上より，温度変化率を M，g，γ，R を用いて表すと，$\dfrac{\varDelta T}{\varDelta z}=$ ⎡(10)⎤ となる。

｜京大｜

扱う
テーマ 微小変化に対する近似

物理

1 mol の理想気体の圧力 p, 体積 V, 絶対温度 T は状態方程式, $pV = RT$ にしたがって変化することが知られている。ここで $R = 8.3$ 〔J/(mol・K)〕は気体定数である。たとえば体積 $V = 1$ 〔m³〕, 絶対温度 $T = 300$ 〔K〕の気体の圧力は, $p =$ ☐(1) 〔Pa〕になる。また, 内部エネルギーは, $U = C_V T$ であることも知られている。C_V は定積モル比熱で, 単原子気体の場合は, $C_V =$ ☐(2) である。

気体の圧力と体積が変化すると, それに応じて温度も変化する。いま圧力が $p = p_0$ から $p = p_0 + \Delta p$, 体積が $V = V_0$ から $V = V_0 + \Delta V$ に変化したとき, 絶対温度が $T = T_0$ から $T = T_0 + \Delta T$ に変化したとしよう。Δp, ΔV は微小量であり, それらの積 $\Delta V \Delta p$ はさらに小さく無視できるとすると,

$$R\Delta T = \boxed{} + p_0 \Delta V$$

の関係が得られる。

まず, $\Delta T = 0$ の等温変化の場合を考えよう。このとき圧力変化と体積変化の関係は,

$$\Delta p = \boxed{} \Delta V$$

となる。次に断熱変化の場合を考えよう。断熱変化では, 内部エネルギー変化は体積変化によって外部から受け取る仕事に等しいので, $\Delta U = C_V \Delta T = -p_0 \Delta V$ が成り立つ。したがって, 体積変化 ΔV に伴う圧力変化 Δp は,

$$\Delta p = -\gamma \frac{p_0}{V_0} \Delta V$$

で与えられ, γ は C_V, R を用いて, $\gamma = \boxed{}$ と表される。また, 体積変化に伴う温度変化 ΔT を T_0, V_0, γ および ΔV を用いて表すと, $\Delta T = \boxed{}$ となる。このことから, 断熱変化の場合, 体積が増えると気体の温度は $\boxed{}$ ことが分かる。

★ **問1** 上の文中の空欄に適切と思われる数値, 式, または語句を記入せよ。

★★ **問2** 右図のような断面積 S のシリンダーがあり, 質量 M のピストンで仕切られている。ピストンやシリンダーは断熱材でできている。左右の部屋にそれぞれ 1 mol の理想気体があり, 各部屋の容積は V_0, 圧力は p_0 で, ピストンはつり合いの位置に静止している。

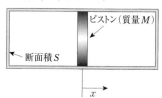

ピストンをつり合いの位置から右向きに微小距離 A だけ移動して, 時刻 $t = 0$ で静かに離したところ, ピストンは単振動を始めた。ピストンに働く摩擦力は無視できるとする。

(1) ピストンがつり合いの位置から右向きに微小距離 x の位置にあるときの, 左右の部屋の圧力をそれぞれ $p_0 + \Delta p_L$, $p_0 + \Delta p_R$ とおく。Δp_L, Δp_R を x, S, γ, p_0, V_0 を用いて表せ。

(2) ピストンがつり合いの位置から右向きに微小距離 x の位置にあるとき, ピストンに対して右向きに働く力 F を x, S, γ, p_0, V_0 を用いて表せ。

(3) 単振動の角振動数 ω を求めよ。また, 時刻 t でのピストンの位置 x を表す式を書け。

｜広島大｜

扱うテーマ 摩擦熱とエネルギー保存則／電熱器による加熱 物理

次の文中の空欄に適した式をそれぞれ記せ。

図のように，鉛直方向になめらかに動く質量 m〔kg〕のピストンを備えた断面積 A〔m²〕のシリンダーがある。ピストンには質量の無視できる角棒が取り付けられており，ブレーキ板で角棒を挟み，ブレーキをかけるようになっている。角棒とブレーキ板との間の静止摩擦係数は μ，動摩擦係数は λ である。角棒とシリンダー底板との間に摩擦はない。また，シリンダーには逃がし弁と電気加熱器が備わっている。逃がし弁が開いているとき，内部の空気の圧力と温度は大気の圧力 p〔Pa〕と温度 T〔K〕にそれぞれ等しく，空気はシリ

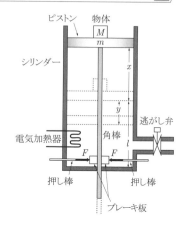

ンダーと外部との間で抵抗なく移動できる。逃がし弁が閉じているとき，内部の空気は密閉され，シリンダー壁やピストンなどの周囲とシリンダー内の空気の間で熱のやりとりはない。シリンダーと逃がし弁の間の管の体積，角棒，ブレーキ板，押し棒および電気加熱器の体積と熱容量は無視できる。また，空気を理想気体と考え，気体定数を R〔J/(mol·K)〕，空気の定圧モル比熱を C_p〔J/(mol·K)〕，定積モル比熱を C_V〔J/(mol·K)〕とする。

I　逃がし弁を開いた状態で，ブレーキ板が押し棒により左右からおのおの F〔N〕の力で押しつけられており，ピストンは静止している。ピストンの上に質量 M〔kg〕の物体をそっと載せたところピストンは動かなかった。重力加速度の大きさを g〔m/s²〕で表すと，押し棒に加えられている力 F〔N〕の最小値は ⎿(1)⏌〔N〕になる。

II　Iの状態でピストン上の物体を鉛直方向に持ち上げ落下させた。物体はピストンに衝突した後，ピストンと一体となって初速度 v〔m/s〕で下方に運動をはじめ，最初のピストン位置から x〔m〕下がって静止した。物体がピストンに衝突した後，静止するまでの物体とピストンの加速度は下向きを正として ⎿(2)⏌〔m/s²〕で，ピストンの下がった距離 x〔m〕は ⎿(3)⏌〔m〕である。このとき，一体となって運動する物体，ピストンおよび角棒に対して重力と摩擦力がした仕事は，x を用いずに表すと ⎿(4)⏌〔J〕である。

III　IIで静止した状態で，ピストン下面とシリンダー底までの距離は l〔m〕であった。ピストン上の物体を取り除いて逃がし弁を閉じたのち，押し棒を引っ張り，ブレーキ

板を角棒から離したところ，ピストンはゆっくりと y〔m〕下がった。理想気体の断熱変化に対しては，定圧モル比熱 C_p〔J/(mol・K)〕と定積モル比熱 C_V〔J/(mol・K)〕との比 C_p/C_V を γ とするとき，気体の圧力と体積の間に (圧力)×(体積)$^\gamma$＝一定 の関係が成り立つ。この関係より，y および l を用いれば，シリンダー内の空気の温度は $\boxed{(5)}\times T$〔K〕で，圧力は $\boxed{(6)}\times p$〔Pa〕で表される。

Ⅳ 次に，シリンダー内の空気を電気加熱器で t〔s〕間加熱すると，ピストンは y〔m〕上昇し元の位置に戻った。電気加熱器の抵抗は r〔Ω〕，加熱時に流れる電流は i〔A〕で，電気加熱器で発生した熱はすべて空気に加えられる。このとき，ピストン上面の大気がピストンにした仕事は $\boxed{(7)}$〔J〕である。また，シリンダー内の空気の物質量 (モル数) は $\boxed{(8)}$〔mol〕であり，加熱によるシリンダー内空気の温度上昇 $\varDelta T$〔K〕と加熱時間 t〔s〕およびピストンの上昇した距離 y〔m〕との関係は，$\varDelta T = \boxed{(9)}$ で表される。

｜京大｜

扱う
テーマ　気体の移動量／内部エネルギーからの温度の算出　物理

図のように，断熱壁でできた気密な箱（内部の高さ L〔m〕）の中に，気密を保ちつつ上下になめらかに動くことのできる仕切板（質量 M〔kg〕）があって，内部を上下 2 つの空間に分けている。この仕切板には外部からの信号によって自由に開閉できる弁が付けられており，箱の下部にはヒーターが設けられている。また，箱の内側の下から $\dfrac{L}{4}$ の高さにはストッパーが付けられていて，仕切板はこれより下には落ち込まない。

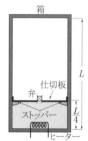

箱

仕切板

弁

ストッパー

ヒーター

L

$\dfrac{L}{4}$

最初，弁は閉じられており，上部の空間は真空である。また，下部の空間には温度 0℃ の 1mol の単原子分子理想気体が詰められているが，仕切板はその自重によってストッパーに乗っている。

重力加速度の大きさを g〔m/s²〕，気体定数を R〔J/(mol·K)〕，アボガドロ定数を N〔/mol〕として，以下の問いに答えよ。ただし，箱と仕切板の熱容量および仕切板の厚さは無視できるものとする。

問1　最初の状態における気体分子 1 個あたりの平均運動エネルギー〔J〕を求めよ。

問2　ヒーターによって気体をゆっくり加熱したところ，しばらくして仕切板が上方に動き始めた。このときの気体の絶対温度〔K〕と，それまでに気体に加えた熱量〔J〕を求めよ。

問3　さらに加熱を続けて仕切板の高さが $\dfrac{L}{2}$ になったところで加熱を止めた。仕切板が動き始めてから加えた熱量〔J〕を求めよ。また，加熱を止めた後の気体の内部エネルギー〔J〕を求めよ。

★問4　その後，弁を短時間開いて気体の一部を上部に逃がして，再び弁を閉じた。しばらく経過すると，上部と下部の気体の温度が等しくなり，平衡状態に達した。このときの仕切板の高さは $\dfrac{L}{3}$ であった。平衡状態における気体の絶対温度〔K〕と，上部に逃げた気体の物質量を求めよ。また，最終状態での気体の内部エネルギー〔J〕を問3の値と比較し，その違いの原因を述べよ。

|東大|

第3章　波　動

標問 37　波の屈折とホイヘンスの原理

解答・解説
p.111

扱うテーマ　ホイヘンスの原理　　　　　　　　　　　　　　　　　　　　　　　　　物理

★　次の文を読んで，空欄には適した式を，また，{ 　 }では適切なものの番号を1つ選べ。

晴れた寒い夜や，上空に強い風が吹いているとき，地上の音源から遠く離れた場所でその音が大きく聞こえることがある。この現象を理解するために，大気の状態を図1のように簡単化して考察してみる。すなわち，水平な2つの境界面（境界面Iおよび境界面II）を境にして大気が3つの層からなっており，地表から境界面Iまでの層では音速がv_1で無

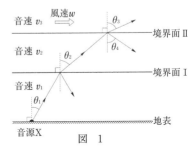

図 1

風状態，境界面Iから境界面IIまでの層では音速がv_2で無風状態，さらに境界面II以上の層では（無風時の）音速がv_3であって，風速wの風が左から右に向かって水平方向に吹いているとする。この状況において，地上の音源Xより，鉛直から右へ角度θ_1をなす方向に発せられた音波の，各境界面での屈折・反射を考えよう。境界面Iでの音波の屈折角をθ_2，境界面IIでの屈折角をθ_3，反射角をθ_4とする。

境界面Iは地表から十分に離れており，そこに届いた音波は平面波とみなせる。このとき，境界面Iにおける入射角と屈折角の関係を与える式として，$\dfrac{v_1}{v_2}$をθ_1，θ_2を用いて表す関係式

$$\frac{v_1}{v_2}=\boxed{}\text{(1)}$$

が成り立つ。次に，境界面IIにおける入射角と屈折角の間の関係式を，ホイヘンスの原理に基づいて考えよう。図2において，速さv_2で進む入射波の波面PQが境界面IIに達すると，Pから素元波が発せられ球面状に広がっていく。Pが境界面IIに達してから時間tの後，Qが境界面上のSに達したとする。この

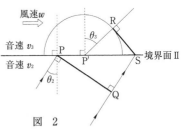

図 2

とき，Pから発せられた素元波のなす半円の中心は水平方向右向きの風のために点P′まで移動している。Sからこの半円に対して引いた接線RSが屈折波の波面である。距離$\overline{\text{PP}'}$，$\overline{\text{P}'\text{R}}$，$\overline{\text{QS}}$を$v_2$，$v_3$，$w$，$t$を用いて表すと，

$$\overline{\text{PP}'}=\boxed{}\text{(2)}, \qquad \overline{\text{P}'\text{R}}=\boxed{}\text{(3)}, \qquad \overline{\text{QS}}=\boxed{}\text{(4)}$$

である。したがって，境界面IIでの入射角と屈折角の関係を与える式として，wをθ_2，θ_3，v_2，v_3を用いて表す関係式

$$w = \boxed{(5)} \quad \cdots \text{①}$$

が成り立つ。この境界面IIを通過した屈折波の波面は，鉛直からの角度 θ_3 方向に，v_3, w, θ_3 で表される速さ $\boxed{(6)}$ で進んでいく。また，境界面IIにおける入射角 θ_2 と反射角 θ_4 の関係を与える式として $\boxed{(7)}$ が成り立つ。

さて，音源から遠く離れた地点でその音が大きく聞こえるという現象は，今の場合音源Xから発せられた音波が境界面で全反射されて地上に返ってくる現象であると考えられる。まず，境界面Iにおける全反射を考えよう。この全反射が起きるような角度 θ_1 が存在するためには，v_1, v_2 に関しての条件

$$\boxed{(8)} < 1$$

が成り立つ必要がある。つまり，境界面IとIIの間の層の気温が，境界面I以下の層の気温に比べて {(9)：①高く，②低く} なければならない。この条件が成り立っている場合，$\sin\theta_A = (8)$ で与えられる角度 θ_A よりも大きい θ_1 に対して境界面Iでの全反射が起きる。

次に，境界面IIでの全反射を考えよう。ここでの全反射が起きるためには，①式より，風速 w と音速 v_2, v_3 に関する条件

$$\boxed{(10)} < 1 \quad \cdots \text{②}$$

が成り立たなければならない。このとき，境界面IIに対する入射角 θ_2 が，

$$\sin\theta_B = (10)$$

で与えられる角度 θ_B よりも大きければ，境界面IIでの全反射が起きる。θ_2 がちょうどこの角度 θ_B に等しくなるような音波が音源Xを発する角度 θ_1 を θ_C とする。このとき，$\sin\theta_C$ は w, v_1, v_3 を用いて，

$$\sin\theta_C = \boxed{(11)} \quad \cdots \text{③}$$

となる。したがって，音源Xを発した音波が境界面IIで全反射するためには，

$$(11) < 1$$

の条件も成り立っていなければならない。条件②と③が成り立っている場合，θ_C よりも {(12)：①大きい，②小さい} 角度 θ_1 で音源Xを発し境界面Iを透過した音波は，境界面IIで全反射する。

| 京大 |

　雨上がりに日がさすと，太陽を背にして虹を見ることがある。虹は空中に浮かんだ無数の雨滴によって太陽光が分散して生じている。虹が観測できる条件は，雨滴を半径 r の球とし，空気の絶対屈折率を n_1，水の絶対屈折率を n_2 として以下のようになる。

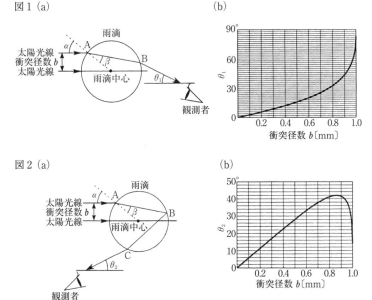

図1(a)　　　　　　　　　　　　　　　　　(b)

図2(a)　　　　　　　　　　　　　　　　　(b)

　図1(a)および図2(a)には，雨滴中を進む太陽光線の様子が，雨滴の中心を含む平面内で描かれている。ここで，雨滴中心を通る太陽光線と雨滴に入射する平行な太陽光線までの距離を衝突径数とする。ある衝突径数 b で太陽光線が雨滴の点Aに入射し，点Bで空気中に出る図1(a)の場合では，入射角 α で入射した太陽光線は最初に点Aで進行方向を時計回りに ⎵(1)⎵ だけ曲げられ，次に点Bで進行方向を時計回りに ⎵(2)⎵ だけ曲げられる。したがって，この散乱光が観測される水平から見上げた角度（仰角）θ_1 は ⎵(3)⎵ である。一方，点Aに入射した太陽光線が点Bで反射した後，点Cで空気中に出る図2(a)の場合では，点Bで太陽光線が反射するので，反射による太陽光線の進行方向の時計回りの変化 ⎵(4)⎵ も考慮しなくてはならない。このとき散乱光が観測される仰角 θ_2 は ⎵(5)⎵ となる。ここで，入射角 α と屈折角 β は屈折の法則からお互い ⎵(6)⎵ の関係にあるので，θ_1 および θ_2 は入射角 α と絶対屈折率 n_1，n_2 を使って表すことができる。また，$\sin\alpha$ は衝突径数 b と雨滴の半径 r によって ⎵(7)⎵ と書けるから，(3)〜(7)の結果を使って，θ_1 および θ_2 を衝突径数 b の関数として求めることが

できる。前ページの図 1 (b)および図 2 (b)は，波長 550 nm の光が $r=1$ [mm] の雨滴に入射した場合の θ_1 および θ_2 を描いたグラフである。

　衝突径数 b で雨滴に入射した太陽光線は，図 1 (b)または 2 (b)に従ってある仰角 θ に散乱される。もし衝突径数 b とわずかに異なる衝突径数 $b+\Delta b$ で入射した太陽光線がほぼ同じ仰角 θ に散乱されれば，その仰角で散乱光の強さが強くなり，虹を観測することができる。このことから虹を観測できるのは，図 ☐(8) (a)の場合で，その仰角は ☐(9) 度付近である。

★　問1　図 1 および図 2 を参照して，文中の空欄に適当な式あるいは数値を入れよ。

★★　問2　虹をよく観察すると，虹の外側は暗く内側は明るいことがわかる。この理由を50 字以内で答えよ。

★★　問3　水の絶対屈折率は図 3 に示したように，光の波長によって変化する。そのため虹を観測できる仰角は，光の波長によってわずかに異なる。これが七色の帯を作る理由である。図 3 を利用し，虹の七色の帯のうち，赤色，青色，黄色について，仰角が大きい順番に色を書き，その順序になる理由を 100 字以内で答えよ。

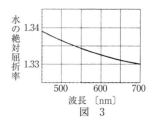
図 3

| 新潟大 |

　川の中にいる魚などを上から眺めると，その大きさが実物とは違って見える。図1に示すように，水面からの深さdの位置に，水平に置かれた長さLの物体 AB がある。Bの真上の空気中で，水面からの高さhの位置Cに眼をおいて，この物体を眺める。∠ACB をθ，点Aから出て眼に達する光の，水と空気との境界面に対する入射角をα，屈折角をβとし，空気に対する水の屈折率をnとする。

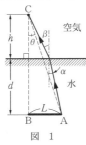 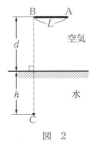

図 1　　　　　　　　　　　　　　図 2

問1　物体の大きさLを，h，d，θを用いて表せ。

問2　問1と同じLを，h，d，α，βを用いて表せ。

問3　αとβの関係を，nを用いて表せ。

★ 問4　問1，2，3の式で，角θ，α，βはいずれも小さく，それぞれの角について，$\tan\theta \fallingdotseq \sin\theta \fallingdotseq \theta$ などの近似が成り立つとする。このとき，物体の大きさが実物の何倍に見えるかを示す量$\dfrac{\beta}{\theta}$をh，d，nを用いて表せ。

★ 問5　次に，水中から空気中の物体を眺める場合を考えよう。図2に示すように，水面からの高さdのところに，水平に保たれている長さLの物体 AB を，Bの真下の水中で，水面からの深さhの位置Cに眼をおいて眺める。このとき，問4と同じ近似が成り立つとして，物体は実物の何倍の大きさに見えるかを答えよ。

| 名城大 |

凸レンズを使って，虫めがねから顕微鏡の原理を考えてみる。なお，以下の問いにおいて，レンズの厚みは無視できるものとする。

問1 焦点距離 $OF_1＝OF_2＝20$
〔mm〕の凸レンズがある。物体
AA' をレンズの中心 O より24
mm左側の位置に置いてみると，

レンズの右側に拡大された倒立像ができる。倒立像 BB' と凸レンズとの距離 OB，
および拡大率を求めよ。

虫めがねで物体を拡大して観察する場合を考える。物体 AA' を凸レンズの焦点よりわずかにレンズに近い位置に置いてみる。すると，レンズの右側に像はつくられないが，右側の焦点の付近からレンズをのぞく

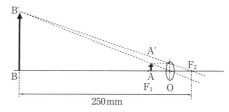

と，拡大された正立虚像 BB' が見えることになる。

問2 明視の距離（虚像と目との距離）を250mmとした場合について，レンズと物体
AA' との距離 OA を求めよ。さらにそのときの拡大率を求めよ。なお，目の位置は
レンズの焦点 F_2 とする。

2枚の凸レンズを組合せて顕微
鏡を作成する。レンズ L1 の焦点
距離は 20 mm，レンズ L2 の焦点
距離は 50 mm である。物体 AA'
とレンズ L1 の距離を24 mm とする。

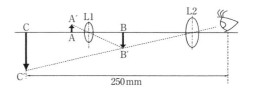

問3 レンズ L2 の右側の焦点の位置からのぞき，明視の距離（虚像 CC' と目との距離）が250mmであった場合，L1 と L2 の距離はいくらか。

★問4 目で見るのではなく，スク
リーン上に像CC′を結像させる。
スクリーンは，レンズL2から
右側に300 mm離れた場所に設
置する。そのとき，L1とL2の
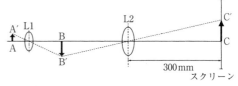
距離を問3の状態から変えないとすると，物体AA′とレンズL1との距離をいくら
ずらせばよいか。また，そのときの総合倍率$\left(\dfrac{\text{CC}'}{\text{AA}'}\right)$はいくらか。

★問5 物体AA′，レンズL2，スクリーンの位置は変えずに，レンズL1を焦点距離が
30 mmのレンズに交換し，スクリーンに像を結像させたい。レンズL1による倍率
が1倍以上である場合のレンズL1とレンズL2の距離はいくらになるか。また，こ
のときの総合倍率を求めよ。

| 名大 |

扱う テーマ　写像公式　　　　　　　　　　　　　　　　　　　　　　　　　　　　物理

　図のように，焦点距離 20 cm のうすい凸レンズを点Bに置き，凸レンズの光軸上に光軸に垂直に物体を点Aに置く。また点Cにはいろいろな光学器具を光軸に垂直に置くものとして，できる像の位置，種類，倍率，正立・倒立の区別について求めよ。

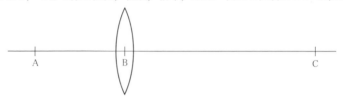

- ★★ 問1　　点Cに焦点距離 20 cm の凹面鏡を置いたときにできる像を求めよ。ただし，距離 AB および BC は 30 cm および 70 cm とする。
- ★ 問2　　点Cに焦点距離 20 cm のうすい凸レンズを置いたときにできる像を求めよ。ただし，距離 AB および BC は 40 cm および 50 cm とする。
- ★ 問3　　点Cに焦点距離 20 cm のうすい凹レンズを置いたときにできる像を求めよ。ただし，距離 AB および BC は 40 cm および 50 cm とする。

| 岩手大 |

解答・解説 p.123

物理基礎

　図1は縦波を表すグラフである。x軸は媒質のつり合いの位置を，y軸は左右への媒質の変位(右方向を正)を表し，グラフは正弦曲線とみなすことができる。つり合いの位置を中心として媒質が単振動している波が，右方向へ速さ4m/sで連続的に進行するとき，この波の諸性質について以下の問いに答えよ。ただし，波の先端が自由端P($x=5$〔m〕の位置)に達した時刻を $t=0$〔s〕とし，$\pi=3.14$ とする。

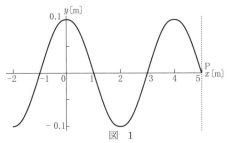

図　1

問1　この波の周期はいくらか。

問2　時刻 $t=0$〔s〕において，媒質の密度が最も疎になる点のうち，図1中に示すx座標の値をすべて求めよ。

問3　時刻 $t=0$〔s〕において，右方向の媒質の速度を正として表すとき，つり合いの位置における媒質振動の速度を図2のグラフで表し，グラフを特徴づける数値・単位を記入せよ。

問4　(1)　この波が自由端Pで反射して，反射波の先端が点 $x=0$〔m〕に達する時刻を求めよ。

　(2)　この時刻において，図1に示す各つり合いの位置での媒質変位を図3のグラフで表し，グラフを特徴づける数値・単位を記入せよ。

問5　点 $x=0$〔m〕における媒質変位の時間的変化を $t=0$〔s〕から $t=2.5$〔s〕まで図4のグラフで表し，グラフを特徴づける数値・単位を記入せよ。

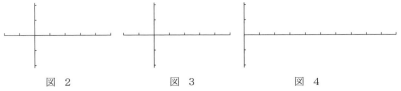

図　2　　　　　　　　　図　3　　　　　　　　　図　4

｜名古屋市大｜

標問 **43** # 縦波

解答・解説 p.125

扱うテーマ 定常波　　物理

空気中で，図1のように音源を原点Oに置き，x 軸の正の向きに3 m 離れた所を点P，さらに1 m 離れた所を点Qとする。点Oから振動数 f〔Hz〕の連続な正弦波の音波が，x 軸の正の向きに進んでいるとする。

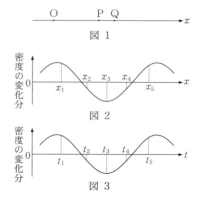

図 1

図 2

図 3

★ 問1　ある瞬間，点P近くでの空気の密度変化分は，x 軸に対して図2のようになった。

(1) 図2の x_1 から x_5 のうち，x 軸の正の向きに空気が最も大きく変位している所はどこか。

(2) 図2の x_1 から x_5 のうち，x 軸の負の向きに空気が最も速く動いている所はどこか。

★ 問2　点Pで空気の密度の変化分を測ったら，時間軸に対して，図3のようになった。図3の t_1 から t_5 のうち，空気の変位が x 軸の正の向きに最も大きくなるのはどの時刻か。

★ 問3　点Qに，x 軸に垂直な小さい反射板を置いて，きわめてゆっくりと x 軸の正の向きに移動したら，移動周期 17.0 cm ごとに，点Pでの音の大きさが変化した。この場合，音源の振動数 f〔Hz〕はいくらか。ただし，空気中の音速は 340 m/s とする。

★ 問4　次に，反射板を x 軸の正の向きに速度 v〔m/s〕で動かしたら，点Pで聞こえる反射音の振動数が f'〔Hz〕に変化した。f と v を用いて，f' を求めよ。

★ 問5　音波は空気の振動が伝わる縦波である。固体中でも縦波は伝わるが，地震波で知られるように，固体中では横波も伝わる。

(1) 縦波と横波の区別を簡潔に説明せよ。

(2) 固体中では，空気中と異なり，縦波も横波も存在する理由を簡潔に述べよ。

｜鹿児島大｜

扱うテーマ 弦の振動／弦を伝わる波の速さと次元解析　物理基礎

　図1のように，一様な糸の一端をおんさにつなぎ，滑車を通して他端におもりをつけた弦がある。おんさを振動させ，弦の長さを調節すると定常波ができる。弦の定常波について次の問いに答えよ。

図　1

問1　定常波をつくる振動を何というか。

問2　弦に定常波ができる理由を簡単に説明せよ。

問3　おんさの振動数が 300 Hz のとき，9 倍振動の定常波ができた。弦の長さは変えずにおもりを 4 倍にして，6 倍振動の定常波をつくりたい。振動数がいくらのおんさを用いればよいか。

　次に，図2のように，線密度の異なる2本の糸を点Bでつなぎ，弦ACをつくった。AB 部分と BC 部分の線密度の比は 1：4 である。300 Hz のおんさを用いたとき，点 A，B，C を節とし 7 つの腹をもつ定常波ができた。このとき，弦

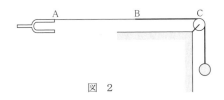

図　2

AB，BC の長さはそれぞれ 0.6 m，0.4 m であった。

★ 問4　AB 部分および BC 部分を伝わる波の波長はそれぞれいくらか。

問5　AB 部分および BC 部分を伝わる波の速さはそれぞれいくらか。

問6　AC 間にできた定常波の形を描け。

| 京都工繊大 |

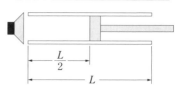

　右図に示すように，水平に置かれたガラス管にピストンを挿入し，ピストンの左端をガラス管の中心位置に一致させた。ガラス管の左端の近くには，小さなスピーカーが設置されており，これからガラス管内に向かって音量が一定で単一の振動数の音波が放出されている。ピストンをガラス管の中心位置からゆっくり左端まで移動させたところ，2箇所の位置で音が大きく聞こえた。次に，ピストンをガラス管の中心位置から右向きにゆっくり移動させたところ，ピストンの左端がガラス管の中心位置から距離 a 〔m〕の場所まできたとき，はじめて音が大きく聞こえ，その場所を越えると音が小さくなった。ガラス管の長さを L 〔m〕，音速を v 〔m/s〕，音波の振動数を f_0 〔Hz〕として，以下の問いに答えよ。ただし，$L > 3a$ とし，開口端補正は考慮しないことにする。

★ 問1　ピストンをガラス管の中央位置から左向きにゆっくり移動させたとき，最初に大きな音が聞こえるのは，ピストンの左端がガラス管の中央からどれだけ離れた位置にきたときか。その移動距離 b 〔m〕を a, L を用いて表せ。

　問2　音波の振動数 f_0 を a, L, v を用いて表せ。

★ 問3　次に，ピストンをガラス管から抜き取り，スピーカーの振動数を f_0 から徐々に小さくした。振動数が f_1 〔Hz〕になったときはじめて音が大きく聞こえ，その後，音が小さくなった。その振動数 f_1 を求めよ。

★ 問4　ピストンのない状態で，ガラス管の中に軽い微粒子を一様にまき，振動数 f_1 の音を発したところ，微粒子がほとんど動かない場所ができた。これらの場所の数 n はいくらか。また，これらの場所の間隔 s 〔m〕を求めよ。

| 茨城大 |

次の文中の空欄に適切な答を記せ。

一直線上で運動する音源が，運動方向に発する音波に関する式を導きたい。そのために，音波の位相を以下のような手順で求める。ドップラー効果による振動数の変化は，音波の位相から自然に導かれる。ここで，$\sin(\cdots)$ の $(\cdots)$ を位相とよぶ。

★ I　図1のように，$x=0$ に音源Sが固定されている。音源Sはスピーカーで，平面膜が x 軸方向に $d\sin\omega t$ で振動（d は音波の波長に比べて無視できるほど小さい）して，空気の疎密波である音波

図　1

を発生する。音源から十分に離れたところでは，音波は平面波としてよい。音源Sで発生して右向きに進行する音波を表す式（媒質の変位を表す式）は時刻 t，位置 x で $A\sin(\omega t-kx)$ となった。A，ω，k は正の定数である。このとき音波の振動数 $f=$ (1) ，波長 $\lambda=$ (2) ，音速 $c=$ (3) である。ここで，音源Sから音波が発射された時刻を t_0 とすると，$x=c(t-t_0)$ を満たす時刻 t，位置 x での音波の位相は常に (4) に等しいことから，位相の等しい面（波面）が音速で移動することがわかる。

★ II　次に，図2のように音源Sの時刻 t での位置を $X(t)$ とするとき，右向きに進む音波の時刻 t_1，位置 x_1 での位相を求める。時刻 t_0 で音源から発射された音波が時刻 t_1 に位置 x_1 に到達するとき，

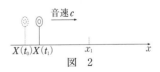

音速 c

図　2

(5) の関係式が成り立つ。Sが $X(t)=vt$ （$|v|<c$）で等速運動する場合は，t_0 は t_1 と x_1 を用いて $t_0=$ (6) と表される。位相の等しい面（波面）が音速で移動するので，時刻 t_1，位置 x_1 での音波の位相は，時刻 t_0 の音源Sの振動の位相(4)と等しい。したがって，t_1，x_1 で右向きに進む音波の位相は (7) $\times t_1+$ (8) $\times x_1$ （(7)は c，v，ω を，(8)は c，v，k を用いて表せ。）であり，音源が等速運動する場合のドップラー効果が説明できる。

| 東京理大 |

★　次の文を読んで，空欄に適した式または数を，それぞれ記せ。

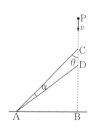

　小物体Pが，一定の速度 v〔m/s〕で，上空から鉛直方向に落下してくる。地上の点Aに観測者がいて，点Aから音波を発射し，小物体Pで反射されて再び点Aに戻ってくる音波を測定する。これにより，点Aから，小物体Pの地上への落下地点である点Bまでの距離 $\overline{AB}$〔m〕と，その落下時刻を決定することを考えよう。以下では，音速を w〔m/s〕とする。

　地上の点Aより，時刻 $t=0$ から $t=\Delta t$〔s〕までの短い時間 Δt の間，振動数 f〔Hz〕の音波を発射したところ，この音波が小物体Pで反射し，時刻 $t=T$〔s〕から始まる短い時間に点Aに振動数 F〔Hz〕の音波として再び聞こえた。右上図のように，点Aから発射した音波を小物体Pが受け始めた位置を点C，受け終わった位置を点D，小物体Pが点Cから点Dまで落下する時間を Δs〔s〕，角度ACBを θ〔rad〕，角度CADを α〔rad〕とする。さて，時間差 $\Delta t-\Delta s$ と距離 $\overline{AC}$〔m〕，$\overline{AD}$〔m〕および音速 w の間には，

$$\Delta t-\Delta s = \boxed{} \quad \cdots ①$$

の関係がある。図から，

$$\overline{AC}=\overline{AD}\cos\alpha+\overline{CD}\cos\theta$$

の関係が成り立つが，音波を発射する時間 Δt が十分に短く，したがって距離 $\overline{CD}$ が距離 $\overline{AC}$，$\overline{AD}$ に比べて十分に小さければ，$\alpha \fallingdotseq 0$（$\cos\alpha \fallingdotseq 1$）と近似できる。この近似を用いると，距離 $\overline{AC}$ は距離 $\overline{AD}$，θ，v，Δs を用いて，

$$\overline{AC}=\boxed{}$$

と表される。よって①式から，Δt は Δs に比例し，

$$\frac{\Delta t}{\Delta s}=\boxed{}$$

となることがわかる。点Aから発せられた振動数 f の音波が，小物体Pに乗った人には振動数 f_P〔Hz〕に聞こえたとすると，点Aで発した音波の波の数と小物体Pで受け取った波の数が等しいことから，f，f_P，Δt，Δs の間には，$\boxed{}$ の関係がある。したがって，f_P と f の比を θ，w，v を用いて表すと，

$$\frac{f_P}{f}=\boxed{} \quad \cdots ②$$

となる。小物体Pで反射して点Aに戻って来た音波の振動数 F は，小物体Pから振動数 f_P の音波が発射されると考え，上と同様の考察をすると，

$$\frac{f_P}{F}=1-\frac{v}{w}\cos\theta \quad \cdots ③$$

となる。したがって、②式と③式から、$\cos\theta$ は v, w, f, F を用いて、

$\cos\theta =$ [(6)]

と表される。AC 間を音波が伝わる時間は [(7)]$\times T$ だから、距離 $\overline{AB}$ は v, w, f および測定量 F, T を用いて、

$\overline{AB} =$ [(8)]

で与えられる。また、小物体Pが地上の点Bに落下する時刻を $t = t_B$〔s〕とすると、t_B も v, w, f および測定量 F, T を用いて、

$t_B =$ [(9)]

で与えられる。

| 京大 |

図1および図2のように，音を完全に反射する平らで硬い鉛直な壁と音源（S_1またはS_2）がある。音速をc〔m/s〕とし，水平面（地面）からの反射音の影響はないものとする。

Ⅰ　図1のように，振動数f〔Hz〕の音源S_1は，壁から距離25 m離れたところに静止している。はじめ観測者O_1は点Aで壁面に接しており，まず壁からの距離7 mの点Bまで移動し，さらに壁に平行に点Bから24 m離れた点Cまで移動した。観測者O_1には，音源からの直接音と壁からの反射音との干渉音が聞こえている。

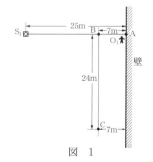

図　1

問1　観測者O_1が点Aから点Bまで移動したとき，音の強弱がちょうど28回繰り返された。音の波長を求めよ。

問2　観測者O_1が壁に平行に，点Bから点Cまで移動したとき，音の強さは強弱を何回繰り返すか。

Ⅱ　図2のように，観測者O_2は壁からL〔m〕離れた位置に静止しており，壁と観測者の間に速さv〔m/s〕で壁に向かって進んでいる振動数f〔Hz〕の音源S_2がある。

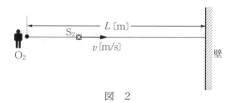

図　2

問3　静止している観測者O_2には，音源からの直接音と壁からの反射音とによって，うなりが聞こえる。このうなりの振動数をf, c, vを用いて表せ。

★問4　音源は壁から$\dfrac{L}{4}$〔m〕の距離に達したとき，向きはそのままで，急にその速さを$\dfrac{v}{2}$〔m/s〕に変えた。観測者O_2にはうなりの振動数が2回変化して観測された。

（1）　最初の変化は音源が速さを変えてから何秒後に起きるか。また，変化後のうなりの振動数を求めよ。

（2）　2回目の変化は音源が速さを変えてから何秒後に起きるか。また，変化後のうなりの振動数を求めよ。

│千葉大│

扱う テーマ　光波の干渉／可干渉性　　　　物理

　図 1 はヤングの干渉実験を示したも
のである。電球 V はフィルター F で囲
まれていて，赤い光（波長 λ）だけを透
過するようにしてある。電球 V から出
た光はスクリーン A 上のスリット S_0,
およびスクリーン B 上の複スリット S_1,

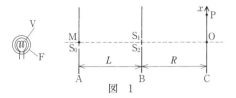

図　1

S_2 を通って，スクリーン C 上に干渉縞をつくる。スクリーン A, B, C は互いに平行で，
AB 間の距離は L，BC 間の距離は R である。S_1 と S_2 のスリット間距離を d とし，
S_1S_2 の垂直二等分線がスクリーン A と交わる点を M，スクリーン C と交わる点を O と
する。また，スクリーン C 上の座標軸 x を，O を原点として図 1 のようにとる。この
とき以下の問いに答えよ。必要に応じて，整数を表す記号として m, n を用いてよい。

問 1　スリット S_0 が M の位置にある場合を考える。干渉縞の明線および暗線が現れ
　　る x 座標の値をそれぞれ示せ。ただし，スクリーン上の点を P とするとき，S_1 と P
　　との距離を $\overline{S_1P}$ などと表すと，$(\overline{S_1P} - \overline{S_2P})(\overline{S_1P} + \overline{S_2P}) = \overline{S_1P}^2 - \overline{S_2P}^2$ が成り立つこ
　　とを利用し，$\overline{OP}$, d が R と比べて十分に小さいとして，$\overline{S_1P} + \overline{S_2P} \fallingdotseq 2R$ としてよい。

問 2　スクリーン A を取り除くと，スクリーン C 上の干渉縞は消失した。その理由を
　　簡潔に述べよ。

問 3　スクリーン A 上のスリット S_0 を，M から下向きに h だけわずかにずらした。こ
　　のとき，スクリーン C 上で干渉縞の明線が現れる x 座標の値を求めよ。ただし，h
　　は L に比べて十分に小さいとする。

★ 問 4　問 3 の状態のとき，スクリー
　　ン C 上に現れる干渉縞の明線の位
　　置は図 2 (a) のようであった。この
　　結果から S_0 の位置 h を測定した

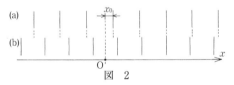

図　2

　　い。ところが図 2 (a) だけからでは，
どの干渉縞の明線がどのような干渉によって生じているかがわからない。そこで，
フィルター F を交換して，緑の光（波長 λ'）だけを透過するようにした。そのとき，
スクリーン C 上に現れる干渉縞の明線の位置は図 2 (b) のようになった。図 2 (a) で，
x 軸方向で原点に最も近い明線の位置を x_0 とするとき，h を x_0 を用いて表せ。

★ 問 5　問 3 の状態でスクリーン A 上にもう 1 つのスリット S_0' を開ける。S_0' の位置は
S_1S_2 の垂直二等分線に対して S_0 と対称な位置とする。このとき，スクリーン C 上
の干渉縞の明暗が最も明瞭となるときの h の値を求めよ。

｜東大｜

図のように，等間隔 $\frac{1}{2}d$ で並んだ3つの十分に細いスリットの列に対し，波長 λ の光の平面波を垂直に入射させるとき，スクリーンに生じる干渉縞を調べる。なお，スクリーンはスリットの列に平行で，両者の距離は d より十分に大きい。また，d は λ より十分に大きく，図中の角度 θ〔rad〕は十分に小さいとする。

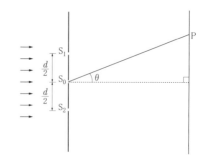

I　はじめに，真中のスリット S_0 を閉じた場合を考える。スクリーン上の点Pにおける時刻 t での波の変位は，スリット S_1 と S_2 からの波の重ね合わせとして，

$$U_{1+2}(P,\ t)=A\sin\left[2\pi\left\{\frac{t}{T}-\frac{1}{\lambda}\left(x_0-\frac{1}{2}\Delta x\right)\right\}\right]$$
$$+A\sin\left[2\pi\left\{\frac{t}{T}-\frac{1}{\lambda}\left(x_0+\frac{1}{2}\Delta x\right)\right\}\right]$$

と表せる。ここで，A は波の振幅，T は波の周期であり，また $x_0-\frac{1}{2}\Delta x$ と

$x_0+\frac{1}{2}\Delta x$ はそれぞれ S_1 と S_2 からPまでの波の経路の長さである。

問1　S_1 と S_2 からの波の経路差 Δx を角度 θ の関数として求めよ。さらに，明線が生じる θ を求めよ。必要ならば記号 $n(=0,\ \pm1,\ \pm2\cdots)$ を用いてよい。

★問2　S_1 と S_2 からの合成波のPでの変位は，t に依存しない係数 B を用いて，次式の形に表される。

$$U_{1+2}(P,\ t)=B\sin\left\{2\pi\left(\frac{t}{T}-\frac{x_0}{\lambda}\right)\right\}$$

係数 B を求めよ。

★問3　合成波の振幅は，B の絶対値 $|B|$ である。明るさが最大（明線）および最小（暗線）となる位置における，合成波の振幅を求めよ。

II　次に，スリット S_0 を開ける。この場合にも，点Pでの合成波の変位は，

$$U_{0+1+2}(P,\ t)=C\sin\left\{2\pi\left(\frac{t}{T}-\frac{x_0}{\lambda}\right)\right\}$$

の形で表される。

★問4　係数 C を求めよ。

★★ 問5 光の明るさは合成波の振幅の2乗に比例するので，問4の結果から，干渉縞には強い明線と弱い明線が交互に生じることが分かる。強い方の明るさは弱い方の明るさの何倍になるかを求めよ。さらに，$0<\Delta x<2\lambda$ の範囲内で暗線が生じる Δx をすべて求めよ。

★★ 問6 問5で述べたような干渉縞が現れる理由は，次のように説明される。Δx は $0<\Delta x\leqq2\lambda$ の範囲内にあるとして，空欄に適切な語句を記せ。

　　各スリットからの波の位相差が　(1)　の値になる場合，各波は最大に強め合う。したがって，$\Delta x=$　(2)　である点には，強い明線が現れる。弱い明線の位置では，スリット　(3)　とスリット　(4)　からの波の位相差は(1)であるから，両者は強め合う。他方，その合成波はスリット　(5)　からの波と　(6)　だけ位相が異なっているので，それらは弱め合う。しかし，前者の合成波と後者の波の　(7)　が異なるために，完全には打ち消し合わない。そのために明るさは残る。

| 東京工大 |

扱う テーマ 回折格子 物理

　図1にその断面を示すような，平面状の回折格子Aがある。この回折格子は同一の十分にせまい幅 W_1 の多数の平行スリットから構成されている。隣り合うスリットの間隔は d である。

　図2のように，Aから距離 L の位置に，Aに平行なスクリーンBがある。波長 λ の平行なレーザー光線をAに垂直に入射すると，スクリーンB上に交互に並ぶ明暗の縞が観測された。中心に観測された明るい線（明線）を m_0 とよび，その両側に対称に現れる明線を内側から m_1，m_2，m_3，……とよぶ。図2の回折格子の部分は見やすくするために拡大して描いてある。実際には，λ と W_1 は d に比べて十分に小さく，d は L に比べて十分に小さい。

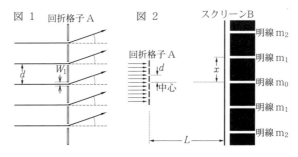

問1　このとき，スクリーン上の隣り合う明線の間隔 x を求めよ。

★ 問2　図3のように，回折格子上の隣り合うスリット間の中心線上に，幅 W_2 をもつスリットを新たにつけ加え，レーザー光線を上と同様に当てる実験を行った。$W_2 = W_1$ のとき，m_1，m_3，m_5，……に対応する明線が消失した。その理由を述べよ。

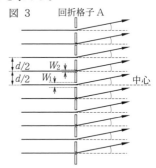

★★ 問3　問2において，$W_2 = \dfrac{1}{2}W_1$ の場合では，

$W_2 = W_1$ の場合に比べて明線の位置はどのように変化するか，また，間隔はどのように変わるか，ともに理由を付けて述べよ。さらに，明線の明るさは，$W_2 = W_1$ のときに比べてどのように変化すると考えられるか，その特徴を述べよ。

| 東大 |

扱う
テーマ 光学距離／反射による位相変化

物理

　カメラや眼鏡のレンズは反射防止のため，そのガラス表面が透明な物質の薄膜で覆われている。この種の膜は反射防止膜とよばれる。単層の反射防止膜の場合，屈折率は1.3，厚さは約 100 nm 程度に選ばれる。

　一般に，屈折率の異なる2つの物質の境界に光が入射するとき，屈折率の差が大きいと反射光は強くなる。薄膜の屈折率は，空気とガラスの屈折率の中間の値に選んであるので，このような薄膜でガラスを覆うだけで反射光は弱くなる。さらに，反射防止膜では光の干渉効果も利用している。その原理をここで調べてみよう。以下では，空気，薄膜，ガラスの屈折率をそれぞれ 1, n, n_G $(1<n<n_G)$，薄膜の厚さを d〔m〕とする。

　図1，図2には，空気中より入射角 θ で入射した波長 λ〔m〕の光の反射光と透過光について，それぞれの干渉効果を調べるために必要な部分が描いてある。

　図1には，いったん薄膜に屈折角 ϕ で入射した後ガラス表面で反射して再び空気中に戻ってきた光 ABCP と，薄膜の表面で反射した光 A′CP とが描いてある。両者の光学距離の差 Δ_R は次のように与えられる。なお，点 A，A′ は同一波面上にある。

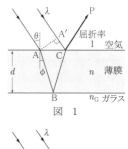

図 1

$$\Delta_R = n(AB+BC) - A'C$$

　図2には，薄膜の上下の面で反射した後透過する光 ABCDQ と，反射せずに透過する光 A′CDQ が描いてある。両者の光学距離の差 Δ_T は，

$$\Delta_T = n(AB+BC) - A'C$$

であり，$\Delta_R = \Delta_T$ は明らかである。

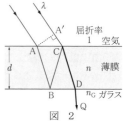

図 2

問1　角度 θ, ϕ の間の関係を屈折率 n を用いて表せ。

問2　反射光の光学距離の差 Δ_R を n, θ, d を用いて表せ。

　さて，光の干渉効果により反射光が弱くなる条件，強くなる条件を求めよう。そのとき，屈折率の小さな物質から屈折率の大きな物質に向かって光が入射するときには，その反射光の位相が π〔rad〕ずれることを思い出す必要がある。

問3　反射光が弱め合う干渉をする条件を Δ_R, λ, k $(k=0, 1, 2, \cdots)$ を用いて表せ。

問4　反射光が強め合う干渉をする条件を Δ_R, λ, k $(k=1, 2, 3, \cdots)$ を用いて表せ。

★ **問5**　2つの光学距離の差 Δ_R と Δ_T が等しいにもかかわらず，反射光が弱くなる条件は，透過光が強くなる条件でもある。理由を光の干渉という観点から述べよ。

エネルギー保存則からしても，これは当然のことである。反射光量が減ると透過光量が増える。言い換えると「反射を防止できれば，見やすくなる」。

以下では簡単のために，垂直入射（入射角 $\theta = 0$）の場合について考えてみよう。反射防止膜の厚さが約 100 nm に選ばれる理由を理解するにはこれで十分である。

薄膜に入射する光の波長を変化させると，反射光が干渉して弱くなる波長，強くなる波長がとびとびに見つかる。

★ 問6　反射光が弱くなる波長 $\Lambda^{\min}$〔m〕を d, n, k $(k=0,\ 1,\ 2,\ \cdots)$ を用いて表せ。

★ 問7　反射光が強くなる波長 $\Lambda^{\max}$〔m〕を d, n, k $(k=1,\ 2,\ 3,\ \cdots)$ を用いて表せ。

これらのとびとびの波長は，$\Lambda_0 = 4nd$〔m〕と自然数 N を用いて $\dfrac{\Lambda_0}{N}$ と表せることがわかる。

適当な装置（分光装置）を使うと，これらとびとびの波長以外の波長の光を入射したときの反射光の強さも調べることができる。こうして得られた反射率の波長依存性のグラフを描くと図3のようになる。なお，反射率 R はエネルギー流束（単位時間に単位面積を通過する光のエネルギー）を用いて定義されている。

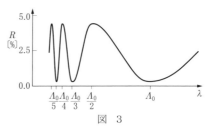

図　3

$$R = \frac{反射光のエネルギー流束〔W/m^2〕}{入射光のエネルギー流束〔W/m^2〕}$$

可視光は波長が約 400 nm（紫）から 700 nm（赤）の光である。反射防止膜には，この全波長範囲にわたって反射率ができるだけ小さいことが望ましい。したがって，反射率の極大となる波長がこの範囲に含まれていないことが要求される。

★★ 問8　反射防止膜の厚さが 100 nm に選ばれる理由を，具体的な数値を挙げて簡条書きにして述べよ。

|名古屋工大|

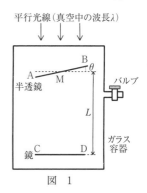

図 1

　空気やヘリウムなどの気体の屈折率は，真空の屈折率（＝1）に非常に近いため，その値を正確に測定することは難しい。いま図1の装置を用い，空気の屈折率を，光の干渉を利用して測定することを考えよう。図1に示すように，真空にまで排気できるガラス容器の中に半透鏡 AB と鏡 CD が設置されており，半透鏡 AB は点 M を中心として回転させることができる。はじめバルブは開いており，容器の中は1気圧の空気で満たされていた。いま，CD に垂直に単色の平行光線が入射した。M と CD 間の距離を L，入射光の真空中の波長を λ，1気圧の空気の屈折率を n として以下の問いに答えよ。ただし，ガラス容器による光の屈折・反射，半透鏡の厚みおよび気体の流動は無視できるものとする。

問1　屈折率 n の空気中における，入射光の波長はいくらか。

問2　半透鏡 AB を，CD と平行な位置から非常に小さな角度 θ だけ回転させ，半透鏡を入射方向から観察すると，明るい部分と暗い部分が縞状に見えた。明るい縞から次の明るい縞までの距離を θ，λ を用いて表せ。

★問3　AB をゆっくり回転し，θ の値をわずかずつ大きくしながら縞模様を観察すると，どのように見えるか。次ページの解答群から適切なものを選べ。

★問4　ふたたび AB を角度 θ の位置に戻したのち，空気を徐々に排気しながら縞模様を観察すると，どのように見えるか。次ページの解答群から適切なものを選べ。

★問5　次にバルブを開いて徐々に空気を導入しながら，点 M での光の強度を測定した。空気の導入とともに強度は時間的に変化し，明暗を繰り返した。明暗の1周期で，屈折率はどれだけ変化したか。

★★問6　問5で，気体の圧力が0から P に到達するまでに，明暗を繰り返す回数を N とする。まず，ある温度 T_0 のもとで，N を P の関数として測定し，図2(a)のような測定結果を得た。次に同様な実験を，ある圧力 P_0 に到達するまで様々な温度 T で繰り返し，

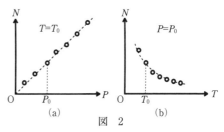

図 2

N を T の関数として測定し，図2(b)のような測定結果を得た。空気の屈折率を $n=1+n'$ とすると，n' はある物理量に比例している。その物理量は何か，図2の実験結果をもとに答えよ。ただし，空気は理想気体としてよい。

★★ 問7　排気して真空になった容器に，空気を導入し1気圧としたところ，明暗を繰り返す回数は N_0 であった。その後，バルブを閉じて容器内部の空気を加熱した。温度の上昇とともに縞模様はどのように見えるか。前ページの図2の結果をもとに，下の解答群から適切なものを選べ。ただし，加熱によるガラス容器の膨張は無視してよい。

★ 問8　n' を N_0, λ, L を用いて表せ。また，$\lambda = 5.1 \times 10^{-7}$〔m〕，$N_0 = 98$〔回〕，$L = 0.10$〔m〕として，$n'$ を有効数字2桁で求めよ。ただし，$X \times 10^Y$ の形で解答すること。

〔解答群〕

① AM 間の明るい縞と MB 間の明るい縞は，ともにAの方に動く。

② AM 間の明るい縞と MB 間の明るい縞は，ともにBの方に動く。

③ 縞模様は動かずに，その場所で明るくなったり暗くなったりする。

④ AM 間の明るい縞はAの方に，MB 間の明るい縞はBの方に動く。

⑤ AM 間の明るい縞と MB 間の明るい縞は，ともにMの方に動く。

⑥ 縞模様は変化しない。

⑦ この条件だけではわからない。

｜早大｜

★　次の文中の空欄に本文中の記号，あるいはそれらを用いて適当な式を入れよ。

　図1に示すように，x軸に対してなす角度がθと$-\theta$の
2つの方向に進む平面波A，Bの干渉を考える。これらの
波の振幅，振動数，および波長(λ)は互いに等しく，点Oで
の位相も等しいとする。図1に示した平行な直線の群は，
ある時刻tにおける波の山の波面を表している。これらの
直線が交わる点では，2つの波が重なり強め合う。これ
らの交点のうちの1つをPとする（図には1つの例が示され
ている）。点OからPを通るAの波面およびBの波面への

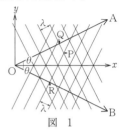

図　1

垂直距離をそれぞれ$\overline{OQ}$，$\overline{OR}$としたとき，一般にnを整数として$\overline{OQ}-\overline{OR}=$ ⎿ (1) ⏌
と書くことができる。あるnの値に対して，上の関係式を満たす2つの波面の交点は
無数にある。それらを連ねたときにできる線（これを腹線とよぶ）は，⎿ (2) ⏌に平行
な直線となり，時間が経っても変化しない。隣り合う2つの腹線の間隔はλと角度θ
を用いると⎿ (3) ⏌と表せる。

　また，AとBの波の山と谷が重なる点では，合成波の振幅は0となるが，これらの点
を連ねた線と線との間隔も(3)で与えられる。

　次に，平行に向かい合わせた2枚
の平面鏡の間を反射しながら伝わる
光波について考える。この鏡の表面
は光波に対して固定端になっており，
表面での光波の振幅は常に0である。

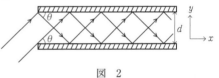

図　2

図2に示すように，鏡に対して角度θで波長λの平行光線を入射させると，光波は鏡
の間で反射を繰り返すが，それらは互いに干渉し合い，合成波は鏡に垂直なy軸方向
には定常波となり，鏡に平行なx軸方向には進行波となる。合成波の振幅が鏡の表面
で常に0になるためには，波長λと2枚の鏡の間隔dおよび角度θの間にはmを正の
整数としたとき⎿ (4) ⏌という条件が成り立つ必要がある。また，x軸方向に進む光波
の山の波面の間隔（波長）λ'は⎿ (5) ⏌となる。この2つの式から，λとλ'の間には角
度θに無関係に⎿ (6) ⏌という関係が成り立つことがわかる。また$\sin\theta\leqq1$であるか
ら，λの許される値の範囲は$\lambda\leqq$ ⎿ (7) ⏌となる。したがって，この鏡の間を反射しな
がら進むことができる光波の波長λは，上限$\lambda_{\max}=$ ⎿ (8) ⏌を超えることができない。

|　阪大　|

扱う
テーマ ▶ 図形的な処理 　　　　　　　　　　　　　　　　　　　　　　　物理

　リング状のスリットを用いる
と，回折を利用して，レンズと
同様に光を集光することができ
る。いま，図1のように，点光
源Pから発せられた単色光（波
長λ〔m〕）の球面波が，リング
状のスリットSの入った金属板
Mで回折され，点Qに像を結ん

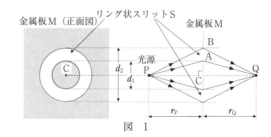

図　1

だ。金属板Mは非常に薄い平板で，光軸PQと垂直に点Cで交わっており，その厚さ
は無視できるとする。スリットSは点Cを中心としたリング状で，その内側の円の直
径（内径）をd_1〔m〕，外側の円の直径（外径）をd_2〔m〕とし，以下では直径d_1の円周
をスリットSの内周，直径d_2の円周をスリットSの外周とよぶ。光はこのスリットS
の開口部のみを通過し，点Qでの光の強さは，ホイヘンスの原理が示すように開口部
の各点から広がった光の重ね合わせによって与えられると考える。点Pと点Qから点
Cまでの距離をそれぞれr_P〔m〕，r_Q〔m〕として，以下の問いに答えよ。ただし，d_1，
d_2ともr_P，r_Qより非常に小さいとする。また，$|x| \ll 1$ のときは $\sqrt{1+x}$ を $1+\dfrac{1}{2}x$ と

近似せよ。

★　問1　スリットSの内周上の点Aを通って点Pから点Qに至る経路 P→A→Q の長
　　さをL_1〔m〕とする。一方，スリットSの外周上の点Bを通って点Pから点Qに至
　　る光の経路 P→B→Q の長さをL_2〔m〕とする。これら2つの経路の長さの差
　　ΔL〔m〕$=L_2-L_1$ を，スリットの面積α〔m^2〕とr_P，r_Qを用いて表せ。

★★　問2　異なった経路を通って点Qに届いた光どうしは，位相差がπ以内の場合には互
　　いに強め合う。スリットSの内径d_1は固定して，スリットSを通過するすべての光
　　が点Qで互いに強め合うようにスリットSの外径d_2を定めたときの，スリットSの
　　面積の最大値α_m〔m^2〕を求めよ。解答はr_P，r_Q，λを用いて表せ。

★★　問3　面積α_mのスリットSを通過した光は点Qで互いに強め合うため，金属板Mを，
　　点Qに光源Pの像を結ぶレンズと見なすことができる。このレンズがもつ焦点距離
　　f〔m〕を，λとα_mを用いた数式で表せ。さらに，この数式を用いて，スリットSの
　　内径が1.00 mm，外径が1.40 mm，光の波長が5.00×10^{-7} m のときの焦点距離fの
　　数値を有効数字3桁で答えよ。

★★ **問 4**　面積 α_m のスリット S をもつ金
属板 M に，図 2 のように同じく面積
α_m をもつ別のリング状スリット S′
を 1 つ追加し，点 Q での光をさらに
強くしたい。この新たに追加するス
リット S′ は点 C を中心としたリン
グ状で，その内側の円の直径（内径）
d_3〔m〕がスリット S の外径 d_2 より

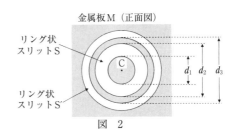

図　2

大きいものを考える。干渉により点 Q での光の強さが極大となるような内径 d_3 の
中で，最も小さい内径 d_3 について，直径 d_3 の円の面積 α'〔m²〕を，スリット S の内
径 d_1 と面積 α_m を用いて表せ。

｜福井大｜

標問 **56** 点電荷による電場・電位

解答・解説 p.159

扱う テーマ　クーロンの法則／電場（電界）／電位／点電荷による電位

物理

　図のように，xy 面上の原点 O と点 A$(-a,\ 0)$ ($a>0$ とする)に，それぞれ $+q$ と $-4q$ ($q>0$)の点電荷を固定する。以下の問いに答えよ。クーロンの法則の比例定数を k_0 とし，電位の基準点は無限遠にとるものとする。また，重力の影響は考えなくてよい。

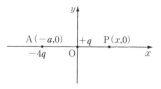

問1　x 軸上の点 P$(x,\ 0)$ の電場の x 成分と y 成分を，それぞれ座標 x の関数として求めよ。ただし $x>0$ とする。

問2　点 P$(x,\ 0)$ の電位を座標 x の関数として求めよ。ただし $x>0$ とする。

問3　xy 面上の電位 0 の等電位線を表す方程式を求め，どんな図形か説明せよ。

★ 問4　図中の2つの点電荷から x 軸方向正の向きに十分に離れた x 軸上の点 R に，大きさが q で符号のわからない点電荷 Q（質量 m）を静かに置いたところ，原点に近づく向きに動き始めた。

(1)　点電荷 Q の符号は正負どちらか。

(2)　点電荷 Q はどこまで原点 O に近づくか，最も近づいたときの点電荷 Q と原点 O の距離を求めよ。

(3)　点電荷 Q が動き始めてから原点 O に最も近づくまでの間の，速さの最大値はいくらか。

| 千葉大 |

扱う
テーマ　電気力線／ガウスの法則／単振動　　　　　　　　　　　　　　　　　　　　　物理

　静電気力に対するクーロンの法則を理解し応用するために，電気力線の概念は有用
である。

● 電気力線は電場（電界）の方向に沿って描かれ，電場と同じ向きをもつ。

● 電場の向きに垂直な単位面積を通過する電気力線の本数で，電場の強さ E が表される。

　この電気力線は以下の性質をもつ。

● 正電荷の集まりから出ていく電気力線の本数 N は，電荷の総量を Q とするとき，$N = 4\pi k_0 Q$ である。一方，電荷の総量が $-Q$ である負電荷の集まりには，同じ本数 N の電気力線が入っていく。（ただし，$k_0 = 9 \times 10^9$ 〔N·m^2/C^2〕である。）

● 電気力線は正電荷から出て負電荷に入り，途中で枝分かれしたり交わったりしない。近くに負電荷が不足している場合には，電気力線の一部は無限遠に向かい，逆に正電荷が不足している場合には，電気力線の一部は無限遠からやって来る。

● これらのことは，点電荷の場合だけでなく，広がりのある電荷分布に対しても一般的に成り立つ。

　これらのことを考慮して，以下の問いに答えよ。

問1　半径 R の球の内部に，正電荷が一様に分布している場合を考える。すなわち，単位体積あたりの電気量が一定値 ρ となるように，電荷が球全体に分布している（図1）。この場合の電気力線を求めよう。電荷の分布が球対称であるから，電気力線の向きは球の表面に垂直となり，放射状に広がる。また，球の近くには負電荷がないとすると，電気力線は球の外側に向かって無限遠まで伸びる。

図　1

　(1)　この球の外側での電気力線を図示せよ。

　(2)　球から出ていく電気力線の総本数 N はいくらか。

　(3)　中心から距離 $r(r \geqq R)$ での電場の強さ $E(r)$ を求めよ。

★ 問2　次に，内径 R，外径 R' の2つの球に囲まれた部分（球殻）に，正電荷が問1と同じく単位体積あたりの電気量が一定値 ρ となるように，一様に分布している場合を考える（図2）。

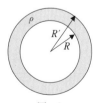

図　2

　(1)　中心からの距離を r としたとき，球殻の内側 $(r<R)$ と外側 $(r>R')$ での電気力線を図示せよ。

　(2)　球殻の内側 $(r<R)$ と外側 $(r>R')$ での電場の強さ $E(r)$ を求めよ。

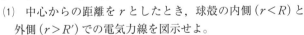

★ 問3　問1の球を問2の半径Rの空洞部分にはめ込むと，正電荷が一様な密度ρで分布している半径R'の球になる（図3）。このとき，中心から距離Rにおける電場の強さ$E(R)$を求めよ。

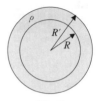

図 3

★★ 問4　問3で考えた半径R'の球に，中心を通るまっすぐな細長いトンネルを掘った（図4）。トンネルの中は，微小粒子が直線的に運動できるようにしてある。負電荷を帯びた微小粒子をこの球の表面から静かに放すと，どのような運動をするか説明せよ。

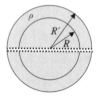

図 4

｜ お茶の水女大 ｜

扱う テーマ 平行板コンデンサーの電気容量／誘電体板の挿入 物理

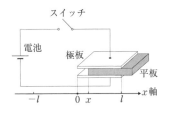

図のように，一辺の長さが l の正方形の平らな金属板 2 枚を，間隔 d だけ離して水平に固定し，それと同じ大きさの正方形で厚さ d，質量 m，誘電率 ε_1 である誘電体の平板を間に入れて，金属板を極板とする平行板コンデンサーを作った。平板は極板の一端に沿った x 軸方向に動かすことができる。平板を動かした後の隙間は，誘電率 ε_2 $(\varepsilon_2 < \varepsilon_1)$ の空気で満たされる。このコンデンサーに起電力 V の電池とスイッチをつないだ。極板の左端の位置に x 軸の原点をとり，平板の左端の座標を x とする。極板と平板の間に摩擦はなく，極板および平板の端での電場の乱れは無視できるとする。

問 1 平板の左端を $x=0$ に合わせた後，スイッチを閉じてしばらく置いた。このとき，極板間の電場 $E(0)$，コンデンサーに蓄えられた電気量 $Q(0)$，コンデンサーの電気容量 $C(0)$ を，それぞれ ε_1，l，d，V の中から必要なものを用いて表せ。

★ 問 2 次に，スイッチを閉じたまま平板の左端を x の位置に移動させた。このとき，コンデンサーに蓄えられた電気量 $Q(x)$ とコンデンサーの電気容量 $C(x)$ を，それぞれ ε_1，ε_2，l，d，V，x の中から必要なものを用いて表せ。なお，上図は $x>0$ の場合を示しているが，x は $-l<x<l$ の範囲にあり，負にもなりうる。

★★ 問 3 次に，平板の左端を $x=0$ に戻してしばらく置いた後，スイッチを開いた。その後，平板の左端を $x=\Delta$ $(-l<\Delta<l)$ まで移動させた。

(1) 平板の左端を $x=0$ から $x=\Delta$ まで移動させたときのコンデンサーに蓄えられたエネルギーの変化分 $U(\Delta)$ を表すグラフはどのようになるか，次から 1 つ選べ。

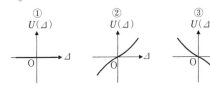

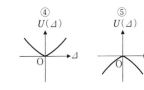

(2) ここで平板を静かに放すと，平板はどのような運動をするか，簡単に述べよ。ただし，平板の運動に対する空気の抵抗は無視できるものとする。

(3) (2)における平板の速さの最大値を，ε_1, ε_2, l, d, Δ, V, m を用いて表せ。

| 東北大 |

扱うテーマ 極板間の引力／極板の電荷間に働く力／仕事とエネルギー ⟨物理⟩

次の文を読んで，空欄には適した式を，{ }からは正しいものを選びその番号を，また(13)には 25 字〜50 字の適切なことばを，それぞれ記せ。なお，必要な場合には，微小量 x および任意の実数 k に対して成り立つ近似式，$(1+x)^k \fallingdotseq 1+kx$（ただし，$|x| \ll 1$）を用いよ。

同じ長方形の 2 枚の導体極板 A，B が間隔 d で向かい合わせに配置された平行板コンデンサーを考える。コンデンサーは空気中にあり，空気の誘電率を ε とし，極板の端における電場の乱れは常に無視できるものとする。

★ I　図 1 のように，極板 A，B の辺の長さを a，l とし，極板間に起電力 V の電池とスイッチ K を直列につなぐ。スイッチを閉じて十分に時間が経ってからスイッチを開いたとき，コンデンサーに蓄えられたエネルギーは □(1)□ である。

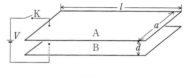

図 1

充電されたコンデンサーの極板はクーロン力により互いに引力を及ぼし合っている。この力にさからって一方の極板に外力を加え，極板間の間隔を $d+\Delta d$ まで微小変化させたとすると，この変化によるコンデンサーのエネルギーの変化量は □(2)□ である。このエネルギーの変化量が外力のした仕事に等しいことから，極板間の引力は □(3)□ に等しいことがわかる。この力の大きさをコンデンサー内の電場の強さ E を用いて表し，極板の単位面積あたりの力を求めると □(4)□ となる。

★★ II　次に，向かい合った極板の面積を同時に変えることができる平行板コンデンサーを考えよう。図 2 のように，両極板はいずれも同じ幅 a の 2 枚の薄い導体板を部分的に重ねて作られている。極板の左右の端には極板間に薄い絶縁性の側板が取り付けられ

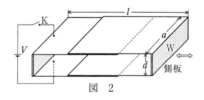

図 2

ており，右側の側板 W を左右に動かして導体板の重なりを調整することで，極板の面積を変えることができる。このとき，重ねられた導体板は常に接触しているが摩擦なしにすべらせることができ，また，極板間の間隔 d の変化はないとする。このコンデンサーを充電したとき，側板には，上下の極板が押しつける力のほかに横向きの力が働くことが，次のようにしてわかる。この横向きの力の性質を調べてみよう。

94

(a) はじめに，極板の左右の長さを l に保ち，Ⅰの場合と同様に回路のスイッチK を閉じて充電した後，スイッチを開いておく。ここで，側板に働く横向きの力に さからって側板Wに外力を加え，極板の長さを $l+\varDelta l$ まで微小変化させたとし よう。この変化によるコンデンサーのエネルギーの変化量は ⑤ である。こ のことから，微小変化の間は側板に働く力の大きさは一定であるとみなして，側 板に加えた外力を求めると ⑥ となる。

(b) 再び極板の長さを l に戻した後，今度はスイッチKを閉じたまま，やはり側板 Wに横向きの外力を加え，極板の長さを $l+\varDelta l$ まで微小変化させたとしよう。 このときコンデンサーに蓄えられたエネルギーの変化量は ⑦ であり，また， この間に電池がする仕事は，蓄えられた電気量の変化を考慮すれば ⑧ である。 したがって，このとき加えた外力は ⑨ となる。

　以上より，このコンデンサーの側板Wに働く横向きの力の方向は，(a)の場合には 図2の {⑽：①左向き，②右向き}，また，(b)の場合には図2の {⑾：①左向き，②右 向き} であることがわかる。この力の大きさをコンデンサー内の電場の強さ E を用 いて表し，側板Wの単位面積あたりの力を求めると，(a)，(b)のいずれの場合も ⑿ となる。このような横向きの力が生じるのは ⒀ が原因だからである。

| 京大 |

扱う テーマ　極板間引力／仕事とエネルギー／単振動　物理

面積 S の同じ形状をもつ導体極板 A と B が間隔 d で向かい合わせに配置された平行板コンデンサーを，真空中に置く。このコンデンサーの極板間に，極板と同じ形状をもつ面積 S の金属板 P を，極板 A から距離 x を隔てて極板に対して平行に置く。真空の誘電率を ε_0 として，以下の問いに答えよ。ただし，極板端面および金属板端面における電場の乱れはなく，電気力線は極板間に限られるものとする。導線，極板，金属板の抵抗，重力は無視する。また，金属板の厚さも無視する。

Ⅰ　図1のように，極板 A と B は，スイッチ SW を介して接続させ，極板 A は接地されている。

問1　スイッチ SW が開いているとき，極板 A，B 間の電気容量を求めよ。

★問2　スイッチ SW を閉じた後，金属板 P を電気量 Q の正電荷で帯電させる。この電荷によって極板 A と B に誘導される電気量をそれぞれ求めよ。

★問3　問2において，コンデンサーに蓄えられている静電エネルギーを求めよ。

★★問4　問2の状態から，金属板 P を電気量 Q の正電荷で帯電させたまま，金属板の位置を x から $x+\Delta x$ まで微小変位させる。この変位による，コンデンサーに蓄えられている静電エネルギーの変化量を求めよ。ただし，$x,\ d$ に比べて $|\Delta x|$ は十分に小さく，$(\Delta x)^2$ は無視できるものとする。

　微小変位によりエネルギーが変化するということは，金属板 P は力を受けていることを意味する。微小変位の間は金属板 P に働く力の大きさは一定であるとみなして，この力を求めよ。ただし，極板 A から B に向かう向きを力の正の向きとする。

Ⅱ　次に，質量 m の金属板 P を電気量 Q の正電荷で帯電させたまま，図2のように自然長 $\dfrac{d}{2}$，ばね定数 k の2つの同じ絶縁体のばねに接続する。ばねの他端は，固定された極板 A と B にそれぞれつながれている。この金属板は，極板 A，B と平行を保ったまま，極板に垂直な方向にのみ動くことができる。極板 A と B は，電流計を介して接続され，極板 A は接地されている。ばねを接続したことによる電気容量の変化，電流計の抵抗，金属板の振動による電磁波の発生は無視する。

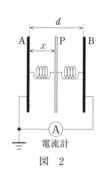

図　1

図　2
電流計

★★ 問5　金属板Pの位置を $x = \dfrac{d}{4}$ に移動させてからはなす。このとき，金属板Pが単振動するために必要となるQに求められる条件を k, ε_0, S, d を用いて表せ。また，この条件を満たすとき，単振動の角振動数を求めよ。

★★ 問6　問5の条件で金属板Pが単振動しているとき，電流計には振動電流が観測される。この電流の最大値 $I_{\max}$ を求めよ。導線を流れる電流 I は，微小時間 $\varDelta t$ の間に導線の断面を $\varDelta q$ の電荷が通過するとき，$I = \dfrac{\varDelta q}{\varDelta t}$ と定義される。

｜ 東京工大 ｜

扱うテーマ ▶ 極板に蓄えられる電気量／電荷保存

解答・解説 p.173

物理

図のように，3つの平行板コンデンサーと R〔Ω〕の抵抗が接続されており，スイッチSは開いている。コンデンサーの極板はすべて同じ面積の円板であり，極板間は真空とする。コンデンサー1とコンデンサー3の極板の間隔は等しく，コンデンサー2の極板の間隔は，

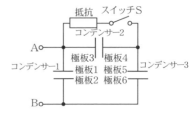

コンデンサー1, 3の極板の間隔の $\dfrac{1}{2}$ である。すべての極板上に電荷がない状態で，点Aと点Bの間に電池を接続し，点Bに対する点Aの電位が V〔V〕になるようにコンデンサー1, 2, 3を充電し，その後，電池を取りはずした。このとき，極板1上の電荷は Q〔C〕であった。以下の問いに答えよ。なお，すべての解答にはここまでに使われた記号を用いよ。

問1 極板3〜6上の電荷はそれぞれいくらか。

問2 3つのコンデンサーに蓄えられているエネルギーの総和はいくらか。

次に，スイッチSを閉じると，抵抗に電流が流れたが，しばらくすると電流は0となった。

★ 問3 スイッチSを閉じてから，抵抗を流れる電流が0となるまでに，抵抗を通って流れた電荷の総量はいくらか。

★ 問4 抵抗を流れる電流が0となった後の，点Bに対する点Aの電位を求めよ。

★ 問5 問3と同じ時間内に抵抗で発生したジュール熱はいくらか。

次に，スイッチSを開き，コンデンサー3の極板間を比誘電率2の絶縁体で満たした。

★★ 問6 極板3上の電荷はいくらか。

| 名大 |

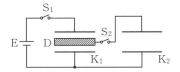

図のように，起電力 V の電池 E，2 枚の平行極板でできたコンデンサー K_1，K_2 およびスイッチ S_1，S_2 で構成される回路がある。K_1，K_2 の極板は同じ形状で面積は S，極板間隔は共に d である。コンデンサー K_1 の 2 つの極板の中央には，極板と同じ形状で厚さが $\dfrac{d}{3}$ の導体 D が横にはみ出さないように極板と平行に挿入されている。隙間は空気で満たされており，その誘電率を ε_0 とする。ただし，電場はコンデンサーの外には漏れていないものとする。

問1 コンデンサー K_2 の電気容量 C を ε_0，d，S を用いて表せ。

はじめに，コンデンサー K_1，K_2 の両極板，導体 D をすべて帯電していない状態にした後，以下の操作を行う。

操作A：スイッチ S_2 を開いた後，十分に長い時間スイッチ S_1 を閉じておく。

操作B：スイッチ S_1 を開いた後，十分に長い時間スイッチ S_2 を閉じておく。

★ 問2 操作Aの後，コンデンサー K_1 の上部極板および導体 D の下面に現れる電荷の電気量を求め，それぞれ C，V を用いて答えよ。

★ 問3 続いて操作Bを行う。このとき，コンデンサー K_2 の極板間の電位差を求め，V を用いて表せ。

★ 問4 問3において導体 D は帯電する。その電気量を求め，C，V を用いて表せ。

★★ 問5 このように，「操作A続けて操作B」という一連の操作を繰り返し行う。

(1) 一連の操作を n 回行った後のコンデンサー K_2 の極板間の電位差を V_n とする。このときの導体 D が帯びている電気量を求め，C，V_n を用いて表せ。

(2) さらに $(n+1)$ 回目の操作に入り，操作Aを行った。このとき，導体 D の下面に現れた電荷の電気量を求め，C，V，V_n を用いて表せ。

(3) V_n と V_{n+1} の関係式を求めよ。

| 慶大 |

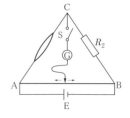

　図のような回路がある。AB 間には，断面積 $1.0\,\text{mm}^2$，長さ $2.0\,\text{m}$ の太さが一様な 1 本の抵抗線が張られており，その抵抗値は $R=1.2\times10^2\,[\Omega]$ である。AC 間には，AB 間に張った抵抗線と同じものを用意し，これを長さ $1.0\,\text{m}$ の点で二つ折りにして接続してある。BC 間は未知の抵抗 R_2 で，その抵抗値を $R_2\,[\Omega]$ とする。Ⓖは検流計で，その端子の一方はスイッチ S を通して点 C に接続され，もう一方の端子は AB 間に張られた抵抗線の任意の点に接続できるようになっている。電池 E の起電力は $10\,\text{V}$ で，その内部抵抗は無視できる。以下の問いに答えよ。ただし，数値による解答は有効数字 2 桁とせよ。

問1　AC 間の抵抗 R_1 について，

(1)　抵抗値を求めよ。

(2)　抵抗率を求めよ。単位も記入のこと。

問2　スイッチ S を開いているとき，点 C と AB の中間点 D との間の電位差を，R_2 を用いて表せ。

★**問3**　スイッチ S を閉じて，検流計の端子を AB 間の抵抗線に接触させながら動かしたところ，点 A から $1.2\,\text{m}$ の点 D_1 で，検流計のふれが 0 になった。

(1)　BC 間の抵抗値 $R_2\,[\Omega]$ を求めよ。

(2)　AD_1 間の抵抗を R_3，BD_1 間の抵抗を R_4 とするとき，最も電力を消費する抵抗は R_1，R_2，R_3，R_4 のうちどれか。また，この抵抗で消費される電力 $P\,[\text{W}]$ を求めよ。

★**問4**　AC 間の抵抗線のすべてを使用して，断面積 $5.0\,\text{mm}^2$ の一様な太さの 1 本の抵抗線に作りかえた。

(1)　この抵抗線の両端間の抵抗値 $R_5\,[\Omega]$ を求めよ。

(2)　この抵抗線を R_1 の代わりに接続した場合，検流計のふれが 0 になる接触点 D_2 は，点 A から何 m の点か。

　　　　　　　　　　　　　　　　　　　　　　　　　　| 岩手大 |

扱うテーマ キルヒホッフの法則／合成抵抗／誤差

解答・解説 p.183

物理

図1のように，電流計で電流を測ることによって電気容量や抵抗値を測定する装置がある。装置には2つの測定端子があり，内部で抵抗（抵抗値 r）と電源（起電力 E）と電流計が直列に接続されている。電流計および電源の内部抵抗は無視できるものとする。

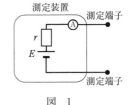

図 1

問1　$r=0.0$ 〔Ω〕にした装置の測定端子にコンデンサーを接続し，E を時間的に一定の割合 $\dfrac{\Delta E}{\Delta t}=2.0$〔V/s〕で増加させたところ，電流計は $5.0\,\mu\text{A}$ を示した。このコンデンサーの電気容量 C の値を求めよ。

問2　今度は，E を一定値 E_1，$r=r_1$ として以下の実験を行った。$10\,\Omega$ の抵抗を測定端子に接続すると，電流計は $1.0\,\text{A}$ を示した。次に，$18\,\Omega$ の抵抗を測定端子に接続すると，電流計は $0.60\,\text{A}$ を示した。このときの E_1 と r_1 の値をそれぞれ求めよ。

★ 問3　いま，$2.0\,\Omega$，$3.5\,\Omega$，$5.0\,\Omega$，$10\,\Omega$，$12\,\Omega$ の抵抗がそれぞれ1個ずつある。この中から3個の抵抗（抵抗値 r_a，r_b，r_c）を選んで図2のように接続し，$r=6.0$〔Ω〕にしたい。そのためには r_a，r_b，r_c の値をそれぞれいくらにすればよいか。

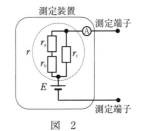

図 2

★ 問4　ある日，E を一定値 E_2 に設定し，測定装置の内部の抵抗に書かれた値を信じて $r=r_s$ とし，測定端子に接続された抵抗を測定したところ，抵抗値 R_m を得た。その後，r の値を確認したところ，真の値 r_0 は $1.1r_s$ であることがわかった。このとき，測定端子に接続された抵抗の真の値 R_0 を，R_m と r_s を用いて表せ。ただし，電流計の示す値および E の値に誤差はなかったものとする。

★★ 問5　問4のように，実際の実験では，測定装置の内部の抵抗に書かれた値 r_s は真の値 r_0 に等しいとは限らない。この場合 $r=r_s$ と信じて測定を行うと，得られる抵抗値 R_m は誤差を含み，真の値 R_0 とは異なる。r_s の相対誤差が 10% であるとき，R_m の相対誤差が 0.1% 以下であるための R_m と r_s が満たすべき関係を求めよ。ただし，電流計の示す値および E の値に誤差はないものとする。また，r_s の相対誤差を $\left|\dfrac{r_s-r_0}{r_s}\right|\times100$〔%〕，$R_m$ の相対誤差を $\left|\dfrac{R_m-R_0}{R_m}\right|\times100$〔%〕と定義する。

| 東北大 |

扱う
テーマ ▶ キルヒホッフの法則 　　　　　　　　　　　　　　　　　　　　　　　　　物理

★★　次の文中の空欄に入る答をそれぞれ記せ。ただし，(2)は下の解答群から正しいもの
を 1 つ選べ。

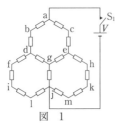
図 1

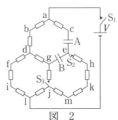
図 2

　図 1 のように，抵抗 R をもつ同じ導線 15 本と内部抵抗の無視できる起電力 V の電池
からなる回路がある。スイッチ S_1 を閉じたとき，電池から流れ出る電流は [(1)] で
ある。このとき，すべての接続点 a〜m のうちで，接続点 g と同じ電位となる接続点
は [(2)]

　次に，図 2 のようにスイッチ S_1 を開き，電池の負極側を接続点 j から接続点 l につ
なぎ換える。さらに導線 ce と導線 eg を取り除き，代わりに同じ電気容量 C をもつコン
デンサー A と B を接続する。はじめは，スイッチ S_2 と S_3 はともに閉じたままにし
ておき，スイッチ S_1 を再び閉じる。十分に時間が経った後での電池から流れ出る電流
は [(3)] である。また，コンデンサー A に蓄えられる電気量は [(4)] であり，コン
デンサー B に蓄えられる電気量は [(5)] である。

　この状態から引き続いて，スイッチ S_2 を開き，その後スイッチ S_3 も開いた。この
とき，コンデンサー A の接続点 e 側の極板にある電気量は [(6)] であり，コンデン
サー B の接続点 g 側の極板にある電気量は [(7)] となる。

〔(2)の解答群〕　①　d と e である。　②　f と h である。
　　③　i と j と k である。　④　l と m である。　⑤　ない。

| 東京理大 |

扱う
テーマ　回路素子にかかる電圧　物理

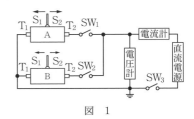

図 1

抵抗と電池からなる2つの電気回路A，Bを箱の中に作り，回路の2箇所を端子T_1，T_2に接続した。A，Bはスイッチにより，それぞれ2種類の回路に切り換えることが可能である。図1でスイッチを左に倒したときをS_1状態，右に倒したときをS_2状態とよぶことにする。直流電源をこれら2つの箱に接続し，電圧と電流の関係を調べた。スイッチSW_1を閉じ，SW_2を開いて，回路Aについて測定すると，S_1状態ではa_1，S_2状態ではa_2の直線が得られた（図2）。回路Bについて同様の測定を行うと，S_1状態ではb_1，S_2状態ではb_2の直線が得られた。電源，電流計および箱の中の電池の内部抵抗は0，電圧計の抵抗は無限大とする。また，電流計の読みは図1の電流計を左向きに流れる電流を正の値とする。

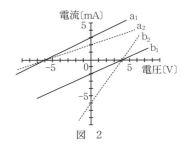

図 2

★ 問1　スイッチSW_2とSW_3を開きSW_1を閉じたときの，電圧計の読みはいくらか。

★ 問2　S_1状態の回路AにおけるT_1，T_2間の抵抗値を求めよ。

★ 問3　直線a_1を与える最も単純な回路Aを図示せよ。

★★ 問4　S_1状態でスイッチSW_1，SW_2，SW_3をすべて閉じ，電圧計の読みを0Vにしたとき，電流計の読みはいくらになるか。

★★ 問5　回路A，BともにS_1状態でスイッチSW_3を開き，SW_1とSW_2を閉じたときの，電圧計の読みはいくらか。

★★ 問6　次に，A，Bの回路を同時にS_2に切り換えると，電圧計の読みはいくらか。

| 慶大 |

扱うテーマ　ダイオードを含む回路／スイッチ操作と電位　　物理

電気製品によく使われているダイオードを用いた回路を考えよう。簡単化のため，ダイオードは図1のようなスイッチS_Dと抵抗とが直列につながれた回路と等価であると考え，Pの電位がQよりも高いか等しいときにはS_Dが閉じ，低いときにはS_Dが開くものとする。なお以下では，電池の内部抵抗，回路の配線に用いる導線の抵抗，回路の自己インダクタンスは考えなくてよい。

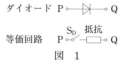

ダイオード　P ─▷├─ Q

等価回路　P ○―S_D─抵抗─○ Q

図　1

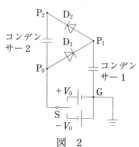

図　2

★ 問1　図2のように，容量Cのコンデンサー2個，ダイオードD_1，D_2，スイッチS，および起電力V_0の電池2個を接続した。最初，スイッチSは$+V_0$側にも$-V_0$側にも接続されておらず，コンデンサーには電荷は蓄えられていないものとする。点Gを電位の基準点（電位0）としたときの点P_1，P_2それぞれの電位をV_1，V_2として，以下の問いに答えよ。

(1)　まず，スイッチSを$+V_0$側に接続した。この直後のV_1，V_2を求めよ。

(2)　(1)の後，回路中の電荷移動がなくなるまで待った。このときのV_1，V_2およびコンデンサー1に蓄えられている静電エネルギーUを求めよ。また，電池がした仕事Wを求めよ。

(3)　(2)の後，スイッチSを$-V_0$側に切り替えた。この直後のV_1，V_2を求めよ。

(4)　(3)の後，回路中の電荷移動がなくなったときのV_1，V_2を求めよ。

★★ 問2　図2の回路に多数のコンデンサーとダイオードを付け加えた図3の回路は，コッククロフト・ウォルトン回路とよばれ，高電圧を得る目的で使われる。いま，コンデンサーの容量はすべてCとし，最初，スイッチSは$+V_0$側にも$-V_0$側にも接続されておらず，コンデンサーには電荷は蓄えられていないとする。

スイッチSを$+V_0$側，$-V_0$側と何度も繰り返し切り替えた結果，切り替えても回路中での電荷移動

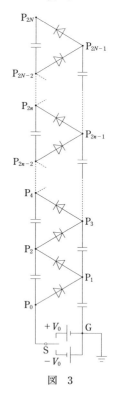

図　3

が起こらなくなった。この状況において，スイッチSを $+V_0$ 側に接続したとき，点 P_{2n-2} と点 P_{2n-1} の電位は等しくなっていた（$n=1, 2, \cdots, N$）。また，スイッチSを $-V_0$ 側に接続したとき，点 P_{2n-1} と点 P_{2n} の電位は等しくなっていた（$n=1, 2, \cdots, N$）。スイッチSを $+V_0$ 側に接続したときの点 P_{2N-1}，P_{2N} の電位 V_{2N-1}，V_{2N} を，N と V_0 を用いて表せ。なお，点Gを電位の基準点（電位 0）とせよ。

|東大|

扱う テーマ　非線形抵抗　物理

　3つの電球，可変抵抗，電流計，電池（起電力4V）およびスイッチを導線で接続し，図1に示す回路を作った。電球の電流・電圧特性は，スイッチを入れた直後ではオームの法則に従うが，十分に時間が経過すると図2の特性を示すものとする。電流計と電池の内部抵抗は合わせて r〔Ω〕で，スイッチを含め導線の抵抗は無視できるものとする。

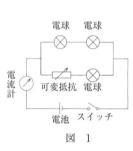

図　1

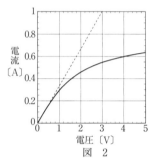

図　2

★ 問1　電球の電流・電圧特性が図2のように，直線からずれる理由を60字程度で説明せよ。

★★ 問2　スイッチを入れた直後における回路全体の抵抗値 R_x〔Ω〕を求め，そのとりうる範囲を求めよ。ここで，可変抵抗の値は R〔Ω〕で，その大きさは0から無限に大きな値まで変えられるものとする。

★★ 問3　問2において，3つの電球と可変抵抗で消費される電力の総和 P と R_x との関係を求めよ。また，その概略をグラフで示せ。

★★ 問4　問3で求めた P の最大値について考察せよ。

★★ 問5　スイッチを入れてから十分に時間が経過すると，3つの電球の明るさが同じになった。そのときの R_x を求めよ。ただし，$r=2$〔Ω〕とする。

| 東大 |

　平行に流れる電流間にどんな力が働くかを調べる
ために，図1にその概略を示す装置を使って実験を
行った。実際の装置では導線1（abcdef）と導線2
（gh）はそれぞれ異なった閉じた回路の一部であるが，
図1では残りの導線や電池等は簡単のため省略して
ある。導線2は水平な位置に固定され，その長さは
導線1の区間 cd と等しい。導線1には区間 ab と
ef の途中でY字形の絶縁体の棒が取り付けられてい
る。これらは同一直線上にある区間 ab と ef を中心
軸として，絶縁体でできた2つの支点で支えられ，
全体でてんびんを形成している（てんびんの中心軸

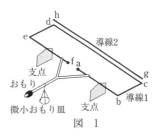

図　1

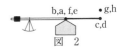

図　2

方向から見た図2参照）。てんびんのバランスを取るとき，導線1は一つの水平面内に
あって，cd はどの部分も gh の真下にくるようになっている。導線1の区間 cd に働
く力は，微小おもりの量を調整しながらてんびんのバランスをとることによって測定
できる。なお，回路の省略された部分は，力の測定への影響が無視できるように設計
されている。また，四辺形 bcde は長方形をなし，bc と cd の長さはそれぞれ 0.1 m
と 0.3 m である。

★ **問1**　導線1と導線2のそれぞれに5A程度までの電流を流したい。そのために，電
池の起電力 V〔V〕，導線の電気抵抗 R〔Ω〕のほかに知っていなければならないこと
を1つあげよ。それが電流にどのような影響を与えるかを示す式も書け。

　問2　まず，導線1に電流 $I_1 = 5$〔A〕を流し，導線2には電流を流さないで，おもり
を調整しててんびんをつり合わせた。次に $I_1 = 5$〔A〕のまま，導線2に反対向きの
電流 I_2〔A〕を流し，その値を変えながら電流 I_2〔A〕が区間 cd に及ぼす力の測定を
行った。その力は斥力で，表1の結果を得た。なお，ここでは cd と gh の間隔は常
に 0.01 m である。この実験データを，下のグラフに適当に座標をとって記入せよ。

表　1

電流 I_2〔A〕	力〔N〕
0.0	0.0
0.5	1.2×10^{-5}
1.0	2.1×10^{-5}
1.5	3.6×10^{-5}
2.0	3.8×10^{-5}
2.5	5.6×10^{-5}

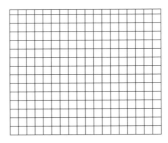

問3　次に，導線2を水平に保ったまま鉛直上方に動かし，cd と gh の間隔 r〔m〕を変えて，電流 I_2〔A〕が区間 cd に及ぼす力を問2と同様の手順で測定した。その結果，表2を得た。なお，導線1および導線2に流した電流は共に5Aである。この実験データを，下のグラフに適当に座標をとって記入せよ。

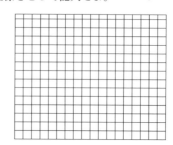

表　2

距離 r〔m〕	力〔N〕
0.010	10.0×10^{-5}
0.015	7.0×10^{-5}
0.020	5.0×10^{-5}
0.025	4.2×10^{-5}
0.030	3.7×10^{-5}

★　問4　力の作用・反作用の法則を考慮し，問2, 3の結果を用いて，導線 cd と gh の間に働く力の大きさ F〔N〕を，電流 I_1〔A〕，電流 I_2〔A〕，および距離 r〔m〕で表す式を筋道をたてて導け。その比例係数の値も求めよ。

★★　問5　問4で得た比例係数は，公式から得られる値より小さい。下記の事柄は，この実験にどんな影響を与えるか。それが係数を小さくする場合は小，大きくする場合は大，大きくすることも小さくすることもありうる場合には大小，影響がない場合には無と簡略化して答えよ。

⑴　導線 ab, ef に電流が流れていること

⑵　導線 cd, gh が十分に長くないこと

⑶　地磁気が働いていること

⑷　導線 cd と gh とは平行であるが，完全には同一鉛直面内にないこと

★★　問6　問2, 3で観測した力は，磁束密度を介し導線間に働いていると考えることができる。問4では，長さ 0.3 m の導線に流れる電流の間に働く力の式を求めた。その式を利用して，距離 r〔m〕だけ離れた導線2の位置に，区間 cd に流れる電流 I_1〔A〕によって生じる磁束密度の大きさ B〔T〕を表す式を求めよ。さらに，その式を用いて $I_1=5$〔A〕，$r=0.01$〔m〕のときの B〔T〕の値を求めよ。

| 東京工大 |

扱う テーマ 磁場からのローレンツ力／ファラデーの電磁誘導の法則／磁場中を運動する導体棒　物理

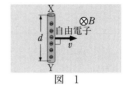

図　1

I　電磁誘導の法則を，自由電子に働くローレンツ力をもとに考えてみよう。図1のように，紙面に垂直に表から裏へ向かう磁束密度 B の一様な磁場中において，紙面に置かれた長さ d の直線状の導線 XY を考える。この導線を，紙面上で，図1の矢印の向きに一定の速さ v で動かす。

問1　このとき，導線内の自由電子にはローレンツ力が働く。その結果，X端とY端は帯電する。自由電子が多く集まり負に帯電するのは，X端とY端のどちらであるか答えよ。

問2　十分な時間が経つと，自由電子に働く力として，この帯電によって発生する電場からの力と，ローレンツ力がつり合う。この2つの力のつり合いの式を書き，導線 XY 間に生じる起電力の大きさ V を求めよ。

II　ここで，紙面上に静止している導体のレール WW′ と ZZ′ を考える。このレール WW′ と ZZ′ は平行で，距離 d だけ離れている。図2のように，上記の導線 XY をこのレールと直角に接するように置く。磁束密度 B の一様な磁場が，影の付いた

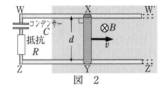

図　2

部分だけにかかっているものとする。磁場のかかっている領域の外側にあるレールの端 WZ には，抵抗値 R の抵抗と電気容量 C のコンデンサーが直列に接続されている。はじめコンデンサーには電荷が蓄えられていないものとする。この状態から，磁場中にある導線 XY を，レールと平行な矢印の向きに一定の速さ v で動かし始めた。このとき，回路 WXYZ には時間とともに変化する電流が流れる。レールと導線の抵抗，その間の接触抵抗，回路 WXYZ の自己インダクタンス，導線 XY の質量は無視できるものとする。また，レールおよび磁場がかかっている領域は紙面の右側に十分に長くのびているものとする。

★ 問3　回路 WXYZ に生じる誘導起電力を，電磁誘導の法則から導き，問2で求めた導線 XY に生じる起電力と等しくなることを，導出の過程とともに示せ。また，この起電力によって回路 WXYZ に流れる電流の向きを，X→Y または，Y→X の記号を用いて答えよ。

III　次に，回路 WXYZ の中にあるコンデンサーの充電過程について考えてみよう。

★ 問4　十分な時間が経ち，回路 WXYZ には電流が流れなくなった。このとき，コンデンサーに蓄えられている電荷 Q を，B，d，v，R，C の中から必要なものを用いて表

せ。

★問5　この充電過程で，導線 XY を動かす外力は，
$$W = C(vBd)^2$$
だけの仕事をしたことを，考え方とともに示せ。

★問6　また，この過程において，抵抗 R で発生したジュール熱 W_J を，B，d，v，R，C の中から必要なものを用いて表せ。

Ⅳ　次に，前ページの図 2 と同じ回路を考えるが，今度は導線 XY を，磁束密度 B の一様な磁場中でレールと平行に（紙面上左右に），速度（右向きを正とする）が時間 t とともに $v = v_0 \sin \omega t$ で変化するように振動させる。ただし，$R \ll \dfrac{1}{\omega C}$ とし，抵抗による電圧降下は無視できるものとする。

★★問7　回路に流れる電流 I の実効値を，B，d，C，v_0，ω を用いて表せ。

★★問8　図 3 中の破線は，コンデンサー両端の電圧 V を示している。このときコンデンサーに流れる電流 I の時間変化をグラフに書き込め。縦軸には電流 I の最大値・最小値を書き入れること。また，この電流 I と電圧 V の位相の関係を述べよ。

|東北大|

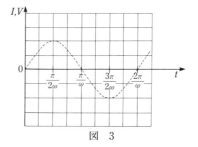

図　3

次の文を読んで，空欄に適した式を記せ。

図1に示すように，水平面上に間隔 l で互いに平行に配置された2本の導体レールの上に，これらと直角に質量 m の導体棒 MN が置かれており，それがばね定数 k の不導体のばねにつながれている。導体棒 MN は，レールと平行にその上を左右に摩擦なく動けるものとする。また，導体棒 MN の動く範囲には，紙面に垂直に一様な磁束密度 B の静磁場が，紙面の裏から表の向きに常に作用している。なお，図1に示したように x 座標をとり，導体棒 MN が $x=0$ の位置にあるとき，ばねは自然の長さであるとする。

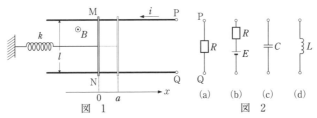

図 1　　　　　　　　　図 2

ここで，レールの右端PとQの間に，図2に示すようないろいろな素子をつないで1つのループ回路PMNQを構成したときに，導体棒 MN がどのような運動をするかについて考える。ただし，レールと導体棒 MN およびその接触点の電気抵抗，ならびに2本のレール間の電気容量は無視できるものとし，また，ループ回路に流れる電流の作る磁場は，静磁場 B や，PとQの間につないだ素子に影響を与えないものとする。

★ I　いま，ばねを引き伸ばして，導体棒 MN を $x=a$ の位置までゆっくりと動かし，静かに放す。P，Q間を開放したままのとき，導体棒 MN は角振動数 $\omega_0=$ (1) の単振動をする。導体棒 MN を放した時点を時刻 $t=0$ とすると，P，Q間に生じる誘導起電力の大きさは，t の関数として，(2) と表せる。

★ II　P，Q間に，図2の(a)に示した電気抵抗 R の抵抗をつないだ状態で，導体棒 MN を $x=a$ の位置までゆっくりと動かし，静かに放したところ，導体棒 MN は P，Q間を開放していたときと同じような振動をしながら，少しずつその振幅が小さくなり，十分な時間が経過したのち，$x=0$ の位置に静止した。導体棒 MN を放してから静止するまでの間に，電気抵抗 R で消費されたエネルギーは (3) である。この後，P，Q間に，(a)にかえて，(b)に示した電気抵抗 R の抵抗と起電力 E の電池からなる素子を図の向きにつなぐと，導体棒 MN は，また振動をはじめ，少しずつその振幅が小さくなって，十分な時間が経過したのちには，$x=$ (4) の位置に静止した。静止した後，電気抵抗 R で単位時間に消費されるエネルギーは (5) である。

★ Ⅲ はじめに戻って，P，Q間を開放した状態で，導体棒MNを $x=a$ の位置まで
ゆっくりと動かし，P，Q間に，前ページの図2の(c)に示した電気容量Cのコンデン
サーをつないで，導体棒MNを静かに放すと，角振動数 ω_1 で単振動した。導体棒
MNを放した時点を時刻 $t=0$ とすると，コンデンサーに蓄えられる電荷の量は，t
の関数として，_____(6)_____と表せる（ただし，前ページの図1においてコンデンサーの
上側の電極に正電荷がたまる場合を正とする）。導体棒MNが $x=0$ を通過する瞬
間にコンデンサーに蓄えられているエネルギー___(7)___と，そのときの運動エネル
ギーの和は，$t=0$ の時点に与えた全エネルギーに等しいので，結局，この単振動の
角振動数は，$\omega_1=$___(8)___であることがわかる。

★★ Ⅳ 今度は，P，Q間に，前ページの図2の(d)に示した自己インダクタンスLのコイル
をつないだ回路において，導体棒MNが，$x=0$ を中心とした角振動数 ω_2，振幅 a
の単振動をしているとする。$x=0$ を右に通過するある時点を $t=0$ と定め，その
とき回路を流れる電流は0であったとする。回路に流れる電流は，t の関数として，
___(9)___と表せる（ただし，前ページの図1の i の向きを正とする）。$x=a$ の位置に
おいてコイルに蓄えられているエネルギー___(10)___と，そのときにばねに蓄えられて
いるエネルギーの和は，$t=0$ の時点の全エネルギーと等しいので，結局，この単振
動の角振動数は，$\omega_2=$___(11)___であることがわかる。

扱う テーマ 電磁誘導とエネルギーの変換

物理

右図のような xyz 座標系をもつ空間に, z 軸方向正の向きの磁場がある。点 (x, y, z) における磁束密度は, y, z によらず x に比例し, 正の定数 b を用いて bx 〔T〕($=$〔Wb/m²〕)で表される。また, 単位長さあたり抵抗 r 〔Ω/m〕をもつ細い導線があり, これを用いて図に示すようなはしご形回路を作り, その長辺を x 軸, 短辺を y 軸と平行に置く。導線の長さは, $\overline{BC}$ と $\overline{DE}$ がそれぞれ $2d$ 〔m〕, $\overline{AB}$, $\overline{EF}$, $\overline{AF}$, $\overline{BE}$, $\overline{CD}$ はそれぞれ d 〔m〕である。

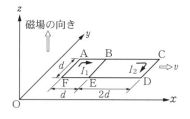

この回路に外力 f 〔N〕を x 軸方向に加えて引っ張り続けたところ, 一定速度 v 〔m/s〕で動くようになった。回路は変形も回転もせず, 電磁誘導による電流の作る磁場の影響は無視できるものとする。

★ **問1**　正方形の巡回路(ひとまわりする回路)ABEFA に誘導される起電力 V_1 〔V〕を求めよ。

★ **問2**　巡回路 ABEFA および巡回路 BCDEB のそれぞれに誘導される起電力 V_1 〔V〕, V_2 〔V〕と, 導線 $\overline{AB}$, $\overline{BC}$ を図に示すように流れる電流 I_1 〔A〕, I_2 〔A〕との間の関係式を導け。また, 導線 $\overline{BE}$ を流れる電流〔A〕を b, d, r, v を用いて表せ。

★ **問3**　外力 f は各導線に働く力の合力とつり合っている。この条件から f を求め, b, d, r, v を用いて表せ。また, 外力 f が単位時間あたりにする仕事は, 回路に発生するジュール熱と等しいことを示せ。

|　東大　|

扱う
テーマ　変圧器／電磁誘導と回路

物理

　図1に示すように，環状の鉄心に
巻き数 n_1 のコイル1と巻き数 n_2 の
コイル2が巻かれている。これらの
コイルの電気抵抗は無視できるほど
小さく，コイル1は抵抗 R_1 と任意
の電圧 E を発生できる電源に接続さ
れ，一方コイル2は抵抗 R_2 とス
イッチSに接続されている。これら

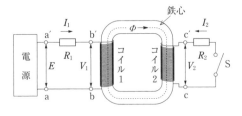

図　1

のコイルに電流を流したとき，磁束は鉄心内にのみ発生し，鉄心外への漏れは無視で
きるものとする。そのとき鉄心内の磁束 Φ と，コイル1の電流 I_1 およびコイル2の電
流 I_2 との間には，次の(i)式が成り立つものとする。

　　　$\Phi = k(n_1 I_1 + n_2 I_2)$　…(i)

ここで，磁束 Φ と電流 I_1 および I_2 の向きは図中の矢印の向きを正とし，係数 k は鉄心
の形状や透磁率によって決まる定数とする。

　また，微小時間 Δt の間にこの鉄心内の磁束が $\Delta\Phi$ だけ増加したとき，Δt と $\Delta\Phi$ お
よびコイル1の電圧 V_1 との間には次の(ii)式が成り立つ。

　　　$V_1 = n_1 \dfrac{\Delta\Phi}{\Delta t}$　…(ii)

　ここで，電源の電圧 E，コイル1の電圧 V_1，コイル2の電圧 V_2 は，それぞれa点，
b点，c点を基準としたときのaa′ 間，bb′ 間，cc′ 間の電位差と定義する。時刻
$t=0$ では，いずれのコイルにも電流が流れていないものとして，以下の問いに答えよ。

★ **問1**　スイッチSが開いている状態のとき，コイル1の
　　電圧 V_1 が図2に示す電圧波形（V_1 は $0 < t < T$ のと
　　き一定値 V_0 をとり，その他の時刻では0をとる）とな
　　るように，電源の電圧 E を変化させた。
　⑴　時刻 t が $0 < t < T$ のとき，コイル1の電流 I_1 は
　　　正負どちらの向きに増加するか。また，その理由を
　　　簡潔に述べよ。
　⑵　時刻 $t=T$ における鉄心内の磁束 Φ を求めよ。
　⑶　(i)式を用いて，時刻 $t=T$ におけるコイル1の電流 I_1 を求めよ。
　⑷　時刻 t が $0 < t < T$ の場合と $T < t$ の場合それぞれについて，電源の電圧 E を
　　　求めよ。

★★ **問2**　次に，スイッチSが閉じられている場合を考える。問1と同様に，コイル1の
　　電圧 V_1 が図2に示す電圧波形となるように，電源の電圧 E を変化させた。

(1) 時刻 $t=T$ における鉄心内の磁束 Φ を求めよ。

(2) 時刻 t が $0<t<T$ のとき，両コイルの両端に発生する電圧の大きさの比，$\dfrac{|V_1|}{|V_2|}$ を求めよ。また，c 点と c′ 点とでは，どちらの電位が高くなるかを答えよ。

(3) 時刻 t が $0<t<T$ のとき，コイル 1 の電流 I_1 を求めよ。

| 東大 |

採う
テーマ 瞬時値と実効値／電圧と電流の位相差／リアクタンス／電流とコンデンサーの電気量 物理

スイッチ，直流電源，交流電源，コイル，コンデンサー，抵抗1，抵抗2の回路素子が図のように接続されている。直流電源の起電力は V_0〔V〕，コイルの自己インダクタンスは L〔H〕，コンデンサーの電気容量は C〔F〕，抵抗1の抵抗値は R_1〔Ω〕，抵抗2の抵抗値は R_2〔Ω〕である。スイッチの接点の抵抗，直流電源とコイルの内部抵抗，回路素子をつなぐために用いた導線の抵抗は無視できるものとする。

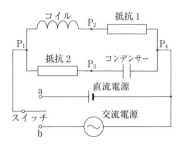

問1 スイッチをa側に閉じて十分に長い時間が経過した後に，抵抗1で消費される電力〔W〕を求めよ。

問2 その後，スイッチを開いた。スイッチを開いた直後から十分に長い時間が経過するまでの間に，回路で消費されるエネルギー〔J〕を求めよ。

★ **問3** 次にスイッチをb側に閉じた後，十分に長い時間が経過した。P_2 から P_4 へ流れる電流 I を測定した結果，$I = I_0 \sin \omega t$〔A〕であった。ただし，t は秒を単位とする時間であり，ω は rad/s を単位とする角周波数(角振動数)である。また，$P_2 P_3$ 間の電位差 E を測定した結果，$E = 0$〔V〕であった。

(1) 抵抗1で消費される平均電力〔W〕を求めよ。

(2) 回路素子の値としては R_1 と C だけを用いて，P_3 から P_4 へ流れる電流〔A〕を表せ。

(3) 回路素子の値としては R_1，R_2，C だけを用いて，P_4 を基準とした P_1 の電位〔V〕を表せ。

(4) 回路素子の値としては R_1，R_2，C だけを用いて，コイルの自己インダクタンス〔H〕を表せ。

| 九大 |

電気容量 C〔F〕のコンデンサーに交流電圧 $V=V_0\sin\omega t$（V_0＝一定〔V〕，ω＝角周波数〔rad/s〕，t＝時間〔s〕）を加えると，コンデンサーに流れる電流 I〔A〕は，

$$I=\omega CV_0\sin\left(\omega t+\frac{\pi}{2}\right)$$

で表される。コンデンサーのリアクタンスは $\dfrac{1}{\omega C}$ である。

また，自己インダクタンス L〔H〕のコイルに交流電圧 $V=V_0\sin\omega t$ を加えると，コイルに流れる電流 I は，

$$I=\frac{V_0}{\omega L}\sin\left(\omega t-\frac{\pi}{2}\right)$$

で表される。コイルのリアクタンスは ωL である。

交流回路について以下の問いに答えよ。(1)，(5)，(6)，(8)〜(10)には式を，(2)〜(4)には数値（有効数字 2 桁）を，(11)，(12)には適当な言葉を記せ。なお，(7)，(13)は図で示せ。

★ I　図1はコンデンサーC（電気容量 C〔F〕），コイルL（自己インダクタンス L〔H〕），抵抗R（抵抗値 R〔Ω〕）を直列に接続し，交流電圧 $V=V_0\sin\omega t$ を加えた交流回路である。回路を流れる電流 I は，α_1 を交流電圧に対する電流 I の位相差として，$I=I_1\sin(\omega t+\alpha_1)$ で表される。ここで，I_1 は

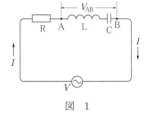

図　1

$I_1=\dfrac{V_0}{Z}$ で与えられる。Z はこの回路のインピーダ

ンスであり，$\boxed{\quad(1)\quad}$〔Ω〕で表される。$V_0=2.00$〔V〕，$R=100$〔Ω〕，$L=0.090$〔H〕，$C=4.84$〔μF〕とすると，ω が $\omega_1=\boxed{\quad(2)\quad}$〔rad/s〕のとき I_1 は ω に関して最大になり，その値は $\boxed{\quad(3)\quad}$〔A〕となる。また，このときの AB 間の電位差 V_{AB} は

$\boxed{\quad(4)\quad}$〔V〕となる。この現象を共振という。$\omega\gg\omega_1$ および $\omega\gg\dfrac{R}{L}$ のときの I_1 の

漸近形は $\boxed{\quad(5)\quad}$〔A〕で表され，$\omega\ll\omega_1$ および $\omega\ll\dfrac{1}{RC}$ のときの I_1 の漸近形は

$\boxed{\quad(6)\quad}$〔A〕で表される。これらの結果を用いて，ω の関数として I_1 の概略を次ページの $\boxed{\quad(7)\quad}$ に図示せよ。

★★ Ⅱ 図2は，前ページの図1でコイルLとコンデン
サーCを並列に接続した場合の交流回路を示す。交
流電圧の角周波数ωを変えていくと，$\omega = \omega_2$ のとき
抵抗Rを流れる電流は0になった。このとき，コン
デンサーCに流れる電流I_Cは [8] 〔A〕で，一方
コイルに流れる電流I_Lは [9] 〔A〕である。これ
より，ω_2は [10] 〔rad/s〕と求まる。この現象も

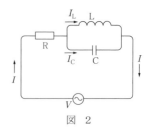

図 2

共振とよばれる。$\omega \gg \omega_2$ のとき，コンデンサーとコイルのうち，電流はほとんど
[11] を流れる。また，$\omega \ll \omega_2$ のときは電流はほとんど [12] を流れる。抵抗R
を流れる電流Iは，α_2を交流電圧に対する位相差として，$I = I_2 \sin(\omega t + \alpha_2)$ と表
される。$V_0 = 1.50$ 〔V〕，$R = 50.0$ 〔Ω〕，$L = 0.050$ 〔H〕，$C = 3.20$ 〔μF〕の場合，ω の
関数としてI_2の概略を [13] に図示せよ。図中に，ω_2 の数値と $\omega \approx 0$ および
$\omega \gg \omega_2$ のときのI_2の数値をそれぞれ示せ。

(7)

(13)

| 東北大 |

図のように，起電力 E〔V〕$(E>0)$ の電池，抵抗値 R〔Ω〕の抵抗，電気容量 C〔F〕のコンデンサー，インダクタンス L〔H〕のコイルからなる回路がある。コンデンサーには，電圧計が図に示した極性でつながれている。また，2つの電流計が接続されており，それぞれの電流値 I_1〔A〕と I_2〔A〕は，図の矢印の向きを正とする。はじめ，スイッチSは開いており，コンデンサーは帯電していない。また，I_1

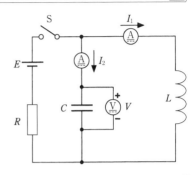

と I_2 はともに0であった。電圧計を流れる電流は無視できる。また，配線に用いた導線の抵抗，コイルの直流抵抗，および電池と電流計の内部抵抗は無視できる。以下の問いに答えよ。ただし，問10以外では電磁波の発生は無視する。

Ⅰ　まず最初に，スイッチSを閉じた。
問1　その瞬間の I_1 と I_2 の値を，L, C, R, E のうち必要なものを用いて，それぞれ表せ。

Ⅱ　スイッチSを閉じてからしばらくすると，I_1 と I_2 は一定値になった。
問2　この状態における I_1 と I_2 の値を，L, C, R, E のうち必要なものを用いて，それぞれ表せ。
問3　この状態において，コイルに蓄えられているエネルギーと，コンデンサーに蓄えられているエネルギーを，L, C, R, E のうち必要なものを用いて，それぞれ表せ。

Ⅲ　次に，スイッチSを開いたところ，回路に電気振動が生じた。
問4　スイッチSを開いた瞬間の I_1 と I_2 の値を，L, C, R, E のうち必要なものを用いて，それぞれ表せ。
問5　電気振動の周期 T〔s〕を求めよ。
★問6　スイッチSを開いた瞬間の時刻を0として，電流値 I_1 を時刻 t〔s〕の関数として求めよ。ただし，電流の最大値を I_0〔A〕とし，答は I_0 と T を含む式で表せ。また，I_1 と t の関係を，右のグラフに描け。なお，縦軸には電流の最大値 I_0 が示されている。

問6

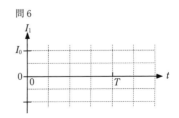

★問7　コイルに蓄えられているエネルギー U_L〔J〕

を時刻 t の関数として求めよ。答は I_0 と T を含む式で表せ。

★ 問8　コンデンサーに蓄えられているエネルギー U_C 〔J〕と時刻 t の関係を，右のグラフに描け。なお，縦軸にはエネルギーの最大値 U_0 〔J〕が示されている。

問8

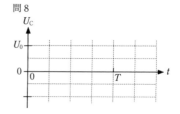

★ 問9　コンデンサーの両端につながれた電圧計の示す値 V 〔V〕を時刻 t の関数として求めよ。答は I_0 と T を含む式で表せ。

Ⅳ　さて，コイルを貫く磁場による電磁波の発生を考慮すると，電流の振幅はゆっくりと減少する。

★★ 問10　どのような過程でコイルから電磁波が発生するのか，説明せよ。ただし，磁場と電場の互いの角度についても述べること。

| 阪大 |

電子の電荷と質量の比（比電荷）を調べるための装置を右図に示す。座標軸を図のようにとる。静止した電子が原点Oで次々に生成され，電圧 V_0 で加速されて，z 軸上の小穴Hから一定の流れとして z 軸正の向きに飛び出るようになっている。これらの電子を，y 軸に垂直に置かれた2枚の平行電

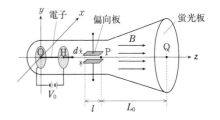

極板からなる偏向板の間に入射させて，一様な電場によって電子に y 軸方向の速度成分を与える。偏向板には，一定電圧または交流電圧をかけることができる。偏向板の間隔は d，z 軸に沿った長さは l である。偏向板の右端出口の z 軸上の点をPとする。Pより右側には，z 軸の正の向きに磁束密度 B の一様な磁場がかけられている。Pより左側には磁場はない。図のように，装置の右端には電子が衝突した位置を知るための蛍光板が，z 軸に垂直に取り付けられている。蛍光板と z 軸との交点QとPの間の距離は L_0 である。電子の電荷を $-e$，質量を m として，以下の問いに答えよ。ただし，重力や地磁気の影響は無視できる。また，装置の内部は真空になっており，電子は蛍光板以外の部分には衝突しない。

問1 電子がHから飛び出る際の z 軸方向の速さ v_z を求めよ。

I 偏向板に一定の電圧 V_1（$V_1>0$）をかけた。ただし，上の電極の電位が下の電極の電位よりも高い。

問2 偏向板を通過した直後の電子の y 軸方向の速さ v_y を，m，e，V_1，d，l，v_z を用いて表せ。

偏向板を通過した直後の電子は，y 軸方向については問2で求めた速さ v_y で運動しているが，その位置の z 軸からのずれは十分に小さく，以下では，電子は z 軸上のPを通過したとみなす。

問3 偏向板を通過した後の電子の運動の軌跡を xy 平面に投影した図形は円になった。この円の半径 r_0 を，m，e，B，v_y を用いて求めよ。また，この円をグラフに描き，電子の投影面上での運動の向きを矢印で示せ。

問4 問3で調べた投影面上での運動は等速円運動である。この円運動の角速度 ω を，m，e，B を用いて表せ。

II 次に，偏向板に一定の電圧 $-V_1$ をかけた。すなわち，上の電極の電位が下の電極の電位よりも低い。この場合も，電子はPを通過したとみなす。

問5 電子の運動の軌跡を xy 平面に投影した図形はどのようになるか。グラフに描

け。また，投影面上での運動の向きを矢印で示せ。

★ 問6　時刻 $t=0$ に P を通過した電子を考える。時刻 $t\,(t>0)$ における，その電子の投影面上での位置の x 座標および y 座標を，r_0，ω，t を用いて表せ。

★ 問7　電子が蛍光板に衝突する位置の x 座標および y 座標を m，e，V_0，V_1，B，d，l，L_0 を用いて表せ。

Ⅲ　次に，偏向板に，$+V_1$ と $-V_1$ の間を振動する交流電圧をかけた。この場合も，電子は P を通過したとみなす。

★ 問8　磁束密度 B を，小さい値から大きくしていったところ，蛍光板に散らばって光っていた多数の点が，磁束密度 B_C のときに初めて 1 点 Q に集まり，強く輝いた。B_C を m，e，V_0，V_1，d，l，L_0 のうち必要なものを用いて表し，この現象が起こる理由を説明せよ。

★ 問9　問8の現象を利用することにより，電子の比電荷 $\dfrac{e}{m}$ の値を決定したい。この実験でどのような量を測定し，どのように $\dfrac{e}{m}$ の値を求めればよいか。簡潔に説明せよ。

|阪大|

122

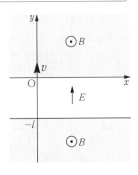

　磁場および電場の影響を受け，xy 平面上を運動する電荷をもった粒子 (荷電粒子) を考える。図のように，領域 $y>0$ と領域 $y<-l$ では磁束密度 B の一様な磁場が xy 平面に垂直に (紙面裏から表の向きに) かかっており，$-l<y<0$ の領域では一様な電場 E が y 軸方向正の向きにかかっている。xy 平面内で原点から y 軸方向正の向きに速さ $v\,(v>0)$ で荷電粒子が打ち出される。荷電粒子の質量を m，電荷を $q\,(q>0)$ とし，重力の影響は無視してよい。

問1　荷電粒子が最初に x 軸を通過するまでの時間を求めよ。

問2　荷電粒子が最初に x 軸を通過する点と原点との距離を求めよ。

★ 問3　荷電粒子の運動は初速度の大きさ v によって 2 種類の軌道をとる。この 2 種類の軌道の概形を示せ。

★ 問4　問3における 2 種類の軌道を分ける初速度の大きさ v_0 を求めよ。

★★ 問5　問3の 2 種類の軌道それぞれについて，荷電粒子が最初に x 軸を通過してから 2 度目に x 軸を通過するまでの時間を求めよ。

★★ 問6　問3の 2 種類の軌道それぞれについて，x 軸方向の平均速度を求めよ。

| 東大 |

図のように，z 軸方向正の向きの磁場に垂直な xy 平面内における，電子の運動を考えよう。電子の電荷を $-e$，質量を m として，以下の問いに答えよ。ただし，$e>0$ とし，電子は真空中を運動する。

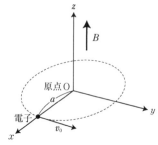

問1　磁場は空間的に一様で，時間に対して一定である。このときの磁束密度 B の大きさを B_0 とする。

(1)　磁場と垂直に，ある速さ v_0 で入射した電子は，xy 平面内で半径 $a=a_0$ の円を描いた。電子の円軌道の半径 a_0 を v_0, B_0, e, m を用いて表せ。また，円周を一周するのに要する時間 t_c を B_0, e, m を用いて表せ。

(2)　この円軌道を描く電子は円形電流をつくる。1個の電子がつくる電流の大きさ I を B_0, e, m を用いて表せ。また，この円形電流が電子の軌道の中心につくる磁場はどの方向を向いているか答えよ。

★ 問2　磁束密度 B が，次のように座標 (x, y) に依存し，時刻 $t<0$ では時間によらず，時刻 $t \geqq 0$ では時間とともに増加する場合を考える。この磁束密度を $B(r, t)$ と表す。

$$t<0 \text{ のとき } B(r, t)=b(r)$$

$$t \geqq 0 \text{ のとき } B(r, t)=b(r)\left(1+\frac{t}{T}\right)$$

ただし，T は正の定数，$r=\sqrt{x^2+y^2}$ であり，$b(r)$ は正の値をもち，r とともに単調に変化するものとする。

$t<0$ のある時刻に速さ v_0 で電子を入射したところ，磁場と垂直な xy 平面内で，原点を中心とする半径 a の円を描いた。$t \geqq 0$ となっても，電子は $t<0$ の場合と同じ半径 a の円運動を続けた。

(1)　時刻 $t \geqq 0$ では，半径 a の円を貫く磁束は $\Phi(t)=\phi(a)\left(1+\dfrac{t}{T}\right)$ で与えられる。

ただし，$\phi(a)=2\pi\displaystyle\int_0^a b(r)r\,dr$ である。電子の軌道上に生じる誘導起電力の大きさ $|V|$ を $\phi(a)$, T を用いて表せ。また，この誘導起電力は，電子の運動方向に一定の大きさ $|E|$ をもつ誘導電場をもたらす。$|E|$ を $\phi(a)$, T, a を用いて表せ。

(2)　誘導電場によって電子は加速されるか減速されるか，理由をつけて答えよ。また，正の時刻 t での電子の速さ $v(t)$ を v_0, $|E|$, m, e, t を用いて表せ。

(3)　電子が半径 a の円周上を運動し続けるために必要な条件を a, $B(a, t)$, $v(t)$,

m, e を用いて表せ。

(4) 問2(3)で求めた条件が任意の正の時刻 t で満たされるとすれば，C を定数とする関係式 $\dfrac{\phi(a)}{\pi a^2} = Cb(a)$ が成立する。定数 C の値を求めよ。また，このとき，電子の軌道半径内での磁束密度の大きさ $b(r)$ は r の増加とともに増加するか減少するか，理由をつけて答えよ。

| 名大 |

★　次の文中の空欄に適切な答えをそれぞれ記せ。

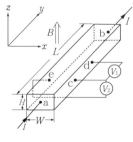

図 1

図1のように幅 W〔m〕，高さ H〔m〕，長さ L〔m〕の直方体の形状をした半導体があり，その抵抗率を ρ〔Ω·m〕とする。ただし，L は W，H に比べて十分に長いとする。

図1に示したように直方体の両端 a，b に導線を付け，電流 I〔A〕を y 軸方向に流した。中心付近の直方体面上の点 c，d，e の電位をそれぞれ V_c〔V〕，V_d〔V〕，V_e〔V〕としたときの電圧 V_1〔V〕$(=V_c-V_d)$，V_2〔V〕$(=V_c-V_e)$ を測定した。ただし，点 c と点 e の y 座標は同じで，点 c と点 d の y 座標の差を W〔m〕となるようにする。このとき，電圧 $V_1=$ __(1)__〔V〕，電圧 $V_2=$ __(2)__〔V〕となる。

次に，この直方体に z 軸方向に一様な磁束密度 B〔T〕の磁場をかけた。半導体内では，単位面積あたり n〔1/m³〕個の正の電荷 q〔C〕をもった粒子が y 軸方向に一様な速さ v〔m/s〕で流れているとすると，電流は $I=$ __(3)__〔A〕と表される。また，各粒子が受けるローレンツ力の向きは __(4)__ で，その大きさは __(5)__〔N〕となる。電流は x 軸方向に流れないので，x 軸方向に電場 $E_x=$ __(6)__〔V/m〕が生じ，n は磁場をかけたときの電圧 $V_2'(=V_c-V_e)$ を用いて $n=$ __(7)__〔1/m³〕と表される。

$V_1=V_2'$ となる磁場中で，この直方体の点 c，d，e 付近を上から見たときの等電位線を3本，図2に描け __(8)__。

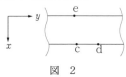

図 2

次に，この半導体内を流れる粒子の電荷が負の場合，電圧 V_1，V_2' はどのようになるか。__(9)__ に簡潔に述べよ。ただし，電流と磁場の向きは変わらないものとする。

| 阪大 |

126

解答・解説
p.231

扱う
テーマ ▶ 光電効果の検証実験

物理

図1は，ある金属の光電効果を調べる実験装置を示している。Cは単色光に照射される陰極（金属）を，Pは陰極Cから飛び出した電子を集める陽極を表している。以下の問いに答えよ。電気素量 e は $1.6×10^{-19}$ C，プランク定数 h は $6.6×10^{-34}$ J·s，電子の質量 m は $9.1×10^{-31}$ kg とする。計算結果は有効数字2桁で記せ。

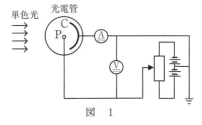

図 1

Ⅰ 振動数 ν が $1.2×10^{15}$ Hz である単色光を陰極Cに照射して，図1の電圧計Vと電流計Aによって電流 I の印加電圧 V への依存性を測定した。ただし，電圧 V は陰極Cに対する陽極Pの電位である。

問1 陰極Cに照射した光子1個のエネルギーは何Jか。

問2 図2のように，電圧 V がある値以上になると，電流 I は一定値 $I_0=3.2×10^{-7}$ [A] になってからそれ以上には増加しなかった。このとき，陰極Cから陽極Pに到達する電子の数は毎秒何個か。

問3 電流 I が0になる電圧 $-V_0$ は -2.3 V であった。このときの電子の最大の速さ [m/s] を求めよ。

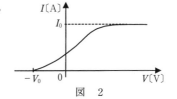

図 2

問4 この金属の仕事関数 W [eV] の値を求めよ。

Ⅱ 次に，陰極Cに照射する単色光の振動数 ν を変えて，電流 I の印加電圧 V への依存性を測定した。

問5 電流 I が0になる電圧 $-V_0$ を測定すると振動数 ν を用いて $V_0=a\nu-b$ （$a>0$, $b>0$）の関係にあった。アインシュタインの光量子仮説によると a, b はそれぞれ何か，次から選べ。

$$\left[h,\ W,\ mh,\ \frac{m}{e},\ \frac{h}{e},\ \frac{e}{h},\ \frac{W}{e},\ \frac{e}{W},\ eh,\ eW \right]$$

問6 入射光の振動数 ν を $4.0×10^{14}$ Hz に変えた場合に電流はどうなるか。計算と理由をつけて答えよ。

★問7 光電効果の実験事実は，アインシュタインの光量子仮説で説明することができる。以下の事実①〜⑤の中で，光の波動説でも説明できるものをすべて選べ。

① 電流が0になる電圧 $-V_0$ は振動数 ν だけに依存した。

② 限界振動数が存在した。

③ 入射光の強度を下げると電流も減少した。

④ 光電管の電極間に加える電圧が 0 でも電流が流れた。

⑤ 入射光の強度とは関係なく，光を陰極 C に照射すると電子はすぐに飛び出した。

｜九州工大｜

扱う
テーマ　光電効果／光電管の基本式／電気回路　　物理

解答・解説
p.234

図1は光電管を含む回路である。光電管の陰極Kに光を当てると光電子がそこから飛び出して陽極Pに達し，外部の回路に電流が流れる。スイッチS_1を閉じS_2を開いたままで，光電管に波長 $\lambda_1=0.50〔\mu m〕=0.50\times10^{-6}〔m〕$ の光を一定の強度Iで照射し続けたところ，点Bを基準にした点Aの電位vはしだいに増加して，一定値1.8Vになった。その間，図1の矢印の方向に流れる電流iはしだいに減少し，vとiの間に図2の実線の関係が得られた。以下の問いに答えよ。ただし，電子の電荷の大きさ $e=1.6\times10^{-19}〔C〕$，プランク定数 $h=6.6\times10^{-34}〔J\cdot s〕$，光速度 $c=3.0\times10^{8}〔m/s〕$，$1〔eV〕=1.6\times10^{-19}〔J〕$ とせよ。

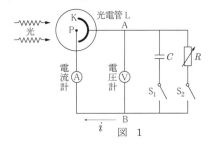
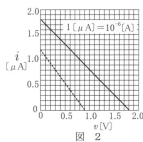

図 1　　図 2

問1　照射光の波長をλ_1とし，電位vが0Vのとき，陽極Pに到達した電子の最大の速さを求めよ。ただし，電子の質量を $m\fallingdotseq0.9\times10^{-30}〔kg〕$ と近似して計算せよ。

★問2　コンデンサーCに蓄えられた電荷を放電した後，S_1を閉じS_2を開く。照射する光の波長をλ_2にかえて，iとvの関係を同じように測定したところ，図2の破線の関係が得られた。波長λ_2を求めよ。

★問3　光の波長と強度をそれぞれもとのλ_1，Iに戻し，スイッチS_1，S_2を閉じ可変抵抗Rを $2.0〔M\Omega〕=2.0\times10^{6}〔\Omega〕$ に調整する。十分に長い時間が経過すると，回路には一定の電流が流れるようになる。その電流の大きさを求めよ。また，コンデンサーの容量を $C=5.0〔\mu F〕$ とすると，このコンデンサーにはどれだけの電荷が蓄えられているか。

★★問4　問3における定常電流の値は，可変抵抗Rの値によって変化する。この定常電流により可変抵抗で発生するジュール熱を最大にするRの値を求めよ。

★★問5　可変抵抗値は2.0MΩ，波長はλ_1のまま照射光の強度を $\dfrac{I}{2}$ にして問3の実験を行った。定常的になったときの電流の値を求めよ。

| 東大 |

図1は，真空中で金属単結晶試料に10〜100eV程度のエネルギーをもつ電子線を照射して，試料から反射される電子または放射される光を測定する実験装置である。装置には，試料に対して一定のエネルギーをもった電子線を照射する電子銃，反射された電子を検出する電子検出器，および放射された光の強さと波長を測定する分光器が取り付けてある。

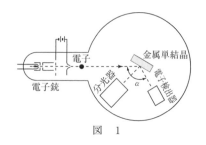

図　1

金属単結晶試料は任意の方向に回転できる。プランク定数をh，真空中の光速をc，電子の質量をm，電気素量をe($e>0$)とする。

I　図2に示すように，金属単結晶では原子は規則正しく配列し，その原子面間隔がdであるとする。この原子面に対して，角度θで入射した電子線の回折を考える。

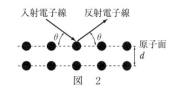

図　2

問1　入射した電子線を波と考え，その波長をλとする。エネルギーを失わずに，図2のように反射した電子線が干渉して強め合う条件を，λ, h, c, m, e, θ, d, n(正の整数)の中から必要なものを用いて表せ。ただし，電子線が金属単結晶中に入るときに受ける屈折の効果は無視せよ。

問2　運動エネルギーEをもつ電子の波長λを，E, h, c, m, eの中から必要なものを用いて表せ。

問3　図1の実験装置で，電子銃から試料に対して電圧V_1で加速した電子線を照射したところ，電子線と電子検出器のなす角度がαのとき，強い電子線の反射が観測された。この電子線の回折に関与している最も小さな原子面間隔をd_αとすると，d_αをV_1, h, c, m, e, αの中から必要なものを用いて表せ。

★問4　問3で，$\alpha=120°$，$d_\alpha=0.22$〔nm〕の場合の入射電子の運動エネルギーE_eを，eV単位で具体的に求めよ。プランク定数$h=6.6\times10^{-34}$〔J・s〕，光速$c=3.0\times10^8$〔m/s〕，電子の質量$m=9.1\times10^{-31}$〔kg〕，電気素量$e=1.6\times10^{-19}$〔C〕として，有効数字2桁で答えよ。1〔nm〕$=1\times10^{-9}$〔m〕である。

★問5　問3と同様な回折現象は，電子線の代わりにX線を用いても観測できる。問4の回折条件($\alpha=120°$，$d_\alpha=0.22$〔nm〕)を満たすX線のエネルギーE_pを，eV単位で有効数字2桁まで求めよ。必要ならば問4で与えた定数を用いること。

Ⅱ 次に，問3の実験条件のままで，分光器の
スイッチを入れて試料からの発光を調べたと
ころ，図3に示すような連続的なスペクトル
が観測され，その最短波長はλ_1であった。縦
軸の発光強度は，一定時間あたり検出される
光子の数である。この発光現象を光電効果の
逆過程と考え，以下の問いに答えよ。

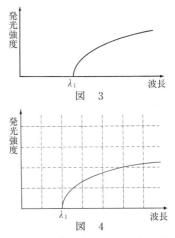

図　3

図　4

★ 問6　同じ加速電圧を保ちながら，一定時間あ
たり電子銃から照射される電子の数を2倍に
した。このときの発光の強度と波長の関係を，
図4に実線（——）で描き込め。発光の最短波
長$\lambda_1{}^*$を図中に示すこと。次に，電子銃から
の電子の数を元に戻し，加速電圧をV_1より
大きなV_2に変えた場合，検出された発光の最短波長はλ_2であった。このときの発
光の強度と波長の関係を，図4に破線（……）で描き込め。λ_2の大まかな位置も示す
こと。また，解答にあたって留意したことを図中に描き込むこと。

問7　この金属の仕事関数Wおよびプランク定数hを，$V_1, V_2, \lambda_1, \lambda_2, c, e$の中から
必要なものを用いて表せ。

|東北大|

He^+, Li^{2+}, Be^{3+}, … のように 1 個の原子核とただ 1 個の電子から構成されるイオンを「水素様イオン」という。水素様イオンはその定常状態の構造が水素原子に類似している。したがって，放出される光子の波長スペクトルについても類似性が見られる。この水素様イオンについて以下の問いに答えよ。ただし，電子の質量を m_e，電気素量を e，真空の誘電率を ε_0，プランク定数を h とする。また，必要に応じて次の数値と表のデータを用いよ。

真空中の光速度 $c = 3.00 \times 10^8$ 〔m/s〕
電気素量 $e = 1.60 \times 10^{-19}$ 〔C〕
プランク定数 $h = 6.63 \times 10^{-34}$ 〔J・s〕$= 4.14 \times 10^{-15}$ 〔eV・s〕

水素原子の量子数 n に対する定常状態のエネルギー E_n^H

n	1	2	3	4	5	6	…	∞
E_n^H〔eV〕	-13.6	-3.40	-1.51	-0.850	-0.544	-0.378	…	0

問 1 以下の文中の空欄にあてはまる適当な式，記号を記入せよ。

例えば炭素 C の水素様イオンは [(1)] である。一般に原子番号 Z の水素様イオンについて，量子数が n の定常状態のエネルギー $E_n(Z)$ を求めよう。考え方は水素原子の場合と同様であるが，原子核の正電荷が水素原子の場合の Z 倍であることに注意しよう。原子核は電子に比べて非常に重いので，静止しているものとする。

まず，量子数が n の定常状態について，電子の軌道半径を r，速さを v とすると，軌道 1 周の長さが電子のド・ブロイ波長の n 倍に等しいという量子条件から，

$$2\pi r = \boxed{(2)} \quad \cdots(\text{i})$$

この(i)式，および電子に働く遠心力と電気力とのつり合いの式である

$$\frac{m_e v^2}{r} = \frac{\boxed{(3)}}{4\pi\varepsilon_0 r^2} \quad \cdots(\text{ii})$$

から v を消去すると，定常状態の軌道半径として，

$$r = \boxed{(4)} \quad \cdots(\text{iii})$$

一方，r を用いて電子の位置エネルギー U を表すと，

$$U = \boxed{(5)}$$

である。また，電子の運動エネルギー $K = \dfrac{m_e v^2}{2}$ は，(ii)式から，r を用いて，

$$K = \boxed{(6)}$$

と表せる。よって，電子の全エネルギー $E_n(Z)$ は r を用いて，

$$E_n(Z) = U + K = \boxed{(7)} \quad \cdots(\text{iv})$$

(iv)式中の r に(iii)式を代入して r を消去すれば，結局，

$$E_n(Z) = \boxed{(8)}$$

となる。したがって，原子番号 Z の水素様イオンの定常状態のエネルギーは，対応する水素原子の定常状態のエネルギーの $\boxed{(9)}$ 倍である。

　また，原子番号 Z の水素様イオンが，量子数が n の定常状態から m の定常状態に移るときに放出される，光子の波長の逆数は，

$$\frac{1}{\lambda} = \boxed{(10)}$$

と表せる。

★ 問2　ある1種類の水素様イオンから放出される光子を測定したところ，右図のような波長スペクトルが得られた。（なお，強度

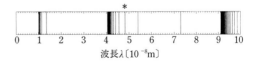

が小さい線も同じ強度に見えるように修正してある。）ところどころにスペクトル線が集中して重なっているが，これはどのような理由によるものか。問1の結果を用いて定性的に説明せよ。

★★ 問3　図のスペクトルから，この水素様イオンの元素名を判定せよ。

★ 問4　図で＊を記したスペクトル線は，問3で特定されたイオンがどの定常状態からどの定常状態に移るときに放出された光子に対応するものか。量子数で答えよ。

★ 問5　この水素様イオンの量子数 $n=2$ の定常状態にあった電子を，原子核から完全に引き離し，1個の原子核と1個の自由な電子にするために最低限必要なエネルギー〔eV〕を求めよ。

| 東京工大 |

扱う
テーマ｜原子の崩壊／量子条件　　　　　　　　　　　　　　　　物理

　原子番号 26, 質量数 55 の放射性同位体 $^{55}_{26}\text{Fe}$ は, ^A_ZMn に崩壊する。これは β 崩壊の一種であるが, 通常の β 崩壊のように原子核が電子 (e^-) を放出して新しい原子核に変わるのではなく, 原子核が原子内で原子核近傍をまわる電子を捕獲して, 新しい原子核に変わる (崩壊する)。すなわち, 表記すると以下のようになる。

$$^{55}_{26}\text{Fe} + e^- \longrightarrow {}^A_Z\text{Mn}$$

この崩壊について, 以下の問いに答えよ。

問1　上の ^A_ZMn の原子番号 Z と質量数 A はいくらか。

問2　Fe 原子内の電子が原子核から受ける静電気力は, 原子内にはその電子しかなく, 原子核と電子間の距離が同じとすれば, 水素原子の場合の何倍になるか。

　ボーア原子模型では, 電子は, 原子核から受ける静電気力を向心力として, 以下に示す量子条件を満たす円軌道をまわる。

$$mvr = \frac{nh}{2\pi}$$

ここで, m, v, r はそれぞれ電子の質量, 速さ, 軌道半径を表し, h はプランク定数, n は量子数である。

　ボーア原子模型に基づき, Fe 原子内や Mn 原子内で円軌道をまわる電子について, 以下の問いに答えよ。ただし, 特に断らない限り, 原子内には着目している 1 つの電子以外に電子はないと仮定して計算せよ。

★ **問3**　Fe 原子の量子数 $n=1$ の円軌道の半径は, 水素原子の場合の何倍か。

★ **問4**　Fe 原子の量子数 $n=1$ の準位のエネルギーの絶対値は, 水素原子の場合の何倍か。ただし, エネルギーは, 電子が無限遠で静止している場合をゼロと定義する。

★ **問5**　水素原子の量子数 $n=1$ の準位のエネルギーは $-13.6\,\text{eV}$ である。Fe 原子ではいくらになるか。また Mn 原子のこの準位のエネルギー E_0 はいくらか。

★★ **問6**　実際の Fe 原子では, 多くの電子がいろいろな軌道をまわっている。いま, 崩壊によって, Fe 原子の量子数 $n=1$ の円軌道にいた電子が捕獲されたとする。崩壊で生まれた Mn 原子では, $n=2$ の軌道にいる電子が, 空きが生じた $n=1$ の軌道に移ってくる。この際放出される光子 (X線) のエネルギーを, 問 5 で定義した E_0 を用いて表せ。ここでも, $n=1$ や $n=2$ の準位のエネルギーは, 原子内に 1 つの電子しかないとして計算したものを用いよ。

｜東大｜

X線管では，陰極から飛び出した電子が高電圧で加速され，陽極の金属に衝突し，陽極からX線が発生する。右図は，そのとき得られるX線の波長と強度の関係の概略で，連続X線とよばれるなだらかな部分と，固有X線（特性X線）とよばれる鋭いピークが見られる。電子の質量を m，その電荷を $-e(e>0)$，プランク定数を h，真空中の光速度を c として以下の問いに答えよ。

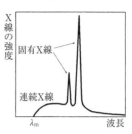

問1　連続X線の最短波長 λ_m が陽極の金属の種類によらないとみなせば，この λ_m を用いて h を決定することができる。

(1)　電子を加速する電圧を V として，h を m，e，c，λ_m，V の中から必要なものを用いて表せ。

(2)　$V=20$ 〔kV〕のとき $\lambda_m=6.2\times10^{-11}$〔m〕であることを用いて，$h$ を求めよ。ただし，$m=9.1\times10^{-31}$〔kg〕，$e=1.6\times10^{-19}$〔C〕，$c=3.0\times10^8$〔m/s〕とし，単位に注意して有効数字2桁で答えよ。

★ 問2　電子が陽極の原子に衝突して，原子核に近い内側の軌道の電子をたたき出し，その空いた軌道に外側の軌道の電子が移る過程を考える。そのとき，外側と内側の軌道における電子のエネルギー差に等しいエネルギーをもつ電磁波が放射される。これが固有X線であり，その波長は陽極の物質に依存することが知られている。

(1)　原子核のまわりを回る電子の，定常状態における軌道を円軌道と仮定する。円軌道上の電子の速さを v，軌道半径を r とすると，次の量子条件が成り立つと考えられている。

$$mvr=\frac{nh}{2\pi}$$

ここで，n は正の整数（$n=1$, 2, …）で，量子数とよばれる。物質波としての電子の波長を λ とするとき，λ を用いてこの式を書き直し，それに基づいて量子条件の物理的意味を簡潔に述べよ。

(2)　陽極の原子の原子番号を Z，静電気力に関するクーロンの法則の定数を k_0 として，量子数 n の軌道にある電子の軌道半径 r を n，k_0，h，m，e および Z を用いて表せ。ただし，着目している電子以外の電子の存在は無視するものとする。

(3)　電子の位置エネルギーを，原子核からの距離が無限大のときに0になるように定義する。このとき，量子数 n の軌道にある電子のエネルギー E を，ボーア半径 a_0（$Z=1$，$n=1$ のときの軌道半径），n，k_0，e および Z を用いて表せ。さらに，その結果を用いて，$n=2$ の軌道から $n=1$ の軌道へ電子が移るときに発生する電磁波の波長 λ_c と原子番号 Z の関係式を求めよ。ただし，$n=1$ の軌道には，た

たき出された電子の他にもう 1 つ電子が残っているが，その存在は無視して考えるものとする。

(4) 問 2 (3)では無視した，$n=1$ の軌道に残っている電子の存在を考慮すると，発生する電磁波の波長 λ_C は問 2 (3)で求めた値に比べて大きくなるか，小さくなるか，理由も含めて簡潔に述べよ。

│ 東北大 │

扱う テーマ　α, β, γ崩壊と放射線　　　　　　　　　　　　　　　　　　　　物理

　右図は，放射線の特徴を模式的に表すためにキュリー夫人によって描かれた図である。小穴が開けられた容器には，複数の放射線源が入っている。また紙面に垂直に一様な磁場がかけられている。

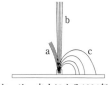

キュリー夫人による1904年の論文より一部修正して転写。

問1　図の放射線 a，b，c の粒子の名称を答えよ。また磁場の向きは紙面に対してどの向きか。

問2　(1)　a の回転軌道半径 r は一定であった。磁束密度を B，電気素量を e として，a の運動量 p を求めよ。

　(2)　a は放射性原子核Aが，A→B+a のように崩壊することで作られる。崩壊のときに解放されるエネルギーQは，すべて運動エネルギーに変わる。粒子Bとa の質量をそれぞれ m_B，m_a とし，a の運動量 p_a と運動エネルギー K_a を m_B，m_a，Q を用いて表せ。ただし，Aは静止しているものとする。

★問3　図に描かれているように，粒子 c の回転軌道半径は崩壊ごとに様々な値を示した。この現象が発見されたときには，この原子核の崩壊ではエネルギー保存則が成り立たないのではないかと考えられた。その後この現象は，崩壊時にニュートリノνとよばれる，電荷をもたない中性の粒子が同時に放出されているためであることがわかった。ν は，キュリー夫人の時代には検出することはできず，その存在は知られていなかった。

　この崩壊では，放射性原子核XがYに変換する際に，X→Y+c+ν のように3つの粒子に崩壊し，その結果 c が作られる。崩壊時に解放されるエネルギーQはすべて運動エネルギーに変わる。ただし，X は静止しているものとする。また，粒子 Y，c，ν の質量を m_Y，m_c，m_ν，運動量の大きさを p_Y，p_c，p_ν とし，ベクトルは矢印を用いて表すものとする。

　(1)　崩壊の際に成立するエネルギー保存の法則と運動量保存の法則の式を書け。ただし，$\overrightarrow{p_Y}$ と $\overrightarrow{p_c}$ のなす角を θ，$\overrightarrow{p_Y}$ と $\overrightarrow{p_\nu}$ のなす角を ϕ とせよ。

　(2)　$p_Y = p_\nu$ の場合，粒子 c の運動エネルギー K_c の最大値と最小値を m_Y，m_c，m_ν，Q を用いて求めよ。また，K_c が最大値および最小値を示す場合について，運動量ベクトル $\overrightarrow{p_Y}$，$\overrightarrow{p_c}$，$\overrightarrow{p_\nu}$ の関係をそれぞれ図示せよ。

★★問4　放射性原子核は，一般にそれぞれ固有の確率(割合)で崩壊し，もとの原子核の数は時間とともに減少する。崩壊に伴い放出される放射線の量(強度)は，そのときに残っている原子核の数に比例する。

　　放射線 a と b の強度を定期的に測定したところ，次ページの表1の結果が得られた。

　(1)　表1の結果を次ページのグラフに，a を黒丸 (●) で b を白丸 (○) で記入せよ。

グラフには縦軸と横軸の単位と目盛りの値を明示すること。

(2)　aを放出する元素とbを放出する元素を，表2の中から1つずつ選べ。

(3)　これらの放射性元素の原子核数が崩壊により $\frac{1}{512}$ になるのに必要な日数はい

くらか。表2の半減期をもとに計算せよ。

表　1

測定日	放射線のa強度 （カウント／秒）	放射線のb強度 （カウント／秒）
初　日	1785	3446
100日後	1078	781
200日後	653	177
300日後	395	41
400日後	239	9
500日後	145	2

表　2

元素名	半減期
^{51}Cr	27.8日
^{203}Hg	46.8日
^{56}Co	78.8日
^{210}Po	138日
^{195}Au	183日
^{65}Zn	244日
^{22}Na	2.4年
^{60}Co	6.3年

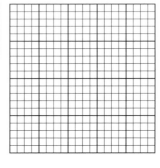

| 東大 |

撮う テーマ 原子核反応とエネルギー　　　　　　　　　　　　　　　　　　物理

Ⅰ　原子核を構成する陽子と中性子のうち，中性子は単体では不安定であり，陽子と電子とニュートリノに崩壊する。ニュートリノは，電気的に中性できわめて小さい質量をもつ粒子であるが，簡単のため以下ではニュートリノの存在を無視する。このとき中性子の崩壊を表す反応式は，

$$\text{n} \longrightarrow \text{p} + \text{e}^- \quad \cdots ①$$

である。c を光速，m_n を中性子の質量，m_p を陽子の質量，m_e を電子の質量として，以下の問いに答えよ。

問1　中性子の崩壊で発生するエネルギー Q_0 を求めよ。

Ⅱ　質量数 A，原子番号 Z の原子核を (A, Z) で表し，$M(A, Z)$ をその質量とする。例えば，${}_{2}^{4}\text{He}$ は $(4, 2)$ と表し，その質量は $M(4, 2)$ と表す。

問2　原子核内部でも中性子が陽子に崩壊し，電子が放出されることがある。これを原子核の β 崩壊という。原子核 (A, Z) が β 崩壊

$$(A, Z) \longrightarrow (A, Z+1) + \text{e}^- \quad \cdots ②$$

を起こすとき，質量 $M(A, Z)$ と $M(A, Z+1)$ が満たす不等式を書け。

問3　核反応には必ずその逆反応が存在する。①式の逆反応は，

$$\text{p} + \text{e}^- \longrightarrow \text{n}$$

である。この反応は，電子を高エネルギーに加速して陽子に衝突させなければ起こらないが，原子核においては②式の逆反応に対応して，原子核がその周りを取り巻く電子を捕らえて，

$$(A, Z) + \text{e}^- \longrightarrow (A, Z-1) \quad \cdots ③$$

という反応が起こり得る。これを原子核の電子捕獲という。原子核 (A, Z) が電子捕獲を起こすとき，質量 $M(A, Z)$ と $M(A, Z-1)$ が満たす不等式を書け。

Ⅲ　原子核 (A, Z) の質量は，一般にそれを構成する陽子と中性子の質量の総和より小さい。両者の質量の差に相当するエネルギー $\Delta E(A, Z)$ を，原子核 (A, Z) の結合エネルギーとよぶ。すなわち，

$$\frac{\Delta E(A, Z)}{c^2} = Z m_\text{p} + (A-Z) m_\text{n} - M(A, Z) > 0$$

である。

★問4　太陽などの恒星内部では，高温で起こる熱核融合によって，陽子4個から ${}_{2}^{4}\text{He}$ が作られる反応が起こる。これは，

$$4\text{p} + 2\text{e}^- \longrightarrow {}_{2}^{4}\text{He}$$

という反応が起こっているとみなすことができる。${}_{2}^{4}\text{He}$ の結合エネルギーを

$\Delta E(4, 2)$ として，この反応で発生するヘリウム 1 個あたりのエネルギー Q_1 を求めよ。

★問 5　恒星内部の温度がさらに上がると，
$$3{}^{4}_{2}\mathrm{He} \longrightarrow {}^{12}_{6}\mathrm{C}$$
という反応が起こり炭素が生成される。${}^{12}_{6}\mathrm{C}$ の結合エネルギーを $\Delta E(12, 6)$ として，この反応で発生する炭素 1 個あたりのエネルギー Q_2 を求めよ。

★問 6　問 4，問 5 の反応をまとめると，結局，
$$12\mathrm{p}+6\mathrm{e}^- \longrightarrow {}^{12}_{6}\mathrm{C}$$
という反応が起こっていると考えてよい。この反応で発生する炭素 1 個あたりのエネルギーを Q_3 として，Q_3 を Q_1，Q_2 を用いて表せ。

｜阪大｜

扱うテーマ 対消滅におけるエネルギーと運動量 物理

陽電子 (e^+) は，電子 (e^-) と同じ質量 m，反対符号の正電荷をもつ粒子であり，電子の反粒子とよばれる。このような陽電子と電子が出会い，両者とも消滅し，γ 線が放出される対消滅過程を考える。この過程では，陽電子と電子のすべてのエネルギーが γ 線のエネルギーとなる。

アインシュタインの相対性理論によれば，粒子の質量が m であることは，粒子がその質量に対応するエネルギー mc^2 をもつことに相当する。これは静止物体のもつエネルギーという意味で静止エネルギーとよばれる。ここで c は真空中の光の速さである。運動している陽電子，電子それぞれの全エネルギーは，それらの速度に応じて静止エネルギーより大きくなる。しかし，以下の対消滅過程では陽電子，電子の速度は十分に小さいので，それらの全エネルギーは静止エネルギーに等しいとしてよい。

γ 線のエネルギーと運動量の大きさは，振動数を ν として，それぞれ $h\nu$，$\dfrac{h\nu}{c}$ で与えられる。ここで h はプランク定数である。

対消滅の結果，2 本の γ 線が同時に放出される過程を考える。この過程はすべて xy 平面内 (図 1，図 2) で起こるとする。またここでは，一方の γ 線は x 軸方向正の向きに放出されるとする。対消滅過程でもエネルギーおよび運動量の保存則が成立することを用いて，以下の問いに答えよ。

I 図 1(a) のように，原点 O に静止している陽電子と電子が対消滅し，2 本の γ 線

 γ 線 I ：運動量の大きさ p_1，
   振動数 ν_1

 γ 線 II ：運動量の大きさ p_2，振動数 ν_2

が図 1(b) に示すように正反対の向きに同時に放出された。

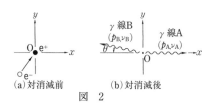

★ 問 1   2 本の γ 線は，なぜ正反対の向きに放出されたか，その理由を 120 字程度で述べよ。

★ 問 2 p_1，ν_1 それぞれを c，h，m を用いて表せ。

II 次に図 2(a) のように，運動している電子が原点に静止している陽電子と出会い，対消滅し，2 本の γ 線が同時に放出された場合を考える。ここで電子の運動量を $\vec{P}$ (x 成分 P_x，y 成分 P_y) とおく。ただ

し前ページの図2(b)に示すように，γ線A(運動量の大きさ p_A，振動数 ν_A)は図1(b)の場合のγ線Ⅰと同様に，x軸方向正の向きで観測されたが，γ線B(運動量の大きさ p_B，振動数 ν_B)は x軸方向負の向きから微小な角度 θ だけずれた方向で観測された。

★問3　P_x，P_y それぞれを p_A，p_B，θ を用いて表せ。

★問4　p_A，p_B それぞれを P_x，m，c を用いて表せ。ここで，角度 θ は十分に小さく，$\sin\theta \fallingdotseq \theta$，$\cos\theta \fallingdotseq 1$ とみなしてよい。

★問5　x軸方向正の向きに放出されたγ線の振動数を測定することにより，電子の運動量の x成分 P_x を知ることができる。P_x を $\nu_A - \nu_I$ を含む式で表せ。

｜東北大｜

撮う
テーマ　光子との衝突／原子のエネルギー準位　　　　　　　　　　　　　　物理

次の文を読んで，空欄には適した式または数を記せ。また{　}には選択肢あるいは図 3 から適したものを選べ。

振動数 ν〔Hz〕の光は，運動量 _(1)_ 〔kg・(m/s)〕，エネルギー _(2)_ 〔J〕をもつ粒子（光子）の集まりであると考えることができる。ただし，プランク定数を h〔J・s〕，光の速さを c〔m/s〕とする。一方，水素原子内部の電子のエネルギーは，とびとびの値をとる。基底状態のエネルギーの値を E_1〔J〕，ある励起状態のエネルギーの値を E_2〔J〕とし，この 2 つの状態のみを考えることにする。ただし，E_2-E_1〔J〕は，およそ $h\nu$〔J〕に等しいとする。水素原子の速さを V〔m/s〕，質量を M〔kg〕としたときの，水素原子の全エネルギーは，$\left(\dfrac{V}{c}\right)^2$ が 1 より十分に小さいときには，水素原子の重心運動の運動エネルギー $\left(\dfrac{1}{2}MV^2〔\mathrm{J}〕\right)$ と水素原子内部の電子のエネルギー（E_1〔J〕または E_2〔J〕）の和となる。ただし，水素原子の大きさは無視できる。以下の実験はすべて真空中で行うものとする。

Ⅰ　図 1 のように，運動量(1)〔kg・(m/s)〕でエネルギー(2)〔J〕の光子と，基底状態にあり光子と反対向きに速さ V_1〔m/s〕で運動

図 1

している水素原子が 1 つあったとする。水素原子が光子を吸収し，励起状態に励起され，速さが V_2〔m/s〕になった。ただし，水素原子の運動の向きは変わらないとする。このとき，水素原子と光子の全エネルギー保存の式は _(3)_ となり，また，運動量保存の式は _(4)_ となる。(3)と(4)から，V_2 を消去すると，$E_2-E_1=$ _(5)_ となる。この条件を満たすときに水素原子は，光子を吸収することができる。この式に現れる $\dfrac{1}{2M}\left(\dfrac{h\nu}{c}\right)^2$ の項は反跳エネルギーとよばれ，通常は非常に小さいので無視してよい。したがって，光と反対向きに運動している水素原子は，静止しているときに比べて，{(6)：①長い波長，②短い波長}の光を吸収することがわかる。

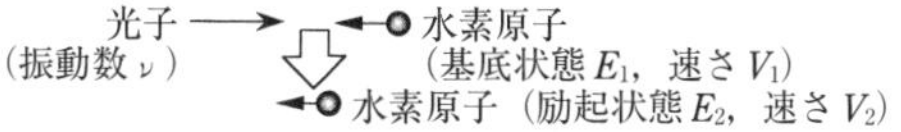

★Ⅱ　Ⅰでは 1 個の光子の吸収過程を考察したが，今度は，多数個の光子が水素原子の進行方向と逆向きからやってくる場合を考察する。光子を吸収して励起状態に励起された水素原子は，ある時間の後に光子を放出して，再び基底状態に戻る。基底状態に戻った水素原子は，対向してやってくる光子を再び吸収することができる。このような光子の吸収・放出の過程を繰り返すことにより，水素原子は光から一定の

力を受け，減速する。ただし，Ⅰで考察したように，減速するにつれて水素原子が吸収できる波長は変化してしまうが，その変化は小さいので，減速の過程においても水素原子は，速度によらず一定の運動量(1)〔kg·(m/s)〕の光子を吸収するものとする。また，励起状態にある水素原子はいろいろな向きに光子を放出するため，多数回の光子の放出過程においては，平均として水素原子は力を受けない。したがって，毎秒平均 n 回だけ水素原子が光子の吸収・放出を繰り返すとき，水素原子が受ける平均の力の大きさは，⎡(7)⎤〔N〕で表される。したがって，初速度 V_1〔m/s〕で運動している水素原子は等加速度運動をして，距離⎡(8)⎤〔m〕だけ進んで速度 0 になる。ただし，水素原子の運動は直線運動であるとする。

★ Ⅲ 通常の高温の気体原子は，高速度の熱運動をしていて，その運動に重力の効果を見出すことは難しい。しかし最近，Ⅱで考察したように，光からの力により原子の速度をほとんど 0 にまですることができるようになり，このように低速になった原子の運動では重力の影響が支配的になる。水素原子を鉛直上向きに噴水のように打ち上げた場合を考察してみよう。ただし，水素原子の運動は鉛直方向の直線運動のみとする。

図 2 のように，水素原子を位置 $z=0$ で，時刻 $t=0$ に，鉛直上向きに初速度 V_0〔m/s〕で打ち上げると時刻 ⎡(9)⎤〔s〕には，再び同じ $z=0$ の位置に戻ってくる。ここで重力加速度の大きさを g〔m/s²〕とする。

さらに，位置 $z=D$〔m〕に板を置き，そこに水素原子が到着した場合には原子は吸収されてしまうとする。水素原子が再び $z=0$ の位置に戻ってくることができるためには，水素原子の打ち上げ初速度 V_0〔m/s〕は，⎡(10)⎤〔m/s〕以下でなければならない。

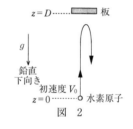

図 2

さて，より現実的な状況として，(10)〔m/s〕を中心とした初速度分布をもつ水素原子の集まりを考える。この水素原子の集まりを，時刻 $t=0$ に，位置 $z=0$ から

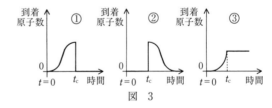

図 3

同時に打ち上げた場合，再び位置 $z=0$ に到着する水素原子数の時間分布は，{(11)：図 3 より選択}のようになる。また，この図中の t_c〔s〕は D, g を用いて $t_c=$⎡(12)⎤〔s〕と表される。以上のような実験を行い，D〔m〕と t_c〔s〕に対して，それぞれ，$D=1.226$〔m〕，$t_c=1.000012$〔s〕という測定値を得た。これから g〔m/s²〕の値を有効数字の範囲で求めると，⎡(13)⎤〔m/s²〕となる。

| 京大 |

解答・解説
p.256

扱う
テーマ 運動方程式／終端速度

物理基礎

次の I〜IV の文章を読んで，空欄には適した式または数値を，{ } からは適切なものを1つ選びその番号を，それぞれ記せ。数値の場合は単位も明記すること。なお，重力加速度の大きさを g とし，浮力は無視してよい。

I 質量 m の物体が重力と抵抗力を受けて鉛直下向きに速度 v で落下している。抵抗力の大きさは物体の速さに比例すると仮定し，比例定数を k とする。また，速度，加速度は鉛直下向きを正にとる。この物体の運動方程式は，微小時間 Δt での速度の変化を Δv とすると

$$m\frac{\Delta v}{\Delta t}=mg-kv$$

で与えられる。この状況では，落下を開始して一定時間の後には，物体の運動は，近似的に等速度運動になる。このときの速度を終端速度という。終端速度 v_f は重力と抵抗力がつり合う条件で決まり，$v_f=\boxed{(1)}$ で与えられる。また，終端速度を用いると運動方程式は

$$m\frac{\Delta v}{\Delta t}=k(v_f-v) \quad \cdots(\text{i})$$

と表せる。時間とともに速度 v がどのように終端速度に近づくか議論しよう。そのため，$v=v_f+\bar{v}$ として終端速度からのずれ $\bar{v}$ を導入すると，式(i)より

$$\frac{\Delta\bar{v}}{\Delta t}=-\frac{\bar{v}}{\boxed{(2)}}$$

が導かれる。なお，$\Delta\bar{v}$ は微小時間 Δt での $\bar{v}$ の変化である。ここで $\tau_1=\boxed{(2)}$ は緩和時間とよばれ，速度が終端速度 v_f に近づく時間の目安である。この場合，緩和時間 τ_1 と終端速度 v_f との間には $v_f=\boxed{(3)}\times\tau_1$ という関係がある。

ここで2種類の初期条件を考える。一方は初速度 0，他方は初速度が終端速度の2倍である。これらの条件における速度の変化を正しく表しているグラフは図1の {(4)：①，②，③，④} である。ただし，点線は終端速度を表している。

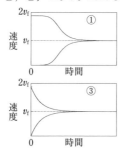
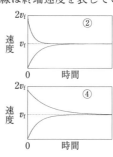

図1

Ⅱ 次に，抵抗力の大きさが物体の速さの2乗に比例する場合を考えよう。鉛直下向きの速度を v とすると，物体の運動方程式は

$$m\frac{\Delta v}{\Delta t}=mg-cv^2 \quad \cdots\text{(ii)}$$

で与えられる。定数 c を抵抗係数とよぶことにする。このとき，終端速度 v_t は m, g, c を用いて $v_t=\boxed{\;(5)\;}$ で与えられる。Ⅰ と同様に，時間とともに速度 v がどのように終端速度に近づくか議論しよう。そのため，$v=v_t+\overline{v}$ と終端速度からのずれ $\overline{v}$ を導入する。速度が終端速度に近い，すなわち $|\overline{v}|$ が v_t より十分小さい（$|\overline{v}|\ll v_t$）として，$\overline{v}$ の1次までで近似すると，終端速度からのずれ $\overline{v}$ の時間変化は

$$\frac{\Delta \overline{v}}{\Delta t}=-\frac{\overline{v}}{\tau_2}$$

と表すことができる。ここで τ_2 は緩和時間とよばれ，物体の速度が終端速度 v_t に近づく時間の目安であり，m, g, c を用いて $\tau_2=\boxed{\;(6)\;}$ で与えられる。

Ⅲ 水中で物体を静かに落下させ，落下を始めてからの時間と落下距離の関係を計測した。この実験結果について考えよう。なお，重力加速度の大きさ g は $9.8\,\mathrm{m/s^2}$ とする。

　この実験では，一方は質量 $m_1=1.0\,\mathrm{kg}$ の物体，他方は質量 $m_2=2.0\,\mathrm{kg}$ の物体と，形状は同じで質量だけ異なる2種類の物体を落下させた。それぞれを実験1，実験2とよぶことにする。2つの実験の結果を表1に示すとともに，物体の時間と落下距離の関係をグラフにすると図2のようになる。

表1

$m_1=1.0\,\mathrm{kg}$ の物体の結果（実験1）					$m_2=2.0\,\mathrm{kg}$ の物体の結果（実験2）				
時間〔s〕	3.0	4.0	5.0	6.0	時間〔s〕	3.0	4.0	5.0	6.0
落下距離〔m〕	15.0	20.8	26.6	32.4	落下距離〔m〕	19.8	28.0	36.2	44.4

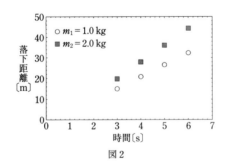

図2

質量 $m_1=1.0\,\text{kg}$ と質量 $m_2=2.0\,\text{kg}$ の物体の終端速度をそれぞれ v_1, v_2 とする。実験結果より，終端速度の大きさは有効数字2桁で，$v_1=\boxed{}$，$v_2=\boxed{}$ である。

問　Ⅲの2つの実験結果より，抵抗力の大きさは速さの2乗に比例していると考えられる。その理由を示せ。ただし，抵抗力に関する定数 k, c はそれぞれ物体の形状で決まり，質量に依存しないと考えてよい。

また，実験1，すなわち質量 $m_1=1.0\,\text{kg}$ の物体を落下させた場合について，実験データから得られた終端速度をもとに緩和時間 τ_2 の数値を有効数字1桁で計算すると $\tau_2=\boxed{}$ となり，速やかに終端速度に達していることが理解できる。抵抗力の大きさは速さの2乗に比例するとして，物体を静かに落下させてから時間 $3.0\,\text{s}$ までの速度の変化を実験1，2の両方について正しく描いているのは図3の $\{(10)：①，②，③，④，⑤，⑥\}$ である。ただし，2本の点線は実験1，2それぞれの終端速度を表している。

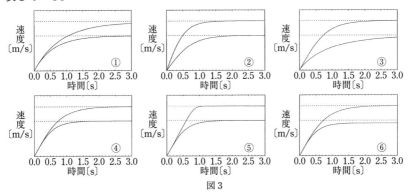

図3

Ⅳ　速さの2乗に比例する抵抗力について簡単な力学モデルを用いてさらに考察する。図4のように，断面積 S，質量 m の円柱形の物体が水中を運動している。水から受ける効

図4

果だけを考えたいので，物体は水平方向に運動しているとする。水の密度は ρ とする。速度，加速度は右向きを正にとり，時刻 t での物体の速度は v とする。ここで，この物体が時刻 t から微小時間 Δt の間，物体の前面がこの微小時間に通過する領域を占めていた微小質量 $\Delta m=\rho \times \boxed{} \times \Delta t$ の静止した水のかたまりと衝突すると考える。その結果，時刻 $t+\Delta t$ には水のかたまりは物体と一体となって速度

$v+\Delta v$ で運動することになる。物体と水のかたまりを合わせた全運動量が保存されるので，微小時間 Δt の間に生じる微小な速度変化 Δv より

$$m\frac{\Delta v}{\Delta t} = \boxed{\quad(12)\quad} \times v^2$$

のように，水のかたまりとの衝突により物体に作用する力を導くことができる。ただし，微小量 Δt，Δv の 1 次までを残し，2 次は無視すること。

｜京大｜

xy 平面内で運動する質量 m の小球を考える。小球の各時刻における位置，速度，加速度，および小球にはたらく力のベクトルをそれぞれ

$$\vec{r}=(x,\ y),\ \vec{v}=(v_x,\ v_y),\ \vec{a}=(a_x,\ a_y),\ \vec{F}=(F_x,\ F_y)$$

とする。また小球の各時刻における原点Оからの距離を $r=\sqrt{x^2+y^2}$，速度の大きさを $v=\sqrt{v_x{}^2+v_y{}^2}$ とする。以下の設問に答えよ。なお小球の大きさは無視できるものとする。

Ⅰ 問1 以下の文中の (1) から (6) にあてはまるものを v_x，v_y，a_x，a_y から選べ。

各時刻において原点Оと小球を結ぶ線分が描く面積速度は

$$A_v=\frac{1}{2}(xv_y-yv_x)$$

で与えられる。ある時刻における位置および速度ベクトルが

$$\vec{r}=(x,\ y),\ \vec{v}=(v_x,\ v_y)$$

であったとき，それらは微小時間 $\varDelta t$ たった後にそれぞれ

$$\vec{r'}=(x+\boxed{(1)}\varDelta t,\ y+\boxed{(2)}\varDelta t),$$
$$\vec{v'}=(v_x+\boxed{(3)}\varDelta t,\ v_y+\boxed{(4)}\varDelta t)$$

に変化する。このことを用いると，微小時間 $\varDelta t$ における面積速度の変化分は

$$\varDelta A_v=\frac{1}{2}(x\boxed{(5)}-y\boxed{(6)})\varDelta t$$

で与えられる。なお $(\varDelta t)^2$ に比例した面積速度の変化分は無視する。

問2 問1の結果を用いて，面積速度が時間変化しないためには力 $\vec{F}$ の成分 F_x，F_y がどのような条件を満たせばよいか答えよ。ただし小球は原点Оから離れた点にあり，力は零ベクトルではないとする。

問3 問2の力 $\vec{F}$ を受けながら，小球が右図の半径 r_0 の円周上を点Aから点Bを通って点Cまで運動したとする。このとき，力 $\vec{F}$ が点Aから点Bまでに小球に行う仕事と点Aから点Cまでに小球に行う仕事の大小関係を，理由を含めて答えよ。

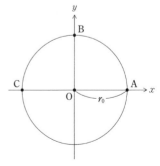

Ⅱ 問4 小球の原点Oからの距離 r の時間変化率は

$$v_r = \frac{xv_x + yv_y}{r}$$

で与えられる。これを動径方向速度とよぶ。このとき，小球の運動エネルギーと

$$K_r = \frac{1}{2}mv_r{}^2$$

との差を m, r および面積速度 A_v を用いた式で表せ。

問5 面積速度が一定になる力 $\vec{F}$ の例として万有引力を考える。原点Oに質量 M の物体があるとする。このとき万有引力による小球の位置エネルギーは

$$U = -G\frac{Mm}{r} \quad \cdots(\mathrm{i})$$

で与えられる（G は万有引力定数）。ただし物体の質量 M は小球の質量 m と比べてはるかに大きいため，物体は原点Oに静止していると考えてよい。小球の面積速度 A_v が0でないある定数値 A_0 をとるとき，力学的エネルギーが最小となる運動はどのような運動になるか答えよ。また，そのときの力学的エネルギーの値を m, M, A_0, G を用いて表せ。

Ⅲ ボーアの原子模型では電子の円軌道の円周 $2\pi r$ とド・ブロイ波長 λ の間に量子条件

$$2\pi r = n\lambda \quad (n = 1,\ 2,\ 3,\ \cdots)$$

が成り立つ。以下で考える小球の円運動に対しても同じ量子条件が成り立つと仮定する。

問6 問5の式(i)に対応する万有引力がはたらく小球の円運動を考える。各 n について，量子条件を満たす円軌道の半径 r_n を n, h, m, M, G を用いた式で表せ。ただし小球のド・ブロイ波長 λ は，小球の速度の大きさ v を用いて $\lambda = \dfrac{h}{mv}$ で与えられる（h はプランク定数）。

問7 宇宙には暗黒物質という物質が存在し，銀河の暗黒物質は銀河中心からおよそ $R = 10^{22}$ m の半径内に集まっていると考えられている。暗黒物質が未知の粒子によって構成されていると仮定し，問6の結果を用いてその粒子の質量に下限を与えてみよう。暗黒物質の構成粒子を，式(i)に対応する万有引力を受けながら円運動する小球として近似する。問6で考えたボーアの量子条件を満たす小球の軌道半径のうち $n=1$ としたものが $R = 10^{22}$ m と等しいとしたときの小球の質量を求めよ。

なお，銀河の全質量は銀河中心に集まっていて動かないと近似し，その値を $M ≒ 10^{42}$ kg とする。また，$G ≒ 10^{-10}$ m³/(kg·s²)，$\dfrac{h}{2\pi} ≒ 10^{-34}$ m²·kg/s と近似してよい。この設問で求めた質量が暗黒物質を構成する1粒子の質量のおおまかな下限となる。

| 東大 |

以下の文中の空欄に入る適当な式を記入し，問いに答えよ。

I　地球をおおう空気（大気）は，圧力，絶対温度（温度），密度などが高度によって異なることが知られている。以下ではそうした圧力などと高度との関係について考える。簡単のため，自然現象では生じる水蒸気の凝縮や，重力加速度の大きさ g の高度による変化は考えない。空気は理想気体として取り扱い，気体定数を R とする。

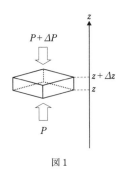

図1

　図1のように，鉛直上方に z 軸（地表面を $z=0$ とする）をとり，z と $z+\Delta z$ の面に挟まれた，底面積 S の直方体を考える。Δz は十分小さい。直方体内の空気には上から $P+\Delta P$，下から P の圧力がはたらいている。

　直方体内の空気にはたらく力のつり合いの式は，g, S, 空気の密度 ρ などを用いると [(1)] と表される。一方，空気の体積 V，物質量 n，1モルあたりの質量 M を用いると，

$$\rho = \boxed{} \quad \cdots(\mathrm{i})$$

と書ける。[(1)] の結果と式(i)を用いて，ΔP を Δz, V, n, M などを使って表すと [(3)] となり，高度によって大気の圧力が変化することがわかる。

　次に，空気の塊（空気塊）が大気中を上昇や下降する場合を考える。空気塊は水蒸気を含まない乾燥空気で，周囲の大気と熱のやりとりをせず断熱変化するものとする。空気塊の高度が z から $z+\Delta z$ へわずかに変化し，圧力，体積，温度が状態 (P, V, T) から $(P+\Delta P, V+\Delta V, T+\Delta T)$ になったとする。$(P+\Delta P, V+\Delta V, T+\Delta T)$ の場合の状態方程式は，空気塊の物質量を n として [(4)] と書ける。(P, V, T) も状態方程式を満たすこと，ΔP, ΔV, ΔT が十分小さい場合それらの2次の項（積）は無視できること，に注意して，[(4)] の結果を用いて ΔP, ΔV, ΔT の関係式を求めると [(5)] が得られる。一方，この空気塊の状態変化において，熱力学第1法則は ΔV, ΔT, n, P, 定積モル比熱 C_V を用いて [(6)] と表される。[(5)] と [(6)] の結果から ΔV の項を消去すると，ΔP と ΔT の関係式は n, C_V などを用いて [(7)] と書ける。[(7)] の結果を定圧モル比熱 C_p を用いて書き換え，それと [(3)] の結果を用いると，

$$\Delta T = \boxed{} \times \Delta z$$

が得られる。この式を用いて高度 z における温度 T は，

$$T = T_0 + \boxed{} \times z \quad \cdots(\mathrm{ii})$$

と書ける。ここで T_0 は $z=0$ における温度である。

問1　式(ii)より，高度が $3.5\,\mathrm{km}$ 高くなると空気塊の温度がどれだけ変化するか求めよ。なお $C_p = \dfrac{7}{2}R$ としてよい。必要な場合，次の数値を用いよ。$g = 9.8\,\mathrm{m/s^2}$，$M = 2.9 \times 10^{-2}\,\mathrm{kg/mol}$，$R = 8.3\,\mathrm{J/(mol \cdot K)}$。計算過程も記載すること。

　　　 (6) 　の結果と状態方程式より，

$$\frac{\Delta V}{V} = \boxed{\quad (9) \quad} \times \frac{\Delta T}{T}$$

が得られる。これより，高度 z における空気塊の体積と温度の関係式を求めると，

$$\log_e \frac{V}{V_0} = \boxed{\quad (9) \quad} \times \log_e \frac{T}{T_0} \quad \cdots(\mathrm{iii})$$

が得られる。ここで V_0，T_0 はそれぞれ $z = 0$ における体積と温度である。式(i)，式(ii)，式(iii)を用いて高度 z における ρ の式を求めよう。ρ を C_V, C_p, T_0, $z = 0$ における密度 ρ_0 (式(i)中の V を V_0 に置き換えたもの) などを用いて表すと，$\rho = \boxed{\quad (10) \quad}$ となる。

Ⅱ　約 $11\,\mathrm{km}$ 以下の高度 (対流圏) における大気は，Ⅰの乾燥空気の空気塊の場合のように，高度が高くなるにつれ温度の低下や密度の減少が見られる。しかし，観測される大気の温度は，乾燥空気の空気塊の場合と比べて高度による変化がゆるやかである。以下ではそのような大気中において，地表面の空気塊が上昇気流などによりもち上げられる場合を考える。

問2　図2と図3は大気 (実線) と空気塊 (破線) の高度と温度の関係を示している。図2では，地表面においてまわりの大気と空気塊の温度が等しい。図3では，地表面において大気の温度 T_a が空気塊の温度 T_0 より低く，実線と破線とが交わる高度 z_p で温度が等しくなっている。図2，図3それぞれの場合に，ある高度までもち上げられた空気塊にはたらく力について，重力と浮力に着目して説明せよ。合力の向きについても記載せよ。

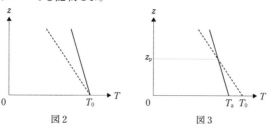

図2　　　　　　　　　　図3

次の文章を読んで，空欄に適した式または数値をそれぞれ記せ。また，問1〜問3では指示にしたがって，解答をそれぞれ記せ。ただし，円周率を π とする。

図1のような，大気中に置かれた厚さ D の透明で平面状の薄膜を考える。薄膜の屈折率 n は，大気の屈折率（1とする）より大きい。薄膜の表面 A，B に垂直な方向に z 軸をとり，面Aと面Bの z 座標をそれぞれ $z=0$，$z=D$ とする。

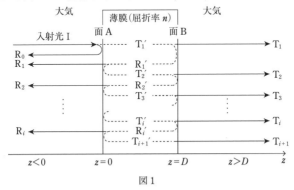

図1

面Aに対して垂直に，直線偏光したレーザー光（入射光 I）を，z 軸の負の方から正の向きに照射する。光は横波の電磁波であるが，ここでは簡単のために，電場のみを考え，電場の方向は x 軸方向（紙面に垂直な方向）とする。

入射光 I の電場の x 成分は，$z<0$ において，

$$E_1 = E \sin 2\pi \left(ft - \frac{z}{\lambda} \right) \quad \cdots (i)$$

と与えられるとする。E は入射光 I の電場の振幅，t は時刻，f は光の振動数，λ は大気中における光の波長である。ここでは，光の電場の振幅の2乗を光の強度とよぶことにする。例えば，入射光 I の強度は E^2 である。ただし，以下の設問において，大気中および薄膜内における光の強度の減衰は考えない。

図1に示すように，大気中を進む入射光 I の一部は面Aにおいて反射し，残りは面Aを透過して，薄膜内に侵入する。このとき，反射した光の電場の振幅の絶対値は入射光の振幅の絶対値の p 倍となり，透過する光の電場の振幅の絶対値は入射光の振幅の絶対値の q 倍になる。p と q は，1より小さい正の実数定数である。ただし，面を透過する際，光の位相は変化しない。図1のように，最初に面Aで反射する光を R_0 光，面Aを透過し，薄膜中を z 軸の正の向きに進む光を $T_1{}'$ 光と書く。

$T_1{}'$ 光の波長は $\boxed{(1)}$ である。また，時刻 t，位置 z での電場の x 成分は，R_0 光では $E_{R_0} = \boxed{(2)}$，$T_1{}'$ 光では $E_{T_1{}'} = \boxed{(3)}$ となる。

図1に示すように，薄膜は大気と面Aおよび面Bで接するので，光は反射，または透過を繰り返す。i を1以上の整数とすると，T_i' 光の一部は面Bを透過し，z 軸の正の向きに進む T_i 光となり，残りは面Bで反射し，z 軸の負の向きに進む R_i' 光となる。さらに，R_i' 光の一部は面Aを透過し，R_i 光となり，残りは面Aで反射し，T_{i+1}' 光となる。R_i' 光や T_i' 光のような薄膜中を進む光が面Aや面Bで反射するとき，電場の振幅の絶対値は p 倍に変化し，透過するとき，電場の振幅の絶対値は q' 倍に変化する。q' は正の実数である。

面Aを透過し，面Bで反射し，再び面Aを透過し，z 軸の負の向きに進む R_1 光のふるまいを考えたい。R_1 光の電場の x 成分は，振幅の絶対値 E' と位相の変化 ϕ を用いて，

$$E_{R_1} = E' \sin\left\{2\pi\left(ft + \frac{z}{\lambda}\right) + \phi\right\} \quad \cdots\text{(ii)}$$

とおくことができる。$z = D$ で T_1' 光と R_1' 光の位相を考えることにより，E，p，q，q'，λ，D，n を用いると，E' は ☐(4)☐，ϕ は ☐(5)☐ と与えられる。

問1　大気中を z 軸の負の向きに進む R_0 光と R_1 光の干渉を考える。干渉してできる光の電場は，R_0 光と R_1 光の電場の重ね合わせにより，振幅 A と位相の変化 β を用いて，

$$E_{R_0} + E_{R_1} = A \sin\left\{2\pi\left(ft + \frac{z}{\lambda}\right) + \beta\right\} \quad \cdots\text{(iii)}$$

と書くことができる。E_{R_0} は，☐(2)☐ で求めた電場の式を表す。式(iii)で与えられる光の強度 A^2 を，導出過程を示して E，p，q，q'，ϕ を用いて表せ。ここで，必要なら，実数 a，b，θ に対し，

$$a\sin\theta + b\cos\theta = \sqrt{a^2+b^2}\sin(\theta+\beta)$$

が成り立つことを用いてよい。ただし，β は

$$\cos\beta = \frac{a}{\sqrt{a^2+b^2}}, \quad \sin\beta = \frac{b}{\sqrt{a^2+b^2}}$$

を満たす実数である。

以上より，R_0 光と R_1 光の干渉によってできる光の強度が最大になるのは，1以上の整数 m を用いると，厚さ D が波長 λ の ☐(6)☐ 倍になるときであり，そのときの電場の振幅は ☐(7)☐ である。

次に，面Bを z 軸の正の向きに透過する光について考える。T_1 光と T_2 光が干渉してできる光の強度が最大になるとき，1以上の整数 m を用いると，薄膜の厚さ D は波長 λ の ☐(8)☐ 倍である。また，このとき，干渉してできる光の振幅は ☐(9)☐ となる。一方，干渉光の強度が最小となるのは，同様に1以上の整数 m を用いると，D が λ の ☐(10)☐ 倍のときであり，その振幅は ☐(11)☐ である。

問2　T_1 光と T_2 光だけでなく，面 B を z 軸の正の向きに透過する光のすべてが干渉してできる光を考える。薄膜の厚さ D が大気中の波長 λ の 　⑧　 倍のときと，　⑩　 倍のときのそれぞれの条件のもとで，面 B を z 軸の正の向きに透過するすべての光が干渉してできる光の強度を求めよう。ここで，p, q, q' の間には，

$$p^2 + qq' = 1$$

が成り立つものとする。これを用いて，干渉光の強度を q と q' を含まない形で導出過程を示して表せ。ここで，必要であれば，$|d| < 1$ を満たす実数 d に対し，

$$\sum_{k=0}^{\infty} d^k = \frac{1}{1-d}$$

が成り立つことを用いてよい。

問3　異なる p の値をもつ薄膜 X，Y について，入射光の波長を変えながら，薄膜を透過してくる光の強度を測定したところ，図2のようになった。実線と点線は，薄膜 X，Y に対して得られたデータである。ここで，p は波長によって変わらないものとする。白色光から，特定の波長の光を選択して抽出するには，薄膜 X，Y のどちらを用いるのがより適当か，また，それはどのような値の p をもつ薄膜か，その理由とともに述べよ。

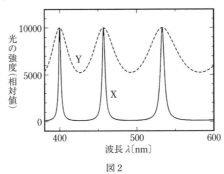

図2

｜京大｜

　ヘリウム原子のように，イオン化していない電気的に中性な原子どうしであっても，それらには互いに電気的な引力がはたらいている。このような力はファンデルワールス力とよばれている。実際に，ヘリウムはおよそ $-269℃$ まで冷却するとファンデルワールス力によって凝集して液体になる。

　一般に，原子は正の電気をもった原子核と負の電気をもった電子からできている。中性原子では電気量の総和はゼロであるが，正と負の電荷分布の平均の位置は互いにずれることができる。実際に原子核の位置に対して電子の分布はゆれ動いているので，瞬間的には，原子内部に，電場中の誘電体のように，電気的な誘電分極が発生する。これがファンデルワールス力の源となる。

　本問では，原子内部に発生する分極の単純なモデルを用いて，電磁気学の問題として，ファンデルワールス力の特徴を調べてみよう。以下では，クーロンの法則の比例定数を k〔N・m²/C²〕とする。

問1　ある瞬間に中性原子内部に発生する分極を単純なモデルにするために，距離 a〔m〕だけ離れた $-Q$〔C〕と Q〔C〕の2つの点電荷を考える。図1に示すように，2つの点電荷の位置の中点を原点とし，2つの点電荷の位置を通る直線を x 軸とする。

2つの点電荷の x 座標は，それぞれ，$-\dfrac{a}{2}$ と $\dfrac{a}{2}$ である。ここで，Q と a は正とする。

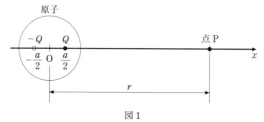

図1

(1)　図1のモデルで，原子がもっている電気量の総和を答えよ。

(2)　図1の点P（x 座標が r〔m〕の点）に2つの点電荷がつくる電場の x 成分 E_x〔V/m〕を答えよ。どのように考えたのかがわかるように解答は通分せずに示せ。ただし，$r>\dfrac{a}{2}$ とし，E_x は右向きを正とする。

　一般に，p と s が正で，p が s に比べて十分大きいとき（$p \gg s>0$），

$$\frac{1}{(p \pm s)^n}=\frac{1}{p^n}\left(1 \pm \frac{s}{p}\right)^{-n} \fallingdotseq \frac{1}{p^n}\left(1 \mp n\frac{s}{p}\right) \quad （複号同順）\quad \cdots(\mathrm{i})$$

と近似できることが知られている。ここで，n は任意の整数とする。

(3)　図1で距離 r が間隔 a に比べて十分大きいとする（$r \gg a$）。上問(2)で求めた E_x

に式(i)の近似を適用すると，G を r に依存しない定数として，$E_x = \dfrac{G}{r^3}$ の形となる。このときの G を求めよ。

問2　図2に示すように，原子1と原子2が距離 r だけ離れて存在する場合を考える。問1のように，ある瞬間に原子1に分極が発生すると，原子1の外部には電場が現れ，その電場は原子2に誘電分極を生じさせる。

　原子2の誘電分極のモデルとして，原子2には点電荷 $-q$ と q が間隔 a〔m〕で現れると考える。ここで，原子2に誘電分極が現れても原子1の分極は変化しないとする。また，$r > a > 0$，$Q > 0$，$q > 0$ とする。

　図2の点電荷の位置を左から順に，点 A，B，C，D とする。2つの原子の間の位置エネルギーは，AC，AD，BC，BD 間の静電気力による位置エネルギーの和 U〔J〕に等しい。

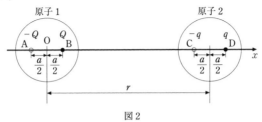

図2

(4)　上で説明した静電気力による位置エネルギーの和 U を求めよ。ここで，どのように考えたのかがわかるように解答は通分せずに示せ。

　ここで，上問(4)で求めた原子間の位置エネルギー U に，設問(3)と同じように式(i)の近似を適用すると $U = 0$ となってしまう。これを避けるために，近似の精度を上げて以下の式を用いることにする。

$$\frac{1}{(p \pm s)^n} = \frac{1}{p^n}\left(1 \pm \frac{s}{p}\right)^{-n} \fallingdotseq \frac{1}{p^n}\left\{1 \mp n\frac{s}{p} + \frac{n(n+1)}{2}\left(\frac{s}{p}\right)^2\right\}$$

（複号同順）　…(ii)

ただし，p と s は正で，p が s に比べて十分大きいとする（$p \gg s > 0$）。また，n は任意の整数とする。

(5)　上問(4)で求めた位置エネルギー U に式(ii)の近似を適用すると，H を r に依存しない定数として，$U = -\dfrac{qH}{r^3}$ の形となる。このときの H を求めよ。ただし，解答には，答を導く過程も記述せよ。

　図2に示すモデルでは，原子2に生じる電荷 q と間隔 a の積 qa は電場 E_x に比例し，$qa = cE_x$ と書くことができる。ここで，c〔$\mathrm{C^2 \cdot m/N}$〕は正の定数である。

(6) 電荷 q を G, a, c, r で表せ。

(7) 設問(5)と(6)の結果から，位置エネルギー U は，K を r に依存しない定数として，$U = -\dfrac{K}{r^6}$ の形となる。このときの K を G, H, a, c を用いて表せ。

このように，2つの原子間の位置エネルギー U を求めることができた。

問3　力のする仕事とエネルギーの関係を用いて，上問(7)の位置エネルギー $U = -\dfrac{K}{r^6}$ から原子2にはたらく力 F〔N〕を求めよう。ただし，$F > 0$ のとき斥力とする。

原子1が固定されているとする。原子2にはたらいている力と逆向きの力 $-F$ を原子2に加えて，原子間の距離 r を微小距離 Δr $(r \gg \Delta r > 0)$ だけ変化させたとき，位置エネルギーの変化は，$U(r + \Delta r) - U(r)$ で与えられる。ここで，Δr が十分小さいとき，F は一定であると考えることができる。

(8) 原子間の距離が r のときの原子2にはたらく力 F〔N〕を r, Δr, K を用いて表せ。ここで，どのように考えたのかがわかるように解答は通分せずに示せ。

(9) 上問(8)の F に式(i)の近似を適用すると，L を r に依存しない定数として，$F = -\dfrac{L}{r^7}$ の形になる。L を k, Q, c, a を用いて表せ。

上問(9)で求められた F が負であることから，電気的に中性な原子間にも引力がはたらくことがわかる。この引力がファンデルワールス力である。一方，2つのイオン間にはクーロン力がはたらく。2つのイオンの電荷が異符号であれば引力になる。

(10) クーロン引力もファンデルワールス力も距離 r が大きくなるにつれて小さくなる。これらの r に対する変化の特徴の違いについて 60 字程度で述べよ。

本問で扱ったモデルは，ファンデルワールス力研究の発展段階において，1920 年にオランダ人科学者のピーター・デバイによって提案されたものである。

| 名古屋工大 |

解答・解説編

物理 ［物理基礎・物理］

標準問題精講 六訂版

Standard Exercises in **Physics**

旺文社

Standard Exercises in Physics

物　理

［物理基礎・物理］

標 準 問 題 精 講

六訂版

中川 雅夫・為近 和彦　共著

解答・解説編

旺文社

本書の特長と使い方

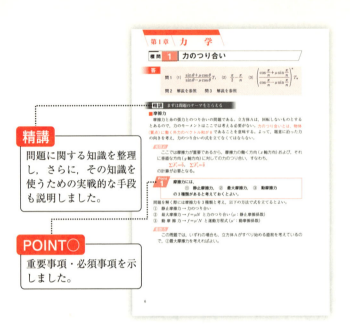

精講

問題に関する知識を整理し，さらに，その知識を使うための実戦的な手段も説明しました。

POINT◯

重要事項・必須事項を示しました。

標問◯の解説

解法の手順，問題の具体的な解き方をまとめ，出題者のねらいにストレートに近づく糸口を，早く見つける方法を示しました。解き方は必ずしも解説と同じである必要はありませんが，解説で示した解き方は"応用範囲の広い，間違えることの少ない"ものですので，必ず研究しておいてください。解けなかった場合はもちろん，答が合っていた場合にも読んでおきましょう。

右段

本文の解説の注意点や補足説明を示しました。

目　次

標問 1　力のつり合い

答

問1　(1) $\dfrac{\sin\theta+\mu\cos\theta}{\sin\theta-\mu\cos\theta}T_1$　(2) $\dfrac{\pi}{2}-\dfrac{\pi}{n}$　(3) $\left(\dfrac{\cos\dfrac{\pi}{n}+\mu\sin\dfrac{\pi}{n}}{\cos\dfrac{\pi}{n}-\mu\sin\dfrac{\pi}{n}}\right)^n T_n$

問2　解説を参照　　問3　解説を参照

精講　まずは問題のテーマをとらえる

■摩擦力

摩擦力と糸の張力とのつり合いの問題である。立方体Aは，回転しないものとするとあるので，力のモーメントはここでは考える必要がない。力のつり合いとは，物体（質点）に働く外力のベクトル和が 0 であることを意味する。よって，題意に沿った力の向きを考え，力のつり合いの式を立てなくてはならない。

着眼点

　ここでは摩擦力が重要であるから，摩擦力の働く方向（x軸方向）および，それに垂直な方向（y軸方向）に対しての力のつり合い，すなわち，

$$\sum\vec{F_x}=\vec{0}, \quad \sum\vec{F_y}=\vec{0}$$

の計算が必要となる。

Point 1

摩擦力には，
　　① 静止摩擦力，　② 最大摩擦力，　③ 動摩擦力
の3種類があると考えておくとよい。

問題を解く際には摩擦力を3種類と考え，以下の方法で式を立てるとよい。
① 静止摩擦力 → 力のつり合い
② 最大摩擦力 → $f=\mu N$ と力のつり合い（μ：静止摩擦係数）
③ 動 摩 擦 力 → $f=\mu' N$ と運動方程式（μ'：動摩擦係数）

着眼点

　この問題では，いずれの場合も，立方体Aがすべり始める直前を考えているので，②最大摩擦力を考えればよい。

問1 (1)

 Aに働く力（鉛直）

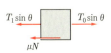 Aに働く力（水平）

平板から立方体Aが受ける垂直抗力をNとする。最大摩擦力を考えて，鉛直および水平方向の力のつり合いの式は，

鉛直：$N - T_1\cos\theta - T_0\cos\theta = 0$

水平：$T_0\sin\theta - T_1\sin\theta - \mu N = 0$

2式よりNを消去して，T_0を求めると，

$$T_0 = \frac{\sin\theta + \mu\cos\theta}{\sin\theta - \mu\cos\theta}T_1$$

(2) n角形の内角の和は$(n-2)\pi$と表せるので，

$$2\theta \times n = (n-2)\pi \qquad これより，\quad \theta = \frac{\pi}{2} - \frac{\pi}{n}$$

(3) (1)の場合と同様に考えると，$k = 1,\ 2,\ \cdots\cdots,\ n$として，

$$T_{k-1} = \frac{\sin\theta + \mu\cos\theta}{\sin\theta - \mu\cos\theta}T_k$$

となる。これより，

$$T_0 = \left(\frac{\sin\theta + \mu\cos\theta}{\sin\theta - \mu\cos\theta}\right)^n \times T_n$$

ここで，$\sin\theta = \sin\left(\dfrac{\pi}{2} - \dfrac{\pi}{n}\right) = \cos\dfrac{\pi}{n}$，$\cos\theta = \cos\left(\dfrac{\pi}{2} - \dfrac{\pi}{n}\right) = \sin\dfrac{\pi}{n}$　より，

（2）より　　（2）より

$$T_0 = \left(\frac{\cos\dfrac{\pi}{n} + \mu\sin\dfrac{\pi}{n}}{\cos\dfrac{\pi}{n} - \mu\sin\dfrac{\pi}{n}}\right)^n \times T_n$$

問2 問1(3)より，

$$\frac{T_0}{T_n} = \left(\frac{1 + \mu\tan\dfrac{\pi}{n}}{1 - \mu\tan\dfrac{\pi}{n}}\right)^n \qquad \leftarrow \tan\theta = \frac{\sin\theta}{\cos\theta}\ を利用$$

両辺の対数をとると，

$$\log\frac{T_0}{T_n} = n\left\{\log\left(1 + \mu\tan\frac{\pi}{n}\right) - \log\left(1 - \mu\tan\frac{\pi}{n}\right)\right\}$$

$$= \pi\mu \times \frac{\tan\dfrac{\pi}{n}}{\dfrac{\pi}{n}}\left\{\frac{\log\left(1 + \mu\tan\dfrac{\pi}{n}\right)}{\mu\tan\dfrac{\pi}{n}} + \frac{\log\left(1 - \mu\tan\dfrac{\pi}{n}\right)}{-\mu\tan\dfrac{\pi}{n}}\right\}$$

$n \to \infty$ の極限をとると，与式より，

$$\lim_{n \to \infty} \log \frac{T_0}{T_n} = \pi\mu \times 1(1+1) = 2\pi\mu$$

これより，

$$T_0 = T_\infty \times e^{2\pi\mu}$$

これが T_0 の限界の値となるので，すべりが起こらない条件は，

$$T_0 \leqq T_\infty e^{2\pi\mu}$$

問3　円柱では $n \to \infty$ と考えればよい。問2より，糸を引き止める力 T_∞ は，

$$T_\infty = \frac{1}{e^{2\pi\mu}} T_0$$

となる。例えば $\mu = 0.5$ では，$\pi \fallingdotseq 3.14$ として，

$$T_\infty = \frac{1}{e^{2 \times 3.14 \times 0.5}} T_0 = \frac{1}{e^{3.14}} T_0$$

となる。$e \fallingdotseq 2.718$ であることを考えると，T_∞ は，T_0 に比べてはるかに小さい値でよいことがわかる。

答

問1　$\mu N_a = \mu' N_b$　　問2　$d_1 = \dfrac{\mu + \mu'}{\mu} l$　　問3　$\dfrac{\mu'}{\mu} = \dfrac{d_2}{d_1}$

問4　$l = \dfrac{d_1{}^2}{d_1 + d_2}$　　問5　解説を参照　　問6　$v = 2L\sqrt{\dfrac{l_1 + 2l_2}{l_1{}^2 + 2l_2{}^2} g}$

問7　$l_1 = 2l,\ l_2 = \dfrac{l}{2}$

精講 まずは問題のテーマをとらえる

■摩擦力の判別

　a，b に働く摩擦力が，静止摩擦力，最大摩擦力，動摩擦力のいずれであるかを正確に判断しなければならない。例えば問1では，b が C で止まる直前であるから，b に働く摩擦力は動摩擦力となる。a では，この後すぐにすべり始めるので，最大摩擦力になっていることがわかる。摩擦力を扱う場合には，題意から，3つの摩擦力のうちどの摩擦力で考えるべきかを，最初に決める必要がある。題意より，パイプに働く水平方向の力は，以下のようになる。

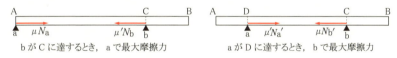

　b が C に達するとき，a で最大摩擦力　　　　a が D に達するとき，b で最大摩擦力

■力のモーメントのつり合い

　重心を支点とする力のモーメントのつり合いは，重心からそれぞれの力の作用点までの距離を考え，反時計回りを正として，力 F_k とうでの長さ x_k の間に，

$$\sum_{k=1}^{n} F_k \times x_k = 0$$

が成立することを考えればよい。このとき F_k は，うでに垂直な方向の力の成分を示している。

■非保存力と力学的エネルギー保存

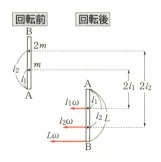

　II でパイプが回転したとき，回転前と B の速さが v となったときで，力学的エネルギー保存則を考えればよい。系全体が非保存力から仕事をされないので，力学的エネルギーは保存することを利用する。

　最下点における B の角速度を ω とすると，小球1，2の速さはそれぞれ $l_1\omega$，$l_2\omega$ となる。このとき，端 B の速さは右図より，$v = L\omega$ を満足していることになる。右の2つの図の間で，力学的エネルギー保存則を立式すればよい。

非保存力から仕事をされないとき，系全体で力学的エネルギーは保存される。

標問2の解説

問1　支点 b が C で止まる直前では，支点 a での摩擦力は最大摩擦力となっている。右図より，パイプに沿った方向の力のつり合いを表す式は，

$$\mu N_a = \mu' N_b$$

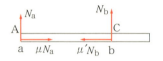

問2　重心（右図の G）を支点とする力のモーメントのつり合いより，

$$N_b(d_1 - l) - N_a l = 0$$

問1の結果と連立して，　$\dfrac{\mu N_a}{N_a l} = \dfrac{\mu' N_b}{N_b(d_1 - l)}$

これより，　$d_1 = \dfrac{\mu + \mu'}{\mu} l$

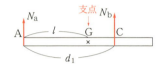

問3　支点 a が D で止まる直前では，問1とは逆に，支点 b での摩擦力が最大摩擦力となっている。問1，2と同様に考えて，N_a', N_b' をそれぞれの点での垂直抗力とすると，

$$\mu' N_a' = \mu N_b'$$

重心（右図の G）を支点とする力のモーメントのつり合いより，

$$N_b'(d_1 - l) - N_a'\{l - (d_1 - d_2)\} = 0$$

2式より，

$$\frac{\mu'}{l - (d_1 - d_2)} = \frac{\mu}{d_1 - l}$$

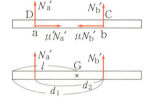

ここで問2より，$l = \dfrac{\mu}{\mu + \mu'} d_1$ であるから，これを代入して，

$$\frac{\mu'}{\mu} = \frac{d_2}{d_1}$$

問4　問2より，

$$l = \frac{\mu}{\mu + \mu'} d_1 = \frac{1}{1 + \dfrac{\mu'}{\mu}} d_1 = \frac{1}{1 + \dfrac{d_2}{d_1}} d_1 = \frac{d_1{}^2}{d_1 + d_2}$$

問5　支点 a と支点 b で，静止摩擦力と動摩擦力が交互に入れかわる。$\mu' < \mu$ より，支点 a が動き出すときは $N_a < N_b$ であり，b の方が重心に近い。逆に，支点 b が動き出すときは $N_a' > N_b'$ であり，a の方が重心に近い。このように，この操作を繰り返すと，a，b は交互に互いに逆向きに重心に近づき，やがて重心の位置で一致する。

問6　180°回転したときのパイプの角速度をωとする
と，そのときの小球1，2の速さv_1，v_2は，

$$v_1=l_1\omega,\quad v_2=l_2\omega$$

となる。力学的エネルギー保存則より，

$$\frac{1}{2}m(l_1\omega)^2+\frac{1}{2}(2m)(l_2\omega)^2\qquad\text{←回転後}$$

$$=mg(2l_1)+(2m)g(2l_2)\qquad\text{←回転前}$$

式を整理して，

$$(l_1{}^2+2l_2{}^2)\omega^2=4g(l_1+2l_2)$$

さらに，$v=L\omega$ より，$\omega=\dfrac{v}{L}$ を代入してvについて解くと，

$$v=2L\sqrt{\frac{l_1+2l_2}{l_1{}^2+2l_2{}^2}g}$$

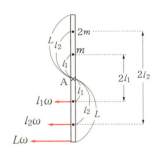

問7　問6で求めたvが，与えられたvと等しいの
で，

$$2L\sqrt{\frac{l_1+2l_2}{l_1{}^2+2l_2{}^2}g}=L\sqrt{\frac{8g}{3l}}$$

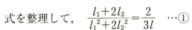

式を整理して，$\dfrac{l_1+2l_2}{l_1{}^2+2l_2{}^2}=\dfrac{2}{3l}$　…①

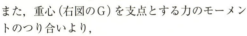

また，重心（右図のG）を支点とする力のモーメン
トのつり合いより，

$$mg(l-l_1)-2mg(l_2-l)=0\qquad\text{これより，}\quad l_1+2l_2=3l\quad\text{…②}$$

②式を①式に代入して整理すると，　$2l_1{}^2+4l_2{}^2=9l^2$　…③

②式より，　$l_1=3l-2l_2$　　これを③式に代入して，

$$2(3l-2l_2)^2+4l_2{}^2=9l^2$$

$$(2l_2-l)(2l_2-3l)=0$$

$l_2<l$ なので，

$$l_2=\frac{l}{2}$$

したがって，

$$l_1=3l-2\cdot\frac{l}{2}=2l$$

答

問1 (1) $F_A = m_A g \tan\theta_0$ 〔N〕　(2) $T = \dfrac{m_A g}{\cos\theta_0}$ 〔N〕

(3) $N = (m_A + m_B)g$ 〔N〕

問2 $x = \dfrac{m_A}{m_A + m_B} l$ 〔m〕

問3 (1) $u_{By} = \dfrac{m_A}{m_A + m_B} l\omega\sin\theta$ 〔m/s〕　(2) $\omega = \dfrac{(m_A + m_B)V}{m_A l\sin\theta}$ 〔rad/s〕

(3) $V_{Bx} = \dfrac{V}{\tan\theta}$ 〔m/s〕,　$V_{Ax} = -\dfrac{m_B}{m_A}\dfrac{V}{\tan\theta}$ 〔m/s〕,

$V_{Ay} = -\left(1 + \dfrac{m_B}{m_A}\right)V$ 〔m/s〕

問4 向き：鉛直下向き　大きさ：$\sqrt{2gl\cos\theta_0}$ 〔m/s〕

精講 まずは問題のテーマをとらえる

■力のモーメントの具体的計算法

　まっすぐな棒などに対して斜め方向の力が働く場合の,力のモーメントの計算方法は2通りある。1つは力の成分を考える方法である。本問の図1の場合を参考に,考えてみよう(下図)。

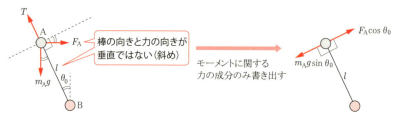

　上図より,力のモーメントのつり合いの式は $F_A\cos\theta_0 \times l = m_A g\sin\theta_0 \times l$ となる。

　一方,棒の長さの成分からモーメントのうでの長さを算出して,力のモーメントを計算する方法もある。こちらも本問の図1の場合を参考に,考えてみよう(下図)。

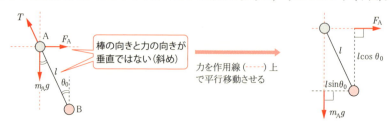

　上図より,力のモーメントのつり合いの式は $F_A \times l\cos\theta_0 = m_A g \times l\sin\theta_0$ となる。

■重心の取扱い

標問3の解説

問1 おもりに働く力と，おもりBのまわりの力のモーメントを図示すると，右図のようになる。

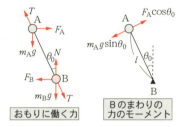

おもりに働く力

Bのまわりの力のモーメント

(1) おもりBのまわりの力のモーメントのつり合いより，

$$F_A \cos\theta_0 \times l = m_A g \sin\theta_0 \times l$$

よって，

$$F_A = m_A g \tan\theta_0 \ [\text{N}]$$

〔別解〕 おもりAに対する水平方向の力のつり合いより，

$$F_A = T \sin\theta_0 = m_A g \tan\theta_0$$

としても可。

(2) おもりAに対する鉛直方向の力のつり合いより，

$$T \cos\theta_0 = m_A g$$

よって，

$$T = \frac{m_A g}{\cos\theta_0} \ [\text{N}]$$

(3) おもりBに対する鉛直方向の力のつり合いより，

$$N = T \cos\theta_0 + m_B g = (m_A + m_B)g \ [\text{N}]$$

問2 重心Gのまわりの力のモーメントのつり合いより，

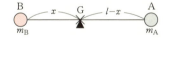

$$m_A g \times (l - x) = m_B g \times x$$

よって，

$$x = \frac{m_A}{m_A + m_B} l \ [\text{m}]$$

問3 重心から見たときのおもりBの速度と，床から見たときのおもりA，B，重心Gの速度を図示すると，右図のようになる。

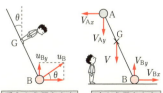

重心から見たとき

床から見たとき

(1) 重心から見ると，おもりBは半径 x，角速度 ω の円運動となるので，

$$u_B = x\omega$$

求める u_{By} は，問2の結果を用いて，

$$u_{By} = u_B \sin\theta = \frac{m_A}{m_A + m_B} l\omega \sin\theta \ (\text{m/s})$$

(2) おもりBの床に対する速度の鉛直成分は，

$$-V + u_{By} = 0$$

これに問3(1)の結果を代入して，

$$\omega = \frac{m_A + m_B}{m_A} \frac{V}{l\sin\theta} \ (\text{rad/s})$$

(3) 問3(2)と前ページの図より，

$$V = u_{By} = u_B \sin\theta \qquad \text{これより,} \quad u_B = \frac{V}{\sin\theta}$$

よって，

$$V_{Bx} = u_B \cos\theta = \frac{V}{\tan\theta} \ (\text{m/s})$$

一方，A側も同様に考えると，

$$u_A = \frac{m_B}{m_A + m_B} l\omega = \frac{m_B}{m_A} \frac{V}{\sin\theta}$$

なので，これより V_{Ax}, V_{Ay} を求めると，

$$V_{Ax} = -u_{Ax} = -u_A \cos\theta = -\frac{m_B}{m_A} \frac{V}{\tan\theta} \ (\text{m/s})$$

$$V_{Ay} = -u_{Ay} - V = -u_A \sin\theta - V = -\left(1 + \frac{m_B}{m_A}\right)V \ (\text{m/s})$$

問4 おもりBは床から離れないので，

$$V_{By} = 0$$

また，$\theta \to \dfrac{\pi}{2}$ のとき $\tan\theta \to \infty$ となるので，問3(3)より，

$$V_{Ax} \to 0, \quad V_{Bx} \to 0$$

したがって，Aの速度は鉛直下向きのみ。力学的エネルギー保存則より，

$$m_A gl\cos\theta_0 = \frac{1}{2} m_A v^2$$

よって，

$$v = \sqrt{2gl\cos\theta_0} \ (\text{m/s})$$

答

(1) $ma_A = T - mg$ (2) $Ma_B = 2T - Mg$ (3) $2ma_C = T - 2mg$

(4) $\dfrac{1}{2}a_A t_0^2$ (5) $\dfrac{1}{2}a_B t_0^2$ (6) $\dfrac{1}{2}a_C t_0^2$ (7) $a_A + 2a_B + a_C = 0$

(8) $\dfrac{5M - 8m}{3M + 8m}g$ (9) $\dfrac{8m - 3M}{3M + 8m}g$ (10) $\dfrac{M - 8m}{3M + 8m}g$ (11) $\dfrac{8Mm}{3M + 8m}g$

(12) $\dfrac{8}{3}m$ (13) $\dfrac{1}{6}g t_1^2$ (14) $-\dfrac{1}{6}g t_1^2$

精講 　まずは問題のテーマをとらえる

■糸やロープにおける束縛条件

　1本の伸び縮みしない糸やロープについては，「全長が不変」という束縛条件が必要
となる（本問では(7)）。下記の例で考えてみよう。

　右図において，糸の全長を l，おもりAの変位を x_A，おも
りBの変位を x_B とする。おもりが移動する前後で，糸の長
さは不変であるから，

$$l = l - x_A - 2x_B$$

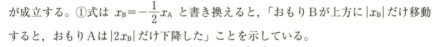

となり，

$$x_A + 2x_B = 0 \quad \cdots ①$$

が成立する。①式は $x_B = -\dfrac{1}{2}x_A$ と書き換えると，「おもりBが上方に $|x_B|$ だけ移動
すると，おもりAは $|2x_B|$ だけ下降した」ことを示している。

■速度や加速度に変換

　上記の例で考えると，①式を t で微分して，

$$v_A + 2v_B = 0$$

さらにもう一度，t で微分すると，

$$a_A + 2a_B = 0$$

と表すことができる。これより，①式に対する単位時間あたりの変化量に着目すれば
よいことがわかる。

(1), (2), (3)　おもり A，B，C に働く力をそれぞれ図
示すると，右図のようになる。この図より，運動
方程式は，

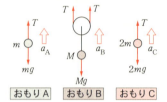

おもり A：$ma_\mathrm{A}=T-mg$　…(1)の答
おもり B：$Ma_\mathrm{B}=2T-Mg$　…(2)の答
おもり C：$2ma_\mathrm{C}=T-2mg$　…(3)の答

(4), (5), (6)　各おもりの変位をそれぞれ x_A，x_B，x_C とする。おもりはすべて初速度 0
なので，等加速度運動の式より，

おもり A：$x_\mathrm{A}=\dfrac{1}{2}a_\mathrm{A}t_0{}^2$〔m〕　…(4)の答

おもり B：$x_\mathrm{B}=\dfrac{1}{2}a_\mathrm{B}t_0{}^2$〔m〕　…(5)の答

おもり C：$x_\mathrm{C}=\dfrac{1}{2}a_\mathrm{C}t_0{}^2$〔m〕　…(6)の答

(7)　ロープの長さは不変だから，

$$x_\mathrm{A}+2x_\mathrm{B}+x_\mathrm{C}=0$$

(4), (5), (6)より，

$$a_\mathrm{A}+2a_\mathrm{B}+a_\mathrm{C}=0$$

(8), (9), (10), (11)　以上の結果を用いて求める。(1), (2), (3)より，

$$a_\mathrm{A}=\frac{T}{m}-g, \quad a_\mathrm{B}=\frac{2T}{M}-g, \quad a_\mathrm{C}=\frac{T}{2m}-g \quad \cdots(\text{※})$$

これらを(7)に代入して，

$$\left(\frac{T}{m}-g\right)+2\left(\frac{2T}{M}-g\right)+\left(\frac{T}{2m}-g\right)=0$$

式変形して，

$$T\left(\frac{3}{2m}+\frac{4}{M}\right)=4g \quad \text{これより，} \quad T=\frac{8Mm}{3M+8m}g \text{〔N〕} \quad \cdots(11)\text{の答}$$

求めた T を(※)にそれぞれ代入して，

$$a_\mathrm{A}=\frac{8Mg}{3M+8m}-g=\frac{5M-8m}{3M+8m}g \text{〔m/s}^2\text{〕} \quad \cdots(8)\text{の答}$$

$$a_\mathrm{B}=\frac{16mg}{3M+8m}-g=\frac{8m-3M}{3M+8m}g \text{〔m/s}^2\text{〕} \quad \cdots(9)\text{の答}$$

$$a_\mathrm{C}=\frac{4Mg}{3M+8m}-g=\frac{M-8m}{3M+8m}g \text{〔m/s}^2\text{〕} \quad \cdots(10)\text{の答}$$

(12)　おもり B が静止したままなので，$a_\mathrm{B}=0$ として，(9)より，

$$8m-3M=0 \quad \text{よって，} \quad M=\frac{8}{3}m$$

(13), (14)　$M=\dfrac{8}{3}m$ のとき，

$$a_A = \frac{1}{3}g, \quad a_C = -\frac{1}{3}g$$

よって，求める変位は，

おもり A：$x_A = \frac{1}{2}a_A t_1^2 = \frac{1}{6}gt_1^2$〔m〕　…⒀の答

おもり C：$x_C = \frac{1}{2}a_C t_1^2 = -\frac{1}{6}gt_1^2$〔m〕　…⒁の答

| 標 問 | **5** | ## 運動方程式と等加速度運動 |

答

(1) $V + v_y\cos\theta$　　(2) $mv_0\sin\alpha\cos\theta = MV + m(V + v_y\cos\theta)$

(3) $-\dfrac{m\cos\theta}{M+m}$　(4) 0　(5) $-mg\sin\theta - mA\cos\theta$　(6) 0

(7) $-\dfrac{(M+m)g\sin\theta}{M+m\sin^2\theta}$　(8) $\dfrac{1}{\sqrt{2}}v_0 t$　(9) $\dfrac{1}{\sqrt{2}}v_0 t - \dfrac{1}{3}gt^2$

(10) $\dfrac{3v_0}{2\sqrt{2}\,g}$　(11) $\dfrac{\sqrt{6}}{6}v_0$　(12) $\dfrac{4\sqrt{3}}{9}mg$　(13) $\dfrac{8}{3}mg$　(14) ウ

精講　まずは問題のテーマをとらえる

■運動方程式と運動量・力積の関係

運動方程式は，力，加速度，質量の間に成立する因果関係を表す式である。すなわち，

　$ma = F$　←質量 m の物体に加速度 a を生じさせたのは，力 F である

と考えられる。一方，加速度 a は，時間 t に対する速度変化率であるから，$a = \dfrac{\Delta v}{\Delta t}$ と表すことができる。したがって，運動方程式は，

　$m\dfrac{\Delta v}{\Delta t} = F$

となる。両辺を Δt 倍すると，運動量と力積の関係が得られる。

　$m\Delta v = F\Delta t$　←運動量の変化をもたらしたのは，力積である

このとき力積 $F\Delta t$ は，どのくらいの力が，どのくらいの時間働いていたかを示すもので，力の時間的効果とよばれる。

着眼点

運動方程式および運動量と力積の関係は，いずれも因果関係を示すものであり，運動量保存則との関係を確実に理解しなくてはならない。

運動量保存の成立条件
　①　瞬間的な衝突や分裂である
　②　系全体として，外力が働いていない

これら2つのいずれかにあてはまっていれば，運動量は系全体として保存され

ることになる。

■等加速度運動

等加速度運動では，v-t グラフの傾き・面積と，加速度・変位の関係を理解することが重要である。

$$v = v_0 + at$$
$$x = v_0 t + \frac{1}{2} a t^2$$

$$\left(\begin{array}{l} v : 速度 \quad v_0 : 初速度 \quad a : 加速度 \\ t : 時刻 \quad x : 変位 \end{array} \right)$$

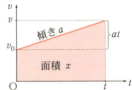

標問5の解説

(1) 速度 V で進む台上から見ると，小球は Y 軸方向に速度 $v_y\cos\theta$ で進んでいるように見える。よって，床面から見た小球の速度の Y 成分は，

$$V + v_y\cos\theta$$

(2) 右図より，初速の Y 成分は $v_0\sin\alpha \times \cos\theta$ である。よって，Y 軸方向の運動量保存則は，

$$mv_0\sin\alpha\cos\theta = MV + m(V + v_y\cos\theta)$$

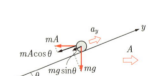

(3) (2)の式の時間変化を考えて，

$$0 = M\frac{\varDelta V}{\varDelta t} + m\left(\frac{\varDelta V}{\varDelta t} + \frac{\varDelta v_y}{\varDelta t}\cos\theta\right)$$

ここで，$\dfrac{\varDelta V}{\varDelta t} = A$，$\dfrac{\varDelta v_y}{\varDelta t} = a_y$ の関係があるので，

$$0 = MA + m(A + a_y\cos\theta) \quad\quad これより，\quad A = -\frac{m\cos\theta}{M+m}a_y$$

(4) x 軸方向には何も力が働いていないので，

$$ma_x = 0$$

(5) y 軸方向では，右図より，

$$ma_y = -mg\sin\theta - mA\cos\theta$$

(6) (4)より，$a_x = 0$

(7) (5)に(3)の結果を代入して，

$$a_y = -g\sin\theta + \frac{m\cos^2\theta}{M+m}a_y \quad\quad これより，\quad a_y = -\frac{(M+m)g\sin\theta}{M+m\sin^2\theta}$$

Ⅲ 題意 $(M = 2m，\theta = 30°)$ より，

$$a_y = -\frac{(2m+m)g\sin 30°}{2m + m\sin^2 30°} = -\frac{2}{3}g$$

$$A = -\frac{m\cos 30°}{2m+m}a_y = \frac{\sqrt{3}}{9}g$$

(8), (9) 等加速度運動の式より，$\alpha = 45°$ として，

$$x = v_0 \cos\alpha \times t + \frac{1}{2}a_x t^2 = \frac{1}{\sqrt{2}}v_0 t \quad \cdots\text{(8)の答}$$

$$y = v_0 \sin\alpha \times t + \frac{1}{2}a_y t^2 = \frac{1}{\sqrt{2}}v_0 t - \frac{1}{3}g t^2 \quad \cdots\text{(9)の答}$$

(10) y が最大となるときを考える。(9)で得た式を平方完成して,

$$y = -\frac{g}{3}\left(t - \frac{3v_0}{2\sqrt{2}\,g}\right)^2 + \frac{3}{8g}v_0^{\,2} \qquad \text{よって,} \quad T = \frac{3v_0}{2\sqrt{2}\,g}$$

〔別解〕 y 軸方向の速度成分が 0 となるときを考えて,

$$0 = v_0 \sin\alpha + a_y T \qquad \text{よって,} \quad T = -\frac{v_0 \sin\alpha}{a_y} = \frac{3v_0}{2\sqrt{2}\,g}$$

(11) 初速は 0 であるから, 等加速度運動の式より,

$$V = 0 + A \times 2T = \frac{\sqrt{6}}{6}v_0$$

(12) 小球に働く力を図示すると, 右図のようになる。
小球に対する運動方程式の, 斜面に垂直な方向の
成分は, 加速度が 0 であるから,

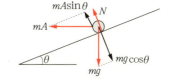

$$m \times 0 = N + mA\sin\theta - mg\cos\theta$$

これより,

$$N = m(g\cos\theta - A\sin\theta) = \frac{4\sqrt{3}}{9}mg$$

(13) 台車に働く力を図示すると, 右図のようになる。台車が床か
ら受ける垂直抗力の大きさを N' とすると, 鉛直方向の力のつ
り合いより,

$$N' = Mg + N\cos\theta$$

(12)の結果を代入して,

$$N' = 2mg + \frac{4\sqrt{3}}{9}mg\cos 30° = \frac{8}{3}mg$$

(14) $N' = \frac{8}{3}mg < 3mg$ であるから, 小さい。 → ウ

答

問1 　$F=(M+m)g$	問2 　d	問3 　$v=\sqrt{\dfrac{2(M+m)gd}{2M+m}}$
問4 　$a_x=\dfrac{1}{2}g,\ \ a_y=\dfrac{1}{2}g$	問5 　$\mu_0=1$	問6 　②

精講 まずは問題のテーマをとらえる

■運動方程式と力のつり合い

運動方程式 $ma=F$ において，F は着目する物体に働く合力を示す。このとき，$a=0$ であれば，$m\times 0=F$ となり，力のつり合いと同値となる。

着眼点

問1のように「2つの物体は静止したままだった」とあるときは，2つの物体について，それぞれ力のつり合いの式を立てればよい。力はベクトル量であるから，x, y 成分に分解して考える。

動く物体（ここではA）の上で他の物体（ここではB）が動くときなどにおいて，束縛条件が必要となるときには，まずは変位で考えることがポイント。

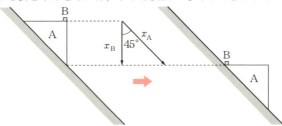

変位 x_A と x_B は，常に上図のような関係となるので，

$$x_B=x_A\cos 45^\circ \xrightarrow{\text{時間変化}} v_B=v_A\cos 45^\circ \xrightarrow{\text{時間変化}} a_B=a_A\cos 45^\circ$$

標問 **6** の解説

問1　物体A, Bに働く力を図示すると，右図のようになる。Aにおける力のつり合いの式を立てると，

　　x 軸方向：$0=N_1\sin 45^\circ -F$

　　y 軸方向：$0=Mg+N_2-N_1\cos 45^\circ$

Bにおける力のつり合いの式を立てると，

　　y 軸方向：$0=mg-N_2$

以上3式より，

　　$N_2=mg,\ \ \ N_1=\sqrt{2}\,(M+m)g$

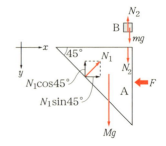

$$F = (M+m)g$$

問2　Bは，水平方向には何も力を受けない。右図
より，Bのy座標は，$y = d$

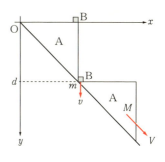

問3　力学的エネルギー保存則より，

$$\underbrace{(M+m)gd}_{\text{静止のとき}} = \underbrace{\frac{1}{2}mv^2 + \frac{1}{2}MV^2}_{\text{Bが左端にくる直前}}$$

ここで，$v = V\cos 45°$ であるから，$V = \sqrt{2}\,v$ と
表せる。これを上式に代入して，

$$(M+m)gd = \frac{1}{2}(m+2M)v^2$$

これより，　$v = \sqrt{\dfrac{2(M+m)gd}{2M+m}}$

問4　右図のように，斜面方向の加速
度をaとすると，運動方程式は，

$$(M+m)a = (M+m)g\sin 45°$$

式変形して，

$$a = \frac{1}{\sqrt{2}}g$$

右図より，

$$a_x = a\cos 45° = \frac{1}{2}g, \quad a_y = a\sin 45° = \frac{1}{2}g$$

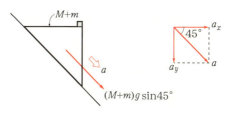

問5　すべり出す限界では，摩擦力は最大摩擦力
fとなる。BがAから受ける垂直抗力の大きさ
をN_2'とすると，

$$f = \mu_0 N_2'$$

となる。右図より，Bに対する運動方程式は，

x軸方向：$ma_x = \mu_0 N_2'$

y軸方向：$ma_y = mg - N_2'$

問4より，

$$a_x = a_y = \frac{1}{2}g$$

以上より，

$$N_2' = \frac{1}{2}mg, \quad \mu_0 = 1$$

問6　$Q_1 \sim Q_2$：x，y軸方向共に，初速度0で等加速度運動するので，直線となる。
$Q_2 \sim Q_3$：x軸方向には等速運動，y軸方向には等加速度運動となるので，上に凸の
放物線となる。

以上より，②

答

問1

問2 $\dfrac{N}{M}(\sin\theta + \mu'\cos\theta)$

問3 $N = \dfrac{mMg\cos\theta}{m(\sin\theta + \mu'\cos\theta)\sin\theta + M}$

問4 $\mu \geqq \tan\theta$ 問5 $V = \dfrac{m}{m+M}v$ 問6 $\mu' N \dfrac{h}{\sin\theta}$

問7 $h = \dfrac{\{mv^2 - (m+M)V^2\}\sin\theta}{2(\mu' N + mg\sin\theta)}$

精講 まずは問題のテーマをとらえる

■慣性力

観測者が三角台とともに加速度運動する場合は，慣性力も含めて運動方程式や力のつり合いを考えねばならない。

> **Point 4**
>
> 動く物体上で他の物体が動いているとき，力や加速度を問われたら，着目する物体を最も観測しやすい場所へ，観測者を置け！

このように考えると，質量 m の小物体については，観測者を三角台上に置いて考え（問1，問3），三角台については，観測者を床上に置いて考えればよい（問2）ことが容易にわかる。

着眼点

Ⅱ問4では，三角台上で小物体は静止しているので，三角台上の観測者から見た力のつり合いを考える。このとき，三角台の加速度は0であるから，小物体に働く慣性力も0である。

■エネルギーと仕事の関係

摩擦力が働いていると，力学的エネルギーは保存されず，摩擦力がした仕事の量だけ，力学的エネルギーが減少する。

標問7の解説

問1 慣性力は，三角台の加速度 A の向きと逆向きになるので，右図のようになる。

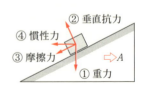

問2 右図より，小物体からの接触力は垂直抗力と動摩擦力の2つである。その水平成分を考えて運動方程式を立てると，

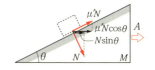

$$MA = N\sin\theta + \mu'N\cos\theta$$

よって，$A = \dfrac{N}{M}(\sin\theta + \mu'\cos\theta)$

問3 三角台上の観測者から見た（＝慣性力を考慮した），斜面に垂直な方向の力のつり合いは右図より，

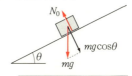

$$mA\sin\theta + N = mg\cos\theta$$

これに問2の A を代入して，N について整理すると，

$$N = \frac{mMg\cos\theta}{m(\sin\theta + \mu'\cos\theta)\sin\theta + M}$$

問4 斜面上で静止したことにより，力のつり合いが成立する。

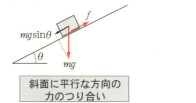

| 斜面に平行な方向の力のつり合い | 斜面に垂直な方向の力のつり合い |

このときの摩擦力を f とすると，左上図より，

$$mg\sin\theta = f$$

ここで，f の最大値 f_{max} は最大摩擦力のときだから，垂直抗力を N_0 とすると，

$$f_{max} = \mu N_0$$

これより，

$$mg\sin\theta \leq f_{max} = \mu N_0$$

右上図より，$N_0 = mg\cos\theta$ であるから，

$$mg\sin\theta \leq \mu \times mg\cos\theta \qquad よって，\quad \mu \geq \tan\theta$$

問5 水平方向には何も外力が働かないので，運動量が保存される。（p.17 着眼点 参照）

| 最初の状態 | 最終の状態 |

上図より，

$$mv = (m + M)V \qquad よって，\quad V = \frac{m}{m + M}v$$

問6 摩擦力の大きさは $\mu'N$ で，小物体が斜面に対してすべった距離は $\dfrac{h}{\sin\theta}$ である。右図より，摩擦力のした仕事 W は負で，

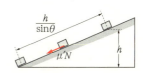

$$W = -\mu'N \times \frac{h}{\sin\theta}$$

となる。この負の仕事分だけ力学的エネルギーを失うので，求める値は，

$$|W| = \mu'N\frac{h}{\sin\theta}$$

問7　エネルギーと仕事の関係より，

$$\frac{1}{2}(m+M)V^2 - \frac{1}{2}mv^2 = -(mg\sin\theta + \mu'N) \times \frac{h}{\sin\theta}$$

よって，　$h = \dfrac{\{mv^2 - (m+M)V^2\}\sin\theta}{2(\mu'N + mg\sin\theta)}$

〔別解〕　エネルギー保存則より，

$$\underset{\text{最初の運動エネルギー}}{\frac{1}{2}mv^2} = \underset{\text{最後の運動エネルギー}}{\frac{1}{2}(m+M)V^2} + \underset{\substack{\text{重力による}\\\text{位置エネルギー}}}{mgh} + \underset{\substack{\text{動摩擦力による}\\\text{熱エネルギー}}}{\mu'N\frac{h}{\sin\theta}}$$

から求めても可。

答

(1) $V\cos\theta \cdot t$　　(2) $V\sin\theta \cdot t - \dfrac{1}{2}gt^2$　　(3) 45　　(4) $\dfrac{V^2}{g}$

(5) $ax - \dfrac{gx^2}{2V^2}(1+a^2)$　　(6) $\dfrac{V^2}{2g} - \dfrac{gR^2}{2V^2}$　　(7) $\dfrac{V}{g}\sqrt{V^2 - 2gb}$

(8) $\dfrac{V}{g}\sqrt{V^2 - 2gc} - D$　　(9) $\sqrt{V^2 - 2gh}$　　(10) $\dfrac{V^2 - 2gh}{g}$

(11) $\dfrac{W^2}{2g}\left(\sqrt{1 + \dfrac{4gh}{W^2}} - 1\right)$

精講 まずは問題のテーマをとらえる

■座標軸を用いた考え方

　放物運動を考える上で最も重要になるのが座標軸である。問題中の図に座標軸が与えられている本問のような場合には、その座標軸上に、等加速度運動の要素（変位 x, y, 加速度 a_x, a_y, 速度 v_x, v_y, 時刻 t）を書き込むことが大切である。次に、それぞれの座標軸に対して等加速度運動の式を適用させればよい。

着眼点

　本問では、

$$x \text{軸方向}: v_x = v_{0x} + a_x t, \quad x = v_{0x}t + \frac{1}{2}a_x t^2$$

$$y \text{軸方向}: v_y = v_{0y} + a_y t, \quad y = v_{0y}t + \frac{1}{2}a_y t^2$$

とした上で、$a_x = 0$, $a_y = -g$, $v_{0x} = V\cos\theta$, $v_{0y} = V\sin\theta$　を用いればよい。

Point 5

① 座標軸は、与えられた量、求めるべき量に対して決定するとよい。
② 軸上の加速度が不明な場合、軸方向の運動方程式を考える。
③ 特に指定がなければ、物体の最初の位置を原点とする。

　本問は座標軸を用いて考えているので、式中の量は、速さではなく速度、距離ではなく変位であることに注意したい。軸の正方向を必ず確認した上で式を立てること、また、計算結果を軸上で考えることが大切となる。

標問 8 の解説

I　x, y 軸方向の加速度をそれぞれ a_x, a_y とすると、

$$a_x = 0, \quad a_y = -g$$

(1)　x 軸方向には、$a_x = 0$　すなわち等速運動であるから、

$$x = V\cos\theta \cdot t$$

(2) y 軸方向には，$a_y = -g$ の等加速度
運動であるから，

$$y = V \sin\theta \cdot t - \frac{1}{2}gt^2$$

(3) 落下するまでの時間を t_0 とすると，
時刻 t_0 では $y = 0$ となる。(2)より，

$$0 = V \sin\theta \cdot t_0 - \frac{1}{2}gt_0^2$$

と表せるので，t_0 を求めると，

$$t_0 = \frac{2V \sin\theta}{g}$$

よって，時刻 t_0 での水平到達距離 x_0 は，(1)より，

$$x_0 = V \cos\theta \times t_0 = \frac{2V^2 \sin\theta \cos\theta}{g} = \frac{V^2 \sin 2\theta}{g} \qquad \textcolor{red}{\leftarrow 2\sin\theta\cos\theta = \sin 2\theta \text{ を利用}}$$

これより x_0 が最大となるのは，$\sin 2\theta = 1$ のとき。すなわち，$\theta = 45°$

(4) (3)より，x_0 の最大値 $x_{0\max}$ は，

$$x_{0\max} = \frac{V^2 \times 1}{g} = \frac{V^2}{g}$$

(5) (1)より，$t = \dfrac{x}{V \cos\theta}$　これを(2)の結果に代入して，

$$y = x\tan\theta - \frac{g}{2}\left(\frac{x}{V\cos\theta}\right)^2$$

ここで，$\tan\theta = a$ より，$\dfrac{1}{\cos^2\theta} = 1 + \tan^2\theta = 1 + a^2$ と表せるので，

$$y = ax - \frac{gx^2}{2V^2}(1 + a^2)$$

(6) (5)の結果において，$x = R$ とすると，

$$y = aR - \frac{gR^2}{2V^2}(1 + a^2) \qquad \textcolor{red}{\leftarrow x = R \text{ のときのボールの高さ}}$$

これを，a に関する 2 次関数と考えて，平方完成すると，

$$y = -\frac{gR^2}{2V^2}\left(a - \frac{V^2}{gR}\right)^2 + \frac{V^2}{2g} - \frac{gR^2}{2V^2}$$

となる。天井は y の最大値より高くなければならないので，求める限界の高さは，

$$\frac{V^2}{2g} - \frac{gR^2}{2V^2}$$

(7) $\underline{x = f}$ における $\underline{y}$ の最大値が，$\underline{b}$ より大きければよい。(6)の結果より，$x = f$ に
　　\textcolor{red}{外野席最前部}　　　\textcolor{red}{ボールの高さ}　　\textcolor{red}{外野席最前部の高さ}

おける y の最大値は，$\dfrac{V^2}{2g} - \dfrac{gf^2}{2V^2}$ である。よって，

$$\frac{V^2}{2g} - \frac{gf^2}{2V^2} > b \qquad \text{これより，} \quad f < \frac{V}{g}\sqrt{V^2 - 2gb}$$

(8) $x=f+D$ における y の最大値が，c より小さければよい。よって，(7)の結果を，

　　外野席最後部　　　ボールの高さ　　外野席最後部の高さ

　　$f \rightarrow f+D$，$b \rightarrow c$ に置き換え，不等号を逆転させればよいので，

$$f+D > \frac{V}{g}\sqrt{V^2-2gc} \qquad これより，\quad f > \frac{V}{g}\sqrt{V^2-2gc}-D$$

Ⅲ　ファウルボールを考えるので，座標軸
　を右図のようにとり直して考える。

　　ファウルボールの初速度 V，および，
　バックネットをかすめるときの速度 W
　が x 軸となす角度を，右図のようにそれ
　ぞれ α，β とする。

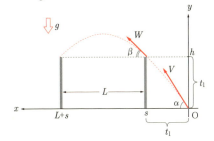

(9)　題意より，点Oとバックネットをかす
　める点でエネルギー保存則を用いると，
　ボールの質量を m として，

$$\underbrace{\frac{1}{2}mV^2}_{点O}=\underbrace{\frac{1}{2}mW^2+mgh}_{バックネットをかすめる点} \qquad よって，\quad W=\sqrt{V^2-2gh}$$

(10)　題意より，$\beta=45°$ であるから，(4)の結果を用いて，

$$L=\frac{W^2}{g}=\frac{V^2-2gh}{g}$$

(11)　ボールがバックネットをかすめる瞬間の時刻を t_1 とする。W を V，t_1 を用いて表
　すと，

$$x軸方向：W\cos\beta=V\cos\alpha$$
$$y軸方向：W\sin\beta=V\sin\alpha-gt_1 \quad \cdots① \qquad ←等加速度運動の式$$

　$\beta=45°$ を①式に代入して，t_1 について解くと，

$$t_1=(V\sin\alpha-W\sin\beta)\times\frac{1}{g}=\left(V\sin\alpha-\frac{W}{\sqrt{2}}\right)\times\frac{1}{g}$$

これより，

$$s=V\cos\alpha\cdot t_1=W\cos\beta\cdot t_1=\frac{W}{\sqrt{2}}\left(V\sin\alpha-\frac{W}{\sqrt{2}}\right)\times\frac{1}{g}$$

ここで，

$$V\sin\alpha=\sqrt{V^2-V^2\cos^2\alpha}=\sqrt{V^2-W^2\cos^2\beta}=\sqrt{V^2-\frac{W^2}{2}}=\sqrt{\frac{W^2}{2}+2gh}$$

　　　　　　　　　　　　　　　　　　　　　　　　　　　　　↑
　　　　　　　　　　　　　　　　　　　　　　　　　　　　(9)を利用

と表せるので，

$$s=\frac{W}{\sqrt{2}\,g}\left(\sqrt{\frac{W^2}{2}+2gh}-\frac{W}{\sqrt{2}}\right)=\frac{W^2}{2g}\left(\sqrt{1+\frac{4gh}{W^2}}-1\right)$$

答

問1 (1) $\alpha_y = -g\sin\theta \ [\mathrm{m/s^2}]$　(2) $t_0 = \sqrt{\dfrac{2L_0}{g\sin\theta}} \ [\mathrm{s}]$

(3) $D_0 = v_0\sqrt{\dfrac{2L_0}{g\sin\theta}} \ [\mathrm{m}]$

問2 (1) $v'_{x1} = v_0 \ [\mathrm{m/s}]$,　$v'_{y1} = e\sqrt{2L_0 g\sin\theta} \ [\mathrm{m/s}]$

(2) $L_1 = e^2 L_0 \ [\mathrm{m}]$,　$t_1 = e\sqrt{\dfrac{2L_0}{g\sin\theta}} \ [\mathrm{s}]$

(3) $\dfrac{v'_{yn}}{v'_{y1}} = e^{n-1}$,　$\dfrac{L_n}{L_1} = e^{2(n-1)}$　(4) 解説を参照

精講 まずは問題のテーマをとらえる

■斜面上での物体の運動の取扱い

右図のような斜面上に質量mの物体をおくと，y軸方向の運動方程式は，

$$m\alpha_y = -mg\sin\theta$$

これより，$\alpha_y = -g\sin\theta$

となる。ここで，加速度α_yを$-g'$と置き換えると，

$$-g' = -g\sin\theta \quad \text{これより，} \quad g' = g\sin\theta$$

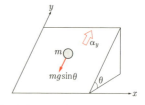

と表せる。このように考えると，斜面上では見かけの重力加速度g'を導入することで，鉛直面内の運動（重力加速度gの場合）とまったく同様に解くことが可能となる。本問では，$\alpha_y = -g'$とすると，鉛直面内で重力加速度をg'としたときと同じ問題となる。

■反発係数eの床との衝突

Point 6

右図のような運動において，衝突するたびに，

① y軸方向の初速度はe倍になる。
② 衝突の時間間隔はe倍になる。
③ 最高点の高さはe^2倍になる。

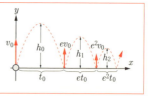

上図において，1回目の衝突直前の速度$-v_0$を等加速度運動の式を用いて表すと，

$$-v_0 = v_0 + (-g)t_0 \quad \text{これより，} \quad t_0 = \frac{2v_0}{g} \propto v_0 \quad \text{←∝は比例を表す記号}$$

すなわち，衝突の時間間隔は初速度に比例するので，衝突するたびにe倍となる。

↑Point 6 ②の証明

また，エネルギー保存則より，

$$\frac{1}{2}mv_0{}^2 = mgh_0 \quad \text{これより，} \quad h_0 = \frac{v_0{}^2}{2g} \propto v_0{}^2$$

すなわち，最高点の高さは初速度の2乗に比例するので，衝突するたびにe^2倍となる。

$$h_1 = e^2 h_0, \quad h_2 = e^4 h_0, \quad \cdots \cdots \quad \text{←\textbf{Point 6} ③の証明}$$

← **Point 6** ③の証明

標問9の解説

問1 (1) 右図より，y軸方向における質点の運動方程式は，

$$M\alpha_y = -Mg\sin\theta$$

これより，

$$\alpha_y = -g\sin\theta \, [\text{m/s}^2]$$

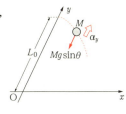

(2) y軸方向における等加速度運動の式は，

$$0 = L_0 + \frac{1}{2}\alpha_y t_0{}^2$$

これより，

$$t_0 = \sqrt{-\frac{2L_0}{\alpha_y}} = \sqrt{\frac{2L_0}{g\sin\theta}} \, [\text{s}]$$

(3) x軸方向には等速度運動であるから，

$$D_0 = v_0 t_0 = v_0\sqrt{\frac{2L_0}{g\sin\theta}} \, [\text{m}]$$

問2 (1) Q_1での衝突直前と直後における，速度変化の様子を図示すると，右図のようになる。

x軸方向の速度は変化しないので，

$$v'_{x1} = v_0 \, [\text{m/s}]$$

一方，y軸方向については，反発係数の定義より，

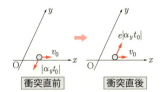

$$e = \frac{|v'_{y1}|}{|v_{y1}|} \quad \cdots ①$$

これより，

$$v'_{y1} = e|\alpha_y t_0| = e\sqrt{2L_0 g\sin\theta} \, [\text{m/s}]$$

(2) y軸方向の射影運動を考える。P_1でのy軸方向の速度は0になるので，等加速度運動の式は，

$$0 = v'_{y1} + \alpha_y t_1$$

式変形して，

$$t_1 = -\frac{v'_{y1}}{\alpha_y} = e\sqrt{\frac{2L_0}{g\sin\theta}} \, [\text{s}]$$

これより，

$$t_1 = et_0 \quad \cdots ②$$

となっていることがわかる。

また，等加速度運動の式より，

$$L_1 = v'_{y1}t_1 + \frac{1}{2}\alpha_y t_1{}^2 = 2e^2 L_0 - e^2 L_0 = e^2 L_0 \, [\text{m}]$$

(3)　①式より，

$$v'_{y1} = e|v_y|$$
$$v'_{y2} = e|v'_{y1}| = e^2|v_y|$$
$$\vdots \qquad \vdots$$
$$v'_{yn} = e^n|v_y|$$

よって，

$$\frac{v'_{yn}}{v'_{y1}} = \frac{e^n}{e} = e^{n-1}$$

L_n についても同様に，

$$L_1 = e^2 L_0$$
$$L_n = e^{2n} \times L_0$$

よって，

$$\frac{L_n}{L_1} = \frac{e^{2n}}{e^2} = e^{2(n-1)}$$

(4)　質点の軌跡は下図 3 のようになる。x 軸方向の距離は，<u>時間が e 倍になること</u>
　　　　　　　　　　　　　　　　　　　　　　　　　　　　↳②式より

から，$e = 0.5$〔倍〕ずつになる。y 軸方向の最高点は，<u>e^2 倍</u>すなわち 0.25 倍ずつ
　　　　　　　　　　　　　　　　　　　　　　　　↳(3)より

になる。

　　一方，v_y の変化は下図 4 のようになる。速度は，<u>衝突直後は必ず正で，大きさ</u>
　　　　　　　　　　　　　　　　　　　　　　　　　↳(3)より

は <u>0.5 倍</u>ずつになる。加速度は一定であるから，傾き一定の直線となる。

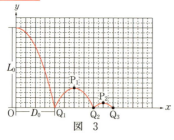

図　3

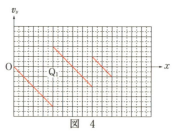

図　4

30

答

問1　$V_0 = \sqrt{\dfrac{5}{2}gL}$

問2　$u_0 = \sqrt{\dfrac{gL}{2}}(\cos\theta + 2e\sin\theta), \quad v_0 = \sqrt{\dfrac{gL}{2}}(-\sin\theta + 2e\cos\theta)$

問3　$u = u_0 - g\sin\theta \cdot t, \quad v = v_0 - g\cos\theta \cdot t,$

$x = u_0 t - \dfrac{1}{2}g\sin\theta \cdot t^2, \quad y = v_0 t - \dfrac{1}{2}g\cos\theta \cdot t^2,$

$t_1 = (2e - \tan\theta)\sqrt{\dfrac{2L}{g}}$

問4　$t_n = \dfrac{(1-e^n)(2e-\tan\theta)}{1-e}\sqrt{\dfrac{2L}{g}}, \quad t_\infty = \dfrac{2e-\tan\theta}{1-e}\sqrt{\dfrac{2L}{g}}$

問5　解説を参照

精講 まずは問題のテーマをとらえる

■**放物運動の座標軸** （**標問8精講**も参照のこと）

　放物運動の組合せ問題では，個々の放物運動について丁寧に座標軸を仮定することが，混乱を防ぐ上で重要である。

　下図の場合，① 初速度 v_0 で投げ上げたとき，② 壁（床）ではね返ったとき，③ 2回目にはね返ったとき でそれぞれ座標軸を仮定すると，運動が見えやすくなる。

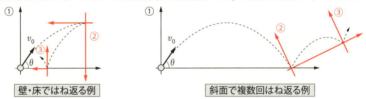

壁・床ではね返る例　　　斜面で複数回はね返る例

■**座標軸への射影運動**

　座標軸を仮定した後は，運動をそれぞれの座標軸へ射影し，物体が x 軸（y 軸）方向についてどのような運動をしているのか把握する。

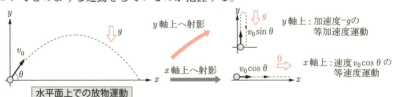

y 軸上へ射影　　y 軸上：加速度 $-g$ の等加速度運動

x 軸上へ射影　　x 軸上：速度 $v_0\cos\theta$ の等速度運動

水平面上での放物運動

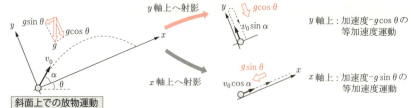

■射影運動について立式する

座標軸への射影運動に対して,「力積と運動量の関係」,「仕事とエネルギーの関係」が使えるかどうか検討する。

> **Point 7 等加速度運動の式**
>
> $$v - v_0 = at \implies 両辺を m 倍すると \implies mv - mv_0 = F \cdot t$$
>
> ↑力積と運動量の関係式
>
> $$v^2 - v_0^2 = 2ax \implies 両辺を \frac{1}{2}m 倍すると \implies \frac{1}{2}mv^2 - \frac{1}{2}mv_0^2 = F \cdot x$$
>
> ↑仕事とエネルギーの関係式

これらの式を,因果関係を考えながら立式すると容易になる場合がある。

着眼点

問1では,座標軸を仮定した後,座標軸上の初速度 V_{X0}, V_{Y0} を仮定して,それぞれを求めてから V_0 を計算すると容易。問2では,床との衝突における反発係数の定義を考えるとよい。問4では,斜面上での各放物運動の時間を求め,和をとることがポイントとなる。

標問 10 の解説

問1 右図のように X, Y 軸を決め,初速 V_0 の X 成分を V_{X0}, Y 成分を V_{Y0} とする。運動をそれぞれの座標軸に射影すると,

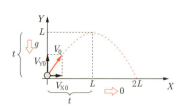

Y 軸上:加速度 $-g$ の等加速度運動

X 軸上:加速度 0 の等加速度運動

ということがわかる。最高点までの時間を t とすると,等加速度運動の式より,

$$Y軸方向 \begin{cases} 0 = V_{Y0} + (-g)t & \cdots① \quad \leftarrow v = v_0 + at \\ L = V_{Y0} \cdot t + \dfrac{1}{2}(-g)t^2 & \cdots② \quad \leftarrow x = v_0 t + \dfrac{1}{2}at^2 \end{cases}$$

$X軸方向:L = V_{X0} \cdot t \quad \cdots③ \quad \leftarrow x = v_0 t + \dfrac{1}{2}at^2$

①式より, $t = \dfrac{V_{Y0}}{g}$

これを②式へ代入して,

$$L = \frac{V_{Y0}^2}{g} - \frac{V_{Y0}^2}{2g} = \frac{V_{Y0}^2}{2g} \qquad \text{よって,} \quad V_{Y0} = \sqrt{2gL}$$

また，③式より，

$$L = V_{X0} \cdot \frac{V_{Y0}}{g} = V_{X0} \cdot \sqrt{\frac{2L}{g}} \qquad \text{よって,} \quad V_{X0} = \sqrt{\frac{gL}{2}}$$

三平方の定理より，

$$V_0 = \sqrt{V_{X0}^2 + V_{Y0}^2} = \sqrt{\frac{5}{2}gL}$$

〔別解〕　Y 軸上へ射影した運動に対して，仕事とエネルギーの関係式より，

$$\frac{1}{2}mV_{Y0}^2 + (-mg \cdot L) = 0 \qquad \text{これより,} \quad V_{Y0} = \sqrt{2gL}$$

力積と運動量の関係式より，

$$mV_{Y0} + (-mg \cdot t) = 0 \qquad \text{これより,} \quad t = \sqrt{\frac{2L}{g}}$$

また，X 軸上へ射影した運動に対して，

$$L = V_{X0} \cdot t \qquad \text{以上より,} \quad V_{X0} = \frac{L}{t} = \sqrt{\frac{gL}{2}}$$

として求めても可。

問2　点Cでバウンドする直前・直後における，ボールの速度変化の様子を図示すると，下図a，bのようになる。このうち，図bを斜面に平行な x 軸，斜面に垂直な y 軸について書き換えると，図c，dのようになる。

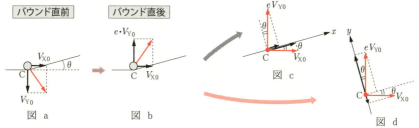

バウンド直前　バウンド直後

図 a　図 b　図 c　図 d

図cより，求める速度の x 成分 u_0 は，

$$u_0 = V_{X0}\cos\theta + eV_{Y0}\sin\theta$$
$$= \sqrt{\frac{gL}{2}}(\cos\theta + 2e\sin\theta)$$

また，図dより，求める速度の y 成分 v_0 は，

$$v_0 = -V_{X0}\sin\theta + eV_{Y0}\cos\theta$$
$$= \sqrt{\frac{gL}{2}}(-\sin\theta + 2e\cos\theta)$$

問3　x, y軸に対して，それぞれ加速度$-g\sin\theta$, $-g\cos\theta$の等加速度運動である。右図より，

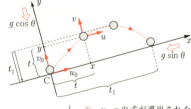

$$\begin{cases} u = u_0 + (-g\sin\theta)\cdot t \\ v = v_0 + (-g\cos\theta)\cdot t \end{cases}$$

$$\begin{cases} x = u_0 t + \dfrac{1}{2}(-g\sin\theta)\cdot t^2 {}^{※} \\ y = v_0 t + \dfrac{1}{2}(-g\cos\theta)\cdot t^2 {}^{※} \end{cases}$$

※　u, vの式が導出されたら，これをtで積分して，x, yの式を導出することもできる。

1回目にバウンドするとき，$y=0$, $t=t_1$となるので，

$$0 = v_0 t_1 - \frac{1}{2}g\cos\theta\cdot t_1{}^2$$

よって，

$$t_1 = \frac{2v_0}{g\cos\theta} = (2e - \tan\theta)\sqrt{\frac{2L}{g}}$$

〔別解〕　力積と運動量の関係より，

$$mu_0 + (-mg\sin\theta\cdot t) = mu, \qquad mv_0 + (-mg\cos\theta\cdot t) = mv$$

として，uとvを求めても可。

問4　ボールが斜面上でバウンドを繰り返すときの，y軸方向の速度変化の様子を図示すると，右図のようになる。問3および右図より，

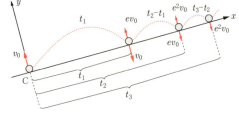

$$t_1 = \frac{2v_0}{g\cos\theta},$$

$$t_2 - t_1 = \frac{2\cdot ev_0}{g\cos\theta}, \qquad t_3 - t_2 = \frac{2\cdot e^2 v_0}{g\cos\theta}, \quad \cdots\cdots$$

以上より，

$$t_n = t_1 + (t_2 - t_1) + (t_3 - t_2) + \cdots\cdots$$

$$= (1 + e + e^2 + \cdots\cdots + e^{n-1})\cdot\frac{2v_0}{g\cos\theta}$$

$$= \frac{1 - e^n}{1 - e}\cdot\frac{2v_0}{g\cos\theta}$$

$$= \frac{(1 - e^n)(2e - \tan\theta)}{1 - e}\sqrt{\frac{2L}{g}}$$

$n \to \infty$とすると$e^n \to 0$となるので，

$$t_\infty = \frac{2e - \tan\theta}{1 - e}\sqrt{\frac{2L}{g}}$$

問5　バウンドがおさまる時刻t_∞において，ボールが点Cより右側（もしくは点C）にあればよい。すなわち，$x(t_\infty)\geqq 0$であればよい。問3で求めたxの式より，

$$x(t_\infty) = u_0 t_\infty - \frac{1}{2} g\sin\theta \cdot t_\infty{}^2 \geqq 0 \qquad \text{これより,} \quad u_0 - \frac{1}{2} g\sin\theta \cdot t_\infty \geqq 0$$

問4で求めた t_∞, 問2で求めた u_0 を代入して,

$$(\cos\theta + 2e\sin\theta)\sqrt{\frac{gL}{2}} - \frac{1}{2} g\sin\theta \cdot \frac{2e - \tan\theta}{1-e} \sqrt{\frac{2L}{g}} \geqq 0$$

$\sqrt{\dfrac{gL}{2}}$ で割り, $(1-e)$ を掛ける

$$(\cos\theta + 2e\sin\theta)(1-e) - \sin\theta(2e - \tan\theta) \geqq 0$$

$\cos\theta$ で割る

$$(1 + 2e\tan\theta)(1-e) - \tan\theta(2e - \tan\theta) \geqq 0$$

展開して整理

$$1 - e - 2e^2\tan\theta + \tan^2\theta \geqq 0$$

以上より,

$$2\tan\theta \cdot e^2 + e - (1 + \tan^2\theta) \leqq 0$$

標問 11 多段階衝突とエネルギー保存則

答

問1 $\dfrac{M - m_A}{M + m_A} v$ 問2 $v = (M + m_A)\sqrt{\dfrac{gh}{2Mm_A}}$ 時間間隔：$\sqrt{\dfrac{2Mh}{m_A g}}$

問3 $u = w\sqrt{\dfrac{m_A g}{2Mh}}$ 問4 $m_A gh$

問5   周期：$2\pi\sqrt{\dfrac{M}{k}}$ 振幅：$\sqrt{\dfrac{2m_A gh}{k}}$

問6 $T = 2\pi n\sqrt{\dfrac{M}{k}} - \sqrt{\dfrac{2Mh}{m_A g}}$ （n は正の整数）

問7   衝突前：$\dfrac{h}{T} + \dfrac{m_B gT}{2M}$ 衝突後：$\dfrac{h}{T} - \dfrac{m_B gT}{2M}$

問8 $m_B gh$ 問9   解説を参照

精講   まずは問題のテーマをとらえる

■保存則に関する注意点

衝突などでよく用いられる<u>運動量保存則</u>は，ベクトルの保存則であるから，<u>向きについては特に注意</u>を要する。必ず衝突の前後で作図を行い，向きまで考慮して式を立てなければならない。一方，エネルギー保存則はスカラー量に対する保存則であるから，向きに関与しないことになる。

■反発係数の式

反発係数が1の場合，衝突の直前・直後で運動エネルギーの和は変化しないが，直線上の衝突では，一般に反発係数の式が用いられる。これは反発係数の式がエネルギー保存則の式と比べて，速度に関する次数が低いため，式が容易になるからである。

Point 8   瞬間の直線上の衝突 → 運動量保存則と反発係数の式の連立

■単振動の周期

一般に，単振動の周期の式は次のように導かれる。運動方程式より，

$$ma = -kx$$

ここで，$a = -\omega^2 x$ を用いて，

$$-m\omega^2 x = -kx \qquad これより，\quad \omega = \sqrt{\frac{k}{m}}$$

よって，

$$T = \frac{2\pi}{\omega} = 2\pi\sqrt{\frac{m}{k}}$$

単振動の周期 T は，質量 m，ばね定数 k にのみ依存し，場（重力加速度など）に依存しない特性をもつ。

標問 11 の解説

問1 物体Aの衝突直前における速度の鉛直成分が $-v$ であることより，物体Aは，鉛直下向きに速さ v で板に衝突することになる。右図のように，衝突後の物体Aと板の速度（鉛直上向きを正）をそれぞれ v_1，V_1 とすると，運動量保存則および反発係数の式より，

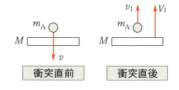

衝突直前　衝突直後

$$m_A(-v) = m_A v_1 + M V_1, \quad 1 = -\frac{v_1 - V_1}{(-v) - 0}$$

2式より V_1 を消去して，

$$v_1 = \frac{M - m_A}{M + m_A}v$$

問2 水平方向の速度成分は不変なので，鉛直方向の射影運動のみを考える。右図を参照して，力学的エネルギー保存則より，

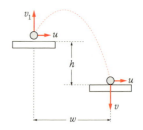

$$m_A gh + \frac{1}{2}m_A v_1^2 = \frac{1}{2}m_A v^2$$

問1で求めた v_1 を代入して，

$$v = (M + m_A)\sqrt{\frac{gh}{2Mm_A}}$$

また，次の衝突までの時間を t_1 とすると，物体Aは鉛直方向に等加速度運動しているので，

$$-v = v_1 - g t_1$$

よって，

$$t_1 = \frac{v + v_1}{g}$$
$$= \frac{1}{g}\left(1 + \frac{M - m_A}{M + m_A}\right)v = \sqrt{\frac{2Mh}{m_A g}}$$

問3 　問2の解説図より，物体Aは水平方向に等速運動しているので，

$$w = ut_1 \qquad よって， \quad u = \frac{w}{t_1} = w\sqrt{\frac{m_A g}{2Mh}}$$

問4 　問1より，

$$V_1 = -\frac{2m_A}{M + m_A}v$$

また，問2で求めた v を代入して，

$$V_1 = -\frac{2m_A}{M + m_A}(M + m_A)\sqrt{\frac{gh}{2Mm_A}} = -\sqrt{\frac{2m_A gh}{M}}$$

よって，求める運動エネルギーは，

$$\frac{1}{2}MV_1{}^2 = \frac{1}{2}M \times \frac{2m_A gh}{M} = m_A gh$$

〔別解〕　反発係数が1であることより，運動エネルギーの和は，衝突の直前と直後
　　で不変である。また，水平方向の速度成分は不変なので，以上より，

$$\frac{1}{2}m_A v^2 = \frac{1}{2}m_A v_1{}^2 + \frac{1}{2}MV_1{}^2$$

　　よって，　$\frac{1}{2}MV_1{}^2 = \frac{1}{2}m_A v^2 - \frac{1}{2}m_A v_1{}^2 = m_A gh$　（問2より）

　　として求めても可。

問5 　周期 T_0：単振動の周期の式より，　$T_0 = 2\pi\sqrt{\frac{M}{k}}$

　振幅 A：力学的エネルギー保存則より，

$$\frac{1}{2}MV_1{}^2 = \frac{1}{2}kA^2$$

よって，

$$A = |V_1| \times \sqrt{\frac{M}{k}}$$

$$= \underbrace{\sqrt{\frac{2m_A gh}{M}}}_{問4より} \times \sqrt{\frac{M}{k}} = \sqrt{\frac{2m_A gh}{k}}$$

問6 　板が同じ振動状態のときに衝突すればよい。1段上のばねは，問2より，

$t_1 = \sqrt{\dfrac{2Mh}{m_A g}}$ だけ進んだ単振動をしているので，n を正の整数として，

$$T + t_1 = nT_0$$

よって，

$$T = nT_0 - t_1 = n \times \underbrace{2\pi\sqrt{\frac{M}{k}}}_{問5より} - \sqrt{\frac{2Mh}{m_A g}}$$

問7　右図のように，衝突直前の物体B，板の速度をそれぞれ v_0，V_0 とし，衝突直後の速度をそれぞれ v_2，V_2 とする。運動量保存則より，

$$m_\mathrm{B}v_0 + MV_0 = m_\mathrm{B}v_2 + MV_2 \quad \cdots ①$$

また，反発係数の式より，

$$1 = -\frac{v_2 - V_2}{v_0 - V_0} \quad \cdots ②$$

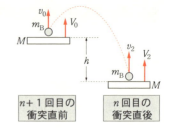

$n+1$ 回目の衝突直前　　n 回目の衝突直後

物体Bは鉛直方向に等加速度運動しているので，

$$v_0 = v_2 - gT \quad \cdots ③$$

$$h = v_2 T - \frac{1}{2}gT^2 \quad \cdots ④$$

④式より，

$$v_2 = \frac{h}{T} + \frac{1}{2}gT$$

これを③式に代入して，

$$v_0 = \frac{h}{T} - \frac{1}{2}gT$$

これらを①，②式に代入して，求める V_0 と V_2 は，

$$V_0 = \frac{h}{T} + \frac{m_\mathrm{B}gT}{2M}, \quad V_2 = \frac{h}{T} - \frac{m_\mathrm{B}gT}{2M}$$

問8　$\Delta K = \frac{1}{2}m_\mathrm{B}v_2{}^2 - \frac{1}{2}m_\mathrm{B}v_0{}^2$ を求めればよい。ここで，水平方向の速度成分は不変なので，鉛直方向の射影運動を考える。問7の解説図を参考にして，力学的エネルギー保存則より，

$$\frac{1}{2}m_\mathrm{B}v_2{}^2 = m_\mathrm{B}gh + \frac{1}{2}m_\mathrm{B}v_0{}^2 \qquad よって，\quad \Delta K = m_\mathrm{B}gh$$

問9　問4より，板の運動エネルギーの最大値は $m_\mathrm{A}gh$ である。問題中の図2のような運動が起こるとき，物体Bが獲得する力学的エネルギーは，問8より $m_\mathrm{B}gh$ となり，この分だけ板は運動エネルギーを失っている。したがって，$m_\mathrm{B} > m_\mathrm{A}$ では ΔK 分が確保されないので，図2のような運動は起こりえない。

問1 $V_0 = \sqrt{2gR}$

問2 $V_1 = \sqrt{\dfrac{M_B}{M_A + M_B} \cdot 2gR}$, $V_2 = -\sqrt{\dfrac{M_A{}^2}{M_B(M_A + M_B)} \cdot 2gR}$

問3 $-\dfrac{M_A}{M_A + M_B}R$ 問4 運動量保存：$0 = M_A V_3 + M_B V_4 + M_C V_5$

エネルギー保存：$M_A gR = \dfrac{1}{2}M_A V_3{}^2 + \dfrac{1}{2}M_B V_4{}^2 + \dfrac{1}{2}M_C V_5{}^2$

問5 $M_C = M_A$ 問6 $V_6 = -\dfrac{M_B}{M_A + M_B}\sqrt{\dfrac{M_A{}^2}{M_B(M_A + M_B)} \cdot 2gR}$

問7 $\Delta E = -\dfrac{M_A{}^3}{(M_A + M_B)^2}gR$ 問8 $h = \left(\dfrac{M_A}{M_A + M_B}\right)^2 R$

精講 まずは問題のテーマをとらえる

■振り子運動の重心

本問の振り子の場合，水平方向に対しては外力が働いていないので，水平方向の運動量が保存することは明らかである。

一般に，2物体で運動量が保存し，その総和が0のとき，

$$mv + MV = 0$$

が成立する。これを時間で積分すると，

$$mx + MX = （一定値）$$

となる。これは高校の課程では，力のモーメントの式に相当するものである。この式が問3にある「重心の位置は水平方向には変化しない」ということを表す式となる。

Point 9 重心の位置について問われたら，
力のモーメントのつり合いの式を考えよ！

標問 12 の解説

問1 力学的エネルギー保存則より，

$$M_A gR = \frac{1}{2}M_A V_0{}^2 \qquad よって，\quad V_0 = \sqrt{2gR}$$

$\underbrace{}_{\substack{初期状態の \\ 力学的エネ \\ ルギー}}$ $\underbrace{\phantom{\frac{1}{2}M_A V_0{}^2}}_{\substack{最下点での \\ 力学的エネ \\ ルギー}}$

問2 初期状態とおもりAが最下点Qに達した
ときの様子を図示すると，右図のようになる。
水平方向には外力が働いていないので，運動
量が保存する。よって，

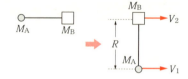

$$0 = M_A V_1 + M_B V_2$$

また，力学的エネルギー保存則より，

$$M_A g R = \frac{1}{2} M_A V_1^2 + \frac{1}{2} M_B V_2^2$$

明らかに $V_1 > 0$ であるから，運動量保存の式より， $V_2 < 0$
以上より，

$$V_1 = \sqrt{\frac{M_B}{M_A + M_B} \times 2gR}, \quad V_2 = -\sqrt{\frac{M_A^2}{M_B(M_A + M_B)} \times 2gR}$$

問3 重心の座標を x_G とする。題意より，x_G は初期
状態とおもりAが最下点を通過するときで変化しな
い。そのため，右図のように，求める点Qの座標は
x_G に等しい。$x = 0$ から重心までの距離を l とする
と，力のモーメントのつり合いの式より，

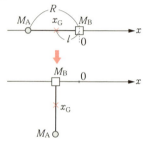

↑ p.39 **Point 9** 参照

$$M_A(R - l) = M_B l \quad \text{これより，} \quad l = \frac{M_A}{M_A + M_B} R$$

よって，

$$x_G = -l = -\frac{M_A}{M_A + M_B} R$$

〔別解〕

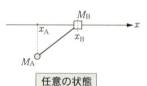

最初の状態 任意の状態

重心が静止しているので，上図を参考にして，原点 ($x = 0$) を支点とした力の
モーメントのつり合いより，

$$M_A(-R) = M_A x_A + M_B x_B$$

ここで，おもりAが最下点にあるときは，$x_A = x_B$ よって，

$$x_A = x_B = -\frac{M_A}{M_A + M_B} R$$

問4 初期状態と衝突直後の様子を図示す
ると，右図のようになる。運動量が保存
するので，

$$0 = M_A V_3 + M_B V_4 + M_C V_5$$

また，力学的エネルギー保存則より，

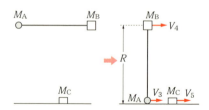

$$M_A gR = \frac{1}{2}M_A V_3{}^2 + \frac{1}{2}M_B V_4{}^2 + \frac{1}{2}M_C V_5{}^2$$

問5 台車Bの衝突直前の速度は，問2で求めた V_2 である。また，台車Bは衝突の前後で何も力積を受けないので，速度が変化しない。これより，

$$V_2 = V_4$$

このことより，おもりAと物体Cとの衝突のみを考えればよい。題意より反発係数が1（完全弾性衝突）で，衝突直後に $V_3 = 0$ となることより，おもりAと物体Cで速度交換が実現していることがわかる。これは，おもりAと物体Cの質量が等しいことを示す。よって，

$$M_C = M_A$$

問6

衝突直後とおもりAが最高点に達したときの様子を図示すると，上図のようになる。運動量が保存するので，

$$M_B V_2 = M_A V_6 + M_B V_6 \qquad \text{よって，} \qquad V_6 = \frac{M_B}{M_A + M_B}V_2$$

問2で求めた V_2 を代入して，

$$V_6 = -\frac{M_B}{M_A + M_B}\sqrt{\frac{M_A{}^2}{M_B(M_A + M_B)} \times 2gR}$$

問7 問6の解説図を参照して，

$$E_1 = \frac{1}{2}M_B V_4{}^2 = \frac{1}{2}M_B V_2{}^2$$

$$E_2 = \frac{1}{2}M_A V_6{}^2 + \frac{1}{2}M_B V_6{}^2 = \frac{1}{2}(M_A + M_B)\left(\frac{M_B}{M_A + M_B}\right)^2 V_2{}^2 = \frac{M_B{}^2}{2(M_A + M_B)}V_2{}^2$$

よって，

$$\Delta E = E_2 - E_1$$

$$= \frac{1}{2}M_B V_2{}^2\left(\frac{M_B}{M_A + M_B} - 1\right) = -\frac{M_A M_B}{2(M_A + M_B)}V_2{}^2 = -\frac{M_A{}^3}{(M_A + M_B)^2}gR$$

問8 問7で求めた運動エネルギーの減少量 $|\Delta E|$ は，おもりAの位置エネルギーの増加量に等しいので，

$$M_A gh = \frac{M_A{}^3}{(M_A + M_B)^2}gR \qquad \text{よって，} \quad h = \left(\frac{M_A}{M_A + M_B}\right)^2 R$$

答

(1) $\sqrt{2g\{H-R(1-\cos\theta)\}}$ (2) $mg\left\{\dfrac{2(H-R)}{R}+3\cos\theta\right\}$ (3) 0

(4) $mg\{2(H-R)+3R\cos\theta\}\sin\theta$ (5) $\dfrac{\pi}{4}$

(6) $mg\left\{\sqrt{2}(H-R)+\dfrac{3}{2}R\right\}$ (7) $2H-(2-\sqrt{2})R$

(8) $\dfrac{1}{2}\sqrt{g\left\{H-\left(\dfrac{2-\sqrt{2}}{2}\right)R\right\}}$ (9) $\dfrac{2}{3}V$

(10) $\dfrac{3\mu mg}{k}\left(\sqrt{1+\dfrac{kU^2}{3\mu^2mg^2}}-1\right)$ (11) $3\mu_0 mg$

精講 まずは問題のテーマをとらえる

■鉛直面内の円運動の解法

　鉛直面内の円運動では，物体の速さvを求める際に，2つの方法があると考えておくとよい。もちろん，問題文の条件によって使い分けが必要であるが，これら2つの方法を連立する場合も多い。整理すると，以下のようになる。

方法① 右図のように，点Qを初速度0で運動し始めたときの，点Pでの物体の速さv_1を求める。エネルギー保存則より，

$$mgh=\underbrace{\frac{1}{2}mv_1^2+mgr(1+\cos\theta)}$$

点Qでのエネルギー　　点Pでのエネルギー

よって，$v_1=\sqrt{2g\{h-r(1+\cos\theta)\}}$

方法② 右図のように，点Qを初速度0で運動し始め，点Pで物体が壁から離れたときの速さv_2を求める。壁からの垂直抗力が0となるので，運動方程式は，

$$m\cdot\frac{v_2^2}{r}=mg\cos\theta$$

よって，$v_2=\sqrt{gr\cos\theta}$

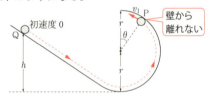

　もちろん，方法②のとき方法①は成立しているので，連立すると，例えばhが求められることになる。上記のように，

　　① エネルギー保存則を用いる場合

　　② 運動方程式を用いる場合

さらに，

　　①，②を連立する場合

があると考えておけばよい。本問では，(1)では①，(2)では力Fを求めるのであるから
②であるが，これに①の結果を代入している。

【参考】 円運動するための限界の速さは，右図のようにな
る。これらも前ページの①，②で導くことができる（壁
に沿った運動の場合）。

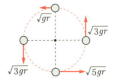

(1) 物体aの様子を図示すると，右図のよう
になる。求める速度の大きさをvとすると，
力学的エネルギー保存則より，

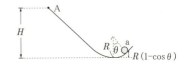

$$mgH = \frac{1}{2}mv^2 + mgR(1-\cos\theta)$$

点Aでの力学的　　円弧 CD の角度θの位置での
エネルギー　　　　力学的エネルギー

よって，　$v = \sqrt{2g\{H - R(1-\cos\theta)\}}$

(2) 求める力をFとすると，物体aに働く力は右図のように描
ける。加速度aを右図のようにとると，運動方程式は，

$$ma = F - mg\cos\theta$$

加速度aは $a = \dfrac{v^2}{R}$ と書けるので，(1)で求めたvも用いて，

$$\frac{2mg\{H - R(1-\cos\theta)\}}{R} = F - mg\cos\theta$$

これより，

$$F = mg\left(\frac{2H-2R}{R} + 2\cos\theta\right) + mg\cos\theta = mg\left\{\frac{2(H-R)}{R} + 3\cos\theta\right\}$$

(3) (2)の結果より，Fが最大となるのは$\cos\theta$が最大のときである。$\cos\theta$が最大とな
るのは $\theta = 0$ のときである。

(4) 求める力のモーメントをNとする。時計回りのモーメント
であるので，右図より，

$$N = +F \times R\sin\theta$$
$$= mg\{2(H-R) + 3R\cos\theta\}\sin\theta$$

(5) (4)の結果より，

$$N = mg\left\{2(H-R)\sin\theta + \frac{3}{2}R\sin2\theta\right\}$$ ←$\sin2\theta = 2\sin\theta\cos\theta$ を利用

$0 \leqq \theta \leqq \dfrac{\pi}{4}$ において，$\sin\theta$，$\sin2\theta$ 共に増加関数であるので，$\theta = \dfrac{\pi}{4}$ のときNは最
大になる。

(6) $\theta = \dfrac{\pi}{4}$ のときを転倒の極限と考えればよいので，

$$MgL \geqq mg\left\{2(H-R)\sin\frac{\pi}{4}+\frac{3}{2}R\sin\frac{\pi}{2}\right\}$$
$$=mg\left\{\sqrt{2}\,(H-R)+\frac{3}{2}R\right\}$$

（右側の注）$\sin\dfrac{\pi}{4}=\dfrac{\sqrt{2}}{2}$, $\sin\dfrac{\pi}{2}=1$ を利用

(7) 物体 a の様子を図示すると，右図のようになる。

DS と速度ベクトルのなす角を θ，物体 a の点 D から点 S への移動時間を t とする。この間，物体 a は等加速度運動をするので，

$$0=v\sin\theta\times t+\frac{1}{2}(-g)t^2$$

これより t を求めると，$t>0$ なので，

$$t=\frac{2v\sin\theta}{g}$$

よって，求める距離 $\overline{\mathrm{DS}}$ は，

$$\overline{\mathrm{DS}}=v\cos\theta\times t=\frac{v^2\sin 2\theta}{g}$$

$\theta=\dfrac{\pi}{4}$，(1)で求めた v を代入して，

$$\overline{\mathrm{DS}}=\frac{v^2}{g}=\frac{1}{g}\times 2g\left\{H-R\left(1-\cos\frac{\pi}{4}\right)\right\}=2H-(2-\sqrt{2}\,)R$$

(8) 水平方向について，運動量保存則より，

$$mv\cos\frac{\pi}{4}+0=(m+m)V$$

これより，(1)で求めた v を用いて，

$$V=\frac{m}{2m}\times\sqrt{2g\left\{H-R\left(1-\cos\frac{\pi}{4}\right)\right\}}\times\cos\frac{\pi}{4}=\frac{1}{2}\sqrt{g\left\{H-\left(\frac{2-\sqrt{2}}{2}\right)R\right\}}$$

(9) 水平方向について，運動量保存則より，

$$2mV=(2m+m)U \qquad これより，\quad U=\frac{2}{3}V$$

(10) エネルギー保存則より，

$$\underbrace{\frac{1}{2}(3m)U^2}_{\substack{\text{衝突直後の}\\\text{力学的エネルギー}}}=\underbrace{\frac{1}{2}k(\varDelta l)^2+\mu(3mg)\varDelta l}_{\substack{\text{最初に速度0となったときの}\\\text{力学的エネルギー}}}$$

式変形して，

$$k(\varDelta l)^2+6\mu mg\varDelta l-3mU^2=0 \qquad よって，\quad \varDelta l=\frac{3\mu mg}{k}\left(\sqrt{1+\frac{kU^2}{3\mu^2mg^2}}-1\right)$$

(11) 物体 c に働く水平方向の力は，右図のようになる。静止限界を考えて，

$$k\varDelta l\leqq\underbrace{\mu_0(3mg)}_{\text{最大摩擦力}}=3\mu_0 mg$$

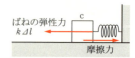

ばねの弾性力 $k\varDelta l$ ／ 摩擦力

答

問1　鉛直方向：$\dfrac{1}{2}\sqrt{3g(2h-3r)}$　水平方向：$\dfrac{1}{2}\sqrt{g(2h-3r)}$

問2　時間：$\dfrac{\sqrt{3}\,v_P}{2g}$　高さ：$\dfrac{3v_P{}^2}{8g}$　問3　$h_0=\dfrac{5}{2}r$　問4　$l=\dfrac{\sqrt{3}}{3}r$

問5　解説を参照　問6　$h_1=\dfrac{9}{4}r$

精講　まずは問題のテーマをとらえる

■円運動と放物運動

　円運動している物体が，ある瞬間から放物運動へ移行するパターンの問題は，非常に多い。この場合に重要になるのが，円運動から放物運動へ移る瞬間の初速度を，正確に求めることである。これは，**標問13 精講**の方法①，②を参考にしてほしい。

　さらにここで重要となるのは，放物運動に移ったときの初速度の成分についてである。当然，円軌道の接線方向に初速度をもつことになるが，これに続く問題によって，初速度の成分を使い分けなければならない。

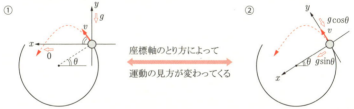

座標軸のとり方によって
運動の見方が変わってくる

　上図①，②のような，2種類の座標軸のとり方があることを意識しておくべきである。例えば，本問のように，最高点に達するまでの時間などを求めるときは①で考えるが，「放物運動して原点を通過した」などの条件で問題を考えるときには②で考えるべきである。

〔着眼点〕

　本問では，長さ l の平らな板の上での運動がどのようになるかを，具体化することが大切。それにあわせると，座標のとり方は上図①となる。

標問14 の解説

問1　点Pでの質点の速度を v_P とし，その鉛直成分を v_y，水平成分を v_x とする。右図を参照して，力学的エネルギー保存則より，

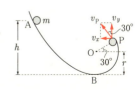

$$\underbrace{0+mgh}_{\substack{\text{点Aでの力学}\\\text{的エネルギー}}}=\underbrace{\frac{1}{2}mv_P{}^2+mgr(1+\sin 30°)}_{\text{点Pでの力学的エネルギー}}$$

これより,

$$v_P=\sqrt{2\left\{gh-gr\left(1+\frac{1}{2}\right)\right\}}=\sqrt{g(2h-3r)}$$

$$v_y=v_P\cos 30°=\frac{1}{2}\sqrt{3g(2h-3r)}$$

$$v_x=v_P\sin 30°=\frac{1}{2}\sqrt{g(2h-3r)}$$

問2　点Pから最高点までの時間をt, 点Pから見た最高点の高さをHとする。このとき, 質点は右図のような等加速度運動をする。

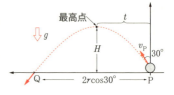

　最高点では鉛直方向の速度は0なので, 等加速度運動の式より,

$$0=v_P\cos 30°+(-g)t$$

これより,　$t=\dfrac{\sqrt{3}\,v_P}{2g}$

　また, 水平方向の速度成分は不変なので, 力学的エネルギー保存則より,

$$\underbrace{\frac{1}{2}m(v_P\cos 30°)^2}_{\text{点Pでの力学的エネルギー}}=\underbrace{mgH}_{\text{最高点での力学的エネルギー}}\quad これより,\quad H=\frac{3v_P{}^2}{8g}$$

問3　「点Pを出発して$2t$後に点Qにくる」という水平方向の条件より, 問2の解説図を参照して,

$$2r\cos 30°=v_P\sin 30°\times 2t$$

問2で求めたtを代入して,

$$\sqrt{3}\,r=\frac{1}{2}v_P\times\frac{\sqrt{3}\,v_P}{g}\quad これより,\quad v_P{}^2=2gr$$

問1より, $v_P{}^2=2gh_0-3gr=2gr$ と表せるので,

$$h_0=\frac{5}{2}r$$

問4　$h_{\min}$では右図のように, 質点が板の上をすべるときを考えればよい。右図より, 最高点Hが$\dfrac{r}{2}$のときだから, 問2で求めたHを用いて,

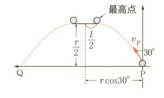

$$\frac{r}{2}=\frac{3v_{P\min}{}^2}{8g}\quad これより,\quad v_{P\min}=\sqrt{\frac{4}{3}gr}$$

　また, 上図より, 点Pを出発してt後には, 質点は水平方向に$\left(r\cos 30°-\dfrac{l}{2}\right)$だけ進んでいるので,

$$r\cos 30° - \frac{l}{2} = v_{\text{Pmin}}\sin 30° \times t$$

$$= \frac{1}{2} \times \frac{\sqrt{3}\,v_{\text{Pmin}}^2}{2g} = \frac{\sqrt{3}}{4g} \times \frac{4}{3}gr = \frac{\sqrt{3}}{3}r$$

これより，　$\dfrac{l}{2} = \dfrac{\sqrt{3}}{2}r - \dfrac{\sqrt{3}}{3}r = \dfrac{\sqrt{3}}{6}r$

よって，　$l = \dfrac{\sqrt{3}}{3}r$

問5　右図

問6　問5の解説図より，板の中央に衝突するときを考えて，

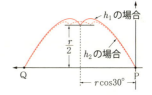

$$\begin{cases} \dfrac{1}{2}r = v_{\text{P}}\cos 30° \times t + \dfrac{1}{2}(-g)t^2 \\[2mm] r\cos 30° = v_{\text{P}}\sin 30° \times t \end{cases}$$

2式より，　$v_{\text{P}}^2 = \dfrac{3}{2}gr$

力学的エネルギー保存則より，

$$mgh_1 = \frac{1}{2}mv_{\text{P}}^2 + mgr(1 + \sin 30°)$$

以上より，　$h_1 = \dfrac{9}{4}r$

問1 (1) 解説を参照 (2) $\omega = \sqrt{\dfrac{g}{R\cos\theta_0}}$ (3) $2\pi\sqrt{\dfrac{R}{g-R\omega^2}}$

問2 上向きに動き始めるとき：$\sqrt{\dfrac{\sqrt{2}\,(1+\mu)g}{(1-\mu)R}}$

下向きに動き始めるとき：$\sqrt{\dfrac{\sqrt{2}\,(1-\mu)g}{(1+\mu)R}}$

精講 まずは問題のテーマをとらえる

■円運動の速度，加速度

円運動に関して，重要な式をまとめておこう。

	大きさ	向き
速 度	$v = r\omega$	円の接線方向
加速度	$a = \dfrac{v^2}{r} = r\omega^2 = v\omega$	円の中心方向

$\left(\begin{array}{l} r：半径 \\ \omega：角速度 \end{array}\right)$

■円運動の2つの解法

円運動で力の関係式を用いる場合，2つの方法があることを，十分に理解しておく必要がある。

第1の解法：運動方程式 ⟶ 円の中心方向に向心加速度あり

第2の解法：力のつり合い ⟶ 中心から外へ向かう向きに遠心力を考える

具体例で考えてみよう。糸の一端に質量 m のおもりを付け，水平面内で円運動させた場合，第1，第2の解法による式がどのようになるか，実際に式を立ててみる。

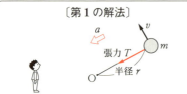

〔第1の解法〕

円の中心方向に加速度 a が生じるので，運動方程式より，

$$ma = T, \quad a = \dfrac{v^2}{r}$$

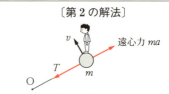

〔第2の解法〕

中心から外側に向けて遠心力が働くので，力のつり合いより，

$$T = ma, \quad a = \dfrac{v^2}{r}$$

数式は一致する

以上から，2つの解法は観測者の位置によって考え方が異なるが，数式は一致することがわかる。

① 床上の観測者 ─→ 中心方向に加速度を考え，運動方程式
② 円運動する観測者 ─→ 中心から外向きに遠心力を考え，力の
つり合い

標問 15 の解説

問1 (1) 題意より，輪と一緒に回転する立場で考えるの
で，遠心力を考慮する必要がある。したがって，小球
に働く力は，右図を参照して，

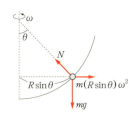

・鉛直下向きの重力 mg
・中心に向かう輪からの垂直抗力 N
・鉛直な軸から遠ざかる向きの遠心力 ma
（ただし，$a = R\sin\theta \times \omega^2$）

(2) 止まっているので，小球に働く力はつり合ってい
る。右図を参照して，鉛直方向の力のつり合いより，

$$N\cos\theta_0 = mg \qquad これより，\quad N = \frac{mg}{\cos\theta_0}$$

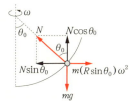

水平方向の力のつり合いより，

$$N\sin\theta_0 = m(R\sin\theta_0)\omega^2$$

これより，$N = mR\omega^2$
以上より，

$$mR\omega^2 = \frac{mg}{\cos\theta_0} \qquad よって，\quad \omega = \sqrt{\frac{g}{R\cos\theta_0}}$$

(3) 右図のように加速度 a を仮定すると，接線方
向の運動方程式は，

$$ma = -mg\sin\theta + m(R\sin\theta)\omega^2 \times \cos\theta$$

また，右図より，

$$\sin\theta = \frac{x}{R}$$

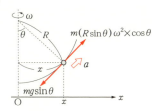

θ は十分に小さいので，$\cos\theta \fallingdotseq 1$ であり，小球
の運動は x 軸方向とみなせる。よって，運動方
程式は，

$$ma = -\frac{mg}{R}x + m\omega^2 x = -\left(\frac{mg}{R} - m\omega^2\right)x$$

と表せる。運動方程式が $ma = -kx$ のとき周期 T は $T = 2\pi\sqrt{\dfrac{m}{k}}$ であるから，

ここでは，$k = \dfrac{mg}{R} - m\omega^2$ とおいて，

$$T = 2\pi\sqrt{\frac{m}{k}} = 2\pi\sqrt{\dfrac{1}{\dfrac{g}{R} - \omega^2}} = 2\pi\sqrt{\frac{R}{g - R\omega^2}}$$

問2　まず，上向きに動き始める場合を考える。このとき，小球に働く力の様子を図示すると，右図のようになる。右図より，摩擦力が最大摩擦力となるときの力のつり合いは，

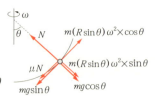

接線方向：$\mu N + mg\sin\theta = m(R\sin\theta)\omega^2\cos\theta$

半径方向：$N = mg\cos\theta + m(R\sin\theta)\omega^2\sin\theta$

$\theta = \dfrac{\pi}{4}$，$\sin\theta = \cos\theta = \dfrac{1}{\sqrt{2}}$ を代入して，2式より，

$$\omega = \sqrt{\frac{1+\mu}{1-\mu} \times \frac{\sqrt{2}\,g}{R}}$$

逆に，下向きに動き始める場合は，上の式の μ を $-\mu$ に置き換えればよいので，

$$\omega = \sqrt{\frac{1-\mu}{1+\mu} \times \frac{\sqrt{2}\,g}{R}}$$

以上より，

上向きに動き始めるとき：$\omega = \sqrt{\dfrac{\sqrt{2}\,(1+\mu)g}{(1-\mu)R}}$

下向きに動き始めるとき：$\omega = \sqrt{\dfrac{\sqrt{2}\,(1-\mu)g}{(1+\mu)R}}$

答

問1　$\omega_1 = \sqrt{\dfrac{\mu_0 g}{l_0}}$　　問2　解説を参照　　問3　$\mu_0 < \mu$

問4　$\dfrac{\mu(M+m)g}{k}$　　問5　$\omega_2 = \sqrt{\dfrac{\mu g k}{k l_0 + \mu(M+m)g}}$

問6　$\dfrac{k l_0}{k - M\omega_2{}^2}$　　問7　$2\pi \sqrt{\dfrac{M}{k - M\omega_2{}^2}}$

精講　まずは問題のテーマをとらえる

■円運動する板上の物体の運動

　一般に，円運動する板上での物体の様子を考えるときは，観測者を板上に置き，遠心力を考慮した力の関係式を立てる。特に本問のように，円運動する板上で物体が単振動する場合，床上の観測者には円運動と単振動の合成運動として観測されるため，式を立てることが困難となる。しかし，板上の観測者から見ると，物体の運動は遠心力を考慮した上での単振動となり，式を立てることが容易になる。

Point 11

円運動する板上での物体の解析

①　円運動する板上で物体が静止しているとき
　$\longrightarrow$ { 円運動の運動方程式（床上の観測者）
　　　　　遠心力を考慮した力のつり合い（板上の観測者）

②　円運動する板上で物体が運動しているとき
　$\longrightarrow$ 遠心力を考慮した運動方程式（板上の観測者）

標問 16 の解説

問1　遠心力を考慮した上で，最大摩擦力との力のつり合いを考える（右図）。

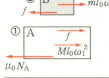

　遠心力は $ma = m \times l_0 \omega_1{}^2$ である。小物体 A，B 間に働く摩擦力を f，小物体 A，B に働く垂直抗力をそれぞれ N_A，N_B とすると，水平方向の力のつり合いより，

① $M l_0 \omega_1{}^2 + f = \mu_0 N_A$

② $m l_0 \omega_1{}^2 = f$

鉛直方向の力のつり合いより，

③ $N_A = Mg + N_B$

④ $N_B = mg$

①, ②式より, $(M+m)l_0\omega_1{}^2 = \mu_0 N_A$

③, ④式より, $N_A = (M+m)g$

よって,

$$\omega_1 = \sqrt{\frac{\mu_0(M+m)g}{(M+m)l_0}} = \sqrt{\frac{\mu_0 g}{l_0}}$$

〔別解〕 静止している限界の状態を考えているので, この問題では, 運動方程式を利用しても可。

円の中心方向に向かう加速度を a とすると, 右図を参照して, 運動方程式は,

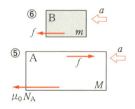

⑤ $Ma = \mu_0 N_A - f$ ただし, $a = l_0\omega_1{}^2$

⑥ $ma = f$

とすれば, 数式は一致する。

問2 円板上に乗った観測者の立場であるから, 遠心力を考慮した図を描けばよい。問1の①と③を合わせると右図のようになる。力 N_A, N_B, f の大きさは, 問1より,

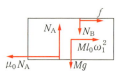

$N_A = (M+m)g$

$N_B = mg$

$f = ml_0\omega_1{}^2$

問3 小物体A, B間に働く摩擦力が最大摩擦力になるとき, すなわち $f = \mu N_B = \mu mg$ が限界である。問1の②式を代入して,

$ml_0\omega_1{}^2 = \mu mg$

問1で求めた ω_1 を代入して,

$\mu_0 = \mu$ ← これが限界の条件

A上でBがすべらないためには, $ml_0\omega_1{}^2 < \mu mg$ つまり, $\mu_0 < \mu$ が必要となる。

問4 すべり出す直前のばねの伸びを d とする。小物体A, B間に働く摩擦力は最大摩擦力となるので, A, Bそれぞれに働く水平方向の力は右図のようになる。力のつり合いより,

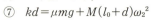

⑦ $kd = \mu mg + M(l_0+d)\omega_2{}^2$ ←④ $N_B = mg$ を利用

⑧ $\mu mg = m(l_0+d)\omega_2{}^2$

2式より, $\omega_2{}^2$ を消去して,

$$d = \frac{\mu(M+m)g}{k}$$

問5 問4の⑧式より,

$$\omega_2{}^2 = \frac{\mu g}{l_0 + d}$$

これに問4で求めた d を代入して,

$$\omega_2 = \sqrt{\frac{\mu g}{l_0 + \dfrac{\mu(M+m)g}{k}}} = \sqrt{\frac{\mu g k}{k l_0 + \mu(M+m)g}}$$

問6 小物体Aの運動について，右図のように座標軸 x を決める。ただし，観測者は円板上に置くものとする。Aの単振動の加速度を b とすると，運動方程式は，

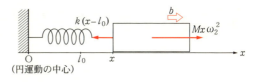

(円運動の中心)

$$Mb = Mx\omega_2^2 - k(x - l_0) = -(k - M\omega_2^2)\left(x - \frac{kl_0}{k - M\omega_2^2}\right)$$

単振動の振動中心 $x = x_0$ では，$b = 0$ となるので，

$$x_0 = \frac{kl_0}{k - M\omega_2^2}$$

問7 $k - M\omega_2^2 = K$，$x - \dfrac{kl_0}{k - M\omega_2^2} = X$ とおくと，問6の運動方程式は，

$$Mb = -KX$$

と表せる。求める周期を T とすると，

$$T = 2\pi\sqrt{\frac{M}{K}} = 2\pi\sqrt{\frac{M}{k - M\omega_2^2}}$$

答

問1　$V_1 = \sqrt{gR}$　　問2　$v_E = \sqrt{\dfrac{GM}{r}}$

問3　(1) $v_A = Cv_B$　　(2) $\dfrac{C}{C+1}mv_E^2$　　(3) $\dfrac{1}{2}\left(\dfrac{1+C}{2}\right)^{\frac{3}{2}} \fallingdotseq 0.7$〔年後〕

問4　$V' = 2 \times 10$〔m/s〕

精講　まずは問題のテーマをとらえる

■**万有引力を考える問題**

着目している物体(衛星や惑星)の運動形態によって，解法が決まる。楕円軌道などでは，2点を比較するケプラーの第2法則(面積速度一定の法則)や力学的エネルギー保存則が有効となる。また，楕円軌道の周期などを求める際には，ケプラーの第3法則を，$\dfrac{T^2}{a^3} = $一定　という形に変形して用いると便利である。

> **Point 12**
>
> 解法①　円軌道 —— 円運動の運動方程式
> $$vT = 2\pi r, \quad \omega T = 2\pi$$
> 解法②　楕円軌道 —— ケプラーの第2法則・第3法則，
> 　　　　　　　　　　　エネルギー保存則
> 解法③　その他の軌道 —— ケプラーの第2法則，エネルギー保存則

着眼点

この問題で問われたことをまとめると以下のようになり，問1〜問3は**Point 12**ですべて解ける。

問1　円軌道での速さ V_1 ⎫
問2　円軌道での速さ v_E ⎭ → 運動方程式 (解法①)

問3　(1), (2)　楕円軌道での v_A, v_B の関係 ⎫ → ケプラーの第2法則
　　　　　　　楕円軌道上での運動エネルギー ⎭　　エネルギー保存則　(解法②)

　　　(3) 楕円軌道の半周期 → ケプラーの第3法則 (解法②)

万有引力定数 G が与えられていない問題では，地表面上における重力の定義

$$mg = G\frac{Mm}{R^2}$$

を用いて，$GM = gR^2$ を利用すればよい。ここで g は地表面上での重力加速度であり，M, R はそれぞれ地球の質量と半径である。

問1 地表すれすれの軌道をまわる探査機の様子を図示すると，右図のようになる。万有引力定数を G，地球の質量を M_E とし，地球の中心方向の加速度を a $\left(a=\dfrac{V_1^2}{R}\right)$ とすると，探査機の運動方程式は，

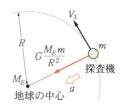

$$ma = m\frac{V_1^2}{R} = G\frac{M_E \times m}{R^2}$$

これより， $V_1 = \sqrt{\dfrac{GM_E}{R}}$

ここで，**精講** より $GM_E = gR^2$ と表せるので，

$$V_1 = \sqrt{gR}$$

問2 半径 r の円軌道を考える。軌道の中心方向の加速度を a' $\left(a'=\dfrac{v_E^2}{r}\right)$ とすると，地球の運動方程式は，

$$M_E a' = M_E\frac{v_E^2}{r} = G\frac{M_E \times M}{r^2} \qquad \text{よって，} \quad v_E = \sqrt{\frac{GM}{r}}$$

問3 楕円軌道を描く探査機の様子を図示すると，右図のようになる。

(1) ケプラーの第2法則より，

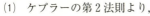

$$\underbrace{\frac{1}{2}rv_A}_{} = \underbrace{\frac{1}{2}Crv_B}_{} \qquad \text{よって，} \quad v_A = Cv_B$$

←単位時間に→
描く面積

(2) 力学的エネルギー保存則より，

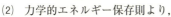

$$\underbrace{\frac{1}{2}mv_A^2 + \left(-G\frac{Mm}{r}\right)}_{\text{点Aでの力学的エネルギー}} = \underbrace{\frac{1}{2}mv_B^2 + \left(-G\frac{Mm}{Cr}\right)}_{\text{点Bでの力学的エネルギー}}$$

ここで，(1)で求めた $v_A = Cv_B$ と，問2の答より得られる $GM = rv_E^2$ を代入して，

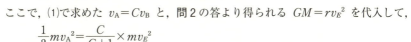

$$\frac{1}{2}mv_A^2 = \frac{C}{C+1}\times mv_E^2$$

(3) 地球の公転周期を T_E，探査機の楕円運動の周期を T_1 とすると，ケプラーの第3法則より，

$$\frac{T_E^2}{r^3} = \frac{T_1^2}{\left\{\dfrac{r(1+C)}{2}\right\}^3} \qquad \text{これより，} \quad T_1 = \left(\frac{1+C}{2}\right)^{\frac{3}{2}}T_E$$

$T_E = 1$〔年〕なので，求める時間 t_1 は，

$$t_1 = \frac{T_1}{2} = \frac{1}{2}\left(\frac{1+C}{2}\right)^{\frac{3}{2}}\times 1 〔年後〕$$

また，$C = 1.5$ とすると，

$$t_1 = \frac{1}{2}\left(\frac{2.5}{2}\right)^{\frac{3}{2}} = 0.69\cdots \fallingdotseq 0.7 \ \text{〔年後〕}$$

問4 火星上の重力加速度を g' として，重力の定義より，

$$mg' = G\frac{0.1M_E \times m}{(0.5R)^2}$$

一方，$GM_E = gR^2$ と表せるので，

$$g' = \frac{0.1 \times gR^2}{0.5^2 \times R^2} = \frac{0.1}{0.5^2} \times g = 4.0 \ \text{〔m/s}^2\text{〕}$$

問題文の図2より，衝突後の速度の水平成分は不変である。鉛直方向の運動について，力学的エネルギー保存則より，

$$\underbrace{\frac{1}{2}m(V'\sin 45°)^2}_{\text{衝突直後の力学的エネルギー}} = \underbrace{mg' \times 25}_{\text{最高点での力学的エネルギー}}$$

よって，

$$V' = \sqrt{4g' \times 25} = 2 \times 10 \ \text{〔m/s〕}$$

答

問1 $a_x = -\dfrac{GM_S}{R_A^2}$, $a_y = 0$ 　　問2 $V_x' = -\dfrac{GM_S}{R_A^2}\Delta t$, $V_y' = V_A$

問3 $W_x = 0$, $W_y = \dfrac{MV_A - mv}{M+m}$ 　　問4 $b_x = -\dfrac{GM_S}{R_A^2}$, $b_y = 0$

問5 $W_x' = -\dfrac{GM_S}{R_A^2}\Delta t$, $W_y' = \dfrac{MV_A - mv}{M+m}$ 　　問6 解説を参照

問7 $R' = \dfrac{W_y^2 R_A^2}{2GM_S - W_y^2 R_A}$

精講 まずは問題のテーマをとらえる

■**万有引力を受けて運動する物体**

① 円軌道の場合，物体は円の中心方向に万有引力を受ける。このときの加速度は，

$$a = \dfrac{v^2}{r} = r\omega^2$$

② 楕円軌道の場合，物体は焦点に向かう向きに万有引力を受ける。しかし，円運動ではないので，①の加速度の式は成立しない。微小時間で物体の速さを考えるときは $v = v_0 + a\underline{\Delta t}$ を利用し，加速度 a は運動方程式から算出する。
　　　　　　　　　　　　　十分に小さい

③ 楕円軌道で近日点と遠日点の条件が与えてあるときは，p.54 **Point 12** に従って，ケプラーの第2法則とエネルギー保存則の連立で考える。

④ 隕石との衝突や，ロケットのガス噴射などでは，運動量保存則を利用する。

標問 18 の解説

問1 近日点における惑星の様子を図示すると，右図のようになる。x 軸方向の運動方程式は，

$$Ma_x = -G\dfrac{MM_S}{R_A^2}$$

これより，$a_x = -G\dfrac{M_S}{R_A^2}$

また，y 軸方向の運動方程式は，

$Ma_y = 0$ 　　これより，$a_y = 0$

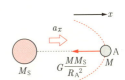

問2 x 軸方向には，初速度 0 で加速度 a_x の等加速度運動，y 軸方向には，初速度 V_A で加速度 0 の等速運動をしていると考えられる。すなわち，

$$V_x' = 0 + a_x \Delta t = -\dfrac{GM_S}{R_A^2}\Delta t$$

$$V_y' = V_A + a_y \Delta t = V_A$$

問3　衝突前後における惑星と隕石の様子を図示すると，右図のようになる。y軸方向について，運動量保存則より，

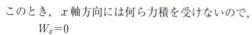

$$MV_A + m(-v) = (M+m)W_y$$

これより，　$W_y = \dfrac{MV_A - mv}{M+m}$

このとき，x軸方向には何ら力積を受けないので，

$$W_x = 0$$

問4　問1と同じ結果になるので，

$$b_x = -G\dfrac{M_S}{R_A{}^2}, \quad b_y = 0$$

問5　問2と同様に考えて，

$$W_x' = 0 + b_x \Delta t = -\dfrac{GM_S}{R_A{}^2}\Delta t$$

$$W_y' = W_y + b_y \Delta t = \dfrac{MV_A - mv}{M+m}$$

問6　問2，問5より，

$$W_x' = V_x'$$

一方，

$$W_y' = \dfrac{M}{M+m}V_A - \dfrac{mv}{M+m} < V_A \quad これより，\quad W_y' < V_y'$$

問2で求めた $V_y' = V_A$ を利用

以上のことから $\vec{V'}$，$\vec{W'}$ を図示すると，右図のようになる。図より，$\vec{W'}$ は $\vec{V'}$ より太陽の方へ傾いていることがわかる。

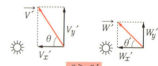

$\theta > \theta'$

問7　点 B' での速さを U とする。右下図を参照して，ケプラーの第2法則（面積速度一定の法則）より，

$$\dfrac{1}{2}W_y R_A = \dfrac{1}{2}UR' \quad \leftarrow これより，\ U = \dfrac{R_A}{R'}W_y$$

また，エネルギー保存則より，

$$\underbrace{\dfrac{1}{2}(M+m)W_y{}^2 + \left\{-G\dfrac{M_S(M+m)}{R_A}\right\}}_{\text{点Aでのエネルギー}} = \underbrace{\dfrac{1}{2}(M+m)U^2 + \left\{-G\dfrac{M_S(M+m)}{R'}\right\}}_{\text{点B'でのエネルギー}}$$

$$W_y{}^2 - U^2 = 2GM_S\left(\dfrac{1}{R_A} - \dfrac{1}{R'}\right)$$

$$W_y{}^2 \cdot \dfrac{(R'-R_A)(R'+R_A)}{R'^2} = 2GM_S \cdot \dfrac{R'-R_A}{R_A R'}$$

$U = \dfrac{R_A}{R'}W_y$ を利用

両辺に $R_A R'$ を掛けて整理

これより，　$R'(2GM_S - W_y{}^2 R_A) = W_y{}^2 R_A{}^2$

よって，　$R' = \dfrac{W_y{}^2 R_A{}^2}{2GM_S - W_y{}^2 R_A}$

答

問1　(1) $\dfrac{4}{3}\pi\rho Gmr$　(2) $T=\sqrt{\dfrac{3\pi}{\rho G}}$

問2　(1) $t_1=\dfrac{T}{3}$　(2) $\dfrac{T}{4}$

問3　(1) $d=\dfrac{\sqrt{1+3e^2}}{2}R$

(2) 中心Oから地点A側に向かって距離 $\dfrac{R}{2}$ の位置。

(3) 小球P，Qは一体となり，そのまま振幅 $\dfrac{R}{2}$，周期 T，振動中心が点Oの単振動をする。

精講　まずは問題のテーマをとらえる

■力，運動形態，加速度の関係

物体に働く力から，物体の運動形態を探り出そう。

働く力 F	運動形態	加速度 a
$F=0$	静止 または 等速度運動	$a=0$
$F=$（一定）	等加速度運動 または 等速円運動 $\left(\begin{array}{c}\text{力の大きさ}\\\text{が一定}\end{array}\right)$	$a=$（一定） $a=\dfrac{v^2}{r}=r\omega^2=$（一定）
$F=(-kx$ 型）	単振動	$a=-\omega^2\cdot x$

■単振動と等速円運動の比較

単振動は等速円運動の正射影ととらえて，現象を具体化しよう（**標問 23** も参照）。

(i)　右図のように，等速円運動の角速度を ω とする。円運動の半径は単振動の振幅 A に相当するので，円運動の速さ v は，

$$v=A\omega$$

と表せる。これより，右図の θ の位置での，単振動の速さ v_1 は，

$$v_1=v\cos\theta$$
$$=A\omega\cos\theta$$

(ii)　力学的エネルギー保存則を用いても，v_1 を求めることができる。右図を参照して，

$$\frac{1}{2}mv^2=\frac{1}{2}mv_1^2+\frac{1}{2}k(A\sin\theta)^2$$

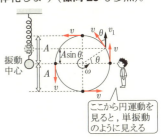

振動中心

ここから円運動を見ると，単振動のように見える

これより，　$v_1{}^2 = v^2 - \dfrac{k}{m}A^2 \cdot \sin^2\theta$

　　　　　　$= (A\omega)^2(1 - \sin^2\theta)$

よって，　$v_1 = A\omega\cos\theta$

(i)で求めた v，および $\omega = \sqrt{\dfrac{k}{m}}$ を利用

$1 - \sin^2\theta = \cos^2\theta$ を利用

(i)，(ii)どちらの方法でも，求められるようにしておこう。

着眼点

　　問1(1)で求めた力が単振動の原因になっていることを，見抜くことが大切。問2，問3では，単振動を円運動に置き換えて考えると容易になる。具体的に円を作図して解法に活用すれば，問3(1)で小球 P，Q の速さが必要なときも，エネルギー保存則を立式しなくても容易に導出できる。

標問 19 の解説

問1　(1)　小球が地球の中心から距離 r ($r < R$) の位置にあるときの様子を図示すると，右図のようになる。○部分の質量を M とすると，

$$M = \rho \cdot \frac{4}{3}\pi r^3$$

よって，小球に働く力の大きさ F は，

$$F = G\frac{Mm}{r^2} = \frac{4}{3}\pi\rho Gmr \quad ※$$

※　π, ρ, G, m は定数であるから，r を式の最後に記す〔$F = (-k x$ 型)〕。この時点で，小球が単振動することを理解しよう。

(2)　右図のように座標軸，加速度 a の向きをとると，小球の運動方程式は，

$$ma = -F = -\frac{4}{3}\pi\rho Gm \cdot r$$

ここで，「単振動は等速円運動の正射影」ととらえると，加速度 a は，

$$a = -\omega^2 \cdot r$$

と表せる。以上 2 式より，

$$\omega = \sqrt{\frac{4}{3}\pi\rho G}$$

求める時間は周期 T に等しいので，

$$T = \frac{2\pi}{\omega}\left(= 2\pi\sqrt{\frac{m}{k}}\right) = \sqrt{\frac{3\pi}{\rho G}}$$

問2　小球 P，Q の様子をわかりやすく図示すると，右図 1 のようになる。

(1)　小球 P，Q の単振動を，等速円運動に書き換える（右図 2）。図 2 より，

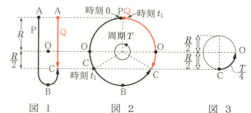

図 1　　　　図 2　　　　図 3

$$t_1 = \frac{T}{3}$$

(2)　衝突の前後で運動量は保存するので，

$$mv + m(-v) = 2mv_{後}　　これより，　v_{後} = 0$$

すなわち，点Cが振動の端となる単振動に変化する。周期はTのままなので，求める時間は図3より，$\frac{T}{4}$である。

問3　(1)　小球P，Qの運動の様子を等速円運動に置き換えて考えると，右図のようになる。右図より，衝突直前の小球P，Qの速さvは，

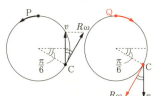

$$v = R\omega \cos\frac{\pi}{6} = \frac{\sqrt{3}}{2}R\omega　\cdots①$$

運動量保存則（全運動量は0），およびはね返り係数の式より，衝突後の速さはそれぞれevとなる。力学的エネルギーは保存されるので，

$$\underbrace{\frac{1}{2}k\left(\frac{R}{2}\right)^2 + \frac{1}{2}m(ev)^2}_{\text{衝突直後の力学的エネルギー}} = \underbrace{\frac{1}{2}kd^2}_{\text{点Dでの力学的エネルギー}}　\cdots②$$

ここで，問1(2)で求めた運動方程式 $ma = -\frac{4}{3}\pi\rho Gm \cdot r = -m\omega^2 \cdot r$ と，運動方程式 $ma = -kr$ を比較すると，

$$k = m\omega^2　\cdots③$$

と表せることがわかる。以上より，①，③式を②式に代入して，

$$d = \frac{\sqrt{1+3e^2}}{2}R$$

(2)　小球P，Qの様子をわかりやすく図示すると，右図4のようになる。

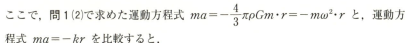

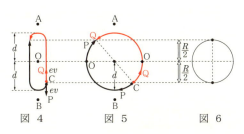

　周期はTのままであるから，2回目に衝突する位置は，中心Oに関して点Cと対称の点となる。図5より，中心Oから地点A側に向かって距離$\frac{R}{2}$の位置である。

図4　　　　　図5　　　　　図6

(3)　十分に時間が経過すると $e < 1$ の無限回衝突となり，$e^\infty \to 0$ となる。そのため，点C，または中心Oに関して点Cと対称の点で小球P，Qは一体となり，速さが0となる。以後は一体となったまま振幅$\frac{R}{2}$，周期Tで振動中心が点Oの単振動となる（図6）。

答

問1 $\dfrac{mg\sin\theta}{k}$

問2 物体A：$ma_A = mg\sin\theta - k(x_A - x_B)$
台B：$Ma_B = Mg\sin\theta + k(x_A - x_B)$

問3 $a_{AB} = -\dfrac{M+m}{mM}k x_{AB}$ 問4 $x_{AB} = \dfrac{mg\sin\theta}{k}\cos\left(\sqrt{\dfrac{M+m}{mM}k}\,t\right)$

問5 解説を参照

精講 まずは問題のテーマをとらえる

■単振動の一般式

単振動の一般式 $x(t)$，$v(t)$，$a(t)$ を求めるときは，まず振動中心を求め，振幅を求めてから x-t グラフを描く。例えば，ばねを A だけ伸ばして手を放した場合，右図のような x-t グラフを描くことができる。右図より，

$$x(t) = A\cos\omega t$$

となる。これより，

$$v(t) = \frac{dx}{dt} = -A\omega\sin\omega t$$

$$a(t) = \frac{dv}{dt} = -A\omega^2\cos\omega t$$

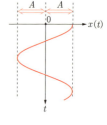

と求めることができる。

速度 $v(t)$ については，現象より v-t グラフを描き（右図），最大値が $v_{max} = A\omega$ であることを用いてもよい。

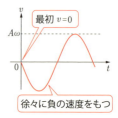

↑グラフより，$-\sin$ 型の関数となる

また，加速度については，$x(t)$ が振動中心からの変位であれば，$a(t) = -\omega^2 \cdot x(t)$ を用いてもよい。

標問 **20** の解説

問1 求めるばねの伸びを d とし，物体Aに働く力の様子を図示すると，右図のようになる。力のつり合いより，

$$kd = mg\sin\theta$$

これより，

$$d = \frac{mg\sin\theta}{k}$$

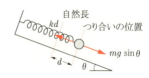

問2　題意より，ばねが自然長のとき $x_A=x_B$
であったので，ばねの伸びは x_A-x_B と表せる。
　　物体A，台Bに働く力の様子をそれぞれ図
示すると，右図のようになる。右図より，

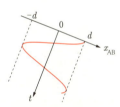

　　　　物体A：$ma_A=mg\sin\theta-k(x_A-x_B)$
　　　　台B：$Ma_B=Mg\sin\theta+k(x_A-x_B)$

問3　求める a_{AB} は題意より，

　　　　$a_{AB}=a_A-a_B$

ここで，問2で求めた運動方程式より，

$$a_A=g\sin\theta-\frac{k}{m}(x_A-x_B),\quad a_B=g\sin\theta+\frac{k}{M}(x_A-x_B)$$

よって，

$$a_{AB}=-k(x_A-x_B)\left(\frac{1}{m}+\frac{1}{M}\right)$$

$$=-\frac{M+m}{mM}k(x_A-x_B)=-\frac{M+m}{mM}kx_{AB}$$

問4　振動中心では $a_{AB}=0$ なので，問3より，振動中心は $x_{AB}=0$ の位置にある。
また $a_{AB}=-\omega^2\times x_{AB}$ と表せるので，角振動数 ω は，

$$\omega=\sqrt{-\frac{a_{AB}}{x_{AB}}}=\sqrt{\frac{M+m}{mM}k}$$

ここで，x_{AB} の時間変化を図示すると，右図のようになる。
右図より，

$$x_{AB}(t)=d\cos\omega t$$

$$=\frac{mg\sin\theta}{k}\times\cos\left(\sqrt{\frac{M+m}{mM}k}\,t\right)$$

問5　問2で求めた2つの運動方程式について，左辺どうし，右辺どうしの和をとる
と，

　　　　$ma_A+Ma_B=(m+M)g\sin\theta$

これより，物体Aと台Bの系全体に働く斜面方向の外力は $(m+M)g\sin\theta$ のみであ
る。よって，重心Gは加速度 $g\sin\theta$ の等加速度運動をする。

答

問1 $u_0 = -(u_1 + v_1)$　　問2 $x = v_1\sqrt{\dfrac{M}{k}}$　　問3 $T = \pi\sqrt{\dfrac{M}{k}}$

問4 $v_2 = \dfrac{1}{3}v_1$　　問5 $y = v_1\sqrt{\dfrac{2M}{3k}}$　　問6 $V = \dfrac{2}{3}v_1$

問7 $\dfrac{1}{3}v_1 < u_1$

精講 まずは問題のテーマをとらえる

■ばねでつながれた2物体の運動のポイント

① ばねの伸縮を考えるのであるから，力の距離的効果を考えて，エネルギー保存則や仕事とエネルギーの関係式に着目する。

② 下図のように，ばねが伸びているときも縮んでいるときも，互いに逆向きで同じ大きさの力のみが働いている ── 運動量保存則に着目する。

ばねが伸びているとき	ばねが縮んでいるとき

③ 相対速度に着目して，最も伸びたときや最も縮んだときは，2物体が同一速度になることに注意する。

■重心の運動

重心の運動を考えるときは，運動量に着目する。物体A(質量 m_A，速度 v_A)と物体B(質量 m_B，速度 v_B)からなる系において，重心の速度を v_G とすると，

$$m_A v_A + m_B v_B = (m_A + m_B)v_G$$

が常に成立する。

標問 21 の解説

問1 衝突前後における物体Bと物体Cの様子を図示すると，右図のようになる。反発係数の式より，

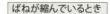

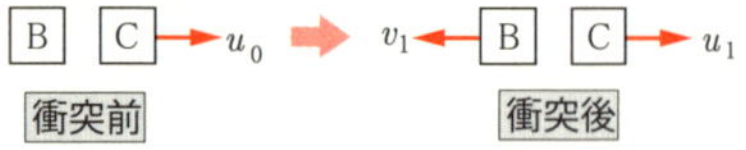

$$1 = -\frac{u_1 - (-v_1)}{u_0 - 0}$$

これより，　$u_0 = -(u_1 + v_1)$

問2 力学的エネルギー保存則より，

$$\frac{1}{2}Mv_1{}^2 = \frac{1}{2}kx^2 \qquad \text{これより，} \quad x = v_1\sqrt{\frac{M}{k}}$$

衝突直後の　　　最も縮んだときの
力学的エネルギー　力学的エネルギー

問3　求める時間 T は物体Bの単振動の半周期に等しいので，

$$T=\frac{1}{2}\times2\pi\sqrt{\frac{M}{k}}=\pi\sqrt{\frac{M}{k}}$$

問4，問5　運動量保存則より，

$$Mv_1=(M+2M)v_2 \quad これより，\quad v_2=\frac{1}{3}v_1 \quad \cdots 問4の答$$

また，力学的エネルギー保存則より，

$$\underline{\frac{1}{2}Mv_1{}^2}=\underline{\frac{1}{2}(M+2M)v_2{}^2+\frac{1}{2}ky^2}$$

衝突直後の
力学的エネルギー　ばねの長さ最大のときの
力学的エネルギー

求めた v_2 を代入して，

$$\frac{1}{2}Mv_1{}^2=\frac{3}{2}M\left(\frac{1}{3}v_1\right)^2+\frac{1}{2}ky^2$$

式変形して，

$$\frac{2}{3}Mv_1{}^2=ky^2 \quad これより，\quad y=v_1\sqrt{\frac{2M}{3k}} \quad \cdots 問5の答$$

問6　ばねが再び自然長に戻ったときの物体Bの速度を V_B とする。運動量保存則・
力学的エネルギー保存則より，

$$Mv_1=2MV+MV_B \quad \cdots ①$$

$$\frac{1}{2}Mv_1{}^2=\frac{1}{2}(2M)V^2+\frac{1}{2}MV_B{}^2 \quad \cdots ②$$

①式より，$V_B=v_1-2V$ これを②式へ代入して，

$$v_1{}^2=2V^2+(v_1-2V)^2 \quad これより，\quad V=0,\ \frac{2}{3}v_1$$

$V=0$ は不適なので，$V=\dfrac{2}{3}v_1$ と求められる。

〔別解〕　ばねが再び自然長に戻ったときの物体A，物体Bの運動量をそれぞれ p_A，
p_B，物体Aが壁から離れるときの物体Bの運動量を p_1 とする。運動量保存則より，

$$p_1=p_A+p_B \quad これより，\quad p_B=p_1-p_A$$

また，力学的エネルギー保存則より，

$$\frac{p_1{}^2}{2M}=\frac{p_A{}^2}{2(2M)}+\frac{p_B{}^2}{2M} \quad \text{←$\frac{1}{2}mv^2=\frac{p^2}{2m}$ を利用}$$

式変形して，

$$2p_1{}^2=p_A{}^2+2(p_1-p_A)^2$$
$$=p_A{}^2+2p_1{}^2-4p_1p_A+2p_A{}^2$$

これより，

$$3p_A{}^2-4p_1p_A=0$$
$$p_A(3p_A-4p_1)=0$$
$$p_A=\underline{0},\ \frac{4}{3}p_1$$

不適

ここで，$p_A = 2MV$ とも表せるので，

$$2MV = \frac{4}{3}Mv_1$$

よって，$V = \frac{2}{3}v_1$ としても可。

問7　物体Aと物体Bはそれぞれ重心に対して単振動しながら，重心は右へ速度

$$v_2 = v_G = \frac{1}{3}v_1$$

で等速直線運動をしている。

　一方，物体Cは速度 u_1 で右へ等速直線運動をしている。

　題意「物体Bと物体Cの間隔は広がっていった」ことより，

$$\frac{1}{3}v_1 < u_1$$

が成立していることになる。

標問 22　台車上での単振動

答　問1　左のばね：$-k_1(X-l)$　右のばね：$k_2(L-X-l)$

　　　問2　$X = \dfrac{k_1 l - k_2 l + k_2 L}{k_1 + k_2}$　問3　左のばね：$-k_1\varDelta x$　右のばね：$-k_2\varDelta x$

　　　問4　$2\pi\sqrt{\dfrac{m}{k_1+k_2}}$　　問5　$L - l - \dfrac{ma}{k_2}$　　問6　⑤

精講　まずは問題のテーマをとらえる

■ 2本以上のばねにつながれた物体

　必ず，それぞれのばねの自然長を確認し，それぞれのばねが伸びている状態なのか縮んでいる状態なのかを確認する。

　右図のように，左右それぞれのばね（ばね定数 k_1, k_2）が自然長より伸びているのか，縮んでいるのかで，力の働く向きが異なる。伸縮が明確なときは，必ず図中に「x 伸」「y 縮」などと書き出すとよい。

　本問のようにすぐに伸縮が判断できないときは，まずそれぞれのばねの長さを求め（X と $L-X$），例えば伸びているものと仮定して，それぞれ〔伸び $(X-l)$〕，〔伸び $(L-X-l)$〕とすればよい。

仮に縮んでいると考えた場合は，それぞれ〔縮み $(l-X)$〕，〔縮み $\{l-(L-X)\}$〕とな

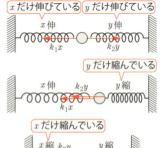

ばねの伸縮と力の向きの例

る。力のベクトルの向きが逆となるので，答としては同じになる。

■加速度運動する台上での単振動

　慣性力 ma を実在の力として扱えば，台上の単振動を容易にとらえることができる。このような運動では，下図のように慣性力 ma を重力に置き換えて現象を考えると，容易になる。

標問 22 の解説

問1　おもりに働く力の様子を図示すると，右図のようになる。右図より，

$$左のばね：-k_1(X-l)$$
$$右のばね：k_2(L-X-l)$$

問2　静止しているので，おもりに働く力はつり合っている。すなわち，

$$k_1(X-l)=k_2(L-X-l)$$
$$(k_1+k_2)X=k_1l-k_2l+k_2L \quad \text{式変形}$$

よって，　$X=\dfrac{k_1l-k_2l+k_2L}{k_1+k_2}$

問3　静止の位置からのずれが $\varDelta x$ である瞬間の，おもりに働く力の様子を図示すると，右図のようになる。右図と問1の解説図を比較すると，復元力の変化はそれぞれ，

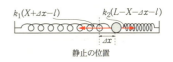

静止の位置

$$左のばね：-k_1(X+\varDelta x-l)+k_1(X-l)=-k_1\varDelta x$$
$$右のばね：k_2(L-X-\varDelta x-l)-k_2(L-X-l)=-k_2\varDelta x$$

問4　静止の位置からのずれが $\varDelta x$ である瞬間のおもりの加速度を，x 軸方向正の向きに α とする。運動方程式は，

$$m\alpha=-k_1\varDelta x-k_2\varDelta x$$
$$=-(k_1+k_2)\varDelta x$$

ここで，角振動数 ω を用いて $\alpha=-\omega^2\times\varDelta x$ と表せるので，

$$\omega=\sqrt{\dfrac{k_1+k_2}{m}}$$

以上より，求める周期 T は，

$$T=\dfrac{2\pi}{\omega}=2\pi\sqrt{\dfrac{m}{k_1+k_2}}$$

問5　台車上に観測者を置いて考える。振動の中心
におけるばねの伸びを x_0 とすると，おもりに働く
力の様子は右図のようになる。

　　右図より，台車上から見ると，振動の中心で
は慣性力と復元力がつり合っているように見える。すなわち，

$$ma = k_2 x_0 \qquad 式変形して，\quad x_0 = \frac{ma}{k_2}$$

よって，求める距離は，

$$L - (x_0 + l) = L - \left(\frac{ma}{k_2} + l \right)$$

問6　台車上から見たとき，おもりの位置の時間変化のグラ
フは，右図のような振幅 x_0 の cos 関数となる。これより，
速度 $\left(= \dfrac{dx}{dt} \right)$ は $-\sin$ 関数となる（①，⑤）。

　　時刻 $t = 0$ に床から見たおもりに働く力は 0 であるから，
この瞬間のおもりの加速度は 0 である。よって，時刻 $t = 0$
における速度の時間変化のグラフの傾きは 0 であるから，①は不適となる。
ゆえに，⑤が正しい。

【参考】　右上図を参照して，台車上でおもりの自然長からの変位を右向きに x とする
と，

$$x = -x_0 + x_0 \cos \sqrt{\frac{k_2}{m}} \, t = \frac{ma}{k_2} \left(-1 + \cos \sqrt{\frac{k_2}{m}} \, t \right)$$

ここで，$x_0 = \dfrac{ma}{k_2}$ を用いた。これより，おもりの台車に対する速度を v（右向きを
正）とすると，

$$v = \frac{dx}{dt} = \frac{ma}{k_2} \left(-\sqrt{\frac{k_2}{m}} \sin \sqrt{\frac{k_2}{m}} \, t \right) = -a \sqrt{\frac{m}{k_2}} \sin \sqrt{\frac{k_2}{m}} \, t$$

また，地面に対するおもりの速度を V（右向きを正）とすると，

$$V = V_0 + at + v = V_0 + at - a \sqrt{\frac{m}{k_2}} \sin \sqrt{\frac{k_2}{m}} \, t$$

この速度 V の時間変化を正しく描いたグラフを選べばよい。なお，選択肢のグラフ
の破線は $V_0 + at$ の部分を表している。

　　さらに，地面に対するおもりの加速度を A（右向きを正）とすると，

$$A = \frac{dV}{dt} = a - a \cos \sqrt{\frac{k_2}{m}} \, t$$

時刻 $t = 0$ に $A = 0$ となるから，時刻 $t = 0$ での接線の傾きは 0 となる。

答

問1　$-\dfrac{kx_0}{m}$　　問2　グラフ：解説を参照　移動距離：$50\pi^2 l$

問3　$\left\{2+\dfrac{25\pi^2}{2}\left(1+\dfrac{M}{m}\right)\right\}kl^2$　　問4　$\mu \geqq \left(2+\dfrac{M}{m}\right)\dfrac{kl}{(M+m)g}$

問5

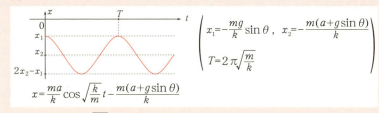

$$\left(x_1 = -\frac{mg}{k}\sin\theta, \quad x_2 = -\frac{m(a+g\sin\theta)}{k}\right.$$
$$\left.T = 2\pi\sqrt{\frac{m}{k}}\right.$$

$$x = \frac{ma}{k}\cos\sqrt{\frac{k}{m}}\,t - \frac{m(a+g\sin\theta)}{k}$$

問6　$t_4 = 2\pi n\sqrt{\dfrac{m}{k}}$　　ただし，$n=1,\ 2,\ 3\cdots$

精講 まずは問題のテーマをとらえる

■単振動

　単振動現象の一般的な考え方をまとめよう。高校課程では，単振動は円運動の正射影としてとらえる。半径 A，角速度 ω で等速円運動する物体の正射影を考えてみよう。

　右図のように，ある時刻 t における変位 $x(t)$，速度 $v(t)$，加速度 $a(t)$ を考えると，幾何学的な考察より，

① $x(t) = A\sin\omega t$
② $v(t) = V\cos\omega t$
③ $a(t) = -\alpha\sin\omega t$

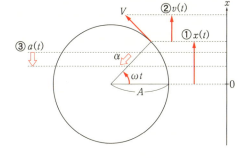

ここで，V は等速円運動の速さ，α は加速度の大きさを表しているので，$V = A\omega$，$\alpha = A\omega^2$ が成立する。したがって，

① $x(t) = A\sin\omega t$
② $v(t) = A\omega\cos\omega t$
③ $a(t) = -A\omega^2\sin\omega t = -\omega^2 \times x(t)$

となり，$v(t) = \dfrac{dx(t)}{dt}$，$a(t) = \dfrac{dv(t)}{dt}$ を満足することも明らかである。

　さらに，運動方程式より，
$$F = ma = m \times (-\omega^2 x) = -m\omega^2 \times x$$

$m\omega^2=k$ とすると，$F=-kx$ となり，フックの法則を満足する。

ここで，$\omega=\sqrt{\dfrac{k}{m}}$ であるから，単振動の周期は，

$$T=\frac{2\pi}{\omega}=2\pi\sqrt{\frac{m}{k}}$$

となる。

Point 13

① 単振動 $\longrightarrow$ 運動方程式が，$ma=-kx$ 型

② 単振動の周期 $\longrightarrow$ $T=2\pi\sqrt{\dfrac{m}{k}}$

標問 23 の解説

問1 電車の中での測定であるから，慣性力を考慮する。振動中心では力のつり合いが成り立っているので，この慣性力と弾性力がつり合っている。弾性力の大きさは $k(-x_0)$ であり，電車の加速度を α とおくと，

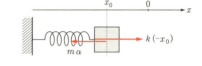

$$k(-x_0)=m\alpha \qquad \text{よって，} \quad \alpha=-\frac{kx_0}{m}$$

問2 問1の結果を用いて，それぞれの時間帯の加速度 α を求めると，

$t=0 \sim t_1$ のとき，$x_0=-l \Rightarrow \alpha=\dfrac{kl}{m}$ ← 等加速度運動

$t=t_1 \sim t_2$ のとき，$x_0=0 \Rightarrow \alpha=0$ ← 等速運動

$t=t_2 \sim t_3$ のとき，$x_0=l \Rightarrow \alpha=-\dfrac{kl}{m}$ ← 等加速度運動

これより，u–t グラフは右図のようになる。ただし，

$$u_0=\alpha t_1=\frac{kl}{m}t_1$$

であり，単振動の周期が $T=2\pi\sqrt{\dfrac{m}{k}}$ で

あることから，問題中の図2より，

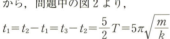

$$t_1=t_2-t_1=t_3-t_2=\frac{5}{2}T=5\pi\sqrt{\frac{m}{k}}$$

である。$t=0 \sim t_3$ までの移動距離 L は，u–t グラフの台形の面積に等しいので，

$$L=\frac{1}{2}\{t_3+(t_2-t_1)\}\times u_0$$

$$=\frac{1}{2}\left(3\times5\pi\sqrt{\frac{m}{k}}+5\pi\sqrt{\frac{m}{k}}\right)\times\frac{kl}{m}\times5\pi\sqrt{\frac{m}{k}}=10\pi\sqrt{\frac{m}{k}}\times5\pi\sqrt{\frac{m}{k}}\times\frac{kl}{m}=50\pi^2l$$

問3 エネルギーと仕事の関係より，求める仕事は，$t=0 \sim t_1$ の間におもりおよび枠

が得たエネルギーに等しい。$t=t_1$ のとき，問題文の図2より，おもりは最大変位（$x=-2l$）をとる。また，問2で求めた u-t グラフより，おもりも枠も同一速度 u_0 で運動しているので，

$$\frac{1}{2}k(2l)^2+\frac{1}{2}(M+m)u_0{}^2=\left\{2+\frac{25\pi^2}{2}\left(1+\frac{M}{m}\right)\right\}kl^2$$

問4 問題文の図2より，$t=0\sim t_3$ の間での最大変位は $2l$ である。加速度計がすべり出さないためには，この最大変位のときに静止の限界にあると考える。

慣性力は $t=t_2\sim t_3$ で考えて，x 軸の正の向きに $M\times\left|-\dfrac{kl}{m}\right|$ である。右図を参照して，力のつり合いより，

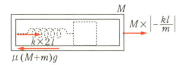

$$k(2l)+M\times\frac{kl}{m}=\mu(M+m)g$$

これより，

$$\mu=\left(2+\frac{M}{m}\right)\frac{kl}{(M+m)g}$$

が限界である。求める条件は，すべり出さないための条件であるから，

$$\mu\geqq\left(2+\frac{M}{m}\right)\frac{kl}{(M+m)g}$$

問5 電車が停止しているとき（状態Ⅰとする），おもりに働く力は重力，ばねの弾性力である。また，電車が加速度 a で斜面を登るとき（状態Ⅱとする），おもりには重力，ばねの弾性力の他に慣性力（大きさ ma）が働く。

状態Ⅰでのつり合いの位置を x_1，状態Ⅱでのつり合いの位置を x_2 とする。それぞれの状態における力のつり合いの式は，

状態Ⅰ：$mg\sin\theta=k(-x_1)$
状態Ⅱ：$mg\sin\theta+ma=k(-x_2)$

これより，　$x_1=-\dfrac{mg}{k}\sin\theta$，　$x_2=-\dfrac{m(a+g\sin\theta)}{k}$

よって，おもりの変位は時間と共に右図のような変位となる。$\omega=\sqrt{\dfrac{k}{m}}$ を用いると，$x(t)$ は，

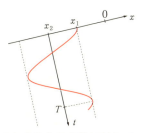

$$\begin{aligned}x(t)&=(x_1-x_2)\cos\sqrt{\frac{k}{m}}\,t+x_2\\&=\frac{ma}{k}\cos\sqrt{\frac{k}{m}}\,t-\frac{m(a+g\sin\theta)}{k}\end{aligned}$$

問6 等速運動より，$a=0$ なので慣性力が働かない。このときおもりが枠に対して静止するには，おもりがつり合いの位置 x_1（この単振動の最大変位）にあればよい。よって，

$$t_4=nT=n\times2\pi\sqrt{\frac{m}{k}}\quad(n=1,\ 2,\ 3\cdots)$$

問1 $\quad x_0 = -2(l_0 - l) - \sqrt{(l_0 - l)^2 + \dfrac{2mv_0^2}{k}}$ もしくは，

$\quad\quad x_0 = -\dfrac{2mg\sin\theta}{k} - \sqrt{\left(\dfrac{mg\sin\theta}{k}\right)^2 + \dfrac{2mv_0^2}{k}}$

問2 $\quad x_1 = 0, \quad v_1 = \sqrt{\dfrac{3k}{2m}}(l_0 - l)$ もしくは，$v_1 = \sqrt{\dfrac{3m}{2k}}\,g\sin\theta$

問3 解説を参照

問4 $\quad v_0 = g\sin\theta\sqrt{\dfrac{m}{k}\left(\pi^2 + \dfrac{3}{2}\right)}$ もしくは，$v_0 = (l_0 - l)\sqrt{\dfrac{k}{m}\left(\pi^2 + \dfrac{3}{2}\right)}$

精講 まずは問題のテーマをとらえる

■ **単振動におけるエネルギー**

　右図のように，鉛直につるした
ばね定数 k のばねに，質量 m のお
もりをぶら下げた場合を考える。
ばねが x_0 だけ伸びて，おもりがつ
り合ったとすると，力のつり合い
より，

$\quad kx_0 = mg$

が成立する。

　ここで，おもりを単振動させる。
つり合いの位置から x だけ下にあ
るときのおもりの運動方程式は，下向きの加速度を a として，

$\quad ma = mg - k(x_0 + x)$

である。ここで，力のつり合いの式を用いて kx_0 を消去すると，

$\quad ma = mg - mg - kx$

よって，

$\quad ma = -kx$

となる。このときの $-kx$ は弾性力ではなく，$mg - k(x_0 + x)$ の計算結果であり，重力と弾性力の合力であることに注意しなくてはならない。

　この運動方程式を考えると，重力と弾性力による位置エネルギーの和が $\dfrac{1}{2}kx^2$ (ただし，x はつり合いの位置が基準) であることがわかる。

Point 14

重力による位置エネルギーを考慮すべきとき（鉛直ばねなど）でも，つり合いの位置を基準とすると，重力と弾性力による位置エネルギーは，

$$\frac{1}{2}kx^2 \quad (x\text{はつり合いの位置からの変位})$$

で計算される。

標問 24 の解説

問1　小物体Aのつり合いの位置は，自然長からl_0-lだけばねが縮んだところである。AとBの質量は等しいから，A＋Bのつり合いの位置は，Aのつり合いの位置からさらに，l_0-lだけ縮んだところである。ここ

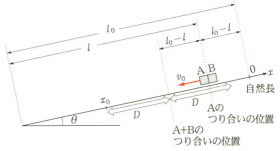

を中心として，A＋Bは単振動することになる。このときの振幅をDとすると，求めるx_0は右図の位置となる。

　　ここで，Dを求める。振動中心であるA＋Bのつり合いの位置を基準とし，力学的エネルギー保存則より，

$$\underbrace{\frac{1}{2}(2m)v_0^2+\frac{1}{2}k(l_0-l)^2}_{\substack{\text{Aのつり合いの位置での}\\\text{力学的エネルギー}}}=\underbrace{\frac{1}{2}kD^2}_{\substack{x=x_0\ \text{での}\\\text{力学的エネルギー}}}$$

　　よって，　$D=\sqrt{(l_0-l)^2+\dfrac{2mv_0^2}{k}}$

　　以上より，上図を参照して，

$$x_0=-2(l_0-l)-D$$
$$=-2(l_0-l)-\sqrt{(l_0-l)^2+\frac{2mv_0^2}{k}}\,{}^{※}$$

> ※　力のつり合いより，
> $$k(l_0-l)=mg\sin\theta$$
> これより，$l_0-l=\dfrac{mg\sin\theta}{k}$
> であるから，
> $$x_0=-\frac{2mg\sin\theta}{k}$$
> $$-\sqrt{\left(\frac{mg\sin\theta}{k}\right)^2+\frac{2mv_0^2}{k}}$$
> としても可。

問2　小物体A，Bがお互いの接触面から受ける垂直抗力をRとする。右図より，任意の座標xにおけるA，Bの運動方程式はそれぞれ，

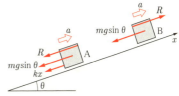

　　　A：$ma=-kx-R-mg\sin\theta$

　　　B：$ma=R-mg\sin\theta$

2式より，

$$R=-\frac{1}{2}kx$$

BがAから離れるのは，垂直抗力 $R=0$ となる位置であるから，

$$0=-\frac{1}{2}kx_1 \qquad \text{よって，} \quad x_1=0$$

題意より，初速度が v_1 のとき，$x_1=0$ の位置で A＋B が一旦停止すると考えればよい。A＋B のつり合いの位置を基準として，力学的エネルギー保存則より，

$$\underbrace{\frac{1}{2}(2m)v_1{}^2+\frac{1}{2}k(l_0-l)^2}_{\substack{\text{Aのつり合いの位置での}\\\text{力学的エネルギー}}}=\underbrace{\frac{1}{2}k\{2(l_0-l)\}^2}_{\substack{x_1=0 \text{ での}\\\text{力学的エネルギー}}} \quad \textcolor{red}{\leftarrow \text{問1の解説図を参照}}$$

よって，$v_1=\sqrt{\dfrac{3k}{2m}}\times(l_0-l) \quad \left(=\sqrt{\dfrac{3m}{2k}}\times g\sin\theta\right)$

問3 小物体Bは，x 軸負の向きで大きさ $mg\sin\theta$ の力による等加速度運動を行う。一方，小物体Aは，$x_1=0$ に戻るまでは x 軸負の向きで大きさ $mg\sin\theta$ の力に加えて，同じ向きに弾性力も働く。A，B は同一の初速をもっているので，2物体の座標 x_A，x_B は，どの瞬間においても $x_A<x_B$ となり，A が $x_1=0$ に戻るまでに衝突することはない。

問4 問3を考慮すると，分離後最短時間で衝突するのは，小物体Aの単振動の1周期後である。したがって，分離したときを $t=0$ とすると，衝突時刻は，

$$t=2\pi\sqrt{\frac{m}{k}} \quad \cdots①$$

となる。一方，小物体Bは加速度 $-g\sin\theta$ の等加速度運動をする。分離した瞬間のBの初速度を v とすると，A＋B のつり合いの位置を基準として力学的エネルギー保存則より，

$$\underbrace{\frac{1}{2}(2m)v_0{}^2+\frac{1}{2}k(l_0-l)^2}_{\substack{\text{Aのつり合いの位置での}\\\text{力学的エネルギー}}}=\underbrace{\frac{1}{2}(2m)v^2+\frac{1}{2}k\{2(l_0-l)\}^2}_{\substack{\text{分離した瞬間}(x=x_1)\\\text{の力学的エネルギー}}} \quad \textcolor{red}{\leftarrow \text{問1の解説図を参照}}$$

これより，$v=\sqrt{v_0{}^2-\dfrac{3k}{2m}(l_0-l)^2} \quad \left(=\sqrt{v_0{}^2-\dfrac{3m}{2k}g^2\sin^2\theta}\right)$

また，衝突したとき $x_1=0$ なので，等加速度運動の式より，

$$0=vt-\frac{1}{2}(g\sin\theta)t^2$$

これより，

$$t=\frac{2v}{g\sin\theta}$$

$$=\frac{2}{g\sin\theta}\sqrt{v_0{}^2-\frac{3m}{2k}g^2\sin^2\theta} \quad \cdots② \qquad \textcolor{red}{\rangle \text{上で求めた } v \text{ を代入}}$$

①，②式より，$2\pi\sqrt{\dfrac{m}{k}}=\dfrac{2}{g\sin\theta}\sqrt{v_0{}^2-\dfrac{3m}{2k}g^2\sin^2\theta}$

これを解いて，$v_0=g\sin\theta\sqrt{\dfrac{m}{k}\left(\pi^2+\dfrac{3}{2}\right)} \quad \left(=(l_0-l)\sqrt{\dfrac{k}{m}\left(\pi^2+\dfrac{3}{2}\right)}\right)$

答

(1) $\dfrac{3}{2}l$　(2) $6mg$　(3) $\sqrt{2gl}$　(4) $\dfrac{l}{4}$　(5) $\sqrt{\dfrac{l}{2g}}$

(6) $\sqrt{\dfrac{7l}{2g}}$　(7) $\dfrac{\pi}{4}\sqrt{\dfrac{l}{6g}}$　(8) $\sqrt{\dfrac{l}{6g}}$　(9) $\left\{\dfrac{3}{4}+\dfrac{1}{12}\left(\dfrac{\pi}{4}+1\right)^2\right\}l$

精講 まずは問題のテーマをとらえる

■ゴムひもによる振動

　ばねではなく，ゴムひもによる運動の問題も多く出題される。ゴムひもの場合は，自然長より伸びたときはばねと同様の弾性力が働くが，**ゴムひもがたるんだときには弾性力が働かない**。このため，**伸びているときは単振動の式を用いることができるが，たるんでいるときには使ってはならない**。物体に働く力に着目し，物体の運動形態の変化を正確にとらえる必要がある。例えば，鉛直につり下げられたゴムひもでは次のようになる。

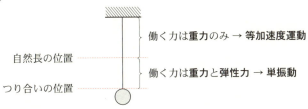

働く力は**重力のみ** → **等加速度運動**

自然長の位置

働く力は**重力と弾性力** → **単振動**

つり合いの位置

標問 25 の解説

　題意より，弾性定数を k とすると，$k=\dfrac{12mg}{l}$ である。

(1) 求める距離を x とすると（右図），力学的エネルギー保存則より，

$$mgx=\frac{1}{2}k(x-l)^2$$

点Oでの　　最下端での
力学的エネルギー　力学的エネルギー

自然長

最下端

$k=\dfrac{12mg}{l}$ を代入して整理すると，

$$6x^2-13lx+6l^2=0$$
$$(3x-2l)(2x-3l)=0$$
$$x=\frac{2}{3}l,\ \ \frac{3}{2}l$$

　$x>l$ であるから，$x=\dfrac{2}{3}l$ は不適。よって，

$$x = \frac{3}{2}l$$

(2) ゴムひもの伸びは，右図より $x-l=\frac{1}{2}l$ である。よって，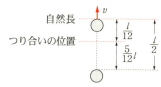
求める復元力を f とすると，

$$f = k \times \frac{1}{2}l = \frac{12mg}{l} \times \frac{l}{2} = 6mg$$

(3) l の位置までは単振動をする。求める速さを v とし，自然長を基準にすると，力
学的エネルギー保存則より，

$$\underbrace{\frac{1}{2}k\left(\frac{1}{2}l\right)^2}_{\substack{\text{最下端での}\\\text{力学的エネルギー}}} = \underbrace{mg\left(\frac{l}{2}\right) + \frac{1}{2}mv^2}_{\substack{\text{自然長での}\\\text{力学的エネルギー}}} \qquad \text{よって，} \quad v = \sqrt{2gl}$$

〔別解〕 (3)の力学的エネルギー保存則は，つり合
いの位置を基準にしても考えられる。

$$\underbrace{\frac{1}{2}k\left(\frac{5}{12}l\right)^2}_{\substack{\text{最下端での}\\\text{力学的エネルギー}}} = \underbrace{\frac{1}{2}k\left(\frac{l}{12}\right)^2 + \frac{1}{2}mv^2}_{\substack{\text{自然長での}\\\text{力学的エネルギー}}}$$

よって， $v = \sqrt{2gl}$

(4), (5) ゴムひもによる弾性力が生じないので，小球Bは自由落下をする。一方，小球
Aは(3)で求めた v による鉛直投げ上げ運動を考えればよい。

衝突するには右図のように，A，Bの進んだ
距離の和が l となればよい。Bを解放してから
衝突までに要する時間を t とすると，等加速度
運動の式より，

$$l = \left(vt - \frac{1}{2}gt^2\right) + \frac{1}{2}gt^2$$

(3)で求めた v を代入すると，$l = \sqrt{2gl} \times t$ とな
るので，

$$t = \sqrt{\frac{l}{2g}} \quad \cdots\text{(5)の答}$$

また，衝突位置はBの進んだ距離に等しいので，

$$\frac{1}{2}gt^2 = \frac{1}{2}g \times \frac{l}{2g} = \frac{l}{4} \quad \cdots\text{(4)の答}$$

(6) 衝突直前の小球A，Bの速度 v_A，v_B は，上向きを正として等加速度運動の式より，

$$v_\text{A} = v - gt = \sqrt{2gl} - g \times \sqrt{\frac{l}{2g}} = \sqrt{\frac{gl}{2}}$$

$$v_\text{B} = -gt = -g \times \sqrt{\frac{l}{2g}} = -\sqrt{\frac{gl}{2}}$$

一体となった後のA＋Bの速度を V とすると，運動量保存則より，

$$mv_A + mv_B = (m+m)V \qquad v_A, \ v_B \text{を代入すると,} \quad V=0$$

以上より, 小球A＋Bは天井から $\dfrac{l}{4}$, すなわち床から $2l - \dfrac{l}{4} = \dfrac{7}{4}l$ の高さから自

(4)で求めた

由落下することになる。求める時間を t_0 とすると, 等加速度運動の式より,

$$\frac{7}{4}l = \frac{1}{2}gt_0^2 \qquad \text{よって,} \quad t_0 = \sqrt{\frac{7l}{2g}}$$

(7) 題意より, 自由落下する観測者から見たとき, 求める時

間は単振動の $\dfrac{1}{4}$ 周期に等しい。

小球Aと小球Bの質量は等しいから, この観測者には,

A, Bの中点(すなわち重心)に対して, それぞれが単振動

している(ように見える(右図)。このとき, ゴムひもの長さが半分になったときと同

等の単振動となるので, 弾性定数は $2k$ になると考えられる。

求める時間を t_1 とすると, 以上より,

$$t_1 = \frac{1}{4} \times 2\pi\sqrt{\frac{m}{2k}} = \frac{\pi}{2}\sqrt{\frac{m}{2} \times \frac{l}{12mg}} = \frac{\pi}{4}\sqrt{\frac{l}{6g}}$$

(8) 自由落下する観測者には, ゴムひも

がたるんだ後の小球の運動は, 等速運

動に見える。ゴムひもがたるむ瞬間の

小球Aの速さ v_A は, 右図を参照して,

力学的エネルギー保存則より,

$$\frac{1}{2}(2k)\left(\frac{l}{4}\right)^2 = \frac{1}{2}mv_A^2$$

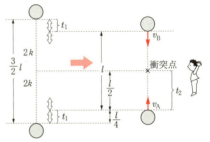

よって,

$$v_A = \sqrt{2 \times \frac{12g}{l} \times \frac{l^2}{4^2}} = \frac{\sqrt{6gl}}{2}$$

求める時間を t_2 とすると, 等速運動の式より,

$$v_A t_2 = \frac{l}{2}$$

よって, $\quad t_2 = \dfrac{l}{2} \times \dfrac{2}{\sqrt{6gl}} = \sqrt{\dfrac{l}{6g}}$

(9) 衝突する位置 x は, 自由落下する観測者から見て, 小球A, Bの中央の位置であ

る。はじめ, A, Bの中央の位置は, (8)の解説図より $\dfrac{1}{2} \times \left(\dfrac{3}{2}l\right) = \dfrac{3}{4}l$ であるから,

$$x = \frac{3}{4}l + \frac{1}{2}g(t_1 + t_2)^2$$

$$= \frac{3}{4}l + \frac{g}{2} \times \left(\frac{\pi}{4} + 1\right)^2 \times \frac{l}{6g} = \left\{\frac{3}{4} + \frac{1}{12}\left(\frac{\pi}{4} + 1\right)^2\right\}l$$

答

問1 $\quad m_1 a_1 = -\dfrac{m_1 g}{R} x_1$ 　　問2 $\quad 2\pi \sqrt{\dfrac{R}{g}}$ 　　問3 $\quad m_1 a_1 + m_2 a_2 = 0$

問4 $\quad m_1 x_1 + m_2 x_2 = m_1 L$ 　　問5 $\quad \dfrac{m_1}{m_1 + m_2} L$ 　　問6 $\quad \dfrac{m_2}{m_1 + m_2} L$

問7 $\quad 2\pi \sqrt{\dfrac{m_2 R}{(m_1 + m_2) g}}$

精講 まずは問題のテーマをとらえる

■重心の運動

運動方向に対して，2つの物体に働く力が内力のみで，外力が働いていないとき，その運動方向での力の合力は当然0となる。したがって，この2つの物体の運動方程式の和をとると，加速度，質量をそれぞれ a_1, a_2 および m_1, m_2 として，

$$m_1 a_1 + m_2 a_2 = 0$$

が成立する。このとき，外力が働いていないことより運動量保存則が成立する。速度をそれぞれ v_1, v_2 とすると，

$$m_1 v_1 + m_2 v_2 = (\text{一定})$$

上記のような式が成立する系においては，m_1, m_2 の重心は静止または等速度運動することになる（慣性の法則）。簡単のため，最初に運動量が0である場合を考えてみよう。このとき，任意の時刻においても運動量の和は0であるから，

$$m_1 v_1 + m_2 v_2 = 0$$

となる。$v_1 = \dfrac{dx_1}{dt}$, $v_2 = \dfrac{dx_2}{dt}$ とすると，

$$m_1 \dfrac{dx_1}{dt} + m_2 \dfrac{dx_2}{dt} = 0$$

t で積分して，

$$m_1 x_1 + m_2 x_2 = (\text{一定})$$

これは "てこの式" を表しており，重心の位置が不変であることを示している式に他ならない。

着眼点

問4のような運動量が保存する系，つまり運動方程式の和が0となる系においては，重心の位置に着目し，重心は静止または等速運動となることを利用するとよい。

問1　L は R に比べて十分に小さいので，右図中の θ も十分に小さい。これより，$\cos\theta \fallingdotseq 1$ なので，台の内側に沿った運動方程式は，x 軸方向の運動方程式と考えてよい。右図より，変位 x_1 のときの小球の運動方程式は，

$$m_1 a_1 = -m_1 g \sin\theta$$

ここで右図より，$\sin\theta = \dfrac{x_1}{R}$　と表せるので，

$$m_1 a_1 = -\frac{m_1 g}{R} x_1$$

〔別解〕　小球に働く垂直抗力を N とすると，小球の運動方程式は，

$$m_1 a_1 = -N \sin\theta$$

ここで，鉛直方向の加速度は 0 と近似して，

$$N \fallingdotseq m_1 g \qquad \text{← } \cos\theta \fallingdotseq 1 \text{ を利用}$$

2式より，

$$m_1 a_1 = -m_1 g \sin\theta$$

から解いても可。

問2　$m_1 a_1 = -k x_1$ を問1の答と比較すると，$k = \dfrac{m_1 g}{R}$　と表せる。よって，

$$T = 2\pi \sqrt{\frac{m_1}{k}} = 2\pi \sqrt{\frac{R}{g}}$$

〔別解〕　問1で求めた運動方程式において，加速度 a_1 は，単振動では，

$$a_1 = -\omega^2 x_1 \quad (\omega：角振動数)$$

が成立するので，

$$-m_1 \omega^2 x_1 = -\frac{m_1 g}{R} x_1 \qquad これより，\quad \omega = \sqrt{\frac{g}{R}}$$

よって，$\quad T = \dfrac{2\pi}{\omega} = 2\pi \sqrt{\dfrac{R}{g}}$

問3　水平方向には外力が働かないので，運動方程式の和は 0 となる。よって，

$$m_1 a_1 + m_2 a_2 = 0$$

問4　小球と，台と，系の重心との関係を分かりやすくするため，問題図1，2を下図のように書き換える。

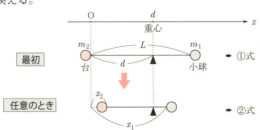

重心の座標を d とすると，題意および前ページの図より，次の2式が成り立つ。

$$m_2 d = m_1(L-d) \quad \cdots ①$$
$$m_2(d-x_2) = m_1(x_1-d) \quad \cdots ②$$

①式より， $\quad d = \dfrac{m_1}{m_1+m_2}L$

②式より， $\quad d = \dfrac{m_1 x_1 + m_2 x_2}{m_1+m_2}$

この2式より， $\quad m_1 x_1 + m_2 x_2 = m_1 L \quad$ ← $m_1 x_1 + m_2 x_2 =$（一定）

問5 振動中心を x_0 とすると，x_0 は重心の位置に等しい。よって，①式より，

$$x_0 = d = \frac{m_1}{m_1+m_2}L^{※}$$

問6 問4の解説図より，小球の振幅は $L-d$ に等しい。よって，

$$L-d = L - \frac{m_1}{m_1+m_2}L = \frac{m_2}{m_1+m_2}L$$

問7 問1と同様に考える。右図より，変位 x_1 のときの
小球の運動方程式は，

$$m_1 a_1 = -m_1 g \sin\theta$$

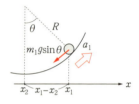

ここで右図より，$\sin\theta = \dfrac{x_1-x_2}{R}$ と表せるので，

$$m_1 a_1 = -\frac{m_1 g}{R}(x_1-x_2) \quad \cdots ③$$

ここで，問4の結果を x_2 について解くと，

$$x_2 = \frac{m_1}{m_2}(L-x_1)$$

この x_2 を③式に代入すると，

$$m_1 a_1 = -\frac{m_1 g}{R}\left\{x_1 - \frac{m_1}{m_2}(L-x_1)\right\}$$
$$= -\frac{m_1 g}{R}\left(\frac{m_1+m_2}{m_2}x_1 - \frac{m_1}{m_2}L\right)$$
$$= -\underbrace{\frac{m_1(m_1+m_2)g}{m_2 R}}_{k'} \times \underbrace{\left(x_1 - \frac{m_1}{m_1+m_2}L\right)}_{x'^{※}}$$

ここで，$m_1 a_1 = -k'x'$ とおくと，

$$T = 2\pi\sqrt{\frac{m_1}{k'}} = 2\pi\sqrt{\frac{m_2 R}{(m_1+m_2)g}}$$

※ 問7で，

$x' = x_1 - \dfrac{m_1}{m_1+m_2}L$ とおいた

とき，振動中心は $x'=0$ であ
る。このとき，

$x_1 = \dfrac{m_1}{m_1+m_2}L = d$ となり，

重心の位置が振動中心である
ことが証明された。

標問 27 熱気球

答

(1) $\dfrac{R}{W}$　　(2) $\dfrac{\rho_1}{d_1}T_A$　　(3) $\rho_1 - \dfrac{M}{V_1}$　　(4) $\left(1+\dfrac{QR}{P_1V_1C_V}\right)T_1$

(5) $\left(1+\dfrac{QR}{P_1V_1C_V}\right)P_1$　　(6) $\dfrac{V_1}{V_3}\rho_1$　　(7) $\dfrac{1}{a}\log_{10}\left(\dfrac{V_3}{V_1}\right)$

(8) 断熱過程で気体が外部に仕事をしているので, 内部エネルギーは減少する。

(9) $T_2\left(\dfrac{V_1}{V}\right)^{\gamma-1}$

(10) $T_2 > T$ なので, (9)より $\left(\dfrac{V_1}{V}\right)^{\gamma-1} < 1$ である。また, 体積が増加するので, $\dfrac{V_1}{V} < 1$ である。以上より, $\gamma > 1$ となる。

精講 まずは問題のテーマをとらえる

■ボイル・シャルルの法則と状態方程式

一般に, 物質量が一定の気体に対しては, **ボイル・シャルルの法則**

$$\frac{pV}{T}=-定$$

が成立する。ここで, p は圧力, V は体積, T は絶対温度を示している。またこれより, 気体定数を R, 物質量を n とすると, **状態方程式**

$$pV=nRT$$

が成立することがわかる。

ボイル・シャルルの法則を, 気体の密度 ρ を用いて書き直してみよう。気体の分子量を M とすると, 密度の定義より,

$$\rho=\frac{nM}{V}\qquad 式変形して, \quad V=\frac{nM}{\rho}$$

求めた V を状態方程式に代入して,

$$p\times\frac{nM}{\rho}=nRT\qquad これより, \quad \frac{p}{\rho T}=\frac{R}{M}$$

となる。$\dfrac{R}{M}$ は気体の種類が変わらない限り常に一定であるから,

$$\frac{p}{\rho T}=-定$$

が成立する。

$$\frac{pV}{T}=\text{一定}\quad(\text{ボイル・シャルルの法則})\longrightarrow \text{物質量一定のときに成立}$$

$$pV=nRT\quad(\text{状態方程式})\longrightarrow \text{常に成立}$$

$$\frac{p}{\rho T}=\text{一定}\quad(\text{ボイル・シャルルの法則})\longrightarrow \text{常に成立}(M\text{が不変に限る})$$

着眼点

　気球などを題材にした熱力学の問題では，空気の密度が与えられる。このような場合には，密度表記を用いたボイル・シャルルの法則 $\dfrac{p}{\rho T}=\text{一定}$ を用いると，計算が容易になる。

標問 27 の解説

(1)　気球内の気体の物質量を n とすると，状態方程式は，
$$P_1V_1=nRT_1$$
ここで，密度の定義より，
$$d_1=\frac{nW}{V_1}\quad\text{式変形して，}\quad n=\frac{d_1V_1}{W}$$
求めた n を状態方程式に代入して，
$$P_1V_1=\frac{d_1V_1}{W}RT_1\quad\text{よって，}\quad \frac{P_1}{d_1T_1}=\frac{R}{W}\quad\text{\textcolor{red}{←ボイル・シャルルの法則}}\ \frac{p}{\rho T}=\text{一定}$$

(2)　弁は開いた状態なので，大気の圧力も P_1 である。(1)より，
$$\frac{P_1}{d_1T_1}=\frac{P_1}{\rho_1T_A}\quad\text{よって，}\quad T_1=\frac{\rho_1}{d_1}T_A$$

(3)　状態 1 において，熱気球に働く力を図示すると，右図のようになる。

　　　気体を除いた熱気球に働く重力：Mg
　　　気球内の気体に働く重力：d_1V_1g
　　　気球に働く浮力：ρ_1V_1g

力のつり合いより，
$$\rho_1V_1g=d_1V_1g+Mg\quad\text{よって，}\quad d_1=\rho_1-\frac{M}{V_1}$$

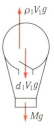

(4)　(1)で求めた状態方程式を n について変形すると，$n=\dfrac{P_1V_1}{RT_1}$ と表せる。また，状態 1 →状態 2 は定積変化なので，
$$Q=nC_V\Delta T=\frac{P_1V_1}{RT_1}\times C_V\times(T_2-T_1)$$
よって，$T_2=\dfrac{QR}{P_1V_1C_V}T_1+T_1=\left(1+\dfrac{QR}{P_1V_1C_V}\right)T_1$

(5)　弁は閉じた状態なので，物質量は不変。ボイル・シャルルの法則より，

$$\frac{P_2 V_1}{T_2} = \frac{P_1 V_1}{T_1}$$

よって，$P_2 = \dfrac{T_2}{T_1} P_1 = \left(1 + \dfrac{QR}{P_1 V_1 C_V}\right) P_1$

(6) 状態3での力のつり合いの式は，(3)と同様に考えて，

$$\rho_3 V_3 g = d_3 V_3 g + Mg$$

ここで，弁が閉じられていることより，気球内の気体の質量は不変なので，

$$d_3 V_3 = d_1 V_1$$

これより力のつり合いの式は，

$$\rho_3 V_3 g = d_1 V_1 g + Mg$$

と書き換えられる。(3)の力のつり合いの式と比較すると，

$$\rho_3 V_3 = \rho_1 V_1 \qquad \text{よって，} \quad \rho_3 = \frac{V_1}{V_3} \rho_1$$

(7) 題意より，$\rho_3 = \rho_1 \times 10^{-a z_3}$　また(6)の結果より，$\dfrac{V_1}{V_3} = \dfrac{\rho_3}{\rho_1} = 10^{-a z_3}$ なので，

$$z_3 = -\frac{1}{a} \log_{10}\left(\frac{V_1}{V_3}\right) = \frac{1}{a} \log_{10}\left(\frac{V_3}{V_1}\right)$$

(8) 断熱変化であるので，気体が吸収した熱量Qは0である。また，気体が外にした仕事Wは，体積が増加しているので，$W > 0$ である。よって，熱力学第1法則

$$Q = \varDelta U + W$$

より $\varDelta U < 0$ となり，内部エネルギーは減少する。

(9) $PV^\gamma = $一定　にボイル・シャルルの法則を用いると，

$$\left(\frac{T}{V}\right) V^\gamma = T V^{\gamma-1} = \text{一定}$$

と表せる。これより，

$$T V^{\gamma-1} = T_2 V_1^{\gamma-1} \qquad \text{よって，} \quad T = T_2 \left(\frac{V_1}{V}\right)^{\gamma-1}$$

(10) 内部エネルギーが減少するので，$T_2 > T$ となる。これより(9)の結果を式変形すると，

$$\left(\frac{V_1}{V}\right)^{\gamma-1} = \frac{T}{T_2} < 1$$

また，体積が増加するので $V_1 < V$ であるから，

$$\frac{V_1}{V} < 1$$

以上2式より，$\left(\dfrac{V_1}{V}\right)^{\gamma-1} < 1$ となるためには $\gamma - 1 > 0$ でなければならないので，$\gamma > 1$ となる。

答

問1 (1) $P = \rho(d+h)g + P_0$ 〔Pa〕, $T = \dfrac{\{\rho(d+h)g + P_0\}Sh}{nR}$ 〔K〕

(2) $M = \rho Sh$ 〔kg〕

問2 (1) $V_1 = Sh$ 〔m³〕, $P_1 = \dfrac{nRT_1}{Sh}$ 〔Pa〕

(2) $W = \left\{ \dfrac{nRT_1}{Sh} - P_0 - \rho(d+h)g \right\} \dfrac{S_0}{g}$ 〔kg〕

問3 (1) $x = \dfrac{P + \rho hg}{P}y$　(2) $F = \dfrac{\rho^2 Shg^2}{P + \rho hg}x$ 〔N〕

理由：合力 F は変位 x に対して同符号をもち，正比例するため，復元力とならず不安定。

精講 まずは問題のテーマをとらえる

■圧力による力のつり合い

一般的な例として，右図のようなピストン（質量 M）付きシリンダーの中に気体が封入されている場合は，この気体の分子運動によってピストンが支えられていると考えればよい。気体の圧力を p とすると，この力は，ピストンの断面積 S を用いて pS と表すことができる。一方，大気圧を p_0 とすると，力のつり合いの式は，

$$pS = p_0 S + Mg$$

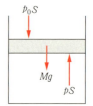

となる。ここでの $p_0 S$，pS は，接触力（気体がピストンに接触していることで働く力）と考えることができる。単位面積あたりで考えると，両辺を S で割って，

$$p = p_0 + \frac{Mg}{S}$$

となる。基礎的なことであるが，この応用が本問の主題である。

着眼点

本問では，上記に述べたことに加えて，浮力の扱いが大切になる。一般に浮力は ρVg で表される。着目する物体に対して，圧力による力，重力，浮力のベクトルが正確に描けるかどうかがポイントとなる。

問1 (1) 右図のように深さ $d+h$ の液体から受ける力を f とすると，力のつり合いより，

$$PS = f \qquad これより， \quad P = \frac{f}{S}$$

である。ここで f を求める。f は水深 $d+h$ における水圧によるものと考えられるので，大気圧も考慮して，

$$f = \rho S(d+h)g + P_0 S$$

よって， $P = \dfrac{f}{S} = \rho(d+h)g + P_0 \;〔\mathrm{Pa}〕$

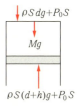

一方，シリンダー内の気体の状態方程式は，

$$P \times Sh = nRT$$

よって， $T = \dfrac{PSh}{nR} = \dfrac{\{\rho(d+h)g + P_0\}Sh}{nR} \;〔\mathrm{K}〕$

(2) シリンダーに働く力のつり合いを考える。シリンダー内の気体による力はすべて打ち消し合うので，考慮する必要はない。したがって，右図より，

$$Mg + (\rho Sdg + P_0 S) = \rho S(d+h)g + P_0 S$$

式変形して， $Mg = \rho Shg$

よって， $M = \rho Sh \;〔\mathrm{kg}〕$

〔**別解**〕 このシリンダーに働く浮力の大きさは，押しのけた液体に働く重力の大きさと等しい。シリンダーが静止しているということは，シリンダーに働く重力と浮力がつり合っているということなので，力のつり合いより，

$$Mg = \rho Shg$$

として求めてもよい。(2)の解は浮力の説明をしていることになるので，このように直接浮力の式を用いることも可。

問2 (1) 液体の密度に変化がないので，問1(2)で得られた浮力の式 $Mg = \rho Shg$ は変化しない。ここで，浮力の式を気体の体積 V_1 を用いて表すと，$Mg = \rho V_1 g$ と表せる。以上より，

$$V_1 = Sh \;〔\mathrm{m^3}〕$$

一方，シリンダー内の気体の状態方程式は，

$$P_1 V_1 = nRT_1$$

よって， $P_1 = \dfrac{nRT_1}{V_1} = \dfrac{nRT_1}{Sh} \;〔\mathrm{Pa}〕$

(2) 大気圧 P_0 に加えて，おもりによる圧力 $\dfrac{Wg}{S_0}$ を考慮する必要がある。右図より，力のつり合いの式は，

$$P_1 S = \rho S(d+h)g + \left(P_0 + \frac{Wg}{S_0}\right)S$$

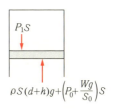

問2(1)で求めた P_1 を代入して，W について解くと，

$$W=\left\{\frac{nRT_1}{Sh}-P_0-\rho(d+h)g\right\}\frac{S_0}{g}\ \text{(kg)}$$

問3 (1) シリンダーを上昇させる前後における，シリンダーとピストンの様子を図示すると，下図のようになる。

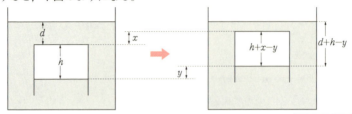

上図より，ピストンの水深は $d+h-y$ となることがわかる。このとき，シリンダー内の気体の圧力を P_2 とすると，ピストンに働く力は右図のようになる。力のつり合いより，

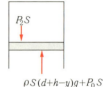

$$P_2S=\rho S(d+h-y)g+P_0S$$
$$=PS-\rho Syg \quad \color{red}{問1(1)より}$$

一方，温度は一定であることより，気体に対してボイルの法則を用いると，

$$PSh=P_2S(h+x-y)$$

以上2式より P_2 を消去し，微小量 x，y の積を無視すると，

$$x=\left(1+\frac{\rho hg}{P}\right)y$$

(2) シリンダーに働く力を図示すると，右図のようになる。右図より，求める合力 F は，

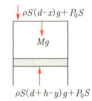

$$F=\rho S(d+h-y)g+P_0S-Mg-\rho S(d-x)g-P_0S$$
$$=\rho S(h+x-y)g-Mg \quad \color{red}{Mg=\rho Shg\ を利用}$$
$$=\rho S(x-y)g$$

問3(1)の結果を用いて y を消去すると，

$$F=\rho S\left(x-\frac{P}{P+\rho hg}x\right)g=\frac{\rho^2 Shg^2}{P+\rho hg}\times x\ \text{(N)}$$

※シリンダー内の気体による力はすべて打ち消し合うので，考慮する必要はない。

この合力 F が上下方向の変位 x に対して逆符号であれば，ばねの復元力のように安定である。しかし本問では，合力 F が変位 x に対して同符号である。そのため，x が大きくなれば，それにしたがって上向きの力である F も大きくなり，復元力となり得ない。よって，シリンダーは上下方向の変位に対して不安定となる。

答

(1) $(v_x,\ v_y,\ -v_z)$　(2) $2mv_z$　(3) $\dfrac{2L}{v_z}$　(4) $\dfrac{v_z}{2L}$

(5) $\dfrac{mv_z^2}{L}$　(6) $\dfrac{Nm\overline{v_z^2}}{L}$　(7) $\dfrac{Nm\overline{v_z^2}}{\pi a^2 L}$　(8) $v_h\cos\theta$

(9) $2mv_h\cos\theta$　(10) $2a\cos\theta$　(11) $\dfrac{v_h}{2a\cos\theta}$　(12) $\dfrac{mv_h^2}{a}$

(13) $\dfrac{Nm\overline{v_h^2}}{a}$　(14) $\dfrac{Nm\overline{v_h^2}}{2\pi a^2 L}$　(15) $\dfrac{2}{3}$　(16) $\dfrac{1}{3}$

(17) $\dfrac{Nm}{3\pi a^2 L}$　(18) $\dfrac{3\pi a^2 L}{2N}$　(19) $\dfrac{N}{N_{\mathrm{A}}}\cdot\dfrac{RT}{\pi a^2 L}$　(20) $\dfrac{3R}{2N_{\mathrm{A}}}$

精講 まずは問題のテーマをとらえる

■分子の衝突

　分子が容器の壁と衝突する際の**運動量の変化**に着目する。
右図のように，右向きを正として，質量 m，速さ v の分子が受
けた力積の大きさを i と仮定する。力積と運動量の関係より，

$$\underbrace{(+mv)}_{\text{衝突前の運動量}}+\underbrace{(-i)}_{\substack{\text{負の向きに}\\\text{受けた力積}}}=\underbrace{(-mv)}_{\text{衝突後の運動量}}$$

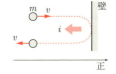

これより，分子は負の向きに大きさ $i=2mv$ の力積を受けることが
わかる。

　作用・反作用の法則より，壁は正の向きに大きさ $i=2mv$ の力積
を受けることがわかる（右図）。

■単位時間あたりの力積と圧力

　壁が受ける力積 i が求まることで，壁が受ける力を算出することができる。壁が受
ける力を f，時間を t とすると，力積の定義より，$i=f\cdot t$ であるから，

$$\left(\text{単位時間あたりの力積}\ \frac{i}{t}\right)=(\text{壁が受ける力}\ f)$$

として，力 f を求めることができる。

　また，圧力の定義より，

$$\left(\text{単位面積あたりの力}\ \frac{f}{S}\right)=(\text{圧力}\ p)$$

を用いて，圧力を算出することができる。

■理想気体の状態方程式と内部エネルギー

　単原子分子の理想気体では，圧力 p，体積 V，分子数 N，分子の質量 m，平均 2 乗速
度 $\overline{v^2}$ を用いて，

$$pV = \frac{1}{3}Nm\overline{v^2}$$

と表せる。これを状態方程式

$$pV = \frac{N}{N_A}RT \qquad (N_A：アボガドロ定数, \quad R：気体定数, \quad T：絶対温度)$$

と比較すると，

$$\frac{1}{2}m\overline{v^2} = \frac{3}{2}\frac{R}{N_A}T = \frac{3}{2}kT \qquad \left(k = \frac{R}{N_A}：ボルツマン定数\right)$$

が得られる。また，内部エネルギーの定義より，

$$U = nN_A \cdot \frac{1}{2}m\overline{v^2} = \frac{3}{2}nRT \qquad (n：物質量)$$

となる。いずれも**熱力学**においては非常に重要な式である。

標問 29 の解説

(1) 上面との衝突前後における，気体分子の速度変化を図示すると，右図のようになる。容器の内壁がなめらかであることより，速度の x 成分，y 成分は変化しない。一方，z 軸方向には弾性衝突をし，速度が逆向きになる。以上より，

$$(v_x, \ v_y, \ -v_z)$$

(2) 右図のように，分子が z 軸方向に受けた力積の大きさを i_z とする。このとき，力積と運動量の関係より，

$$\underline{mv_z} + \underline{(-i_z)} = \underline{-mv_z} \qquad これより, \quad i_z = 2mv_z$$

衝突前の運動量　負の向きに　衝突後の運動量
　　　　　　　　受けた力積

i_z は，1個の分子が1回の衝突で，壁に及ぼす力積の大きさに等しい。

(3) 一往復で $2L$ の距離を，速さ v_z で時間 t だけかけて移動する。よって，

$$2L = v_z \cdot t \qquad これより, \quad t = \frac{2L}{v_z}$$

(4) (3)で求めた t を衝突周期と考えれば，単位時間あたりの衝突回数は逆数をとって，

$$\frac{1}{t} = \frac{v_z}{2L}$$

(5) 1回の衝突で大きさ $2mv_z$ の力積を受け，単位時間に $\frac{v_z}{2L}$〔回〕衝突するので，力
　　　　　　　　　　　　　　　　(2)　　　　　　　　　　　　　　　　　(4)
積の定義より，

$$\overline{f_z} \cdot 1 = 2mv_z \cdot \frac{v_z}{2L} \qquad \text{これより,} \qquad \overline{f_z} = \frac{mv_z^2}{L}$$

(6) (5)は分子1個あたりの力であるから,分子N個が及ぼす力はこれをN倍して,

$$N \cdot \overline{f_z} = \frac{Nm\overline{v_z^2}}{L}$$

(7) 上面の面積はπa^2である。圧力の定義より,

$$p_z = \frac{N \cdot \overline{f_z}}{\pi a^2} \qquad \leftarrow (\text{圧力}\,p) = \left(\text{単位面積あたりの力}\,\frac{F}{S}\right)$$

$$= \frac{Nm\overline{v_z^2}}{\pi a^2 L}$$

(8) 右図 a より,衝突前の,壁に垂直な速度成分の大きさは,$v_h \cos\theta$ とわかる。

(9) (2)と同様に考える。v_z を $v_h \cos\theta$ に置き換えて,

$$2mv_h \cos\theta$$

(10) 右図 b より,

$$l = a\cos\theta + a\cos\theta$$
$$= 2a\cos\theta$$

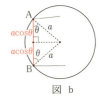

図 a

(11) (3), (4)と同様に考える。距離 l を速さ v_h で時間 t_h だけかけて移動するので,

$$2a\cos\theta = v_h \cdot t_h$$

よって,単位時間あたりの衝突回数 $\dfrac{1}{t_h}$ は,

$$\frac{1}{t_h} = \frac{v_h}{2a\cos\theta}$$

図 b

(12) <u>1回の衝突で大きさ $2mv_h\cos\theta$ の力積を受け</u>,単位時間に $\dfrac{v_h}{2a\cos\theta}$〔回〕衝突する
₍₉₎　　　　　　　　　　　　　　　　　　　　　　　₍₁₁₎
ので,力積の定義より,

$$\overline{f_h} \cdot 1 = 2mv_h \cos\theta \cdot \frac{v_h}{2a\cos\theta} \qquad \text{これより,} \qquad \overline{f_h} = \frac{mv_h^2}{a}$$

(13) (12)は分子1個あたりの力であるから,分子N個が及ぼす力はこれをN倍して,

$$N \cdot \overline{f_h} = \frac{Nm\overline{v_h^2}}{a}$$

(14) 側壁の面積は $2\pi a \cdot L$ である。圧力の定義より,

$$p_h = \frac{N \cdot \overline{f_h}}{2\pi a \cdot L} \qquad \leftarrow (\text{圧力}\,p) = \left(\text{単位面積あたりの力}\,\frac{F}{S}\right)$$

$$= \frac{Nm\overline{v_h^2}}{2\pi a^2 L}$$

(15) $\overline{v^2} = \overline{v_x^2} + \overline{v_y^2} + \overline{v_z^2}$, $\overline{v_x^2} = \overline{v_y^2} = \overline{v_z^2}$ より,

$$\overline{v_x^2} = \overline{v_y^2} = \overline{v_z^2} = \frac{1}{3}\overline{v^2}$$

よって,

$$\overline{v_h{}^2} = \overline{v_x{}^2} + \overline{v_y{}^2} = \frac{2}{3}\overline{v^2}$$

(16)　(15)より，　$\overline{v_z{}^2} = \frac{1}{3}\overline{v^2}$

(17)　(7)で求めた p_z に $\overline{v_z{}^2} = \frac{1}{3}\overline{v^2}$ を，(14)で求めた p_h に $\overline{v_h{}^2} = \frac{2}{3}\overline{v^2}$ を代入すると，

$$p_z = p_h = \frac{Nm}{3\pi a^2 L}\overline{v^2}$$

(18)

$$\frac{1}{2}m\overline{v^2} = \frac{Nm}{3\pi a^2 L}\overline{v^2} \cdot \frac{1}{2} \cdot \frac{3\pi a^2 L}{N}$$

$$= \frac{3\pi a^2 L}{2N}p_z$$

(19)　円筒容器の体積は，$V = \pi a^2 L$ である。よって，気体の状態方程式は，

$$p_z \cdot \pi a^2 L = \frac{N}{N_A}RT \qquad \text{これより，} \quad p_z = \frac{NRT}{N_A \pi a^2 L}$$

(20)　(19)で求めた p_z を(18)の式に代入して，

$$\frac{1}{2}m\overline{v^2} = \frac{3\pi a^2 L}{2N} \cdot \frac{NRT}{N_A \pi a^2 L}$$

$$= \frac{3}{2} \cdot \frac{R}{N_A}T$$

答

問1　(1)　$\pi N_{\mathrm{A}} d^2 \lambda$ 〔m³〕　　(2)　$\dfrac{RT}{\pi N_{\mathrm{A}} p d^2}$ 〔m〕　　(3)　$\dfrac{3}{2}\dfrac{R}{N_{\mathrm{A}}}T_{\mathrm{R}}$ 〔J〕

　　　(4)　$\dfrac{3}{2}\dfrac{R}{N_{\mathrm{A}}}T_{\mathrm{L}}$ 〔J〕　　(5)　$\dfrac{3Rf(\lambda_{\mathrm{R}}+\lambda_{\mathrm{L}})}{2N_{\mathrm{A}}}$ 〔J/(m·s·K)〕

　　　(6)　$\dfrac{3\overline{v}\lambda p}{4T}$ 〔J/(m·s·K)〕

　　問2　ヘリウム　理由：解説を参照

　　問3　空気の熱伝導度：1.0×10^{-2} J/(m·s·K)　　熱伝導度の比：1.0×10^{-2}

精講　まずは問題のテーマをとらえる

■**熱による気体分子の運動**

　気体の分子運動論は，その導出過程も結果も，きわめて重要な理論である。結果についてまとめておこう。

Point 16

①　**気体の分子運動論における状態方程式（1 mol の場合）**
$$pV = \frac{N_{\mathrm{A}} \times m\overline{v^2}}{3} \quad (N_{\mathrm{A}}：アボガドロ定数)$$

②　**気体の分子運動論における分子の平均運動エネルギー**
$$\frac{1}{2}m\overline{v^2} = \frac{3}{2}kT \quad \left(k：ボルツマン定数 = \frac{R}{N_{\mathrm{A}}}\right)$$

標問 30 の解説

問1　(1)　半径 d，長さ λ の円筒の体積は $\pi d^2 \lambda$ である。この中に1個の分子が入っていると考えると，1 mol の体積 V は，
$$V = N_{\mathrm{A}} \times \pi d^2 \lambda \text{ 〔m³〕}$$

　　(2)　気体の状態方程式は，
$$p \times N_{\mathrm{A}} \pi d^2 \lambda = RT \qquad よって，\quad \lambda = \frac{RT}{\pi N_{\mathrm{A}} p d^2} \text{ 〔m〕}$$

　　(3)　気体の分子運動論における分子の平均運動エネルギーは（**Point 16**），一般に $\dfrac{1}{2}m\overline{v^2} = \dfrac{3}{2}\dfrac{R}{N_{\mathrm{A}}}T$ と表される。これより，求めるエネルギーを K_{R} とすると，
$$K_{\mathrm{R}} = \frac{3}{2}\frac{R}{N_{\mathrm{A}}}T_{\mathrm{R}} \text{ 〔J〕}$$

　　(4)　(3)と同様に，求めるエネルギーを K_{L} とすると，
$$K_{\mathrm{L}} = \frac{3}{2}\frac{R}{N_{\mathrm{A}}}T_{\mathrm{L}} \text{ 〔J〕}$$

(5) 題意より，

$$Q = f_R \times K_R - f_L \times K_L$$
$$= f(K_R - K_L)$$
$$= \frac{3Rf}{2N_A}(T_R - T_L)$$

ここで，$\dfrac{\Delta T}{\Delta x} = \dfrac{T_R - T_L}{\lambda_R + \lambda_L}$ より，$T_R - T_L = (\lambda_R + \lambda_L)\dfrac{\Delta T}{\Delta x}$ と表せる。よって，

$$Q = \frac{3Rf}{2N_A}(\lambda_R + \lambda_L)\frac{\Delta T}{\Delta x} \ \left[\mathrm{J/(m^2 \cdot s)}\right]$$

(6) 問1(5)で求めた Q を，$\lambda\left(=\dfrac{\lambda_R + \lambda_L}{2}\right)$ を用いて書き換えると，

$$Q = \frac{3Rf}{N_A} \times \lambda \times \frac{\Delta T}{\Delta x}$$
$$= \frac{3\bar{v}\lambda p}{4T} \times \frac{\Delta T}{\Delta x}$$

$f = \dfrac{1}{4}\bar{v}N_A\dfrac{p}{RT}$ を代入

よって，$\alpha = \dfrac{3\bar{v}\lambda p}{4T} \ \left[\mathrm{J/(m \cdot s \cdot K)}\right]$

問2 アルゴンよりヘリウムの方が原子量が小さく，$\bar{v} \fallingdotseq \sqrt{\overline{v^2}}$ であり，一般に $\bar{v}$ は $\overline{v^2} = \dfrac{3kT}{m}$ と書けることから，$\bar{v}$ はヘリウムの方が大きくなる。また，分子の直径は

Point 16

ヘリウムの方が小さいので，問1(2)より，λ はヘリウムの方が大きい。

以上より，問1(6)の α はヘリウムの方が大きく，熱を伝えやすい。

問3 問1(6)で求めた α に，与えられた数値を代入して，

$$\alpha = \frac{3 \times 400 \times 1.0 \times 10^{-7} \times 1.0 \times 10^5}{4 \times (27 + 273)} = 1.0 \times 10^{-2} \ \left[\mathrm{J/(m \cdot s \cdot K)}\right]$$

ガラスの熱伝導度が $1.0 \ \mathrm{J/(m \cdot s \cdot K)}$ であることより，求める比は，

$$\frac{1.0 \times 10^{-2}}{1.0} = 1.0 \times 10^{-2}$$

答

問1 $\quad T_1 = \dfrac{P_0 V_0}{nR}, \quad P_1 = \dfrac{1}{2} P_0 \qquad$ 問2 $\quad P_2 = \dfrac{mg}{S}, \quad T_2 = \dfrac{2 V_0 mg}{nRS}$

問3 (1) $\quad \Delta P = \dfrac{k \Delta V}{S^2} \qquad$ (2) $\quad W_g = \left(P_2 + \dfrac{1}{2} \Delta P \right) \Delta V$

(3) $\quad Q_h = \dfrac{5}{2} P_2 \Delta V + 3 V_0 \Delta P + 2 \Delta P \Delta V$

問4 $\quad T_4 = T_2 + \dfrac{4 W_m}{3nR} \qquad$ 問5 $\quad W_m = Q_h \quad$ 理由：解説を参照

精講 まずは問題のテーマをとらえる

■熱力学第1法則

熱力学第1法則について詳しく考えてみよう。気体が吸収した熱量を Q，気体の内部エネルギー増加量を ΔU，気体が外部にした仕事を W とすると，

$$Q = \Delta U + W$$

と表すことができる。ここで，ΔU は，

$$\Delta U = n C_V \Delta T \qquad (n：物質量，\ C_V：定積モル比熱，\ \Delta T：温度変化)$$

となる。気体の分子運動論より，C_V は，単原子分子では $\dfrac{3}{2} R$ に等しい。

熱力学における Δ 記号は，

$$\Delta = (最後の量) - (最初の量)$$

を示している。$\Delta T < 0$ であれば，$\Delta U < 0$ となり，内部エネルギーは減少したことになる。

仕事 W については，p-V グラフの面積でその大きさを求めることができる。仕事の定義より，

$$W = \int_{x_1}^{x_2} F dx = \int_{x_1}^{x_2} pS dx = \int_{V_1}^{V_2} p dV \quad \leftarrow |W| は p\text{-}V グラフの面積$$

熱量 Q については，定圧モル比熱，定積モル比熱をそれぞれ C_p，C_V として，

定圧変化：$Q = n C_p \Delta T \qquad$ 定積変化：$Q = n C_V \Delta T$

と表すことができる。C_p は，単原子分子では $\dfrac{5}{2} R$ に等しい。また，断熱変化では $Q = 0$ となる。

標問 31 の解説

問1　コックCを開く前の，シリンダーA内の気体の温度を T_0 とする。このとき，気体の状態方程式は，

$$P_0 V_0 = nRT_0 \qquad これより， \quad T_0 = \dfrac{P_0 V_0}{nR}$$

と表せる。コックCを開けると気体は断熱自由膨張するので，温度は不変※である。よって，

$$T_1 = T_0 = \frac{P_0 V_0}{nR}$$

また，状態 Z_1 における気体の状態方程式は，

$$P_1 \times 2V_0 = nRT_1$$
$$= nRT_0 \quad \text{←} \ T_1 = T_0 \ \text{を利用}$$
$$= P_0 V_0$$

よって，$P_1 = \dfrac{1}{2} P_0$

※ 断熱自由膨張について，断熱変化であるから，$Q=0$ である。また，容器としての全体の体積は不変であるから，$W=0$ である。熱力学第1法則 $Q=\Delta U + W$ より，

$$0 = \Delta U + 0$$

これより，$\Delta U = 0$ となるので，温度不変ということがわかる。

問2 状態 Z_2 において，シリンダーAの断熱板に働く力の様子を図示すると，右図のようになる。力のつり合いより，

$$P_2 S = mg \qquad \text{これより，} \quad P_2 = \frac{mg}{S}$$

また，状態 Z_2 における気体の状態方程式は，

$$P_2 \times 2V_0 = nRT_2$$

よって，$T_2 = \dfrac{P_2 \times 2V_0}{nR} = \dfrac{2V_0 mg}{nRS}$

ばねは自然長

断熱板

A $P_2 S \quad mg$

問3 (1) 状態 Z_3 における気体の圧力を P_3 とすると，断熱板に働く力は右図のようになる。ばねの縮みは $\dfrac{\Delta V}{S}$ であるから，力のつり合いより，

$$P_3 S = mg + k\frac{\Delta V}{S} \qquad \text{これより，} \quad P_3 = \frac{mg}{S} + k\frac{\Delta V}{S^2}$$

よって，求める ΔP は，

$$\Delta P = P_3 - P_2 = \frac{mg}{S} + k\frac{\Delta V}{S^2} - \frac{mg}{S} = k\frac{\Delta V}{S^2}$$

$\dfrac{\Delta V}{S}$

$mg \quad k\dfrac{\Delta V}{S} \quad P_3 S$

A

(2) 問3(1)より，

$$\frac{\Delta P}{\Delta V} = \frac{k}{S^2} = \text{一定}$$

であるから，状態 Z_2 から状態 Z_3 への変化を表す P–V グラフは，傾きが一定，つまり直線となる（右図）。求める W_g は，右図の塗りつぶした部分の面積に等しいので，

$$W_g = \frac{1}{2}\Delta P \times \Delta V + P_2 \times \Delta V = \left(P_2 + \frac{1}{2}\Delta P\right)\Delta V$$

〔別解〕 気体のした仕事は，断熱板の重力による位置エネルギーと，弾性エネルギーの増加量の和に等しい。すなわち，

$$W_g = mg\frac{\Delta V}{S} + \frac{1}{2}k\left(\frac{\Delta V}{S}\right)^2$$

P

Z_3

P_3

ΔP P_2 Z_2

W_g

O $\quad 2V_0 \quad 2V_0 + \Delta V \quad$ V

ここで，$P_2 = \dfrac{mg}{S}$，$\varDelta P = \dfrac{k}{S^2}\varDelta V$ を用いて mg，k を消去すると，

$$W_{\mathrm{g}} = P_2 \varDelta V + \frac{1}{2}\varDelta P \varDelta V$$

としても可。

(3) 熱力学第1法則 $Q = \varDelta U + W$ より，

$$Q_{\mathrm{h}} = \frac{3}{2}nR(T_3 - T_2) + W_{\mathrm{g}}$$

気体の状態方程式
$P_3(2V_0 + \varDelta V) = nRT_3$，
$P_2 \cdot 2V_0 = nRT_2$
を利用

$$= \frac{3}{2}\{P_3(2V_0 + \varDelta V) - P_2 \times 2V_0\} + W_{\mathrm{g}}$$

$$= \frac{3}{2}\{2V_0(P_3 - P_2) + P_3 \varDelta V\} + W_{\mathrm{g}}$$

$\varDelta P = P_3 - P_2$ を利用

$$= 3V_0 \times \varDelta P + \frac{3}{2}(P_2 + \varDelta P)\varDelta V + W_{\mathrm{g}}$$

問3(2)で求めた W_{g} を代入して，

$$Q_{\mathrm{h}} = \frac{5}{2}P_2 \varDelta V + 3V_0 \varDelta P + 2\varDelta P \varDelta V$$

問4　コックCを閉めたので，気体の物質量は $\dfrac{n}{2}$ になっている。熱力学第1法則より，

$$0 = \frac{3}{2} \times \frac{n}{2}R(T_4 - T_2) + (-W_{\mathrm{m}})$$

気体のされた仕事が W_{m} なので，
気体のした仕事は $-W_{\mathrm{m}}$ となる。

式変形して，

$$W_{\mathrm{m}} = \frac{3}{4}nR(T_4 - T_2)$$

よって，

$$T_4 = T_2 + \frac{4W_{\mathrm{m}}}{3nR}$$

問5　問3では状態 $Z_2 \rightarrow Z_3$，問5では状態 $Z_2 \rightarrow Z_4 \rightarrow Z_3$ となり，共に状態 Z_2 から最終的に同じ状態となる。すなわち，問3(3)で加えた熱量 Q_{h} と問4で加えた仕事 W_{m} は，等しくなければならない。よって，$W_{\mathrm{m}} = Q_{\mathrm{h}}$ である。

答

問1 $Q_1=W_1$ 問2 $Q_3=W_3$ 問3 $RT_1\log\left(\dfrac{V_3}{V_4}\right)$

問4 $W_2=C_V(T_2-T_1)$, $W_4=C_V(T_2-T_1)$ 問5 $\gamma-1=\dfrac{R}{C_V}$

問6 $\dfrac{V_2}{V_1}=\dfrac{V_3}{V_4}$ 問7 $\dfrac{W_3}{W_1}=\dfrac{T_1}{T_2}$ 問8 $W_T=\left(1-\dfrac{T_1}{T_2}\right)W_1$

問9 $\dfrac{W_T}{Q_1}=1-\dfrac{T_1}{T_2}$

精講 まずは問題のテーマをとらえる

■**気体のする仕事**

仕事の定義より,

$$W=\int_{x_1}^{x_2}F\cdot dx=\int_{x_1}^{x_2}pS\,dx=\int_{V_1}^{V_2}p\,dV$$

と表せるので, **p-V グラフの面積を求めれば, 気体のした仕事の大きさが求められる**

ことがわかる。等温変化では, $\underline{p=nRT\cdot\dfrac{1}{V}}$ において nRT は定数となるので,

　　　　　　　　└─気体の状態方程式の変形

$$W=\int_{V_1}^{V_2}p\,dV$$

$$=nRT\int_{V_1}^{V_2}\frac{1}{V}\,dV$$

$$=nRT\cdot\left[\log V\right]_{V_1}^{V_2}=nRT(\log V_2-\log V_1)=nRT\cdot\log\frac{V_2}{V_1}$$

と表すことができる。

■**断熱変化におけるポアソンの法則**

熱平衡を保った断熱変化では,

　　　$pV^\gamma=(一定)$, 　$TV^{\gamma-1}=(一定)$ 　　ただし, 　$\gamma=\dfrac{C_p}{C_V}$

が成り立つ。(式の証明は**標問 33**(5)を参照)。これは p, V, T の関係式として, ボイル・シャルルの法則, 気体の状態方程式とともに記憶しておくと便利である。

■**熱効率**

熱効率は,「どれだけの熱量を吸収して, どれだけ仕事をしたか」の割合を示す量である。熱効率の値が大きいほど, 仕事への変換効率が良い熱機関といえる。

　　　(熱効率 e)$=\dfrac{(全仕事)}{(吸収熱量)}=\dfrac{(吸収熱量)-(放出熱量)}{(吸収熱量)}$

問3で $W_1 = RT_2 \log \dfrac{V_2}{V_1}$ が与えられているが,これは p-V グラフの面積を考えたものである。過程①を見てみると,絶対温度が T_2 で一定である。気体の状態方程式より,$p = RT_2 \cdot \dfrac{1}{V}$ と表せるので,

$$W_1 = \int_{V_1}^{V_2} p \, dV$$

$$= RT_2 \int_{V_1}^{V_2} \frac{1}{V} \, dV = RT_2 \Big[\log V \Big]_{V_1}^{V_2} = RT_2 (\log V_2 - \log V_1) = RT_2 \log \frac{V_2}{V_1}$$

と求められる。

標問 32 の解説

問1 過程①は等温変化であるから,内部エネルギーの増加量 $\varDelta U$ は 0 である。よって,熱力学第 1 法則より,

$$Q_1 = 0 + W_1 \qquad \text{これより,} \quad Q_1 = W_1$$

問2 過程③は等温変化であるから,$\varDelta U = 0$ である。よって,熱力学第 1 法則より,

$$(-Q_3) = 0 + (-W_3) \qquad \text{これより,} \quad Q_3 = W_3$$

問3 過程③では体積が減少しているので,W_3 は気体がされた仕事を表している。よって,

$$-W_3 = 1 \cdot RT_1 \int_{V_3}^{V_4} \frac{1}{V} \, dV = RT_1 \log \frac{V_4}{V_3} \qquad \text{←精講を参照}$$

これより,

$$W_3 = -RT_1 \log \frac{V_4}{V_3}$$

$$= RT_1 \log \left(\frac{V_4}{V_3} \right)^{-1} = RT_1 \log \frac{V_3}{V_4}$$

問4 過程②,④はともに断熱変化であるから,系に対して熱の出入りはない($Q_2 = Q_4 = 0$)。よって,熱力学第 1 法則より,

過程②:$0 = 1 \cdot C_V(T_1 - T_2) + W_2$ よって,$W_2 = C_V(T_2 - T_1)$

過程④:$0 = 1 \cdot C_V(T_2 - T_1) + (-W_4)$ よって,$W_4 = C_V(T_2 - T_1)$

問5 断熱変化によって,体積が $\varDelta V$ だけ増加したと仮定する。$\varDelta V$ が微小量の場合,その間の圧力は p で一定と考えられる。このとき,熱力学第 1 法則より,

$$0 = 1 \cdot C_V \varDelta T + p \varDelta V$$

両辺を $pV = 1 \cdot RT$ で割ると,

$$0 = \frac{C_V}{R} \cdot \frac{\varDelta T}{T} + \frac{\varDelta V}{V} \quad \cdots (\mathrm{i})$$

一方,$TV^{\gamma-1} = (\text{一定})$ より,

$$TV^{\gamma-1} = (T + \varDelta T) \cdot (V + \varDelta V)^{\gamma-1}$$

両辺を $TV^{\gamma-1}$ で割ると,

$$1 = \left(1 + \frac{\Delta T}{T}\right)\left(1 + \frac{\Delta V}{V}\right)^{\gamma-1}$$

$$\fallingdotseq \left(1 + \frac{\Delta T}{T}\right)\left\{1 + (\gamma-1)\cdot\frac{\Delta V}{V}\right\}$$
近似 $(1+x)^n \fallingdotseq 1 + nx$ を利用

$$\fallingdotseq \left(1 + \frac{\Delta T}{T}\right) + (\gamma-1)\cdot\frac{\Delta V}{V}$$
近似 $\frac{\Delta T}{T}\cdot\frac{\Delta V}{V} \fallingdotseq 0$ を利用

これより，　$0 = \dfrac{1}{\gamma-1}\cdot\dfrac{\Delta T}{T} + \dfrac{\Delta V}{V}$　$\cdots$(ⅱ)

(ⅰ)，(ⅱ)式を比較すると，

$$\frac{C_V}{R} = \frac{1}{\gamma-1}\qquad これより，\quad \gamma-1 = \frac{R}{C_V}$$

〔別解〕　ポアソンの法則より，　$pV^{\gamma} = (一定)$

また，ボイル・シャルルの法則より，　$\dfrac{pV}{T} = (一定)$

辺々を割ると　$TV^{\gamma-1} = (一定)$ となるので，$\gamma = \dfrac{C_p}{C_V}$ で表される比熱比に等しい。

よって，

$$\gamma-1 = \frac{C_p}{C_V} - 1 = \frac{R}{C_V}\quad \text{← $C_p - C_V = R$ なので}$$

問6　断熱変化である過程②，④に対して，$TV^{\gamma-1} = (一定)$ を用いると，

　　　過程②：$T_2 V_2^{\gamma-1} = T_1 V_3^{\gamma-1}$

　　　過程④：$T_2 V_1^{\gamma-1} = T_1 V_4^{\gamma-1}$

辺々を割ると，

$$\frac{V_2}{V_1} = \frac{V_3}{V_4}$$

問7　問3で求めた W_3 を用いると，

$$\frac{W_3}{W_1} = \frac{T_1 \log\dfrac{V_3}{V_4}}{T_2 \log\dfrac{V_2}{V_1}}$$

ここで，問6の結果より $\log\dfrac{V_2}{V_1} = \log\dfrac{V_3}{V_4}$ であるから，上式に代入して，

$$\frac{W_3}{W_1} = \frac{T_1}{T_2}$$

問8　$W_T = W_1 + W_2 + (-W_3) + (-W_4)$
問4より，$W_2 = W_4$

　　　$= W_1 - W_3$

　　　$= W_1\left(1 - \dfrac{W_3}{W_1}\right)$
問7より，$\dfrac{W_3}{W_1} = \dfrac{T_1}{T_2}$

　　　$= W_1\left(1 - \dfrac{T_1}{T_2}\right)$

問9　問1，8の結果を用いて，

$$\frac{W_T}{Q_1} = \frac{1}{W_1} \times W_1\left(1 - \frac{T_1}{T_2}\right) = 1 - \frac{T_1}{T_2}$$

答

(1) $-P\Delta V$ (2) $Q=\Delta U+P\Delta V$ (3) $\dfrac{R}{P}$ (4) R

(5) $-(\gamma-1)$ (6) $\dfrac{\Delta T}{T}-\dfrac{\Delta P}{P}$ (7) $\left(1-\dfrac{1}{\gamma}\right)$ (8) $\dfrac{PM}{RT}$

(9) $-\dfrac{Mg}{RT}$ (10) $-\left(1-\dfrac{1}{\gamma}\right)\dfrac{Mg}{R}$

精講 まずは問題のテーマをとらえる

■ C_p と C_V の関係

ここでは，定圧モル比熱 C_p，定積モル比熱 C_V の関係について考えてみよう。定圧変化における熱力学第1法則 $Q=\Delta U+W$ を考えると，

$$nC_p\Delta T=nC_V\Delta T+p\Delta V \quad \text{←p.93 精講を参照}$$

ここで，気体の状態方程式 $p\Delta V=nR\Delta T$ が成立するので，

$$nC_p\Delta T=nC_V\Delta T+nR\Delta T$$

これより， $C_p-C_V=R$ という重要な関係式が成立する。

また，$\gamma=\dfrac{C_p}{C_V}$ を比熱比とよぶ。これは，断熱変化で成立するポアソンの法則の中に出てくるもので，断熱変化では，

$$pV^{\gamma}=\text{一定} \quad \text{または，} \quad TV^{\gamma-1}=\text{一定}$$

と表される。単原子分子では，$C_p=\dfrac{5}{2}R$，$C_V=\dfrac{3}{2}R$ なので，$\gamma=\dfrac{5}{3}$ となる。

標問 33 の解説

(1) 気体がされた仕事であるから，
$$-W=-P\Delta V$$

(2) 熱力学第1法則より，
$$Q=\Delta U+W=\Delta U+P\Delta V$$

(3) 気体の状態方程式は，
$$\begin{cases} PV=RT \\ P(V+\Delta V)=R(T+\Delta T) \end{cases} \quad \text{これより，} \quad P\Delta V=R\Delta T$$

よって，$\Delta V=\dfrac{R}{P}\Delta T$

(4) 熱力学第1法則 $Q=\Delta U+W$ より，
$$\begin{aligned} C_p\Delta T &= C_V\Delta T+P\Delta V \\ &= C_V\Delta T+R\Delta T \end{aligned} \quad \text{(3)より，}\ P\Delta V=R\Delta T$$

よって，$C_p-C_V=R$

(5) 断熱変化であるから，$Q=0$ である。よって，熱力学第1
法則より，

$$0 = C_V \Delta T + W \quad \cdots ①$$

問題文Ⅲの状態変化を $P\text{-}V$ グラフで直線近似して表すと，
右図のようになる。ここで，微小な変化であるから，右図
より，

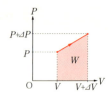

$$W = \frac{1}{2}\{P + (P + \Delta P)\}\Delta V$$

$$= P\Delta V + \frac{1}{2}\Delta P \Delta V$$ $\Delta P \Delta V \fallingdotseq 0$ とする

$$\fallingdotseq P\Delta V$$

よって，①式は，

$$0 = C_V \Delta T + P\Delta V$$

$$= C_V \Delta T + \frac{RT}{V} \times \Delta V$$ 気体の状態方程式より，$P = \dfrac{RT}{V}$

両辺を T で割って，

$$0 = C_V \frac{\Delta T}{T} + R\frac{\Delta V}{V}$$

以上より，

$$\frac{\Delta T}{T} = -\frac{R}{C_V}\frac{\Delta V}{V} = -\left(\frac{C_p - C_V}{C_V}\right)\frac{\Delta V}{V} = -\left(\frac{C_p}{C_V} - 1\right)\frac{\Delta V}{V} = -(\gamma - 1)\frac{\Delta V}{V}$$

(6) 気体の状態方程式は，

$$\begin{cases} PV = RT \\ (P + \Delta P)(V + \Delta V) = R(T + \Delta T) \end{cases}$$

辺々を割ると，

$$\left(1 + \frac{\Delta P}{P}\right)\left(1 + \frac{\Delta V}{V}\right) = \left(1 + \frac{\Delta T}{T}\right)$$

$$1 + \frac{\Delta V}{V} = \frac{1 + \dfrac{\Delta T}{T}}{1 + \dfrac{\Delta P}{P}}$$ 近似 $\dfrac{1+x}{1+y} \fallingdotseq 1 + x - y$ を利用

$$\fallingdotseq 1 + \frac{\Delta T}{T} - \frac{\Delta P}{P}$$

よって，$\dfrac{\Delta V}{V} = \dfrac{\Delta T}{T} - \dfrac{\Delta P}{P}$

(7) (5)，(6)より，$\dfrac{\Delta V}{V}$ を消去すると，

$$\frac{\Delta T}{T} = -(\gamma - 1)\left(\frac{\Delta T}{T} - \frac{\Delta P}{P}\right)$$

$$(1 + \gamma - 1)\frac{\Delta T}{T} = (\gamma - 1)\frac{\Delta P}{P}$$

よって，　$\dfrac{\varDelta T}{T}=\left(1-\dfrac{1}{\gamma}\right)\dfrac{\varDelta P}{P}$

(8) 密度の定義より，$\rho=\dfrac{M}{V}$ なので，$V=\dfrac{M}{\rho}$ と表される。このとき，気体の状態方程式は，

$$P\times\dfrac{M}{\rho}=RT \qquad よって，\quad \rho=\dfrac{PM}{RT}$$

(9) 題意より，

$$\varDelta P=-\rho g\varDelta z=-\dfrac{PM}{RT}g\varDelta z$$

よって，

$$\dfrac{\varDelta P}{P}=-\dfrac{Mg}{RT}\varDelta z$$

(10) (7)，(9)より，$\dfrac{\varDelta P}{P}$ を消去すると，

$$\dfrac{\varDelta T}{T}=\left(1-\dfrac{1}{\gamma}\right)\times\left(-\dfrac{Mg}{RT}\varDelta z\right)$$

よって，

$$\dfrac{\varDelta T}{\varDelta z}=-\left(1-\dfrac{1}{\gamma}\right)\dfrac{Mg}{R}$$

答

問1 (1) 2.5×10^3　(2) $\dfrac{3}{2}R$　(3) $V_0 \Delta p$　(4) $-\dfrac{p_0}{V_0}$

(5) $1+\dfrac{R}{C_V}$　(6) $(1-\gamma)\dfrac{\Delta V}{V_0}T_0$　(7) 下がる

問2 (1) $\Delta p_{\mathrm{L}} = -\gamma\dfrac{p_0}{V_0}Sx$, $\Delta p_{\mathrm{R}} = \gamma\dfrac{p_0}{V_0}Sx$　(2) $F = -\dfrac{2\gamma p_0 S^2}{V_0}x$

(3) $\omega = S\sqrt{\dfrac{2\gamma p_0}{MV_0}}$, $x = A\cos\left(S\sqrt{\dfrac{2\gamma p_0}{MV_0}}t\right)$

精講 まずは問題のテーマをとらえる

■**微小変化に対する近似**

ある状態(圧力 p, 体積 V, 絶対温度 T)から別の状態($p+\Delta p$, $V+\Delta V$, $T+\Delta T$)へ微小変化したとすると, 気体の状態方程式は,

$pV = nRT$ …①

$(p+\Delta p)(V+\Delta V) = nR(T+\Delta T)$ …②

と表せる。②式を展開すると,

$pV + p\Delta V + \Delta pV + \Delta p\Delta V = nRT + nR\Delta T$

$p\Delta V + \Delta pV + \Delta p\Delta V = nR\Delta T$

①式を利用

この式を①式で割ると,

$\dfrac{\Delta V}{V} + \dfrac{\Delta p}{p} + \dfrac{\Delta p\Delta V}{pV} = \dfrac{\Delta T}{T}$

このとき, $\dfrac{\Delta p}{p}$, $\dfrac{\Delta V}{V}$ は微小量であるから, その積 $\dfrac{\Delta p\Delta V}{pV}$ は無視できる。よって, 一般には,

$\dfrac{\Delta p}{p} + \dfrac{\Delta V}{V} = \dfrac{\Delta T}{T}$

が成立する(本問では問1(3), (4)などに対応している)。

着眼点

問2(3)については, **標問 20** の一般式の求め方を参照すること。

標問 34 の解説

問1 (1) 気体の状態方程式は,

$p \times 1 = 8.3 \times 300 = 2490 \fallingdotseq 2.5 \times 10^3$ 〔Pa〕

(2) 単原子分子であるから,

$C_V = \dfrac{3}{2}R$

(3) 気体の状態方程式は,

$$\begin{cases} p_0 V_0 = RT_0 & \cdots① \\ (p_0 + \Delta p)(V_0 + \Delta V) = R(T_0 + \Delta T) & \cdots② \end{cases}$$

②式を式変形すると,

$$\underbrace{p_0 V_0}_{=RT_0} + p_0 \Delta V + V_0 \Delta p + \underbrace{\Delta p \Delta V}_{\fallingdotseq 0} = RT_0 + R\Delta T$$

よって,

$$R\Delta T = V_0 \Delta p + p_0 \Delta V \quad \cdots③$$

(4) ③式において $\Delta T = 0$ とすると,

$$V_0 \Delta p + p_0 \Delta V = 0 \qquad これより, \quad \Delta p = -\frac{p_0}{V_0} \Delta V$$

(5) 題意より,

$$C_V \Delta T = -p_0 \Delta V \qquad 式変形して, \quad \Delta T = -\frac{p_0 \Delta V}{C_V}$$

これを③式に代入すると,

$$-\frac{p_0 \Delta V \times R}{C_V} = V_0 \Delta p + p_0 \Delta V$$

$$V_0 \Delta p = -\left(1 + \frac{R}{C_V}\right) p_0 \Delta V$$

$$\Delta p = -\left(1 + \frac{R}{C_V}\right) \frac{p_0}{V_0} \Delta V$$

よって,

$$\gamma = 1 + \frac{R}{C_V}$$

(6) ③式を, $RT_0 = p_0 V_0$ で辺々割ると,

$$\frac{R\Delta T}{RT_0} = \frac{V_0 \Delta p + p_0 \Delta V}{p_0 V_0} \qquad 式変形して, \quad \frac{\Delta T}{T_0} = \frac{\Delta p}{p_0} + \frac{\Delta V}{V_0} \quad \cdots④$$

ここで, 題意より $\Delta p = -\gamma \dfrac{p_0}{V_0} \Delta V$ なので,

$$\frac{\Delta p}{p_0} = -\gamma \frac{\Delta V}{V_0}$$

と表せる。これを④式に代入して,

$$\frac{\Delta T}{T_0} = (-\gamma + 1)\frac{\Delta V}{V_0} \qquad これより, \quad \Delta T = (1 - \gamma)\frac{\Delta V}{V_0} T_0$$

(7) (5)より,

$$1 - \gamma = -\frac{R}{C_V} < 0$$

であるから, (6)で求めた ΔT の式より, $\Delta V > 0$ ならば $\Delta T < 0$ となる。よって, 気体の温度は下がる。

問2 (1) 断熱変化なので，$\Delta p = -\gamma \dfrac{p_0}{V_0} \Delta V$ より，

$$\Delta p_L = -\gamma \frac{p_0}{V_0} \Delta V_L = -\gamma \frac{p_0}{V_0}(Sx)$$

$$\Delta p_R = -\gamma \frac{p_0}{V_0} \Delta V_R = -\gamma \frac{p_0}{V_0}(-Sx)$$

(2) ピストンの加速度を右向きに a とすると，ピストンに働く力は右図のようになる。ピストンの運動方程式は $Ma = F$ なので，

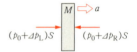

$$
\begin{aligned}
F &= Ma \\
&= (p_0 + \Delta p_L)S - (p_0 + \Delta p_R)S \\
&= \Delta p_L S - \Delta p_R S \\
&= -\frac{2\gamma p_0 S^2}{V_0} x
\end{aligned}
$$

問2(1)で求めた **Δp_L**，**Δp_R** を利用

(3) 問2(2)より，

$$a = -\frac{2\gamma p_0 S^2}{MV_0} x$$

と表せる。また，$a = -\omega^2 x$ とも表せるので，

$$\omega = S\sqrt{\frac{2\gamma p_0}{MV_0}}$$

一方，時刻 $t=0$ におけるピストンの変位は $x=+A$ であるから，ピストンは $+\cos$ 関数型の振動をする。よって，時刻 t でのピストンの位置 x は，

$$x = A\cos\omega t = A\cos\left(S\sqrt{\frac{2\gamma p_0}{MV_0}}\,t\right)$$

答

(1) $\dfrac{(M+m)g}{2\mu}$ (2) $g-\dfrac{2\lambda F}{M+m}$ (3) $\dfrac{(M+m)v^2}{2\{2\lambda F-(M+m)g\}}$

(4) $-\dfrac{1}{2}(M+m)v^2$ (5) $\left(\dfrac{l}{l-y}\right)^{\gamma-1}$ (6) $\left(\dfrac{l}{l-y}\right)^{\gamma}$

(7) $-pAy$ (8) $\dfrac{pAl}{RT}$ (9) $\dfrac{RT}{pAlC_V}\{i^2rt-(pA+mg)y\}$

精講 まずは問題のテーマをとらえる

■ 2つのポアソンの法則

熱平衡を保った状態で，断熱変化をする過程では，

$$pV^{\gamma}=(\text{一定})$$

が成立する。気体の状態方程式 $pV=nRT$ より，$p=\dfrac{nRT}{V}$ と表せるので，

$$\left(\dfrac{nRT}{V}\right)\cdot V^{\gamma}=(\text{一定})$$

ここで，$nR=(\text{一定})$ であるから，

$$TV^{\gamma-1}=(\text{一定})$$

と書き換えることができる。問題文に $pV^{\gamma}=(\text{一定})$ が与えられたときは，$TV^{\gamma-1}=(\text{一定})$ も常に成立することに着目する。

■ 抵抗でのジュール熱

抵抗では，1〔C〕あたり V〔J〕のエネルギーがジュール熱になると考えられる。右図の回路では，単位時間あたり I〔C〕の電荷が流れているので，抵抗 R での消費電力（単位時間あたりのジュール熱）P は，

$$P=VI=I^2R=\dfrac{V^2}{R}$$

となる。この P は，単位時間あたり気体に供給される熱量に等しい。よって，t〔s〕間に供給される熱量 Q は，

$$Q=P\cdot t=I^2R\cdot t$$

となる。

着眼点

力学的内容と熱学的内容を，明確に区別して考えることが大切。また，電気加熱器によって供給されるエネルギーを，熱力学第1法則の熱量 Q に対応させて考える。

(1) シリンダー内外の圧力差がないので，ピストンが静止するには，重力と摩擦力がつり合っている必要がある。右図より，摩擦力が最大摩擦力のとき，F は最小になる。

力のつり合いより，

$$(M+m)g = \mu F + \mu F$$

これより，

$$F = \frac{(M+m)g}{2\mu} \ (\text{N})$$

(2) 角棒に働く力を図示すると，右図のようになる。下向きを正として運動方程式を立てると，

$$(M+m)a = (M+m)g - 2\lambda F \qquad \text{←角棒に働く摩擦力は，動摩擦力}$$

これより，

$$a = g - \frac{2\lambda F}{M+m} \ (\text{m/s}^2)$$

(3) 運動を始めたときと，静止したときの様子を図示すると，右図のようになる。エネルギー保存則が成り立つので，

$$\frac{1}{2}(M+m)v^2 + (M+m)gx = 2 \cdot \lambda F x$$

これより，

$$x = \frac{(M+m)v^2}{2\{2\lambda F - (M+m)g\}} \ (\text{m})$$

〔別解〕 仕事とエネルギーの関係より，

$$0 - \frac{1}{2}(M+m)v^2 = \{(M+m)g - 2 \cdot \lambda F\} \cdot x$$

としても，同じ結果が得られる。

(4) 物体，ピストンに対して重力がした仕事は $(M+m)gx$ であり，角棒に対して摩擦力がした仕事は $-2\lambda Fx$ である。よって，

$$\{(M+m)g - 2\lambda F\}x = -\frac{1}{2}(M+m)v^2 \ (\text{J}) \qquad \text{←(3)より}$$

(5), (6) (圧力)×(体積)$^\gamma$=(一定) が成立するときは，気体の状態方程式より，(絶対温度)×(体積)$^{\gamma-1}$=(一定) も成立する。　←p.105 精調を参照

ブレーキ板を離す前後での，シリンダー内の空気の圧力，体積，絶対温度の様子を図示すると，右図のようになる。右図より，

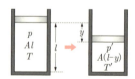

$$T(Al)^{\gamma-1} = T'\{A(l-y)\}^{\gamma-1} \qquad \text{これより，} \quad T' = \left(\frac{l}{l-y}\right)^{\gamma-1} \cdot T \ (\text{K})$$

(5)の答

$$p(Al)^\gamma = p'\{A(l-y)\}^\gamma \qquad \text{これより,} \quad p' = \left(\frac{l}{l-y}\right)^\gamma \cdot p \ \text{(Pa)}$$

(6)の答

(7) 大気の圧力による力 pA は常に一定である。求める仕事を W_1〔J〕とすると，右図と仕事の定義より，

$$W_1 = -pA \cdot y \ \text{(J)}$$

(8) 気体の状態方程式は，

$$pAl = nRT \qquad \text{これより,} \quad n = \frac{pAl}{RT} \ \text{(mol)}$$

(9) 電気加熱器で発生する熱は単位時間あたり $i^2 r$〔J/s〕であるから，t〔s〕間で発生する熱量 Q〔J〕は，

$$Q = i^2 r \cdot t \ \text{(J)}$$

となる。また，シリンダー内の空気が外部にした仕事 W〔J〕は，

$$W = (-W_1) + mg \cdot y = (pA + mg)y \ \text{(J)}$$

(7)より，W_1 は外部にされた仕事。
$-W_1$ は外部にした仕事。

となる。よって，熱力学第 1 法則 $Q = \varDelta U + W$ より，

$$i^2 rt = nC_V \varDelta T + (pA + mg)y$$
$$= \frac{pAlC_V}{RT}\varDelta T + (pA + mg)y$$

これより，

$$\varDelta T = \frac{RT}{pAlC_V}\{i^2 rt - (pA + mg)y\}$$

答

問1 $\dfrac{819R}{2N}$〔J〕

問2 絶対温度：$\dfrac{MgL}{4R}$〔K〕　加えた熱量：$\dfrac{3}{2}\left(\dfrac{MgL}{4}-273R\right)$〔J〕

問3 加えた熱量：$\dfrac{5MgL}{8}$〔J〕　内部エネルギー：$\dfrac{3}{4}MgL$〔J〕

問4 絶対温度：$\dfrac{11MgL}{18R}$〔K〕　物質量：$\dfrac{10}{33}$〔mol〕　原因：解説を参照

精講 まずは問題のテーマをとらえる

■内部エネルギー保存とは

断熱材に囲まれて熱の出入りがなく，気体の全体積が不変の場合，熱力学第1法則において $Q=0$，$W=0$ となる。そのため，$\Delta U=0$ となり，内部エネルギーが不変となる。ここで，下図のような例を見てみよう。

上図のように，同じ種類の気体を2室に分けて，コックを閉じておく。各部屋の気体の物質量，絶対温度をそれぞれ n_A〔mol〕，T_A〔K〕と n_B〔mol〕，T_B〔K〕とする。

その後コックを開いて熱平衡になった後の温度を T〔K〕とすると，内部エネルギーが不変なので，

$$n_A C_V T_A + n_B C_V T_B = (n_A+n_B)C_V T \quad \leftarrow \text{内部エネルギー } U=nC_VT \text{ を利用}$$

これより，

$$T=\dfrac{n_A T_A + n_B T_B}{n_A+n_B}\text{〔K〕}$$

となる。仮に $n_A=n_B=1$〔mol〕とすると，T は T_A と T_B の平均値となる。

本問では，ピストンの重力による位置エネルギーなどを考慮して，エネルギー保存則から，温度を決定することができる。

■理想気体の内部エネルギーの定義

$$(\text{内部エネルギー } U)=(\text{気体分子の全運動エネルギー})$$
$$=nN_A\cdot\dfrac{1}{2}m\overline{v^2}=\dfrac{3}{2}nRT \quad (\text{単原子分子のとき})$$

↑ 標問 **29，30** を参照

となり，内部エネルギーは温度にのみ依存する。

着眼点

気体の状態方程式
ボイル・シャルルの法則
ポアソンの法則

これを用いても
温度 T が決まらない…

そんな時は！

温度の定義に従って，気体分子の運動エネルギーや，その総計である内部エネルギーに着目しよう！

標問 36 の解説

問1 理想気体の内部エネルギーの定義より，

$$N \cdot \frac{1}{2} m \overline{v^2} = \frac{3}{2} \cdot 1 \cdot RT \qquad \text{← p.108 精講を参照}$$

最初の状態では，気体の温度が $0\,[\text{°C}] = 273\,[\text{K}]$ であるから，

$$\frac{1}{2} m \overline{v^2} = \frac{3R}{2N} T = \frac{3R}{2N} \cdot 273 = \frac{819R}{2N} \,[\text{J}]$$

問2 仕切板が動き始めたときの気体の状態を図示すると，右図のようになる。このときの気体の圧力を p_0，仕切板の面積を S とすると，力のつり合いより，

$$p_0 S = Mg$$

このときの気体の絶対温度を T_1 とすると，気体の状態方程式は，

$$p_0 \cdot \frac{1}{4} SL = 1 \cdot RT_1$$

2式より， $T_1 = \dfrac{p_0 SL}{4R} = \dfrac{MgL}{4R} \,[\text{K}]$

また，定積変化であるから，求める熱量を Q_1 とすると， ← p.93 精講を参照

$$Q_1 = nC_V \Delta T$$
$$= 1 \cdot \frac{3}{2} R(T_1 - 273) = \frac{3}{2}\left(\frac{MgL}{4} - 273R\right) \,[\text{J}]$$

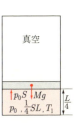

真空

$p_0 S \uparrow \downarrow Mg$
$p_0 , \frac{1}{4} SL , T_1$ $\frac{L}{4}$

問3 加熱をやめたときの気体の状態を図示すると，右図のようになる。このときの気体の絶対温度を T_2 とすると，気体の状態方程式は，

$$p_0 \cdot \frac{1}{2} SL = 1 \cdot RT_2$$

これより， $T_2 = \dfrac{p_0 SL}{2R} = \dfrac{MgL}{2R}$ ← $p_0 S = Mg$ なので

問2の力のつり合いは保たれた（成立した）ままなので，定圧変化となる。よって，求める熱量を Q_2 とすると， ← p.93 精講を参照

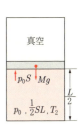

真空

$p_0 S \downarrow \downarrow Mg$

$p_0 , \frac{1}{2} SL , T_2$ $\frac{L}{2}$

$$Q_2 = nC_p\Delta T$$

$$= 1\cdot\frac{5}{2}R\cdot(T_2-T_1) = \frac{5}{2}R\left(\frac{MgL}{2R}-\frac{MgL}{4R}\right) = \frac{5}{8}MgL \ \text{(J)}$$

また，内部エネルギーの式より，

$$U = nC_VT = 1\cdot\frac{3}{2}R\cdot T_2 = \frac{3}{2}R\cdot\frac{MgL}{2R} = \frac{3}{4}MgL \ \text{(J)}$$

問4 弁を開く前後における気体の状態を図示すると，右図のようになる。平衡状態における上部の気体の圧力を p_3，下部の気体の圧力を p_4 とすると，力のつり合いより，

$$p_4S = p_3S + Mg$$

これより，　$p_4 = p_3 + \dfrac{Mg}{S}$

この状態変化において外部との熱のやりとりはないので，エネルギーは保存される。
平衡状態における気体の絶対温度を T_3 とすると，

$$\frac{3}{2}RT_2 + Mg\left(\frac{L}{2}\right) = \frac{3}{2}RT_3 + Mg\left(\frac{L}{3}\right)$$

問3で求めた T_2 を代入して，

$$T_3 = T_2 + \frac{2Mg}{3R}\cdot\left(\frac{L}{2}-\frac{L}{3}\right) = T_2 + \frac{MgL}{9R} = \frac{11MgL}{18R} \ \text{(K)}$$

また，平衡状態における上部の気体と下部の気体の状態方程式はそれぞれ，

上部：$p_3\cdot\dfrac{2}{3}SL = nRT_3$

下部：$\left(p_3 + \dfrac{Mg}{S}\right)\dfrac{1}{3}SL = (1-n)RT_3$

T_3 を代入して，p_3 を消去すると，

$$n = \frac{10}{33} \ \text{(mol)}$$

ここで，最終状態での気体の内部エネルギー U_3 を求めると，

$$U_3 = \frac{3}{2}RT_3 = \frac{3R}{2}\cdot\frac{11MgL}{18R} = \frac{11}{12}MgL$$

となり，問3で求めた内部エネルギーと比較して，$\dfrac{11}{12}MgL - \dfrac{3}{4}MgL = \dfrac{1}{6}MgL$ だけ増加している。これは，問3に比べて最終状態では，仕切板の位置エネルギーが減少した分だけ内部エネルギーが増加したためである。

【参考】 問1ではボルツマン定数 k を用いて，

$$\frac{1}{2}m\overline{v^2} = \frac{3}{2}kT = \frac{3}{2}\cdot\frac{R}{N}T$$

から求めても可。

| 弁を開く前 | 平衡状態 |

110

標問 37　波の屈折とホイヘンスの原理

答

(1) $\dfrac{\sin\theta_1}{\sin\theta_2}$　　(2) wt　　(3) $v_3 t$　　(4) $v_2 t$　　(5) $\dfrac{v_2}{\sin\theta_2}-\dfrac{v_3}{\sin\theta_3}$

(6) $w\sin\theta_3+v_3$　　(7) $\theta_2=\theta_4$　　(8) $\dfrac{v_1}{v_2}$　　(9) ①　　(10) $\dfrac{v_2}{v_3+w}$

(11) $\dfrac{v_1}{v_3+w}$　　(12) ①

精講　まずは問題のテーマをとらえる

■ ホイヘンスの原理

　ある瞬間の波面上の各点から素元波が広がり，それらに共通に接する面が次の瞬間の波面になる。このホイヘンスの原理を用いて，反射の法則および屈折の法則が説明できる。

着眼点

　ホイヘンスの原理の用い方を，風の無い場合で確認しておく。

　右図のように点A～Dを仮定し，△ABDと△DCAに着目すると，

$$\overline{\mathrm{AD}}\sin\theta_1=\overline{\mathrm{BD}}=v_1 t$$
$$\overline{\mathrm{AD}}\sin\theta_2=\overline{\mathrm{AC}}=v_2 t$$

以上2式より，

$$\frac{\sin\theta_1}{\sin\theta_2}=\frac{v_1}{v_2}$$

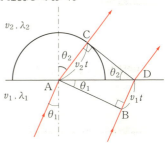

　振動数を f とすると，振動数は屈折により変化しないことから，

$$f=\frac{v_1}{\lambda_1}=\frac{v_2}{\lambda_2}\qquad\text{これより，}\qquad \frac{v_1}{v_2}=\frac{\lambda_1}{\lambda_2}$$

以上をまとめて，

$$\frac{\sin\theta_1}{\sin\theta_2}=\frac{v_1}{v_2}=\frac{\lambda_1}{\lambda_2}$$　←屈折の法則（p.114 **精講**を参照）

標問 37 の解説

(1)　屈折の法則より，

$$\frac{v_1}{v_2}=\frac{\sin\theta_1}{\sin\theta_2}$$

(2)　距離 $\overline{\mathrm{PP'}}$ は，素元波の中心が風のために移動した距離である。よって，風速 w と時間 t を用いて，

$$\overline{\mathrm{PP'}}=wt$$

(3) 距離 $\overline{\mathrm{P'R}}$ は，素元波が音速 v_3 で時間 t の間に広がる距離である。よって，
$$\overline{\mathrm{P'R}}=v_3t$$

(4) 距離 $\overline{\mathrm{QS}}$ は，波面が音速 v_2 で時間 t の間に進む距離である。よって，
$$\overline{\mathrm{QS}}=v_2t$$

(5) 問題中の図2，あるいは右図より，
$$\overline{\mathrm{PS}}=\overline{\mathrm{PP'}}+\overline{\mathrm{P'S}}$$
$\triangle\mathrm{PQS}$ と $\triangle\mathrm{SRP'}$ に着目して，
$$\overline{\mathrm{PS}}\sin\theta_2=\overline{\mathrm{QS}}$$
$$\overline{\mathrm{P'S}}\sin\theta_3=\overline{\mathrm{P'R}}$$
以上3式を用いて，(2)，(3)，(4)の結果を代入すると，

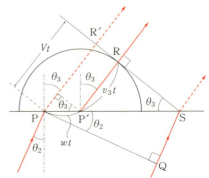

$$\underbrace{\frac{v_2t}{\sin\theta_2}}_{\overline{\mathrm{PS}}}=\underbrace{wt}_{\overline{\mathrm{PP'}}}+\underbrace{\frac{v_3t}{\sin\theta_3}}_{\overline{\mathrm{P'S}}}$$

よって，　$w=\dfrac{v_2}{\sin\theta_2}-\dfrac{v_3}{\sin\theta_3}$

(6) (5)の解説図の長さ $\mathrm{PR'}$ に着目する。屈折波の波面が，鉛直から角度 θ_3 方向に進む速さを V とすると，
$$\underbrace{Vt}_{\overline{\mathrm{PR'}}}=wt\sin\theta_3+\underbrace{v_3t}_{\overline{\mathrm{P'R}}}\qquad よって，\qquad V=w\sin\theta_3+v_3$$

(7) 反射の法則より，　←p.114 **精講**を参照
$$\theta_2=\theta_4$$

(8) 境界面 I の臨界角を $\theta_{1\mathrm{C}}$ とすると，屈折の法則より，　←p.114 **精講**を参照
$$\frac{\sin\theta_{1\mathrm{C}}}{\sin90°}=\frac{v_1}{v_2}\qquad これより，\qquad \sin\theta_{1\mathrm{C}}=\frac{v_1}{v_2}$$
全反射が起きるとき，$\theta_{1\mathrm{C}}<\theta_1$　すなわち，$\sin\theta_{1\mathrm{C}}<\sin\theta_1$ となる。　←p.115 **精講**を参照
このような角 θ_1 が存在する条件を考えると，$\sin\theta_1\leqq1$ なので，
$$\sin\theta_{1\mathrm{C}}=\frac{v_1}{v_2}<1$$

(9) 温度 $T\,[℃]$ のときの音速 v は，
$$v=331.5+0.6T\,[\mathrm{m/s}]$$

と表され，T に比例することがわかる。よって，(8)で求めた $\dfrac{v_1}{v_2}<1$ より $v_1<v_2$ であることから，境界面 I より下の層の気温を T_1，境界面 I と II の間の層の気温を T_2 とすると，$T_1<T_2$ となる。すなわち，境界面 I と II の間の層の気温の方が高くなるので，①が正しい。

(10) 臨界角で境界面 II に入射するとき，問題中の①式で，$\theta_3=90°$ として，
$$w=\frac{v_2}{\sin\theta_2}-\frac{v_3}{\sin90°}\qquad これより，\qquad \sin\theta_2=\frac{v_2}{v_3+w}$$
よって，全反射が起こるためには，(8)と同様に，角 θ_2 が存在する条件を考えて，

$$\sin\theta_2 = \frac{v_2}{v_3 + w} < 1$$

(11) 題意より，境界面IIに対する入射角 θ_2 が，

$$\sin\theta_B = \frac{v_2}{v_3 + w}$$

を満たす角度 θ_B に等しくなるような音波が音源Xを発するときの角度 θ_1 を θ_C とすると，境界面Iにおける屈折の法則より，

$$\frac{\sin\theta_1}{\sin\theta_2} = \frac{\sin\theta_C}{\sin\theta_B} = \frac{v_1}{v_2}$$

よって，

$$\sin\theta_C = \frac{v_1}{v_2}\sin\theta_B$$

$$= \frac{v_1}{v_2} \cdot \frac{v_2}{v_3 + w} = \frac{v_1}{v_3 + w}$$

(12) 境界面Iにおける屈折の法則より，

$$\frac{\sin\theta_1}{\sin\theta_2} = \frac{v_1}{v_2}$$

であり，音源Xを発した音波が境界面IIで全反射するとき $\theta_2 > \theta_B$ であるから，

$$\sin\theta_1 = \frac{v_1}{v_2}\sin\theta_2 > \frac{v_1}{v_2}\sin\theta_B = \frac{v_1}{v_2} \cdot \frac{v_2}{v_3 + w} = \frac{v_1}{v_3 + w} = \sin\theta_C$$

すなわち，$\theta_1 > \theta_C$ となる。したがって，①が正しい。

答　問1　(1)　$\alpha - \beta$　(2)　$\alpha - \beta$　(3)　$2(\alpha - \beta)$　(4)　$180° - 2\beta$

(5)　$4\beta - 2\alpha$　(6)　$\dfrac{\sin\alpha}{\sin\beta} = \dfrac{n_2}{n_1}$　(7)　$\dfrac{b}{r}$　(8)　2　(9)　42

問2　図2(b)より，すべての衝突径数の値に対して，仰角 θ_2 は42度以下であるから，内側は明るく外側は暗い。(47字)

問3　赤，黄，青

理由：波長の長い順に赤色，黄色，青色である。図3より波長が長いほど水の屈折率が小さく，(6)の式で入射角 α は共通であるから，屈折角 β は波長が長いほど大きくなり，(5)より波長が長いほど仰角 θ_2 が大きくなるから。(97字)

精講　まずは問題のテーマをとらえる

■反射の法則

右図のように入射角を i，反射角を i' とすると，

$$i = i'$$

■屈折の法則

媒質1，2の境界面で屈折が起こったとき，右図のように入射角を i，屈折角を r とし，媒質1，2の中での波の速さをそれぞれ v_1，v_2，波長をそれぞれ λ_1，λ_2 とすると，

$$\frac{\sin i}{\sin r} = \frac{v_1}{v_2} = \frac{\lambda_1}{\lambda_2} = n_{12}$$

ここで，一定値 n_{12} を「媒質1に対する媒質2の相対屈折率」という。

入射波　　　　反射波

媒質1　v_1, λ_1　　　境界面

媒質2　v_2, λ_2

屈折波

■絶対屈折率

光が真空中から物質中に進むときの相対屈折率を絶対屈折率または単に屈折率という。真空中の光速を c，物質中の光速を c' とし，絶対屈折率を n とすると，

$$n = \frac{c}{c'}$$

となる。

媒質1から媒質2に光が進むとき，右上図と同様に入射角を i，屈折角を r とする。媒質1，2中での光速をそれぞれ c_1，c_2，真空中での光速を c とし，媒質1，2の屈折率（絶対屈折率）をそれぞれ n_1，n_2 とすると，屈折の法則の式は，

$$\frac{\sin i}{\sin r} = \frac{c_1}{c_2} = \frac{c/c_2}{c/c_1} = \frac{n_2}{n_1}　\leftarrow n = \frac{c}{c'} \text{を利用}$$

となる。

■全反射

屈折率が大きい媒質から屈折率が小さい媒質に波が進むとき，屈折の法則により，入射角より屈折角の方が大きくなる。右図のように，屈折角が90°となるときの入射角 θ_C を臨界角といい，入射角が臨界角 θ_C より大きくなると，波は境界面ですべて反射する。

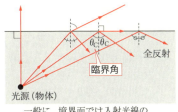

一般に，境界面では入射光線の一部が屈折し，一部が反射する

屈折率 n_1 の媒質側から屈折率 n_2 $(n_2 < n_1)$ の媒質との境界面に波が入射して，全反射する場合を考える。このとき，臨界角を θ_C とすると，屈折の法則の式は，

$$\frac{\sin\theta_C}{\sin 90°} = \frac{n_2}{n_1} \quad これより，\quad \sin\theta_C = \frac{n_2}{n_1}$$

入射角を θ とすると，全反射が起こる条件は $\theta_C < \theta$ と表せる。一般に $0 < \theta_C < 90°$，$0 < \theta < 90°$ であり，この範囲では $\theta_C < \theta$ のとき $\sin\theta_C < \sin\theta$ となるから，

$$\frac{n_2}{n_1} < \sin\theta$$

となる。

■幾何光学

一様な媒質中での直進性と，異なる媒質との境界面での反射・屈折を中心に，光を光線として図形的に扱う。波動性や粒子性のような光の本性から説明できる回折や干渉のような現象は扱えない。標問38，39，40，41 がその問題例で，反射の法則，屈折の法則，レンズの式を活用し，三角形の性質を中心に図形的に処理する。

着眼点

解説に示すように，問いに応じて図を描き，屈折の法則を適用し，さらに幾何的な考察をすればよい。なお，問1(8)，(9)，および問2では，グラフを基にした考察力が問われている。

標問38 の解説

問1　(1)　空気と雨滴の境界面は球面であるから，中心から点Aに引いた線が，点Aにおける球面に対する法線となる。右図より，太陽光線が点Aで時計回りに曲げられる角の大きさは，

$$\alpha - \beta$$

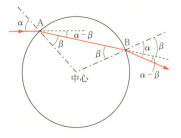

(2)　右図より，点Bで時計回りに曲げられる角の大きさは，

$$\alpha - \beta$$

(3) 求める角 θ_1 は，点Bで空気中に出る光が，点Aへの入射方向（水平方向）から曲げられた角の大きさに等しいので，

$$\theta_1 = \underbrace{(\alpha-\beta)}_{\text{(1)より}} + \underbrace{(\alpha-\beta)}_{\text{(2)より}} = 2(\alpha-\beta)$$

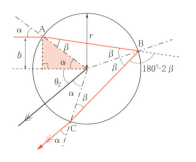

(4) 右図より，反射による太陽光線の進行方向の時計回りの変化は，

$$180° - 2\beta$$

(5) 右図のように，球の中心から射出光線に平行な線を引くと，角 θ_2 を考えることができる。中心の角に着目して，

$$\theta_2 + 2\alpha + 2(180° - 2\beta) = 360°$$

よって，　$\theta_2 = 4\beta - 2\alpha$

(6) 屈折の法則より，

$$\frac{\sin\alpha}{\sin\beta} = \frac{n_2}{n_1}$$

(7) 右上図の色をつけた三角形に着目して，

$$\sin\alpha = \frac{b}{r}$$

(8) 衝突径数が異なる光が同じ仰角 θ に散乱されるとき，散乱光の強さが強くなる。そのようなことが起こっているのは，問題中の図2(b)の極大値付近なので，虹を観測できるのは図2(a)の場合である。

(9) 図2(b)の極大値を読んで，仰角 $\theta_2 = 42$ 度付近である。

問2　図2(b)より，すべての衝突径数の値について，散乱される太陽光線の仰角が42度以下であることがわかる。よって，仰角が42度より小さい虹の内側には，散乱光があるので明るいが，仰角が42度より大きい虹の外側は，散乱光が無いので暗くなる。

問3　問題中の図3より，波長が長いほど屈折率 n_2 が小さい。入射角 α は波長によらず共通であるから，(6)より屈折率 n_2 が小さいほど角 β は大きくなる。また，(5)より角 β が大きいほど散乱される太陽光線の仰角 θ_2 は大きくなる。以上より，波長が長いほど仰角 θ_2 は大きい。

ここで，与えられた赤色，青色，黄色では，赤色が波長が最も長く，青色が波長が最も短い。したがって，仰角が大きい順に赤色，黄色，青色となる。

【参考】　可視光線の色（個人差もあるので一応の目安）　単位は nm（ナノ・メートル）

380	430	490	550	590	640	780
紫	青	緑	黄	橙	赤	

標問 39 屈折による拡大

答

問1 $L=(h+d)\tan\theta$ 問2 $L=h\tan\beta+d\tan\alpha$

問3 $\dfrac{\sin\beta}{\sin\alpha}=n$ 問4 $\dfrac{\beta}{\theta}=\dfrac{n(h+d)}{nh+d}$ 問5 $\dfrac{h+d}{h+nd}$

精講 まずは問題のテーマをとらえる

■光波の屈折の法則

屈折の法則は，**標問 38** の**精講**のように考えればよい。しかし，問題を解くためには以下のように "同じ側の量" の積とすると，間違えにくくなる。

右図のように，屈折率 n_1 の媒質 1 から屈折率 n_2 の媒質 2 に進む光を考える。入射角を θ_1，屈折角を θ_2 とし，媒質 1，2 中での光速をそれぞれ c_1，c_2，波長をそれぞれ λ_1，λ_2 とすると，

$n_1\sin\theta_1=n_2\sin\theta_2$

$n_1 c_1=n_2 c_2$

$n_1\lambda_1=n_2\lambda_2$

なお，反射・屈折により，振動数は変化しない。

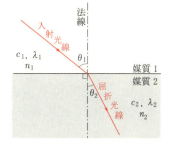

■視角

物体の両端から出た光線が目に入るときになす角を視角という。人はこの視角の大小で，物体の大小を判断している。

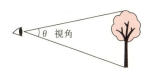

着眼点

幾何光学では，光線を図示して図形的に処理する。その際，三角形に着目してその図形的性質を用いる。本問でも，描いた図から着目すべき三角形を見つけ出すことがポイントである。

標問 39 の解説

問1 右図左の直角三角形より，

$L=(h+d)\tan\theta$

問2 右図右の中の，色のついた 2 つの直角三角形より，

$L=h\tan\beta+d\tan\alpha$

問3 屈折の法則より，

$\dfrac{\sin\beta}{\sin\alpha}=n$

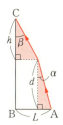

なお，「空気に対する水の屈折率を n とする」ことから，空気の（絶対）屈折率を 1 とし，水の（絶対）屈折率を n と考えて，

$$1 \times \sin\beta = n \times \sin\alpha$$

と立式してもよい。

問4 角 $\theta,\ \alpha,\ \beta$ は微小であるから，問 1，2 で求めた L の式に与えられた近似式を適用して，

$$L \fallingdotseq (h+d)\theta$$
$$L \fallingdotseq h\beta + d\alpha$$

以上 2 式より，

$$\theta = \frac{h\beta + d\alpha}{h+d} \quad \cdots(*)$$

問 3 で求めた式に与えられた近似式を適用して，

$$\frac{\beta}{\alpha} \fallingdotseq n \qquad \text{すなわち，} \quad \alpha \fallingdotseq \frac{\beta}{n}$$

これを $(*)$ に代入して，

$$\theta = \frac{h\beta + d\dfrac{\beta}{n}}{h+d} = \frac{(nh+d)\beta}{n(h+d)}$$

よって，$\quad \dfrac{\beta}{\theta} = \dfrac{n(h+d)}{nh+d}$

問5 $\angle\mathrm{ACB}$ を θ' とし，水と空気との境界面に対する入射角を α'，屈折角を β' とすると，右図を参照して，

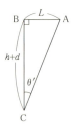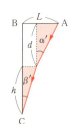

$$L = (h+d)\tan\theta'$$
$$L = d\tan\alpha' + h\tan\beta'$$

この 2 式と屈折の法則の式

$$1 \times \sin\alpha' = n \times \sin\beta'$$

に，問 4 で与えられた近似式を適用して，

$$L \fallingdotseq (h+d)\theta'$$
$$L \fallingdotseq d\alpha' + h\beta'$$
$$\frac{\alpha'}{\beta'} \fallingdotseq n$$

以上より，$\quad \dfrac{\beta'}{\theta'} = \dfrac{h+d}{h+nd}$

答

問1 **OB**：120 mm 拡大率：5倍

問2 **OA**：18.4 mm 拡大率：12.5倍 問3 160 mm

問4 1 mm（L1 から遠ざける向き） 総合倍率：20倍

問5 距離：135 mm 総合倍率：7.5倍

精講 まずは問題のテーマをとらえる

■像の位置と像の種類

物体（光源）からレンズまでの距離を a，レンズから像までの距離を b，焦点距離を f とすると，レンズの式（写像公式）は次のようになる。

$$\frac{1}{a}+\frac{1}{b}=\frac{1}{f}$$

① 物体（光源）の位置と種類

物体（光源）がレンズの前方：$a>0 \Rightarrow$ 実光源

物体（光源）がレンズの後方：$a<0 \Rightarrow$ 虚光源

② 像の位置と種類

像がレンズの前方：$b<0 \Rightarrow$ 虚像 像がレンズの後方：$b>0 \Rightarrow$ 実像

③ 凸レンズと凹レンズ

凸レンズ：$f>0$ 凹レンズ：$f<0$

■倍率と像の向き

1，2，…枚目のレンズの各量に添字 1，2，…をつけて，

$$m=m_1 \times m_2 \cdots=\left(-\frac{b_1}{a_1}\right)\left(-\frac{b_2}{a_2}\right)\cdots$$

とすると，倍率は $|m|$ で与えられ，像の正立・倒立の区別は，

$m>0$：正立 $m<0$：倒立

となる。

標問 **40** の解説

問1 物体，レンズ，像の位置関係は右図のようになる。写像公式を適用して，

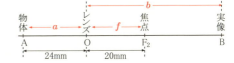

$$\frac{1}{24}+\frac{1}{\mathrm{OB}}=\frac{1}{20}$$

よって， OB＝120 〔mm〕

なお，OB＞0 より，実像ができていることがわかる。また，拡大率は倍率の式より，

$$|m|=\left|-\frac{120}{24}\right|=5 〔倍〕$$

問2　物体，レンズ，像の位置関係は右図のように
　　なる。見えるのは**虚像**であることに注意して，

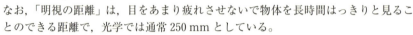

$$\frac{1}{\mathrm{OA}}+\frac{1}{-(250-20)}=\frac{1}{20}$$

　　よって，　OA＝18.4〔mm〕
　　また，拡大率は，

$$|m|=\left|-\frac{-230}{18.4}\right|=12.5\,〔倍〕$$

　　なお，「明視の距離」は，目をあまり疲れさせないで物体を長時間はっきりと見ること
　　のできる距離で，光学では通常 250 mm としている。

問3　レンズ L1 による像 BB′ は，問1よりレンズ L1 の右側 120 mm の位置にでき，
　　これがレンズ L2 では実光源となる。レンズ L1 とレンズ L2 の距離を x として，レ
　　ンズ L2 について写像公式を適用すると，

$$\frac{1}{x-120}+\frac{1}{-(250-50)}=\frac{1}{50}\qquad よって，\quad x=160\,〔mm〕$$

問4　倒立像 BB′ とレンズ L2 の距離を a_2 として，レンズ L2 について写像公式を適
　　用すると，

$$\frac{1}{a_2}+\frac{1}{300}=\frac{1}{50}\qquad これより，\quad a_2=60\,〔mm〕$$

　　物体 AA′ を左側に d だけずらしたとして，レンズ L1 についてレンズの式を立てる
　　と，

$$\frac{1}{24+d}+\frac{1}{160-60}=\frac{1}{20}\qquad よって，\quad d=25-24=1\,〔mm〕$$

　　また，総合倍率は，

$$|m|=\left|\left(-\frac{160-60}{24+1}\right)\left(-\frac{300}{60}\right)\right|=20\,〔倍〕$$

問5　レンズ L2 とスクリーンの位置を変えないことから，レンズ L1 による像 BB′
　　の位置はレンズ L2 の左側 60 mm である。したがって，物体 AA′ と像 BB′ の距離
　　は，問4より 125 mm となる。これより，物体 AA′ とレンズ L1 との距離を a_1 とし
　　て，レンズ L1 について写像公式を適用すると，

$$\frac{1}{a_1}+\frac{1}{125-a_1}=\frac{1}{30}\qquad 式変形して，\quad (a_1-50)(a_1-75)=0$$

　　さらに，倍率が1倍以上より，

$$\frac{125-a_1}{a_1}\geqq1\qquad 式変形して，\quad a_1\leqq\frac{125}{2}=62.5$$

　　よって，$a_1=50$〔mm〕となるから，レンズ L1 とレンズ L2 の距離は，

$$(125+a_2)-a_1=185-50=135\,〔mm〕$$

　　また，総合倍率は，

$$|m|=\left|\left(-\frac{125-50}{50}\right)\left(-\frac{300}{60}\right)\right|=7.5\,〔倍〕$$

答
問1　像の位置：点Bの左方 25.7 cm　　種類：実像　倍率：1.1，正立
問2　像の位置：点Cの左方 20 cm　　種類：虚像　倍率：2，倒立
問3　像の位置：点Cの左方 6.7 cm　　種類：虚像　倍率：0.67，倒立

精講 まずは問題のテーマをとらえる

■写像公式

　レンズの式 (写像公式) $\dfrac{1}{a}+\dfrac{1}{b}=\dfrac{1}{f}$ は，球面鏡による像にも用いることができる。

球面鏡の場合，物体 (光源) の位置は必ず鏡の前方にあり，$a>0$ である。

① 像の位置と種類

　　　　像が鏡の前方：$b>0 \Rightarrow$ 実像　　　像が鏡の後方：$b<0 \Rightarrow$ 虚像

② 凹面鏡と凸面鏡

　　　　凹面鏡：$f>0$　　　凸面鏡：$f<0$

なお，倍率と像の向きに関しては，レンズの場合と同じになる。　←**p.119 精講を参照**

着眼点

　　レンズ，鏡に写像公式を適用する。その際，位置関係をしっかり把握する。

標問 41 の解説

問1　まず，点Bに置いた凸レンズによる像の位置を求める。点Bから像までの距離
を b として，写像公式を適用すると，

$$\frac{1}{30}+\frac{1}{b}=\frac{1}{20} \qquad これより，\quad b=60 〔cm〕 \quad ←b>0 \text{ なので，この像は実像である}$$

　　次に，この実像を，点Cに置いた
凹面鏡の光源と考え，凹面鏡による
新たな像の位置を求める。右図のよ
うに，点Cから像までの距離を b' と
して，写像公式を適用すると，

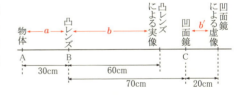

$$\frac{1}{70-60}+\frac{1}{b'}=\frac{1}{20}$$

これより，　$b'=-20$〔cm〕　←$b'<0$ なので，この像は虚像である

　　凹面鏡で反射された光は再び凸レンズに達するので，この虚像を凸レンズの光源
と考え，凸レンズによる新たな像の位置を求める。点Bから像までの距離を b'' とし
て，写像公式を適用すると，

$$\frac{1}{70+20}+\frac{1}{b''}=\frac{1}{20} \qquad これより，\quad b''=\frac{180}{7}≒25.7 〔cm〕$$

よって，できる像の位置は点Bの左方 25.7 cm で，像の種類は $b''>0$ より実像である。ここで，倍率の式（p.119 **精講** を参照）を用いると，

$$m=\left(-\frac{60}{30}\right)\left(-\frac{-20}{70-60}\right)\left(-\frac{180/7}{70+20}\right)=-2\cdot2\cdot\left(-\frac{2}{7}\right)=\frac{8}{7}\fallingdotseq1.1$$

よって，像の倍率は 1.1 であり，$m>0$ より正立である。

問2 まず，点Bに置いた凸レンズによる像の位置を求める。点Bから像までの距離を b として，写像公式を適用すると，

$$\frac{1}{40}+\frac{1}{b}=\frac{1}{20} \qquad \text{これより，} \qquad b=40\,\text{〔cm〕} \quad \textcolor{red}{\leftarrow b>0\ なので，この像は実像である}$$

次に，この実像を，点Cに置いた凸レンズの光源と考え，点Cの凸レンズによる新たな像の位置を求める。右図のように，点Cから像までの距離を b' として，写像公式を適用すると，

$$\frac{1}{50-40}+\frac{1}{b'}=\frac{1}{20}$$

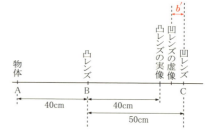

これより，$b'=-20\,\text{〔cm〕}$

よって，できる像の位置は点Cの左方 20 cm で，像の種類は $b'<0$ より虚像である。ここで，倍率の式を用いると，

$$m=\left(-\frac{40}{40}\right)\left(-\frac{-20}{50-40}\right)=-2.0$$

よって，像の倍率は 2.0 であり，$m<0$ より倒立である。

問3 問2より，点Bに置いた凸レンズによる像は，点Bの右方 40 cm の位置にでき，実像である。この実像を，点Cに置いた凹レンズの光源と考え，凹レンズによる新たな像の位置を求める。点Cから像までの距離を b' として，写像公式を適用すると，

$$\frac{1}{50-40}+\frac{1}{b'}=\frac{1}{-20}$$

これより，$b'=-\frac{20}{3}\fallingdotseq-6.7\,\text{〔cm〕}$

よって，像の位置は点Cの左方 6.7 cm で，像の種類は $b'<0$ より虚像である。ここで，倍率の式を用いると，

$$m=\left(-\frac{40}{40}\right)\left(-\frac{-20/3}{50-40}\right)=-\frac{2}{3}\fallingdotseq-0.67$$

よって，像の倍率は 0.67 であり，$m<0$ より倒立である。

答

問1　1.0 s

問2　$x = -1.0, 3.0$ 〔m〕

問3　右図2

問4　(1)　$t = 1.25$ 〔s〕　　(2)　下図3

問5　下図4

〔注〕　本問では，問題文中に与えられた数値など
にも有効数字の配慮がないため，常識的な桁数
を解答とした。問1，2では，有効数字1桁の
答も可となる。

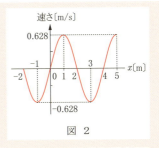

図　2

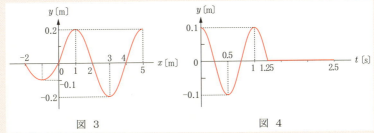

図　3　　　　　　　　　　　　　　　　図　4

精講　まずは問題のテーマをとらえる

■**波の基本量の関係**

波を表す伝わる速さ v，波長 λ，振動数 f，周期 T の関係は，具体例をイメージして
理解する。

$$v = f\lambda = \frac{\lambda}{T}$$

■**横波**

媒質の振動方向が波の進行方向に垂直な波。

■**縦波（疎密波）**

媒質の振動方向が波の進行方向と一致する波。縦波では媒質に疎密が生じ，この密
度変化が伝わっていくので疎密波ともいう。

着眼点

波のグラフには，変位 y と位置 x の関係を表す「y-x グラフ」と，変位 y と時刻
t の関係を表す「y-t グラフ」とがある。y-x グラフはある瞬間の波形を表し，y-t
グラフはある点の振動を表す。

問1 問題中の図より,この波の波長は $\lambda=4.0$ 〔m〕とわかる。また,題意より,波の伝わる速さは $v=4$ 〔m/s〕である。よって,この波の周期を T とすると,

$$T=\frac{\lambda}{v}=\frac{4.0}{4}=1.0 \text{〔s〕}$$

問2 右図に示すように,媒質の変位は $-2 \le x<-1$ 〔m〕では左方向,$-1<x<1$ 〔m〕では右方向,$1<x<3$ 〔m〕では左方向,$3<x<5$ 〔m〕では右方向である。よって,密度が最も疎になる点は,

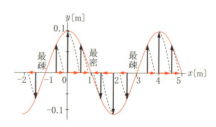

$$x=-1.0,\ 3.0 \text{〔m〕}$$

問3 山や谷の位置($x=-2.0,\ 0,\ 2.0,\ 4.0$ 〔m〕)では媒質振動の速さが 0 であり,変位 0 の位置($x=-1.0,\ 1.0,\ 3.0,\ 5.0$ 〔m〕)では媒質振動の速さが最大である。速度の向きは波形を少し進めてみるとわかる。また,問題中の図1より,振幅 $A=0.1$ 〔m〕である。よって,媒質振動の速さの最大値を v_{m} とすると,

$$v_{\mathrm{m}}=\underset{\text{振幅}}{A}\times\underset{\text{角振動数}}{\frac{2\pi}{T}}=0.1\times\frac{2\times3.14}{1}=0.628 \text{〔m/s〕}$$

以上を踏まえてグラフを描くと,答の図2のようになる。

問4 (1) 反射波の先端が速さ 4 m/s で 5.0 m 進む時間を考えて,

$$t=\frac{5.0}{4}=1.25 \text{〔s〕}$$

(2) 問題中の図1の波形をそのまま 5.0 m 進めて透過波を描き,それを $x=5.0$ 〔m〕で折り返すと,自由端反射波が得られる。重ね合わせの原理により,入射波と反射波の合成波を描くと,右図の色つき太線のようになる。

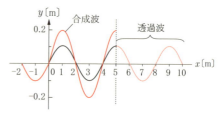

← $x<0$ では,この時刻にはまだ反射波が到達していないことに注意!

問5 時刻 $t=1.25$ 〔s〕までは入射波による変位を描き,その後は入射波と反射波による合成変位を描けばよい。ただし,$x=0$ 〔m〕は合成波である定常波の節になるので,時刻 $t=1.25$ 〔s〕以降は常に変位 0 となる。

答

問1 (1) x_4 (2) x_3

問2 t_2 問3 1.00×10^3 Hz 問4 $f' = \dfrac{340 - v}{340 + v} f$ 〔Hz〕

問5 (1) 波の進行方向と媒質の振動方向とが直交しているのが横波であり，波の進行方向と媒質の振動方向とが一致しているのが縦波である。

(2) 縦波は媒質の密度変化が伝わる現象であり固体中，空気中ともに伝わるが，横波は媒質の変形が伝わる現象であり空気中は伝わらず固体中は伝わるから。

精講 まずは問題のテーマをとらえる

■定常波

振幅，波長，速さの等しい2つの進行波が，一直線上を互いに逆向きに進んで重なるときできる，波形の進行しない波。右図のように，最も大きく振動する位置を腹といい，まったく振動しない位置を節という。入射波と反射波が重なると定常波ができるが，反射点は，自由端反射では定常波の腹に，固定端反射では定常波の節になる。

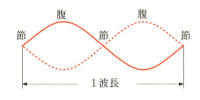

着眼点

本問は音波による空気の密度の空間変化と時間変化に関する問題である。右図のように，ある瞬間の空気の変位が，x軸に対して「横波型」に描かれている場合，実際の変位（x軸上の • ）を描いてみれば疎密が見える。なお，波を

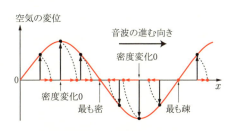

進行方向と逆向きにたどっていくと，変位の時間変化を読み取ることができる。これより，次の性質がわかる。

① 空気の変位の大きさが最大となる点では，密度の変化分が0となる。

② 変位が負→0→正と時間変化する点では，変位0となる瞬間に密度の変化分が最大（最も密）となる。逆に，変位が正→0→負と時間変化する点では，変位0となる瞬間に密度の変化分が最小（最も疎）となる。

標問 43 の解説

問1 (1) 着眼点 の図は縦軸が**空気の変位**，問題中の図は縦軸が**密度の変化分**であ

ることに注意が必要である。 着眼点 の図を参照して規則性を見つけよう。空気の密度変化分が最大となる点に着目すると，この点より左側にある，密度変
└→最も密

化分が 0 となる最も近い点で，変位は最大となることがわかる。問題中の図2からこの条件に最も近い点を読むと，$x = x_4$ とわかる。

(2)　単振動の性質から，変位 0 のとき空気(媒質)の速さ最大となる。さらに，x 軸の負の向きに速さ最大となるのは，これから負に変位する密度の変化分最小の位置である。よって，問題中の図2から，$x = x_3$ とわかる。　└→最も疎

問2　問1(1)と同様に，着眼点 の図を参照して規則性を見つけよう。空気の変位が x 軸の正の向きに最も大きくなる点では，少し前に空気の密度の変化分最大となっ
└→最も密

ている。問題中の図3からこの時刻に最も近い時刻を読むと，$t = t_2$ とわかる。

問3　きわめてゆっくりと移動させていることから，反射波の波長の変化は無視でき，反射板の左側には，入射波と反射波が重なって，定常波ができると考えてよい。定常波の腹と腹(節と節)の間隔は，波長を λ とすると $\dfrac{\lambda}{2}$ と表されるから，音の大きさは反射板が $\dfrac{\lambda}{2}$ 移動するごとに変化する。よって，

$$\frac{\lambda}{2} = 17.0 \, (\mathrm{cm}) = 0.170 \, (\mathrm{m})$$

音速は $c = 340 \, (\mathrm{m/s})$ であるから，

$$f = \frac{c}{\lambda} = \frac{340}{2 \times 0.170} = 1.00 \times 10^3 \, (\mathrm{Hz})$$

問4　ドップラー効果に関する問題である。ここでは，原理的に考えてみよう。

反射板に1秒間に入射する波の数を f_R とする。音源から反射板に向かう音波の波長は $\dfrac{340}{f} \, (\mathrm{m})$ であり，反射板に対して音波は速さ $340 - v \, (\mathrm{m/s})$ で近づくから，

$$f_\mathrm{R} = \frac{340 - v}{\dfrac{340}{f}}$$

よって，反射板から点Pに向かう音波の波長を λ_R とすると，

$$\lambda_\mathrm{R} = \frac{340 + v}{f_\mathrm{R}} = \frac{340 + v}{340 - v} \cdot \frac{340}{f}$$

これより，点Pに音波は速さ $340 \, \mathrm{m/s}$ で近づくから，

$$f' = \frac{340}{\lambda_\mathrm{R}} = \frac{340 - v}{340 + v} f \, (\mathrm{Hz})$$

問5　(1)　媒質の振動方向が波の進行方向に一致している波を縦波，媒質の振動方向と波の進行方向とが垂直な波を横波という。

(2)　縦波は，媒質の密度変化すなわち体積変化が伝わるので，固体・液体・気体のいずれにも生じる。一方，横波は媒質のずれが伝わるので，ずれに対する弾性のある固体やゼリー状の物質にしか生じない。

答

問1 固有振動

問2 弦の固有振動数に等しい振動数で振動させると，弦を互いに逆向き
に伝わる振幅，波長，周期の等しい2種類の波が重なるから。

問3 400 Hz　　問4 **AB 部分**：0.4 m　**BC 部分**：0.2 m

問5 **AB 部分**：120 m/s

　　BC 部分：60 m/s

問6 右図

精講 まずは問題のテーマをとらえる

■弦の振動

弦をはじくと，生じた波は弦の両端で繰り返し反射するので，一般には打ち消し合
う。しかし，特別な条件を満たすときには，互いに逆向きに伝わる振幅，波長，周期の
等しい2種類の波にまとまり，定常波を生じる。

特別な条件とは「固定端に定常波の節，自由端に定常波の腹」が出来るような振動を
与えるというものである。通常，弦の両端は節となる。おんさに結ばれた端は振動す
るので腹と考えやすいが，弦の他の部分に比べれば振幅がきわめて小さいので，節と
する。これにより，定常波を図示して考える。

■弦を伝わる波の速さと次元解析

弦を伝わる波の速さを表す式

$$v=\sqrt{\frac{T}{\rho}}$$

は，以下のように，次元解析により求めることができる。ここで，実験により速さ v は
弦の張力 T と線密度 ρ で決まると考えられているので，$v=T^x \cdot \rho^y$ と表される。

長さ，質量，時間の次元を [L]，[M]，[T] と表すと，

　　　速さ v〔m/s〕：$[LT^{-1}]$

　　　線密度 ρ〔kg/m〕：$[ML^{-1}]$

　　　張力 T〔N〕$=$〔kg·m/s²〕：$[MLT^{-2}]$

であるから，$v=T^x \cdot \rho^y$ の関係を次元式で表すと，

　　　$[LT^{-1}]=[MLT^{-2}]^x[ML^{-1}]^y=[M^{x+y}L^{x-y}T^{-2x}]$

両辺比較して，

$$\left.\begin{array}{l} \text{M}：0=x+y \\ \text{L}：1=x-y \\ \text{T}：-1=-2x \end{array}\right\} \quad \text{これより，}\quad x=\frac{1}{2},\ y=-\frac{1}{2}$$

よって，　$v=T^{\frac{1}{2}} \cdot \rho^{-\frac{1}{2}}=\sqrt{\dfrac{T}{\rho}}$

弦の振動数では，腹の数を$\frac{1}{2}\lambda$（λ：波長）の数と考えるとよい。

具体的には，右図の場合，腹が3個であるから，弦の長さを$\frac{1}{2}\lambda\times3$と考える。また，基本振動は腹が1個の場合であるから，n倍振動は腹がn個であり，弦の長さは$\frac{1}{2}\lambda\times n$と考える。

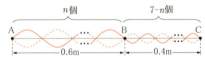

弦の長さ

腹3個 → $\frac{\lambda}{2}\times3$

標問 44 の解説

問1　弦に定常波が生じるときの振動を，固有振動という。

問2　弦をはじくと，生じた波は弦の両端で繰り返し反射して伝わるので，一般に波は打ち消し合って消える。しかし，特別な条件を満たすときには定常波が生じて，弦は大きく振動する。この特別な条件とは，弦の両端がちょうど定常波の節となる振動を与えることであり，このときの振動が弦の固有振動である。

問3　9倍振動，6倍振動の定常波の波長をそれぞれλ_9，λ_6とする。弦の長さは変えないことから，

$$\underbrace{\frac{\lambda_9}{2}\times9}_{\text{弦の長さ}}=\underbrace{\frac{\lambda_6}{2}\times6}_{}\qquad\text{これより，}\qquad\frac{\lambda_9}{\lambda_6}=\frac{6}{9}=\frac{2}{3}$$

弦を伝わる9倍振動，6倍振動の定常波の速さをそれぞれv_9，v_6とする。弦の線密度をρ，9倍振動の定常波が生じているときのおもりの質量をM，重力加速度の大きさをgとすると，弦を伝わる波の速さを表す式は，

$$v_9=\sqrt{\frac{Mg}{\rho}}$$
$$v_6=\sqrt{\frac{4Mg}{\rho}}\qquad\text{これより，}\qquad\frac{v_9}{v_6}=\frac{1}{2}$$

また，6倍振動の定常波ができるときのおんさの振動数をf_6とすると，

$$v_9=300\lambda_9$$
$$v_6=f_6\lambda_6\qquad\text{これより，}\qquad\frac{v_9}{v_6}=\frac{300}{f_6}\cdot\frac{\lambda_9}{\lambda_6}$$

よって，

$$f_6=\frac{v_6}{v_9}\cdot\frac{\lambda_9}{\lambda_6}\times300=\frac{2}{1}\cdot\frac{2}{3}\times300=400\ (\text{Hz})$$

問4　右図のように，AB部分，BC部分を伝わる波の波長をそれぞれλ_{AB}，λ_{BC}とし，AB部分の腹の数をnとすると，

$$\frac{\lambda_{AB}}{2}\cdot n=0.6,\qquad\frac{\lambda_{BC}}{2}\cdot(7-n)=0.4$$

と表せる。この2式より，

$$\frac{\lambda_{AB}}{\lambda_{BC}} \cdot \frac{n}{7-n} = \frac{0.6}{0.4} \qquad \text{よって,} \quad \frac{\lambda_{AB}}{\lambda_{BC}} = \frac{3}{2}\left(\frac{7}{n}-1\right) \quad \cdots ①$$

一方,AB 部分と BC 部分の線密度の比が 1 : 4 であるから,AB 部分,BC 部分を伝わる波の速さをそれぞれ v_{AB}, v_{BC} とすると,

$$\frac{v_{AB}}{v_{BC}} = \frac{300 \cdot \lambda_{AB}}{300 \cdot \lambda_{BC}} = \frac{\sqrt{Mg/\rho}}{\sqrt{Mg/4\rho}} = \frac{2}{1} \quad \cdots ② \quad \leftarrow v = f\lambda, \ v = \sqrt{\frac{T}{\rho}} \ \text{を利用}$$

①,②式より,

$$\frac{\lambda_{AB}}{\lambda_{BC}} = \frac{3}{2}\left(\frac{7}{n}-1\right) = \frac{2}{1} \qquad \text{これより,} \quad n = 3$$

よって,

$$\lambda_{AB} = \frac{0.6 \times 2}{n} = 0.4 \ \text{〔m〕}$$

$$\lambda_{BC} = \frac{0.4 \times 2}{7-n} = 0.2 \ \text{〔m〕}$$

問5 問 4 で求めた λ_{AB}, λ_{BC} を用いて,

$$v_{AB} = 300 \cdot \lambda_{AB} = 300 \times 0.4 = 120 \ \text{〔m/s〕}$$

$$v_{BC} = 300 \cdot \lambda_{BC} = 300 \times 0.2 = 60 \ \text{〔m/s〕}$$

問6 A,B,C を節とし,AB 部分に腹が 3 個,BC 部分に腹が 7−3=4 個 できることから,図を描く。

答

問1　$b = \dfrac{1}{5}(L - 3a)$ 〔m〕　　問2　$f_0 = \dfrac{5v}{2(L + 2a)}$ 〔Hz〕

問3　$f_1 = \dfrac{3v}{2L}$ 〔Hz〕　　または，　$f_1 = \dfrac{2v}{L}$ 〔Hz〕

問4　$n = 3$，$s = \dfrac{L}{3}$ 〔m〕　　または，　$n = 4$，$s = \dfrac{L}{4}$ 〔m〕

精講　まずは問題のテーマをとらえる

■気柱の共鳴

　管内の気柱を波が伝わるとき，弦の場合と同様に両端で繰り返し反射が起こるため，一般にはいろいろな位相の波が重なり合い，波はすぐに消えてしまう。しかし，特別な条件が成立するときにだけ気柱には定常波が生じ，共鳴（共振）が起こる。この条件は，自由端が定常波の腹になり，固定端が定常波の節になることである。具体的には，

　　　　開いた端（開口端）が腹，閉じた端が節

とまとめることができる。この定常波のできるときの振動を気柱の固有振動といい，このときの振動数を固有振動数という。なお，厳密には，開口端では少し外側に腹ができる。この開口端と腹との距離を開口端補正という。

■弦・気柱の解法

　弦の振動や気柱の共鳴に関する問題は典型的なものが多い。まず，以下の基本的な解法手順にしたがって，典型的な問題が確実に解けるようにしておくとよい。

手順①　生じている定常波を図示する。

手順②　1波長が右図のように図示されることから，波長を求める。実戦的には，次のようにまとめることができる。

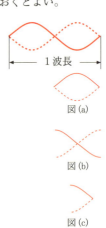

1波長

図 (a)

図 (b)

図 (c)

　　弦：腹の数（右図(a)の波形の数）n を数えて，

$$弦の長さ = \frac{波長}{2} \times n$$

　　気柱（開管）：節の数（右図(b)の波形の数）n を数えて，

$$気柱の長さ = \frac{波長}{2} \times n$$

　　気柱（閉管）：節の数 n を数えて，

$$気柱の長さ = \frac{波長}{4} \times (2n - 1)$$

　　または，右図(c)の波形の数 $n'(= 2n - 1)$ を数えて，

$$気柱の長さ = \frac{波長}{4} \times n'$$

手順③　波の基本式 $v = f\lambda$ を活用する。

ここで，**手順③** の $v=f\lambda$ の活用では，変わらない量に着目して式を立てることがポイントである。

着眼点

「右向きにゆっくり移動させたところ，ピストンの左端がガラス管の中心位置から距離 a [m] の場所まできたとき，はじめて音が大きく聞こえ，その場所を越えると音が小さくなった」という問題文からは，音が小さくなったのち再び大きくなることがなかったのか，左向きに移動させたときと同じく距離 a [m] の場所を含めて 2 箇所で音が大きく聞こえたのか判断できない。したがって，両方の場合を考えることになる。

標問 45 の解説

問1　ピストンを右向きに移動させたとき，距離 a [m] の場所だけで大きな音が聞こえる場合（状態 I）と，距離 a [m] の場所を含めて2箇所で強め合う場合（状態 II）の両方を考える。それぞれの場合に，ガラス管内に生じた定常波を図示すると，右図のようになる。したがって，この定常波の波長を λ とすると，どちらの図で考えても，

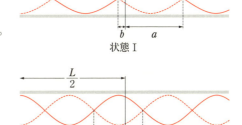

状態 I

状態 II

$$\frac{1}{2}\lambda = a + b$$

$$\frac{L}{2} - b = \frac{\lambda}{4} \times 3$$

となる。以上 2 式より λ を消去すると，

$$b = \frac{1}{5}(L - 3a) \text{ [m]}$$

問2　問1の結果より，

$$\frac{1}{2}\lambda = a + b = \frac{1}{5}(L + 2a) \qquad \text{これより，} \qquad \lambda = \frac{2}{5}(L + 2a) \quad \text{←手順②}$$

となる。ここで，波の基本式を活用すると，　**←手順③**

$$f_0 = \frac{v}{\lambda} = \frac{5v}{2(L + 2a)} \text{ [Hz]}$$

問3　音速は変わらないから，振動数を徐々に小さくしていくと，波長は徐々に長くなる。　←$v=f\lambda$ を利用

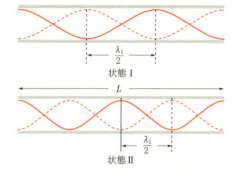

　よって，ピストンを抜き取ってからはじめて音が大きく聞こえたとき，ガラス管内に生じている定常波は，状態Ⅰ，状態Ⅱではそれぞれ右図のようになる。したがって，定常波の波長をλ_1とすると，状態Ⅰのとき，

$$\frac{\lambda_1}{2}\times 3=L$$

これより，　$\lambda_1=\dfrac{2L}{3}$　←**手順②**

となる。ここで，波の基本式を活用すると，　←**手順③**

$$f_1=\frac{v}{\lambda_1}=\frac{3v}{2L}\,[\text{Hz}]$$

　また，状態Ⅱのとき，

$$\frac{\lambda_1}{2}\times 4=L \qquad これより，\qquad \lambda_1=\frac{L}{2}$$　←**手順②**

となる。ここで，波の基本式を活用すると，　←**手順③**

$$f_1=\frac{v}{\lambda_1}=\frac{2v}{L}\,[\text{Hz}]$$

問4　微粒子がほとんど動かない場所は，定常波の節の位置である。問3の解説図を参照して，状態Ⅰのとき，

$$n=3, \qquad s=\frac{\lambda_1}{2}=\frac{L}{3}\,[\text{m}]$$

　また，状態Ⅱのとき，

$$n=4, \qquad s=\frac{\lambda_1}{2}=\frac{L}{4}\,[\text{m}]$$

答

(1) $\dfrac{\omega}{2\pi}$ (2) $\dfrac{2\pi}{k}$ (3) $\dfrac{\omega}{k}$ (4) ωt_0 (5) $c(t_1 - t_0) = x_1 - X(t_0)$

(6) $\dfrac{ct_1 - x_1}{c - v}$ (7) $\dfrac{c}{c - v}\omega$ (8) $-\dfrac{c}{c - v}k$

精講 まずは問題のテーマをとらえる

■**波の式**

　波による変位を表すには，グラフだけでなく式を用いることもできる。x 軸方向正の向きに伝わる振幅 A，周期 T，波長 λ の波による，位置 x での時刻 t における変位 y は，

$$y = A\sin\left\{2\pi\left(\frac{t}{T} - \frac{x}{\lambda}\right) + \theta_0\right\} \quad (\theta_0 \text{ は定数})$$

と表すことができる。この $2\pi\left(\dfrac{t}{T} - \dfrac{x}{\lambda}\right) + \theta_0$ の部分を位相とよぶ。この位相により，波のいろいろな情報を知ることができる。三角関数の性質から，位相が 2π 変化するごとに変位 y は同じになる。したがって，同じ時刻に位相が 2π 変化している距離的な間隔が波長，同じ位置で位相が 2π 変化する時間的な間隔が周期である。

> **Point 17**
> 同じ時刻に位相が 2π 変化する位置の間隔 —— 波長 λ
> 同じ点で位相が 2π 変化する時間の間隔 —— 周期 T

着眼点

　Ⅰは，波の式の一般形を記憶していれば，それとの比較で答を出すことができる。しかし，位相に着目した数学的な取扱いにも慣れておきたい。

　Ⅱは，音源が運動する場合のドップラー効果に関する問題で，通常は波長の変化から考えるが，ここでは位相に着目して求める。

標問 46 の解説

(1), (2)　問題に与えられた式 $A\sin(\omega t - kx)$ の，位相 $\omega t - kx$ に注目する。同じ位置 x_0 では，周期 $\dfrac{1}{f}$ ごとに位相が 2π 変化するので，　← **Point 17** を参照

$$\underset{\substack{\text{時刻 } t+\frac{1}{f} \text{ の位相}}}{\underline{\omega\left(t + \frac{1}{f}\right) - kx_0}} - \underset{\substack{\text{時刻 } t \text{ の位相}}}{\underline{(\omega t - kx_0)}} = 2\pi$$

よって，　$f = \dfrac{\omega}{2\pi}$　…(1)の答

また，同じ時刻 t_0 では波長 λ ごとに位相が 2π 変化するので，<inline type="annotation">← p.133 **Point 17** を参照</inline>

$$\underbrace{\omega t_0 - kx}_{\text{位置 }x\text{ の位相}} - \underbrace{\{\omega t_0 - k(x+\lambda)\}}_{\text{位置 }x+\lambda\text{ の位相}} = 2\pi$$

よって，　$\lambda = \dfrac{2\pi}{k}$　…(2)の答

〔別解〕 問題に与えられた式 $A\sin(\omega t - kx)$ より，$t=0$，$x=0$ で変位 0 であるから，この音波を表す式は一般に，

$$y = A\sin 2\pi\left(\frac{t}{T} - \frac{x}{\lambda}\right) = A\sin 2\pi\left(ft - \frac{x}{\lambda}\right)$$ <inline type="annotation">← p.133 **精講** を参照</inline>

と表される。よって，この式と $A\sin(\omega t - kx)$ を比較して，

$$2\pi f = \omega, \qquad \frac{2\pi}{\lambda} = k$$

これより，　$f = \dfrac{\omega}{2\pi}$，　$\lambda = \dfrac{2\pi}{k}$

(3) 進行波では，同じ変位が時間と共に別の位置に移動する。すなわち，ある時刻 t_1 に位置 x_1 でみられた変位が，時刻 $t_1 + \Delta t$ に位置 $x_1 + \Delta x$ へ移動したとすると，位相 $\omega t_1 - kx_1$ と位相 $\omega(t_1 + \Delta t) - k(x_1 + \Delta x)$ が同じになる。よって，

$$\omega t_1 - kx_1 = \omega(t_1 + \Delta t) - k(x_1 + \Delta x)$$

これより，　$\omega\Delta t = k\Delta x$

ここで，音速は $c = \dfrac{\Delta x}{\Delta t}$ で与えられることから，

$$c = \frac{\Delta x}{\Delta t} = \frac{\omega}{k}$$

〔別解〕 波の基本式より，

$$c = f\lambda = \frac{\omega}{2\pi} \cdot \frac{2\pi}{k} = \frac{\omega}{k}$$

(4) $x = c(t - t_0)$ は時刻 t_0 に出た波が時間 $(t - t_0)$ に伝わった距離を表す。よって，求める位相は，$x=0$ に固定された音源Sで発生した音波の，時刻 t_0 での位相に等しく，ωt_0 である。

〔別解〕 位相 $\omega t - kx = \omega t - kc(t - t_0)$ に，(3)で求めた c を代入して，

$$\omega t - k\frac{\omega}{k}(t - t_0) = \omega t_0$$

(5) 問題中の図 2 より，音波が時間 $(t_1 - t_0)$ に伝わった距離は，$x_1 - X(t_0)$ に等しいので，

$$c(t_1 - t_0) = x_1 - X(t_0)$$

(6) 音源Sは等速運動するので，$X(t_0) = vt_0$ となる。これより，(5)の関係式を書き換えると，

$$c(t_1 - t_0) = x_1 - vt_0$$

よって，　　$t_0 = \dfrac{ct_1 - x_1}{c - v}$

(7), (8)　求める位相は，

$$\omega t_0 = \omega \dfrac{ct_1 - x_1}{c - v} \quad \textcolor{red}{\leftarrow (6)を利用}$$

$$= \dfrac{c}{c - v}\omega t_1 - \dfrac{\omega}{c - v}x_1$$

$$= \underline{\dfrac{c}{c - v}\omega} \times t_1 + \underline{\left(-\dfrac{c}{c - v}k\right)} \times x_1 \qquad \textcolor{red}{(3)を利用}$$
$$\quad\;\; \underset{(7)の答}{} \qquad\qquad \underset{(8)の答}{}$$

【参考】　位置 x_1 で時刻 t_1 に観測される音波の位相は，定数 ω', k' により $\omega' t_1 - k' x_1$ と表すことができるから，

$$\omega' t_1 - k' x_1 = \dfrac{c}{c - v}\omega \times t_1 + \left(-\dfrac{c}{c - v}k\right) \times x_1$$

係数を比較して，

$$\omega' = \dfrac{c}{c - v}\omega, \qquad k' = \dfrac{c}{c - v}k$$

したがって，観測振動数 $f' = \dfrac{\omega'}{2\pi}$, 観測波長 $\lambda' = \dfrac{2\pi}{k'}$ は，それぞれ，

$$f' = \dfrac{\omega'}{2\pi} = \dfrac{c}{c - v} \cdot \dfrac{\omega}{2\pi} = \dfrac{c}{c - v}f$$

$$\lambda' = \dfrac{2\pi}{k'} = \dfrac{c - v}{c} \cdot \dfrac{2\pi}{k} = \dfrac{c - v}{c}\lambda$$

となり，音源が一定の速さ v で観測者に近づく場合のドップラー効果の式が得られる。

速度成分を考えるドップラー効果

答

(1) $\dfrac{\overline{\mathrm{AC}} - \overline{\mathrm{AD}}}{w}$

(2) $\overline{\mathrm{AD}} + v\varDelta s \cos\theta$

(3) $1 + \dfrac{v}{w}\cos\theta$

(4) $f\varDelta t = f_{\mathrm{P}}\varDelta s$

(5) $1 + \dfrac{v}{w}\cos\theta$

(6) $\dfrac{w(F-f)}{v(F+f)}$

(7) $\dfrac{1}{2}$

(8) $\dfrac{1}{2}wT\sqrt{1 - \left\{\dfrac{w(F-f)}{v(F+f)}\right\}^2}$

(9) $\dfrac{T}{2}\left\{1 + \left(\dfrac{w}{v}\right)^2\dfrac{F-f}{F+f}\right\}$

精講 まずは問題のテーマをとらえる

■ドップラー効果

音源や観測者が相対的に運動していると，観測される音波の振動数が変化する。この現象をドップラー効果という。ドップラー効果は音波に限らず，水面波，光波など波動一般に見られる現象である。まず，音波の場合をしっかり理解すれば，入試の範囲では他の波も同様に扱うことができる。ドップラー効果を原理的に考えるには，媒質に対する音源や観測者の運動を考え，音波を出すときと受けるときに着目する。

音波を出すとき：音源の媒質に対する運動により，音波の波長が変化する。

音波を受けるとき：観測者の媒質に対する運動により，みかけの音速が変化する。

■速度成分を考えるドップラー効果

右図のように，音源や観測者の速度の方向が両者を結ぶ方向と一致しないときには，音源や観測者の速度のうち，両者を結ぶ方向成分でドップラー効果を考えればよい。右図の場合，音源である飛行機Sの速度 v_S のうち，観測者と結ぶ方向成分 $v_\mathrm{S}\cos\theta$ がドップラー効果の原因となる。

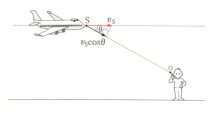

■反射音に関するドップラー効果

反射壁で反射した音波のドップラー効果を考えるには，反射壁が静止しているか運動しているかで，次のように考える。

静止している反射壁：音源の鏡像を考え，この鏡像を音源とする（上図）。

運動している反射壁：まず反射壁を観測者として観測振動数を求め，次に反射壁をその観測振動数の音源とする。

> **Point 18**
> 動く反射壁での反射音に関するドップラー効果は，はじめに反射壁を観測者として観測振動数を求め，次に反射壁をその観測振動数の音源と考えよ！

ドップラー効果により，単位時間あたりの波の数である振動数は変化するが，波の総数を考えると，音源が出した波の総数と観測者が受ける波の総数は同じになる。本問では音波を出す時間と観測時間の比を，この考え方で求めた場合と到達時間を考えて求めた場合の2通りで表し，これらを等しいと置いて「速度成分を考えなければならない場合のドップラー効果」の式を導出する。

標問 47 の解説

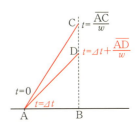

(1) 右図のように，時刻 $t=0$ にAを出た音波が位置Cに達する時刻は，$t=\dfrac{\overline{\mathrm{AC}}}{w}$ であり，時刻 $t=\varDelta t$ にAを出た音波が位置Dに達する時刻は，$t=\varDelta t+\dfrac{\overline{\mathrm{AD}}}{w}$ である。一方，PがCからDに落下するまでの時間が $\varDelta s$ であるから，

$$\varDelta s=\left(\varDelta t+\frac{\overline{\mathrm{AD}}}{w}\right)-\frac{\overline{\mathrm{AC}}}{w}$$

よって，　$\varDelta t-\varDelta s=\dfrac{\overline{\mathrm{AC}-\mathrm{AD}}}{w}$　…①

(2) 与えられた近似式を用いると，

$$\overline{\mathrm{AC}}=\overline{\mathrm{AD}}\cos\alpha+\overline{\mathrm{CD}}\cos\theta\fallingdotseq\overline{\mathrm{AD}}+\overline{\mathrm{CD}}\cos\theta$$

また，CからDの落下時間が $\varDelta s$ より，$\overline{\mathrm{CD}}=v\varDelta s$ となるので，

$$\overline{\mathrm{AC}}=\overline{\mathrm{AD}}+v\varDelta s\cos\theta$$

(3) ①式に(2)の結果を用いて，

$$\varDelta t-\varDelta s=\frac{v\varDelta s\cos\theta}{w}$$

よって，　$\dfrac{\varDelta t}{\varDelta s}=1+\dfrac{v}{w}\cos\theta$

(4) Aが出した音波の波の数は $f\varDelta t$ で，Pで受け取った波の数は $f_{\mathrm{P}}\varDelta s$ である。これらが等しいことから，

$$f\varDelta t=f_{\mathrm{P}}\varDelta s$$

(5) (3)，(4)より，

$$\frac{f_{\mathrm{P}}}{f}=\frac{\varDelta t}{\varDelta s}=1+\frac{v}{w}\cos\theta\quad\text{…②}$$

【参考】 問題中の③式を導出しておく。時刻 $t=0$ にAを出た音波が，位置Cに達したPで反射してAに戻ってくる時刻は，$t=\dfrac{2\overline{\mathrm{AC}}}{w}$ であり，時刻 $t=\varDelta t$ にAを出た音波が，位置Dに達したPで反射してAに戻ってくる時刻は，$t=\varDelta t+\dfrac{2\overline{\mathrm{AD}}}{w}$ である。

よって，Aで振動数Fの反射音を聞いた時間を$\varDelta t'$とすると，

$$\varDelta t'=\left(\varDelta t+\frac{2\overline{\mathrm{AD}}}{w}\right)-\frac{2\overline{\mathrm{AC}}}{w}=\left(\varDelta t-\frac{\overline{\mathrm{AC}}-\overline{\mathrm{AD}}}{w}\right)-\frac{\overline{\mathrm{AC}}-\overline{\mathrm{AD}}}{w}=\varDelta s-\frac{\overline{\mathrm{AC}}-\overline{\mathrm{AD}}}{w}$$

ここで，(2)の結果より，$\overline{\mathrm{AC}}-\overline{\mathrm{AD}}=v\varDelta s\cos\theta$ であるので，

$$\varDelta t'=\varDelta s-\frac{v\varDelta s\cos\theta}{w}$$

よって，　$\dfrac{\varDelta t'}{\varDelta s}=1-\dfrac{v}{w}\cos\theta$

一方，Pで反射した音波の波の数とAで受け取った波の数は等しく，$f_{\mathrm{P}}\varDelta s=F\varDelta t'$ となるので，

$$\frac{f_{\mathrm{P}}}{F}=\frac{\varDelta t'}{\varDelta s}=1-\frac{v}{w}\cos\theta \quad\cdots\text{③}$$

(6) ②，③式の辺々を割算して，f_{P}を消去すると，

$$\frac{F}{f}=\frac{w+v\cos\theta}{w-v\cos\theta}$$

これより，　$\cos\theta=\dfrac{w}{v}\cdot\dfrac{F-f}{F+f}$

(7) 位置Cに達したPで反射された音波を，時刻 $t=T$ に聞き始めたので，

$$T=\frac{2\overline{\mathrm{AC}}}{w}$$

である。よって，AC間を音波が伝わる時間は，

$$\frac{\overline{\mathrm{AC}}}{w}=\frac{1}{2}\times T$$

(8) 問題中の図より，

$$\overline{\mathrm{AB}}=\overline{\mathrm{AC}}\sin\theta=\overline{\mathrm{AC}}\sqrt{1-\cos^2\theta}$$

であるから，(6)，(7)より，

$$\overline{\mathrm{AB}}=\frac{1}{2}wT\sqrt{1-\left(\frac{w}{v}\cdot\frac{F-f}{F+f}\right)^2}$$

(9) Pが位置Cに達した時刻は，$t=\dfrac{T}{2}$ であり，その後 $\overline{\mathrm{CB}}=\overline{\mathrm{AC}}\cos\theta$ を一定速度vで落下するので，

$$t_{\mathrm{B}}=\frac{T}{2}+\frac{\overline{\mathrm{AC}}\cos\theta}{v}$$

(6)，(7)より，

$$t_{\mathrm{B}}=\frac{T}{2}+\frac{wT}{2v}\cdot\frac{w}{v}\cdot\frac{F-f}{F+f}=\frac{T}{2}\left\{1+\left(\frac{w}{v}\right)^2\frac{F-f}{F+f}\right\}$$

答

問1 0.5 m   問2 8回   問3 $\dfrac{2cv}{c^2-v^2}f$ 〔Hz〕

問4 (1) $\dfrac{3L}{4c}$ 秒後， $\dfrac{3cv}{(c-v)(2c+v)}f$ 〔Hz〕

   (2) $\dfrac{5L}{4c}$ 秒後， $\dfrac{4cv}{4c^2-v^2}f$ 〔Hz〕

精講 まずは問題のテーマをとらえる

■音波の干渉

2つ以上の波が同じ位置に同時に達すると，重ね合わせの原理により，大きく振動する位置と全く振動しない位置が観測される。このように，波が重なり合って，強め合ったり弱め合ったりする現象を波の干渉という。音波の場合も，水面波や光波と同様に干渉が観測される。

■干渉条件

音源 S_1 と S_2 からの波が同時に位置Pに達するとき，山と山，谷と谷というように同位相で重なるとき強め合いが起こり，山と谷，谷と山のように逆位相で重なるとき弱め合いが起こる。すなわち，音波の波長をλとし，$m=0,\ 1,\ 2,\ \cdots$ として，

強め合い：$|\overline{S_1P}-\overline{S_2P}|=m\lambda$

弱め合い：$|\overline{S_1P}-\overline{S_2P}|=\left(m+\dfrac{1}{2}\right)\lambda$

反射によって，一方の音波にだけπ〔rad〕の位相変化があると，干渉条件は強め合い・弱め合いが入れ替わる。

着眼点

反射音を考える際，音源の鏡像を考えると簡単になる。鏡像は反射面に対して音源と対称になる。音源が鏡に映っている様子を想像すると，運動の向きなどが考えやすい。

標問 48 の解説

問1 点Aでは音源 S_1 からの直接音と反射音との経路差は0であるが，固定端反射をすることから，反射の際に位相がπ変化（位相が逆転）するので，干渉して弱め合う。点Aから観測者 O_1 までの距離をxとすると，経路差は，右図を参照して，

$$25+x-(25-x)=2x$$

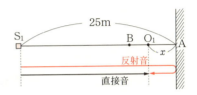

となる。音の波長をλとすると，弱め合いの条件は，反射による位相の変化を考慮して，

$$2x = m\lambda \quad (m=0,\ 1,\ 2,\ \cdots) \qquad \text{よって，} \qquad x = \frac{m}{2}\lambda$$

弱め合う位置の間隔をΔxとすると，

$$\Delta x = \frac{m+1}{2}\lambda - \frac{m}{2}\lambda = \frac{\lambda}{2}$$

これより，音の強弱は観測者O_1が$\dfrac{\lambda}{2}$移動するごとに起きることがわかるので，

$$7 = \frac{\lambda}{2} \times 28 \qquad \text{よって，} \qquad \lambda = 0.5 \ (\text{m})$$

問2 音源S_1の壁面に対する対称位置に，S_1の鏡像S_1'を考える。このとき，右図を参照して，$S_1A = S_1'A = 25 \ (\text{m})$であり，

$$S_1B = 25 - 7 = 18 \ (\text{m})$$
$$S_1'B = 25 + 7 = 32 \ (\text{m})$$

であるから，

$$S_1C = \sqrt{18^2 + 24^2} = 30 \ (\text{m})$$
$$S_1'C = \sqrt{32^2 + 24^2} = 40 \ (\text{m})$$

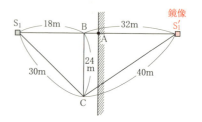

となる。よって，

$$\overline{S_1'B} - \overline{S_1B} = 14 = 28\lambda$$
$$\overline{S_1'C} - \overline{S_1C} = 10 = 20\lambda$$

問1より，経路差がλ変化する間に強弱が1回起こるので，点Bから点Cまでで強弱を繰り返す回数をNとすると，

$$N = 28 - 20 = 8 \ (\text{回})$$

問3 音源S_2から出て壁の方に伝わる音の波長をλ_1，観測者O_2の方に伝わる音の波長をλ_2とすると，

$$\lambda_1 = \frac{c-v}{f}, \qquad \lambda_2 = \frac{c+v}{f}$$

これより，観測者の聞く直接音，反射音の振動数をそれぞれf_D，f_Rとすると，

$$f_D = \frac{c}{\lambda_2} = \frac{c}{c+v}f, \qquad f_R = \frac{c}{\lambda_1} = \frac{c}{c-v}f$$

となる。以上より，うなりの振動数をFとすると，

$$F = |f_R - f_D| = \frac{2cv}{c^2 - v^2}f \ (\text{Hz})$$

問4 うなりの振動数は，音源S_2が速さを変えた後の「直接音だけが観測者O_2に達したとき」と「反射音も達したとき」の2回変化する。音源が速さを変えた後，音源S_2から出て壁の方に伝わる音の波長をλ_1'，観測者O_2の方に伝わる音の波長をλ_2'とすると，

$$\lambda_1' = \frac{c - \frac{1}{2}v}{f} = \frac{2c - v}{2f}$$

$$\lambda_2' = \frac{c + \frac{1}{2}v}{f} = \frac{2c + v}{2f}$$

(1) 最初の変化は「直接音だけが観測者 O_2 に達したとき」，すなわち，直接音が距離 $L - \dfrac{L}{4} = \dfrac{3}{4}L$ 伝わって起きるので，

$$\frac{\frac{3}{4}L}{c} = \frac{3L}{4c} \ 〔秒後〕$$

このときの直接音の振動数を f_D' とすると，

$$f_D' = \frac{c}{\lambda_2'} = \frac{2c}{2c + v}f$$

となるので，うなりの振動数を F' とすると，

$$F' = |f_R - f_D'| = \frac{3cv}{(c - v)(2c + v)}f \ 〔\mathrm{Hz}〕$$

(2) 2回目の変化は「反射音も達したとき」，すなわち，反射音が距離 $L + \dfrac{L}{4} = \dfrac{5}{4}L$ 伝わって起きるので，

$$\frac{\frac{5}{4}L}{c} = \frac{5L}{4c} \ 〔秒後〕$$

このときの反射音の振動数を f_R' とすると，

$$f_R' = \frac{c}{\lambda_1'} = \frac{2c}{2c - v}f$$

となるので，うなりの振動数を F'' とすると，

$$F'' = |f_R' - f_D'| = \frac{4cv}{4c^2 - v^2}f \ 〔\mathrm{Hz}〕$$

答

問1　明線：$x = \dfrac{mR\lambda}{d}$　暗線：$x = \left(m + \dfrac{1}{2}\right)\dfrac{R\lambda}{d}$　（mは整数）

問2　スクリーンAを取り除くと，スリット S_1 と S_2 に様々な位相の光が入射するようになり，干渉しなくなるから。

問3　$x = \dfrac{mR\lambda}{d} + \dfrac{Rh}{L}$　（mは整数）　問4　$h = \dfrac{L}{R}x_0 + \dfrac{2L\lambda}{d}$

問5　$h = \dfrac{nL\lambda}{2d}$　（nは正の整数）

精講　まずは問題のテーマをとらえる

■光波の干渉

2つ以上の光が1点で重なり合い，強め合って明るくなったり，弱め合って暗くなったりする現象。

■可干渉性

レーザー光源以外のふつうの光源からの光は，位相が様々であり，同一光源からの光でも干渉しない。すなわち，光波が干渉するためには，ある条件を満たさなければならない。これを可干渉性という。具体的には，光源から出た有限の長さの1つの光波を分けた後，再び重ね合わせて干渉させる。このとき，1つの光波の長さは有限なので，分けた光の光路差が大きくなると干渉しなくなる。

着眼点

問2は可干渉性に関する問いである。スリット S_0 で1つの光を取り出し，回折によって様々な方向に進む光に分けている。さらに，スリット S_1，S_2 で回折した光が干渉する。このスリット S_0 の働きから論述するとよい。

標問 **49** の解説

問1　スリット S_0 で分けられたのち，それぞれスリット S_1 と S_2 を通って，スクリーンC上で干渉する光波の光路差を $\varDelta$ とする。スリット S_0 がMの位置にあることから，$\overline{S_0S_1} = \overline{S_0S_2}$ であるので，

$$\varDelta = |\overline{S_1P} - \overline{S_2P}| = \left|\frac{\overline{S_1P}^2 - \overline{S_2P}^2}{S_1P + S_2P}\right|$$

と表される。ここで，右図より，

$$\overline{S_1P}^2 = R^2 + \left(x - \frac{d}{2}\right)^2$$

$$\overline{S_2P}^2 = R^2 + \left(x + \frac{d}{2}\right)^2$$

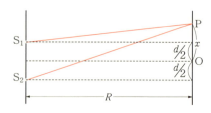

であり，また，題意より $\overline{S_1P}+\overline{S_2P}\fallingdotseq 2R$ なので，$\varDelta$ の式は，

$$\varDelta=\left|\frac{-2xd}{2R}\right|=\left|-\frac{xd}{R}\right|$$

と書き換えられる。

　以上より，明線が現れる x 座標は強め合いの条件を考え，整数 m を用いて，

$$\frac{xd}{R}{}^{※}=m\lambda \qquad これより，\qquad x=\frac{mR\lambda}{d}$$

また，暗線が現れる x 座標は弱め合いの条件を考え，整数 m を用いて，

$$\frac{xd}{R}=\left(m+\frac{1}{2}\right)\lambda \qquad これより，\qquad x=\left(m+\frac{1}{2}\right)\frac{R\lambda}{d}$$

※ ここで，m は整数（0, ±1, ±2, …）であることを考慮して，絶対値記号をはずした。

問2　スリット S_0 で回折することにより，1つの光を分けて，干渉させている。スクリーンAを除くとスリット S_0 が無くなり，スリット S_1 と S_2 に同時に様々な位相の光が到達するので，これらを重ね合わせても干渉しなくなる。

問3　スクリーンC上で干渉する光波の光路差を $\varDelta'$ とすると，問1と同様に考えて，

$$\varDelta'=|(\overline{S_0S_1}+\overline{S_1P})-(\overline{S_0S_2}+\overline{S_2P})|=\left|\frac{xd}{R}-\frac{hd}{L}\right|$$

よって，明線が現れる x 座標は強め合いの条件を考え，整数 m を用いて，

$$\frac{xd}{R}-\frac{hd}{L}=m\lambda \qquad これより，\qquad x=\frac{mR\lambda}{d}+\frac{Rh}{L}$$

問4　問3で求めた x 座標の値から，$m=0$ のときは，波長によらず同じ位置 $x=\dfrac{Rh}{L}$ に明線が現れることがわかる。したがって，問題中の図2(a)，(b)で明線が一致しているところが，$m=0$ と考えられる。よって，問題中の x_0 は波長 λ の赤い光で，$m=-2$ の明線の x 座標となる。以上より，

$$x_0=\frac{-2R\lambda}{d}+\frac{Rh}{L} \qquad これより，\qquad h=\frac{L}{R}x_0+\frac{2L\lambda}{d}$$

問5　スリット S_0' を通った光の干渉によって生じる，明線の x 座標を x' とすると，

$$x'=\frac{m'R\lambda}{d}-\frac{Rh}{L}　（m' は整数）$$

と表せる。スクリーンC上の干渉縞の明暗が最も明瞭になるのは，スリット S_0，S_0' それぞれによる明線が一致するときであるから，上式と問3で求めた x より，

$$\frac{mR\lambda}{d}+\frac{Rh}{L}=\frac{m'R\lambda}{d}-\frac{Rh}{L}$$

よって，

$$h=\frac{(m'-m)L\lambda}{2d}=\frac{nL\lambda}{2d}　（n=m'-m は正の整数）$$

答

問1　$\Delta x = d\theta$,　$\theta = n\dfrac{\lambda}{d}$　問2　$B = 2A\cos\left(\pi\dfrac{\Delta x}{\lambda}\right)$

問3　明るさ最大：$|B| = 2A$　明るさ最小：$|B| = 0$

問4　$C = A\left\{1 + 2\cos\left(\pi\dfrac{\Delta x}{\lambda}\right)\right\}$　問5　9倍，暗線：$\Delta x = \dfrac{2}{3}\lambda$, $\dfrac{4}{3}\lambda$

問6　(1) 2π　(2) 2λ　(3), (4) S_1, S_2 (順不同)　(5) S_0

　　(6) π　(7) 振幅

精講 まずは問題のテーマをとらえる

■波の式と光波の干渉

波の式 $y = A\sin\left\{2\pi\left(\dfrac{t}{T} - \dfrac{x}{\lambda}\right) + \theta_0\right\}$ (p.133 **精講**を参照) を用いると，光波の干渉を

より理論的に理解することができる。波の式の位相 $2\pi\left(\dfrac{t}{T} - \dfrac{x}{\lambda}\right) + \theta_0$ に着目して，干

渉条件を表す。

なお，厳密ではないが，波源を後から出た波ほど波の位相が大きくなると考えると理解しやすい。**標問 46** で考えたように，時間が t だけ経過すると，より新しい波になるので $\omega t = \dfrac{2\pi}{T}t$ だけ位相が大きくなり，距離 x だけ離れた位置では，波が伝わる分だけ以前の波になるので $kx = \dfrac{2\pi}{\lambda}x$ だけ位相が小さくなる。このように考えると，波の式の意味が読み取りやすくなる。

着眼点

複数の光源からの光の干渉を考えるには，重ね合わせの原理により，各光源からの光を表す式を合成する。

標問 50 の解説

問1　スリット列とスクリーンの間隔を L とすると，問題中の図より，

$$\overline{S_1P} = x_0 - \frac{1}{2}\Delta x = \sqrt{L^2 + \left(L\tan\theta - \frac{d}{2}\right)^2} = L\sqrt{1 + \left(\tan\theta - \frac{d}{2L}\right)^2}$$

題意より，$d \ll L$ であるから，

$$x_0 - \frac{1}{2}\Delta x = L\left\{1 + \left(\tan\theta - \frac{d}{2L}\right)^2\right\}^{\frac{1}{2}} \fallingdotseq L\left\{1 + \frac{1}{2}\left(\tan\theta - \frac{d}{2L}\right)^2\right\}$$

←近似 $(1+x)^a \fallingdotseq 1 + ax$ を利用

同様にして，

$$\overline{S_2P} = x_0 + \frac{1}{2}\Delta x = \sqrt{L^2 + \left(L\tan\theta + \frac{d}{2}\right)^2} \fallingdotseq L\left\{1 + \frac{1}{2}\left(\tan\theta + \frac{d}{2L}\right)^2\right\}$$

$\overline{S_1P}$ と $\overline{S_2P}$ を用いて $\varDelta x$ を求めると,

$$\varDelta x = \overline{S_2P} - \overline{S_1P}$$

$$= L\left[1 + \frac{1}{2}\left(\tan\theta + \frac{d}{2L}\right)^2 - \left\{1 + \frac{1}{2}\left(\tan\theta - \frac{d}{2L}\right)^2\right\}\right]$$

$$= d\tan\theta$$

さらに, 題意より θ は十分に小さいので,

$$\varDelta x = d\tan\theta \fallingdotseq d\theta \qquad \text{← 近似 } \tan\theta \fallingdotseq \theta \text{ を利用}$$

また, 明線が生じる条件を考えると,

$$\varDelta x = d\theta = n\lambda \qquad \text{これより,} \qquad \theta = n\frac{\lambda}{d}$$

【参考】 スリット S_1 と S_2 からの波の経路差 $\varDelta x$ は, 2スリットによる干渉であるから, 次のように考えて求めることもできる。

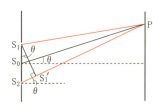

　題意より, スリット列とスクリーンの間隔 L は $d \ll L$ であり, S_1P と S_2P は平行とみなせる。よって, 右図のように, S_1 から S_2P に垂線を下ろし, その足を S_1' とすると, $\overline{S_2S_1'} = \varDelta x$ としてよい。いま, S_0P が入射方向となす角を θ としていて, S_1P と S_2P は平行としているので, S_1P および S_2P が入射方向となす角も θ となる。これより, 図形的に,

$$\varDelta x = \overline{S_2S_1'} = d\sin\theta$$

さらに, 題意より θ は十分に小さいので, 近似 $\sin\theta \fallingdotseq \theta$ が成り立つ。よって,

$$\varDelta x \fallingdotseq d\theta$$

なお, 具体的な近似式が与えられていないので, 問1の答は,

$$\begin{cases} \varDelta x \fallingdotseq d\tan\theta \\ \tan\theta = \dfrac{n\lambda}{d} \end{cases} \qquad \text{または,} \qquad \begin{cases} \varDelta x \fallingdotseq d\sin\theta \\ \sin\theta = \dfrac{n\lambda}{d} \end{cases}$$

としても可。

問2　問題文Ⅰに与えられた $U_{1+2}(P, t)$ の式に, 三角関数の和積の公式を用いる。

$$U_{1+2}(P, t) = A\sin\left[2\pi\left\{\frac{t}{T} - \frac{1}{\lambda}\left(x_0 - \frac{1}{2}\varDelta x\right)\right\}\right] + A\sin\left[2\pi\left\{\frac{t}{T} - \frac{1}{\lambda}\left(x_0 + \frac{1}{2}\varDelta x\right)\right\}\right]$$

$$= 2A\sin\left\{2\pi\left(\frac{t}{T} - \frac{x_0}{\lambda}\right)\right\}\cos\left(\pi\frac{\varDelta x}{\lambda}\right) \quad \text{←和積の公式}$$

$$\qquad\qquad\qquad\qquad\qquad\qquad\qquad \sin A + \sin B = 2\sin\frac{A+B}{2}\cos\frac{A-B}{2}\text{を利用。}$$

$$= 2A\cos\left(\pi\frac{\varDelta x}{\lambda}\right)\cdot\sin\left\{2\pi\left(\frac{t}{T} - \frac{x_0}{\lambda}\right)\right\} \quad \text{←問題文中の式と比較してみよう。}$$

これより, $\quad B = 2A\cos\left(\pi\dfrac{\varDelta x}{\lambda}\right)$

問3　問2で求めた B より, 合成波の振幅は,

$$|B| = 2A\left|\cos\left(\pi\frac{\varDelta x}{\lambda}\right)\right|$$

と表されるから,

$$\cos\left(\pi\frac{\Delta x}{\lambda}\right)=\pm1 \quad \text{のとき明るさが最大で,} \quad |B|=2A$$

$$\cos\left(\pi\frac{\Delta x}{\lambda}\right)=0 \quad \text{のとき明るさが最小で,} \quad |B|=0$$

問4 問1の【参考】と同様に考えて図示すると，各スリットからの波の経路差は右図のようになる。よって，スリット S_0 からの波の，点Pにおける時刻 t の変位は，

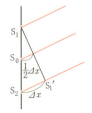

$$A\sin\left\{2\pi\left(\frac{t}{T}-\frac{x_0}{\lambda}\right)\right\}$$

と表される。この式と問2で求めた $U_{1+2}(\mathrm{P},\ t)$ を重ね合わせると，

$$U_{0+1+2}(\mathrm{P},\ t)=2A\cos\left(\pi\frac{\Delta x}{\lambda}\right)\sin\left\{2\pi\left(\frac{t}{T}-\frac{x_0}{\lambda}\right)\right\}+A\sin\left\{2\pi\left(\frac{t}{T}-\frac{x_0}{\lambda}\right)\right\}$$

$$=A\left\{1+2\cos\left(\pi\frac{\Delta x}{\lambda}\right)\right\}\cdot\sin\left\{2\pi\left(\frac{t}{T}-\frac{x_0}{\lambda}\right)\right\}$$

←問題文中の式と比較してみよう。

これより，$C=A\left\{1+2\cos\left(\pi\dfrac{\Delta x}{\lambda}\right)\right\}$

問5 問4の結果より，C は $-A$ から $3A$ の範囲で変化する。よって，強い方の明るさは $(3A)^2=9A^2$ に比例し，弱い方の明るさは $|-A|^2=A^2$ に比例する。よって，強い方の明るさは弱い方の明るさの9倍となる。

暗線が生じるとき，$C=0$ であるから，

$$1+2\cos\left(\pi\frac{\Delta x}{\lambda}\right)=0 \quad \text{これより,} \quad \cos\left(\pi\frac{\Delta x}{\lambda}\right)=-\frac{1}{2}$$

$0<\Delta x<2\lambda$ の範囲で解くと，

$$\Delta x=\frac{2}{3}\lambda,\ \frac{4}{3}\lambda$$

問6 スリット S_0, S_1, S_2 からの光が全て強め合う場合に，強い明線が現れる。この条件は，S_0 と S_1，S_1 と S_2 からの光の位相差がそれぞれ 2π となることである。このとき振幅は $A+A+A=3A$ となるので，明るさは $(3A)^2=9A^2$ に比例する。

スリット S_1 と S_2 からの光の位相差が 2π のとき，S_0 と S_1，または S_0 と S_2 からの光の位相差は π となる。このとき振幅は $A-A+A=A$ となるので，明るさは A^2 に比例する。

答

問1 $x = \dfrac{L\lambda}{d}$

問2 スリット間隔が半分になるので，問1の場合で強め合いの条件を満たす方向のうち，光路差が波長の奇数倍になる方向は弱め合いの条件を満たし，波長の偶数倍になる方向だけが強め合いの条件を満たすから。

問3 幅 W_1 をもつスリットからの光と幅 W_2 をもつスリットからの光では強度が異なるので，光路差が波長の奇数倍になる方向でも完全な弱め合いにはならず，弱い明線が見られる。よって，$W_2 = W_1$ のときと同じ位置の明線に加えてその中間にも明線が見られ，明線の間隔は半分になる。また，明線の明るさは $W_2 = W_1$ のときと同じ位置の明線は，$W_2 = W_1$ のときに比べて少し暗くなり，これらの中間に加わった明線は $W_2 = W_1$ のときに比べてかなり暗くなる。

精講 まずは問題のテーマをとらえる

■回折格子

ガラス板の片面に，1 cm あたり数百本から数千本の細い溝を等間隔に刻んだものを回折格子という。回折格子に光を当てると，溝の部分では光は乱反射をする。そのため，溝と溝の間の部分だけが光を通し，スリットと同じ役目をする。このような透過型回折格子の他に，右図に示すブレーズド回折格子のような反射型回折格子もある。

右図(a)のように，波長 λ の平行光線を格子定数 d の回折格子に垂直に入射させたとき，回折格子で回折して入射方向と角 θ をなす方向に進む光線を考える。ここで，格子定数とは溝の間隔であり，スリット間隔としてよい。

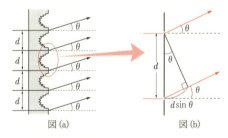

図(a)　　　図(b)

入射方向と角 θ をなす方向に進む全ての光線が強め合うためには，隣り合う光線が強め合えばよい。右図(b)を参照して，強め合いの条件は $m = 0, 1, 2, \cdots\cdots$ を用いて，

$$d\sin\theta = m\lambda$$

着眼点

スリット幅が同じ場合には，隣り合うスリットからの光が強め合う方向で，全ての光が強め合う。このとき，問1の結果からわかるように，中央付近の明線の

間隔は，同じ波長であれば，格子定数が小さいほど大きくなる。問2と問3では，スリット幅が異なるときにはスリットを通過する光量が異なるので，干渉縞の様子が異なる。

問1　「入射方向と角度 θ の方向に進むすべての回折光が強め合う」には「入射方向と角度 θ の方向に進む隣り合うスリットからの回折光が強め合う」と考える。強め合いの条件は，干渉の次数を m とし，このときの回折角を θ_m とすると，

$$d\sin\theta_m = m\lambda$$

となる。一方，隣り合う明線の間隔 x は，

$$x = L\tan\theta_{m+1} - L\tan\theta_m$$

低次の明線では θ_m は十分に小さく，$\tan\theta_m \fallingdotseq \sin\theta_m$ と近似できる。以上より，

$$x = L(\sin\theta_{m+1} - \sin\theta_m) = L\left(\frac{m+1}{d}\lambda - \frac{m}{d}\lambda\right) = \frac{L}{d}\lambda$$

問2　$W_2 = W_1$ のとき，スリット間隔が $\dfrac{d}{2}$ になったと考えられる。このとき，干渉の次数を n とし，回折角を θ_n とすると，

$$\frac{d}{2}\sin\theta_n = n\lambda \qquad これより，\qquad d\sin\theta_n = 2n\lambda$$

問1の式 $d\sin\theta_m = m\lambda$ と比べると，回折角を θ として $d\sin\theta$ が波長の偶数倍の方向のみが強め合いの条件を満たし，$d\sin\theta$ が波長の奇数倍の方向は弱め合うことがわかる。したがって，次数が奇数となる m_1, m_3, m_5, …に対応する明線が消失した。

問3　隣り合う幅 W_1 と W_2 の2つのスリットを考える。このとき，2つのスリットからの光の強度が異なるため，振幅が異なる。よって，問2で考えた強め合いの方向では，重ね合わせたときの強度が少し小さくなり，弱め合いの方向でも完全に打ち消すことは無くなるので少し明るくなる。これより，スクリーン上の明線の様子がわかる。

　もう少し具体的に説明しよう。幅 W_1 をもつスリットからの光だけを考えた合成振幅を A_1，幅 W_2 をもつスリットからの光だけを考えた合成振幅を A_2 とするとき，$d\sin\theta$ が波長の偶数倍となる方向では，全合成波の振幅は $A_1 + A_2$ となる。一方，$d\sin\theta$ が波長の奇数倍となる方向では，全合成波の振幅は $A_1 - A_2$ となる。ここで，問2の $W_2 = W_1$ の場合は $A_1 = A_2$ であり，問3の場合は $A_1 > A_2$ となる。明線の明るさ（強さ）はこの全合成波の振幅の2乗に比例する。

　以上より，スクリーンB上の明線の様子は右図のようになる。これを参照して，$W_2 = W_1$ の場合と比べた明線の位置の変化と間隔の変化を，理由と共に書けばよい。また，明線の明るさについては，題意より，その特徴を述べればよい。

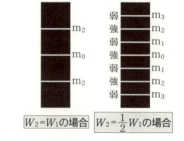

$W_2 = W_1$ の場合　$W_2 = \dfrac{1}{2}W_1$ の場合

答

問1 　$\sin\theta = n\sin\phi$ 　　問2 　$\Delta_R = 2d\sqrt{n^2 - \sin^2\theta}$

問3 　$\Delta_R = \left(k + \dfrac{1}{2}\right)\lambda$ 　　問4 　$\Delta_R = k\lambda$

問5 　光学距離の差は等しいが，反射の際の位相のずれを考慮すると，反
　　　射光と透過光で干渉条件が逆になるから。

問6 　$\Lambda^{\min} = \dfrac{4nd}{2k+1}$ 〔m〕 　　問7 　$\Lambda^{\max} = \dfrac{2nd}{k}$ 〔m〕

問8 ・問6の弱くなる波長の式 $\Lambda^{\min} = \dfrac{4nd}{2k+1} = \dfrac{\Lambda_0}{N}$ からも，問題中の図

　　　3からも，N が奇数のとき反射率Rは極小値をとることがわかる。
　　・問題中の図3より，$N=1$ の付近で，反射率Rは広範囲で小さい。
　　・以上と $n=1.3$，および可視光線の範囲を用いて，$400 \le 4\times1.3d \le 700$
　　　〔nm〕，すなわち $76.9 \le d \le 134$〔nm〕であれば反射率が小さい。
　　・反射防止膜の厚さ 100 nm は上記の範囲を満たしているので選ばれて
　　　いる。

精講 まずは問題のテーマをとらえる

■**光学距離**

　屈折率nの物質中で光が距離lだけ進む間に，真空中では距離nlだけ進むことがで
きる。このように，物質中の距離に屈折率をかけたものを光学距離または光路長とい
う。また，別々の経路を通って干渉する光線の光学距離の差を光路差とよぶ。

■**反射による位相変化**

　2つの物質の境界面に，屈折率が相対的に小さい物質側から入射して反射される際，
光波の位相はπ〔rad〕だけ変化する。屈折率が相対的に大きい物質側から入射して起
こる反射・屈折の際は，位相は変化しない。

着眼点

　　反射を防止するためには，可視光の範囲全体に渡って反射率Rが小さいことが
　望ましい。よって，問題中の図3より，極小となる波長を含んでいて，できるだけ
　反射率Rが小さくなっている $\lambda = \Lambda_0$ 付近に着目する。

標問 **52** の解説

問1 　屈折の法則より，
　　　$1\cdot\sin\theta = n\sin\phi$

問2　右図を参照して，

$$\Delta_R = n(\text{AB}+\text{BC}) - \text{A}'\text{C}$$

$$= 2n\underbrace{\frac{d}{\cos\phi}}_{\text{AB, BC}} - \underbrace{2d\tan\phi\sin\theta}_{\text{AC}}$$

$$= 2n\frac{d}{\cos\phi} - 2d\tan\phi\cdot n\sin\theta$$

$$= \frac{2nd(1-\sin^2\phi)}{\cos\phi}$$

$$= 2nd\cos\phi$$

（問1の関係式を利用）

解答の文字指定に注意して，再び問1の関係式を用いると，

$$\Delta_R = 2nd\sqrt{1-\sin^2\phi} = 2nd\sqrt{1-\left(\frac{\sin\theta}{n}\right)^2} = 2d\sqrt{n^2-\sin^2\theta}$$

問3　屈折率の関係 $1<n<n_G$ より，点Cと点Bでの反射光の位相がともに π〔rad〕ずれることに注意して，弱め合う干渉をする条件は，

$$\Delta_R = \left(k+\frac{1}{2}\right)\lambda$$

問4　問3と同様に考えて，強め合う干渉をする条件は，

$$\Delta_R = k\lambda$$

問5　反射光の干渉では2つの光線の位相が反射により共に π〔rad〕ずれるが，透過光の干渉では点Bでの反射により π〔rad〕ずれるだけであるから，干渉条件が逆転するため。

問6　垂直入射（入射角 $\theta=0$）の場合，問1の関係式より $\phi=0$ となる。よって，反射光が弱くなる条件は，問2，3の結果を用いて，

$$2nd = \left(k+\frac{1}{2}\right)\varLambda^{\min}\quad\text{これより，}\quad \varLambda^{\min} = \frac{4nd}{2k+1}\text{〔m〕}$$

問7　問6と同様に考える。反射光が強くなる条件は，問2，4の結果を用いて，

$$2nd = k\varLambda^{\max}\quad\text{これより，}\quad \varLambda^{\max} = \frac{2nd}{k}\text{〔m〕}$$

問8　問題中の図3より，$\varLambda^{\min} = \dfrac{4nd}{2k+1} = \dfrac{\varLambda_0}{2k+1}$ で確かに反射率が極小となっていて，特に $N=2k+1=1$ となる $\lambda=\varLambda_0$ 付近で反射率 R の値は小さく，変化も少ない。よって，問題に与えられた可視光の範囲を考えると，

$$400 \le 4nd \le 700\text{〔nm〕}$$

題意より，反射防止膜では $n=1.3$ であるから，

$$\frac{400}{4\times1.3} \le d \le \frac{700}{4\times1.3}\quad\text{すなわち，}\quad 76.9 \le d \le 134\text{〔nm〕}$$

これより，反射防止膜の厚さ 100 nm は適当であることがわかる。

答

問1 $\dfrac{\lambda}{n}$　　問2 $\dfrac{\lambda}{2n\theta}$　　問3 ⑤　　問4 ②　　問5 $\dfrac{\lambda}{2L}$

問6 密度　　問7 ⑥　　問8 $n' = \dfrac{N_0\lambda}{2L} \fallingdotseq 2.5 \times 10^{-4}$

精講 まずは問題のテーマをとらえる

■気体の屈折率の測定

　光の干渉を利用して，長さ，屈折率，面精度などを測定する装置を干渉計とよんでいる。一般に気体の屈折率は1に近いので，干渉計により，真空との差を干渉縞の移動などを用いて測定する。

■くさび形空気層による干渉

　右図のように，くさび形の空気層の上部と下部で反射された波長 λ の光の干渉を考える。なお，右図では，本来1本の線で表される入射光線と反射光線を，見やすくするためにずらして描いている。以下，同様な記述法を用いる。

　隣り合う明線が観測される位置での空気層の厚さを t, $t'(t < t')$ とすると，強め合う条件は，空気の屈折率を1として，

$$2t = m\lambda$$
$$2t' = (m+1)\lambda$$

となるので，

$$t' - t = \dfrac{\lambda}{2}$$

すなわち，隣り合う明線の位置では，空気層の厚さが $\dfrac{1}{2}$ 波長変化する。また，強め合う条件から，m のそれぞれの値に対応した光路差，そして空気層の厚さがあることがわかる。くさび形空気層による干渉では，1本の干渉縞が光路差，すなわち空気層の厚さの同じところを表している。ニュートンリングの場合も同様に考えることができる。

> **着眼点**
>
> 　半透鏡で反射された光と鏡で反射された光の干渉は，くさび形空気層による干渉と同様に考えることができる。また，縞の移動を考える際には，動かない縞があるかどうかに着目する。

問1 空気中における入射光の波長を λ_n とすると，屈折の法則より，

$$\lambda_n = \frac{\lambda}{n}$$

問2 右図のように，明るい縞から次の明るい縞までの距離を d とすると，この2つの明るい縞の位置で，半透鏡 AB と鏡 CD の間隔は $d\tan\theta$ 変化するので，光路差は $n \times 2 \times d\tan\theta$ 変化する。一方，干渉条件を考えると，隣り合う明るい縞の位置では光路差が λ 変化する。これより，

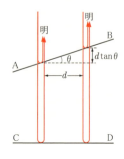

$$n \times \underset{\text{往復}}{2 \times} d\tan\theta = \lambda \qquad \text{よって，} \quad d = \frac{\lambda}{2n\tan\theta}$$

ここで，角度 θ は非常に小さいことから $\tan\theta \fallingdotseq \theta$ と近似して，

$$d \fallingdotseq \frac{\lambda}{2n\theta}$$

問3 問2の結果より，θ の値を大きくすると，明るい縞から次の明るい縞までの距離 d は小さくなる。また，点 M では半透鏡 AB と鏡 CD の間隔は変わらない。よって，点 M の両側の縞が，M の方に動くことがわかる。

これは，1本の干渉縞が光路差，すなわち空気層の厚さの等しいところを表していることから考えれば，回転により空気層の厚さが大きくなるので，元と同じ厚さになるように「AM 間の明るい縞と MB 間の明るい縞は，ともに M の方に動く」ことが定性的にわかる。

問4 空気を排気すると，屈折率 n が小さくなる。よって，問2の結果より，明るい縞から次の明るい縞までの距離 d は大きくなる。また，同じ位置では光路差が小さくなるので，明るい縞は光路差が排気前と等しくなる B の方に全体として動く。

本問も1本の干渉縞が光路差の等しいところを表していることから考えれば，空気を排気して屈折率が小さくなると光学距離が小さくなるので，半透鏡 AB と鏡 CD の間隔が広くなる方向に縞は移動する。すなわち，「AM 間の明るい縞と MB 間の明るい縞は，ともに B の方に動く」ことが定性的にわかる。

問5 はじめに明るい縞が見られた位置では，光路差が1波長分変化する間に「明→暗→明」の変化が起こる。したがって，屈折率の変化を Δn とすると，光路差は $\Delta n \times 2L$ 変化するので，

$$\Delta n \times 2L = \lambda \qquad \text{これより，} \quad \Delta n = \frac{\lambda}{2L}$$

問6 問題中の図2(a)より，N は P に比例し，図2(b)より，N は T に反比例することがわかる。よって，比例定数を K として，

$$N = K\frac{P}{T}$$

気体の圧力が0，すなわち真空のとき，屈折率は1であるから，屈折率の変化 Δn

は $n-1$ となる。この間に明暗を繰り返す回数がNであるから，問5と同様に考えて，

$$\varDelta n = n-1 = N\frac{\lambda}{2L}$$

また，この気体の密度を ρ，分子量を M とし，気体定数をRとすると，気体の状態方程式より，

$$P = \rho\frac{R}{M}T$$

以上3式と $n=1+n'$ より，

$$n' = n-1 = N\frac{\lambda}{2L} = K\frac{1}{T}\cdot\rho\frac{R}{M}T\cdot\frac{\lambda}{2L} = \frac{KR}{M}\cdot\frac{\lambda}{2L}\rho$$

ここで，$\dfrac{KR}{M}\cdot\dfrac{\lambda}{2L}$ は定数であるから，n' は密度 ρ に比例する。

問7　バルブを閉じていて，ガラス容器の膨張は無視しているので，気体の密度は変化しない。問6の結果より，n' が変化しないので屈折率nも変化しない。よって，問2より，縞模様は変化しない。

問8　明暗を繰り返す回数が N_0 であるから，

$$n' = \frac{N_0\lambda}{2L}$$

与えられた数値を代入して，

$$n' = \frac{98\times5.1\times10^{-7}}{2\times0.10} = 2.49\cdots\times10^{-4} \fallingdotseq 2.5\times10^{-4}$$

答

(1) $n\lambda$　　(2) x軸　　(3) $\dfrac{\lambda}{2\sin\theta}$　　(4) $d=m\dfrac{\lambda}{2\sin\theta}$

(5) $\dfrac{\lambda}{\cos\theta}$　　(6) $\left(\dfrac{m\lambda}{2d}\right)^2+\left(\dfrac{\lambda}{\lambda'}\right)^2=1$　　(7) $\dfrac{2d}{m}$　　(8) $2d$

精講　まずは問題のテーマをとらえる

■波面

同じ時刻で同位相（同じ振動状態）になっている点を連ねた面を波面といい，波面が平面の場合は平面波，球面の場合は球面波とよぶ。

着眼点

斜交する平面波の干渉では，波の進行方向を表す直線どうしのなす角度（180°以下）を2等分する方向Ⅰ（本問の x 軸）と，これに垂直な方向Ⅱ（本問の y 軸）に分けて考える。方向Ⅰでは，2つの波が同じ向きに進んで重なるので，進行波となる。方向Ⅱでは，2つの波が互いに逆向きに進んで重なるので，定常波となる。このように考えると，本問の前半と後半は，同じように扱うことができる。また，解説(3)に〔別解〕として示したように，図形的性質を用いると，状況がわかりやすい。

標問 54 の解説

(1) 問題中の図1を見ると，右図のように，x軸上に波面の交点がある。対称性より，原点Oから，$x>0$ で点Oに最も近い波面への垂直距離は等しい。よって，$\overline{\text{OR}}$ と $\overline{\text{OQ}}$ の差は波面の間隔の整数倍，すなわち波長 λ の整数倍（n 倍）であればよい。以上より，

$$\overline{\text{OQ}}-\overline{\text{OR}}=n\lambda$$

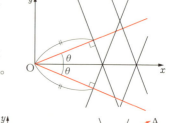

(2) 点Oと点Pを結ぶ直線が x 軸となす角度を右図のように φ とし，$\overline{\text{OP}}=r$ とすると，△OPQ と △OPR に着目して，

$$\overline{\text{OQ}}=r\cos(\theta-\varphi)$$
$$\overline{\text{OR}}=r\cos(\theta+\varphi)$$

よって，(1)の条件式に上の2式を代入し，加法定理を用いて整理すると，

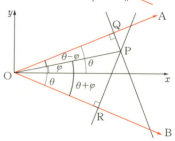

$$\overline{OQ}-\overline{OR}=r\cos(\theta-\varphi)-r\cos(\theta+\varphi)$$
$$=r\{(\cos\theta\cos\varphi+\sin\theta\sin\varphi)-(\cos\theta\cos\varphi-\sin\theta\sin\varphi)\}$$
$$=2r\sin\theta\sin\varphi$$

ここで，点Pの y 座標を y とすると，$y=r\sin\varphi$ となるので，

$$\overline{OQ}-\overline{OR}=2y\sin\theta$$

以上より，点Pで山の波面が重なって強め合う条件を考えると，

$$2y\sin\theta=n\lambda \qquad \text{これより，} \qquad y=\frac{n\lambda}{2\sin\theta}\ (=y_n\text{とおく})$$

となり，腹線は n によって定まる x 軸に平行な直線（群）となる。

〔別解〕 着眼点 に示したように，x 軸方向には進行波となり，y 軸方向には定常
　　　波となるので，定常波の腹を連ねた腹線は x 軸に平行な直線となる。

(3) (2)より，腹線の間隔を Δy とすると，

$$\Delta y=y_{n+1}-y_n=\frac{(n+1)\lambda}{2\sin\theta}-\frac{n\lambda}{2\sin\theta}=\frac{\lambda}{2\sin\theta}$$

〔別解〕 平面波Aに着目する。右図より，x 軸方向の
　　　波長 λ_x，y 軸方向の波長 λ_y は，

$$\lambda_x\cos\theta=\lambda \qquad \text{これより，} \qquad \lambda_x=\frac{\lambda}{\cos\theta}$$

$$\lambda_y\sin\theta=\lambda \qquad \text{これより，} \qquad \lambda_y=\frac{\lambda}{\sin\theta}$$

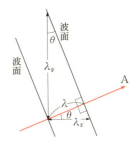

対称性より，平面波Bについても同じなので，合成
波は，x 軸方向には波長 λ_x の進行波，y 軸方向には
波長 λ_y の定常波となる。よって，腹線の間隔は腹の

間隔 $\frac{\lambda_y}{2}$ に等しいので，

$$\Delta y=\frac{\lambda_y}{2}=\frac{\lambda}{2\sin\theta}$$

(4) 題意より，鏡に垂直な y 軸方向には定常波ができ，その波長 λ_y は，(3)の〔別解〕と
同様の図を用いて，

$$\lambda_y=\frac{\lambda}{\sin\theta}$$

である。よって，合成波の振幅が鏡の表面で常に0になるためには，鏡の表面に定

常波の節ができればよい。したがって，節の間隔は $\frac{\lambda_y}{2}$ であるので，m を正の整数と

して，

$$d=m\frac{\lambda_y}{2}=m\frac{\lambda}{2\sin\theta}$$

(5) x 軸方向に進む光波の山の波面の間隔（波長）λ' は，(3)の〔別解〕と同様の図を用い
て，

$$\lambda'=\frac{\lambda}{\cos\theta}$$

(6) (4), (5)の結果から,

$$\sin\theta = \frac{m\lambda}{2d}, \qquad \cos\theta = \frac{\lambda}{\lambda'}$$

よって,

$$\sin^2\theta + \cos^2\theta = \left(\frac{m\lambda}{2d}\right)^2 + \left(\frac{\lambda}{\lambda'}\right)^2 = 1$$

(7) (4)の結果と題意より,

$$\sin\theta = \frac{m\lambda}{2d} \leq 1 \qquad これより, \qquad \lambda \leq \frac{2d}{m}$$

(8) (7)より, 波長 λ の上限 λ_{max} は, $m=1$ として,

$$\lambda_{max} = 2d$$

答

問1　$\Delta L = L_2 - L_1 = \dfrac{\alpha(r_P + r_Q)}{2\pi r_P r_Q}$ 〔m〕　　問2　$\alpha_m = \dfrac{\pi r_P r_Q \lambda}{r_P + r_Q}$ 〔m²〕

問3　$f = \dfrac{\alpha_m}{\pi \lambda}$ 〔m〕,　　$f = 4.80 \times 10^{-1}$ 〔m〕

問4　$\alpha' = \pi\left(\dfrac{d_1}{2}\right)^2 + 2\alpha_m$ 〔m²〕

精講 まずは問題のテーマをとらえる

■**図形的な処理**

　光波の干渉では，経路の長さを図形的に計算することがまず求められる。主に三角形に着目して三平方の定理を用いる場合が多いので，慣れが重要である。

着眼点

　　問4では，リング状のスリット S′ の面積はスリット S と同じく α_m であるから，強め合いの条件は満たしている。したがって，スリット S を通った光とスリット S′ を通った光とが同時に強め合う条件を考えればよい。

標問 55 の解説

問1　図形的に考えて L_1 を求めると，三平方の定理より，
$$L_1 = \sqrt{r_P{}^2 + \left(\frac{d_1}{2}\right)^2} + \sqrt{r_Q{}^2 + \left(\frac{d_1}{2}\right)^2} = r_P\sqrt{1 + \left(\frac{d_1}{2r_P}\right)^2} + r_Q\sqrt{1 + \left(\frac{d_1}{2r_Q}\right)^2}$$
$$\underbrace{\phantom{\sqrt{r_P{}^2 + \left(\frac{d_1}{2}\right)^2}}}_{\text{PA}} \quad \underbrace{\phantom{\sqrt{r_Q{}^2 + \left(\frac{d_1}{2}\right)^2}}}_{\text{AQ}}$$

ここで，題意より $d_1 \ll r_P$，$d_1 \ll r_Q$ であるから，与えられた近似式を用いると，
$$L_1 \fallingdotseq r_P\left\{1 + \frac{1}{2}\left(\frac{d_1}{2r_P}\right)^2\right\} + r_Q\left\{1 + \frac{1}{2}\left(\frac{d_1}{2r_Q}\right)^2\right\} = r_P + r_Q + \frac{d_1{}^2}{8r_P} + \frac{d_1{}^2}{8r_Q}$$

と求められる。同様にして L_2 を求めると，
$$L_2 = \sqrt{r_P{}^2 + \left(\frac{d_2}{2}\right)^2} + \sqrt{r_Q{}^2 + \left(\frac{d_2}{2}\right)^2} \fallingdotseq r_P + r_Q + \frac{d_2{}^2}{8r_P} + \frac{d_2{}^2}{8r_Q}$$
$$\underbrace{\phantom{\sqrt{r_P{}^2 + \left(\frac{d_2}{2}\right)^2}}}_{\text{PB}} \quad \underbrace{\phantom{\sqrt{r_Q{}^2 + \left(\frac{d_2}{2}\right)^2}}}_{\text{BQ}}$$

と求められる。よって，
$$\Delta L = L_2 - L_1 = \frac{d_2{}^2 - d_1{}^2}{8r_P} + \frac{d_2{}^2 - d_1{}^2}{8r_Q}$$

ここで，題意より，スリット S の面積 α に関して次の式が成り立つ。
$$\alpha = \pi\left(\frac{d_2}{2}\right)^2 - \pi\left(\frac{d_1}{2}\right)^2 \quad \text{これより,} \quad d_2{}^2 - d_1{}^2 = \frac{4\alpha}{\pi} \quad \cdots ①$$

以上より，

$$\Delta L = \frac{4\alpha}{8\pi r_P} + \frac{4\alpha}{8\pi r_Q} = \frac{\alpha(r_P + r_Q)}{2\pi r_P r_Q} \text{ (m)}$$

問2 問1より点Qに達する光の位相差の最大値は，経路差の最大値 ΔL の場合であるから，p.144 **精講** を参照して，

$$\frac{2\pi}{\lambda}\Delta L = \frac{\alpha(r_P + r_Q)}{r_P r_Q \lambda}$$

となる。よって，スリットSを通過するすべての光が点Qで強め合う条件は，題意より，

$$\frac{\alpha(r_P + r_Q)}{r_P r_Q \lambda} \leq \pi \qquad \text{これより，} \qquad \alpha \leq \frac{\pi r_P r_Q \lambda}{r_P + r_Q} = \alpha_m \text{ (m}^2\text{)}$$

問3 写像公式を用いて，　← p.119 精講を参照

$$\frac{1}{r_P} + \frac{1}{r_Q} = \frac{1}{f} \qquad \text{これより，} \qquad f = \frac{r_P r_Q}{r_P + r_Q}$$

問2で求めた α_m を用いると，

$$f = \frac{\alpha_m}{\pi\lambda} \text{ (m)}$$

と表される。また，①式に与えられた数値を用いて式変形すると，

$$\alpha = \alpha_m = \frac{\pi}{4}(d_2{}^2 - d_1{}^2) = \frac{\pi}{4}(1.40^2 - 1.00^2) \times 10^{-6} = 2.40\pi \times 10^{-7}$$

となるので，f の数値を求めると，

$$f = \frac{\alpha_m}{\pi\lambda} = \frac{2.40\pi \times 10^{-7}}{\pi \times 5.00 \times 10^{-7}} = 4.80 \times 10^{-1} \text{ (m)}$$

問4 スリット S′ の内周上を通って点Qに達する光の経路の長さを L_3 とすると，問1と同様に考えて，

$$L_3 \fallingdotseq r_P + r_Q + \frac{d_3{}^2}{8r_P} + \frac{d_3{}^2}{8r_Q}$$

と求められる。一方，スリットSを通った光とスリット S′ を通った光とが同時に強め合う，最も小さい内径 d_3 となる L_3 は，

$$L_3 - L_1 = \lambda$$

を満たす。上記の L_3 の式と問1の L_1 の式を用いて，式変形すると，

$$L_3 - L_1 = \frac{r_P + r_Q}{8r_P r_Q}(d_3{}^2 - d_1{}^2) = \frac{r_P + r_Q}{2r_P r_Q}\left\{\left(\frac{d_3}{2}\right)^2 - \left(\frac{d_1}{2}\right)^2\right\} = \lambda$$

ここで，直径 d_3 の円の面積 $\alpha' = \pi\left(\dfrac{d_3}{2}\right)^2$ を用いると，

$$\frac{r_P + r_Q}{2r_P r_Q}\left\{\frac{\alpha'}{\pi} - \left(\frac{d_1}{2}\right)^2\right\} = \lambda$$

よって，

$$\alpha' = \pi\left(\frac{d_1}{2}\right)^2 + \frac{2\pi r_P r_Q \lambda}{r_P + r_Q}$$

問2より，
$\alpha_m = \dfrac{\pi r_P r_Q \lambda}{r_P + r_Q}$

$$ = \pi\left(\frac{d_1}{2}\right)^2 + 2\alpha_m \text{ (m}^2\text{)}$$

標問 56 点電荷による電場・電位

答

問1 x成分：$-\dfrac{k_0 q(x-a)(3x+a)}{x^2(x+a)^2}$，$y$成分：$0$

問2 $-\dfrac{k_0 q(3x-a)}{x(x+a)}$

問3 $\left(x-\dfrac{a}{15}\right)^2 + y^2 = \left(\dfrac{4}{15}a\right)^2$　図形：中心が $\left(\dfrac{1}{15}a,\ 0\right)$ で，半径が $\dfrac{4}{15}a$ の円

問4 (1) 正　　(2) $\dfrac{a}{3}$　　(3) $q\sqrt{\dfrac{2k_0}{ma}}$

精講 まずは問題のテーマをとらえる

■クーロンの法則

2つの点電荷の間には，それぞれの電荷の大きさ$|q|$, $|Q|$ の積に比例し，点電荷間の距離rの2乗に反比例するクーロン力（静電気力）が働く。すなわち，クーロン力の大きさfは，

$$f = k\frac{|q||Q|}{r^2} \quad (k：クーロンの法則の比例定数)$$

となる。なお，定数kは真空中では，$k_0 = 9.0\times10^9$〔N·m²/C²〕となり，空気中でのkはほぼk_0に等しい。また，クーロン力の向きは，

q, Qが同符号（$qQ>0$）⇨ 互いに反発しあう向き

q, Qが異符号（$qQ<0$）⇨ 互いに引きあう向き

■電場（電界）

電荷に静電気力が働く場で，<u>単位正電荷に働く静電気力の大きさと向きで定められる</u>。電場の合成はベクトル和を考える。^{└ +1C のこと}

■電位

単位正電荷が基準点に対してもつ，静電気力による位置エネルギーを電位とよぶ。電位は，基準点から単位正電荷をゆっくり運ぶのに要する仕事として計算できる。電位の合成はスカラー和を考える。

■点電荷による電位

電気量Qの点電荷から，距離rだけ離れた点の電位Vは，無限遠を基準として，

$$V = -\int_\infty^r k\frac{Q}{x^2}dx^* = k\frac{Q}{r}$$

（k：クーロンの法則の比例定数）

※ 距離xの位置から点電荷をゆっくり微小変位dxさせる微小仕事dWを考える。加える外力は静電気力$k\dfrac{Q}{x^2}$とつり合うから，その向きは微小変位dxと逆向きになる。よって，$dW = -k\dfrac{Q}{x^2}dx$となり，これを積分して電位が得られる。

■電場と電位

　静電気力は保存力であるから，保存力以外の外力による仕事が 0 であれば，エネルギーの和が保存される。また，電場の方向に微小距離 $\varDelta x$ 変位する間に電位が $\varDelta V$ 変化したとすると，電場の強さ E は，

$$E = -\frac{\varDelta V}{\varDelta x}$$

と表される。すなわち，電場の向きは，電位の減少する向きと等しい。

> **着眼点**
>
> 　問 4 において，2 つの点電荷から十分に離れた点では電場が 0 となる。通常，この点の電位を 0 とする。確かに，問 1，2 の結果から，$x>0$ で十分に大きくすると，電場も電位も負から 0 に近づく。
>
> 　しかし「静かに置いたところ，原点に近づく向きに動き始めた」ことより，点R では，電位は 0 であるが，電場はきわめて小さいが厳密には 0 ではなく，x 軸方向負の向きであると考える。

標問 56 の解説

問 1　$x>0$ の x 軸上の点Pに単位正電荷を置いたと考え，原点Oと点Aの電荷からこの単位正電荷に働く力の合成を考える。この電荷に働く力は右図のようになるので，

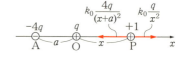

$$x\,\text{成分}：E_x = k_0\frac{q}{x^2} + \left\{-k_0\frac{4q}{(x+a)^2}\right\} = -\frac{k_0 q(x-a)(3x+a)}{x^2(x+a)^2}$$

　　　　　点Oの電荷から　　点Aの電荷から働く
　　　　　働く静電気力　　　静電気力

$$y\,\text{成分}：E_y = 0$$

問 2　$x>0$ の場合の点Pの電位を V_P とすると，それぞれの点電荷による電位のスカラー和を考えて，

$$V_P = k_0\frac{q}{x} + k_0\frac{-4q}{x+a} = -\frac{k_0 q(3x-a)}{x(x+a)}$$

　　　点Oの電荷　点Aの電荷
　　　による電位　による電位

問 3　任意の点 $(x,\ y)$ の電位を V とすると，

$$V = k_0\frac{q}{\sqrt{x^2+y^2}} + k_0\frac{-4q}{\sqrt{(x+a)^2+y^2}}$$

と表せる。電位 0 の等電位線は，$V=0$ として上式を整理すると，

$$\left(x-\frac{a}{15}\right)^2 + y^2 = \left(\frac{4}{15}a\right)^2$$

この式は，中心が $\left(\frac{1}{15}a,\ 0\right)$ で半径が $\frac{4}{15}a$ の円

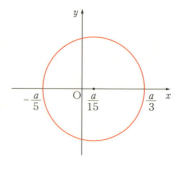

を表す(前ページの図)。

問4 (1) 問1で求めた E_x, E_y より，x 軸方向正の向きに十分に離れた点Rでは $E_x<0$, $E_y=0$ であり，電場は x 軸方向負の向きとわかる。点電荷Qは電場の向きに動き出しているので，符号は正である。

(2) 点Rで点電荷Qの静電気力による位置エネルギーは0であり，静かに置いたことから運動エネルギーも0である。よって，点 $(x, 0)$ における点電荷Qの速さを v とすると，エネルギー保存則より，

$$\underbrace{\frac{1}{2}mv^2}_{\substack{\text{点}(x,\ 0)\text{における}\\\text{エネルギー}}}\underbrace{-\frac{k_0q^2(3x-a)}{x(x+a)}}_{\substack{\text{点R における}\\\text{エネルギー}}}=0$$

原点Oに最も近づいたとき $v=0$ となるので，上式より，

$$\frac{k_0q^2(3x-a)}{x(x+a)}=0 \qquad \text{これより，} \quad x=\frac{a}{3}$$

(3) 電場と電位の関係から，電場0となる点で，電位は極値をとる。問1より，

$$E_x=-\frac{k_0q(x-a)(3x+a)}{x^2(x+a)^2}=0 \qquad \text{これより，} \quad x=a \quad \textcolor{red}{\leftarrow x>0 \text{ なので,}}$$
$$\textcolor{red}{x=-\frac{a}{3} \text{ は不適}}$$

上記より，原点Oに向かうとき，点 $x=a$ の前後で電場は $E_x<0$ から $E_x>0$ に変わることがわかる。すなわち，電位(位置エネルギー)は極小値をとることがわかる。

　求める速さの最大値を v_m とすると，エネルギー保存則より，

$$\frac{1}{2}mv_m{}^2=\frac{k_0q^2(3a-a)}{a(a+a)} \qquad \text{よって，} \quad v_m=q\sqrt{\frac{2k_0}{ma}}$$

答

問1 (1) 解説の図を参照 (2) $N = \dfrac{16}{3}\pi^2 \rho k_0 R^3$ (3) $E(r) = \dfrac{4}{3}\pi \rho k_0 \dfrac{R^3}{r^2}$

問2 (1) 解説の図を参照

(2) $r < R : E(r) = 0$　$r > R' : E(r) = \dfrac{4}{3}\pi \rho k_0 \dfrac{R'^3 - R^3}{r^2}$

問3 $E(R) = \dfrac{4}{3}\pi \rho k_0 R$

問4 球の中心を中心とし，周期 $\sqrt{\dfrac{3\pi m}{\rho k_0 q}}$，振幅 R' の単振動をする。

精講 まずは問題のテーマをとらえる

■電気力線

各点での接線の方向が電場の方向と一致する曲線で，正電荷から負電荷に向かう。また，孤立した電荷の場合，正電荷から無限遠，または無限遠から負電荷に向かう。

① 枝分かれしたり，交わったりしない。

② 同じ向きの電気力線は互いに反発し，1本の電気力線は縮もうとする。

③ 通常，電場の強さが E 〔N/C〕のところでは，電場に垂直に，単位面積あたり E (本) 引くと決める。電気力線が密集しているところほど電場は強い。

④ **ガウスの法則** 任意の閉曲面を貫いて外に出る電気力線の総本数 N は，閉曲面の内部の全電気量を Q 〔C〕とすると，

$$N = \frac{Q}{\varepsilon_0} = 4\pi k_0 Q \text{ (本)}$$

となる。ただし，ε_0 は真空の誘電率，k_0 はクーロンの法則の比例定数である。

着眼点

問題中に与えられた電気力線の概念の説明により，電場の強さと電気力線の密度の関係を考えればよい。

標問 57 の解説

問1 (1) この球には正電荷が帯電しているので，球の外側において，電気力線は球の表面から垂直に出て，放射状に広がる。よって，右図のようになる。

(2) 球の体積が $\dfrac{4}{3}\pi R^3$ であるから，この球に帯電している正電荷の総和を Q とすると，

$$Q = \rho \times \frac{4}{3}\pi R^3$$

と表せる。よって，電気力線の総本数 N は，

$$N = 4\pi k_0 Q = 4\pi k_0 \times \frac{4}{3}\pi\rho R^3 = \frac{16}{3}\pi^2\rho k_0 R^3$$

(3) 半径 r の球の表面積は $4\pi r^2$ であるから，題意より，

$$E(r) = \frac{N}{4\pi r^2} = \frac{4}{3}\pi\rho k_0 \frac{R^3}{r^2} \quad \textcolor{red}{\leftarrow 単位面積を通過する電気力線の本数で，}$$
$$\textcolor{red}{電場\ E\ の強さが表される}$$

問2 (1) 電気力線は交わらないので，球殻の内側には出ず，球殻の外側表面から垂直に出て，放射状に広がる。よって，右図のようになる。

(2) $r < R$ では，電気力線はないので，

$$E(r) = 0$$

また，$r > R'$ では，この球殻に帯電している正電荷の総

和を Q' とすると，$Q' = \frac{4}{3}\pi\rho(R'^3 - R^3)$ であるから，

$$E(r) = \frac{4\pi k_0 Q'}{4\pi r^2} = \frac{k_0}{r^2} \times \frac{4}{3}\pi\rho(R'^3 - R^3) = \frac{4}{3}\pi\rho k_0 \frac{R'^3 - R^3}{r^2}$$

問3 電気力線は各正電荷から外向きに出るので，半径 R の球内の電荷について考えればよい。問1(2)より，

$$E(R) = \frac{N}{4\pi R^2} = \frac{1}{4\pi R^2} \times \frac{16}{3}\pi^2\rho k_0 R^3 = \frac{4}{3}\pi\rho k_0 R$$

問4 球の中心を原点Oとして，トンネルに沿って x 軸をとり，座標 $x(-R' \leqq x \leqq R')$ における電場を x 軸方向正の向きに $E(x)$ とすると，

$$E(x) = \frac{4}{3}\pi\rho k_0 x$$

と表せる。よって，微小粒子の質量を m，電荷を $-q(q>0)$ とし，座標 x における加速度を x 軸方向正の向きに a とすると，運動方程式は，

$$ma = -qE(x) = -\frac{4}{3}\pi\rho k_0 qx \quad \textcolor{red}{\leftarrow ma = -kx \quad 単振動の形！}$$

となる。$\frac{4}{3}\pi\rho k_0 q > 0$ であるから，この運動方程式は，$x = 0$ を中心とし，周期 T が，

$$T = 2\pi\sqrt{\frac{3m}{4\pi\rho k_0 q}} = \sqrt{\frac{3\pi m}{\rho k_0 q}} \quad \textcolor{red}{\leftarrow T = 2\pi\sqrt{\frac{m}{k}} \quad より}$$

の単振動を表す。

答

問1 $E(0)=\dfrac{V}{d}$, $Q(0)=\dfrac{\varepsilon_1 l^2}{d}V$, $C(0)=\dfrac{\varepsilon_1 l^2}{d}$

問2 $Q(x)=\dfrac{l}{d}\{\varepsilon_1 l-(\varepsilon_1-\varepsilon_2)|x|\}V$, $C(x)=\dfrac{l}{d}\{\varepsilon_1 l-(\varepsilon_1-\varepsilon_2)|x|\}$

問3 (1) ④　(2) $x=0$ を中心として x 軸方向に $-\varDelta \sim \varDelta$ の範囲で
振動運動をする。　(3) $\sqrt{\dfrac{\varepsilon_1 l^2 V^2}{md}\cdot\dfrac{(\varepsilon_1-\varepsilon_2)|\varDelta|}{\varepsilon_1 l-(\varepsilon_1-\varepsilon_2)|\varDelta|}}$

精講 まずは問題のテーマをとらえる

■平行板コンデンサーの電気容量

1対の平行な金属板からなる平行板コンデンサーの電気容量Cは，極板面積Sに比例し，極板間隔dに反比例する。極板間を満たす物質の誘電率をεとすると，

$$C=\varepsilon\frac{S}{d}=\varepsilon_r\varepsilon_0\frac{S}{d}$$

ただし，ε_0は真空の誘電率であり，$\varepsilon_r=\dfrac{\varepsilon}{\varepsilon_0}$ は比誘電率である。

■誘電体板の挿入

平行板コンデンサーの極板間に誘電体板を入れると，誘電分極により誘電体内部では電場が弱くなる。これより，誘電体板を挿入した部分の電気容量は入っていないときの電気容量の比誘電率倍となる。なお，絶縁体(不導体)を電場内に置くと誘電分極が起こるので，絶縁体を誘電体とよぶ。

■金属板の挿入

平行板コンデンサーの極板間に金属板を入れると，静電誘導により金属板内部の電場は 0 となる。これより，金属板の分だけ極板間が狭くなっているとして扱うことができる。

Point 19 平行板コンデンサーの極板間の一部に金属板や誘電体板を挿入した場合は，挿入した部分と挿入していない部分（電場が等しい部分）に分けて，これらの直列接続，または並列接続と考える。

着眼点

平行板コンデンサーの極板間に誘電体を挿入する場合には，回路のスイッチを開いているか，閉じているかに注意する。スイッチを開いていればコンデンサーは電気的に孤立しているので，蓄えられている電気量は一定となり，エネルギーの関係もコンデンサーのみに着目すればよい。一方，スイッチを閉じていれば閉回路をなしていて，電荷が移動するので，回路全体でエネルギーの関係を考える。

問1　極板間の電位差はVであり，極板間隔はdであるので，極板間の電場$E(0)$は，

$$E(0)=\frac{V}{d}$$

一方，ガウスの法則（p.162 **精講**参照）より，$E(0)$は電気量$Q(0)$を用いて，

$$E(0)=\frac{Q(0)}{\varepsilon_1}\times\frac{1}{l^2}$$

と表すことができるので，

$$E(0)=\frac{V}{d}=\frac{Q(0)}{\varepsilon_1 l^2}\qquad\text{よって，}\quad Q(0)=\frac{\varepsilon_1 l^2}{d}V$$

また，電気容量$C(0)$は，

$$C(0)=\frac{Q(0)}{V}=\frac{\varepsilon_1 l^2}{d}$$

問2　スイッチを閉じたままであり，極板間隔も変化しないので，極板間の電場は問1から変化しない。

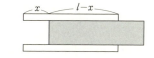

　また，$x>0$の場合，$x<0$の場合共に，右図より，誘電体が入っている部分の極板面積は$l(l-|x|)$，入っていない部分の極板面積は$l|x|$と表すことができる。

　よって，誘電体が入っている部分に蓄えられる電気量を$Q_1(x)$，入っていない部分に蓄えられる電気量を$Q_2(x)$とすると，

$$E=\frac{V}{d}=\frac{Q_1(x)}{\varepsilon_1 l(l-|x|)}=\frac{Q_2(x)}{\varepsilon_2 l|x|}$$

これより，

$$Q_1(x)=\frac{\varepsilon_1 l(l-|x|)}{d}V$$

$$Q_2(x)=\frac{\varepsilon_2 l|x|}{d}V$$

求める$Q(x)$は，$Q_1(x)$と$Q_2(x)$の和になるので，

$$Q(x)=Q_1(x)+Q_2(x)=\frac{l}{d}\{\varepsilon_1 l-(\varepsilon_1-\varepsilon_2)|x|\}V$$

また，電気容量$C(x)$は，

$$C(x)=\frac{Q(x)}{V}=\frac{l}{d}\{\varepsilon_1 l-(\varepsilon_1-\varepsilon_2)|x|\}$$

〔別解〕　次ページの図のように，コンデンサーを誘電体が入っている部分と入っていない部分に分けて考え，それぞれの電気容量を$C_1(x)$，$C_2(x)$とすると，

$$C_1(x) = \frac{\varepsilon_1 l(l-|x|)}{d}$$

$$C_2(x) = \frac{\varepsilon_2 l|x|}{d}$$

これらの並列接続と考えて，

$$C(x) = C_1(x) + C_2(x)$$

$$= \frac{\varepsilon_1 l(l-|x|)}{d} + \frac{\varepsilon_2 l|x|}{d}$$

$$= \frac{l}{d}\{\varepsilon_1 l - (\varepsilon_1 - \varepsilon_2)|x|\}$$

これより，求める電気量 $Q(x)$ は，

$$Q(x) = C(x)V = \frac{l}{d}\{\varepsilon_1 l - (\varepsilon_1 - \varepsilon_2)|x|\}V$$

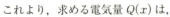

問3 (1) 平板の左端を $x=0$ に戻してしばらく置いた後スイッチを開いたので，蓄えられている電気量は $Q(0) = \frac{\varepsilon_1 l^2}{d}V$ で一定となる。よって，静電エネルギーの変化分 $U(\varDelta)$ は，

$$U(\varDelta) = \frac{\{Q(0)\}^2}{2C(\varDelta)} - \frac{\{Q(0)\}^2}{2C(0)}$$

$$= \frac{1}{2}\left(\frac{\varepsilon_1 l^2}{d}V\right)^2\left[\frac{d}{l\{\varepsilon_1 l - (\varepsilon_1 - \varepsilon_2)|\varDelta|\}} - \frac{d}{\varepsilon_1 l^2}\right]$$

$$= \frac{\varepsilon_1 l^2 V^2}{2d} \cdot \frac{(\varepsilon_1 - \varepsilon_2)|\varDelta|}{\varepsilon_1 l - (\varepsilon_1 - \varepsilon_2)|\varDelta|}$$

これより，$\varDelta = 0$ のとき $U(0) = 0$ であり，$\varDelta \neq 0$ では $U(\varDelta) > 0$ となるので，グラフは④のようになる。

(2) 誘電体平板はエネルギーが減少する向きに力を受けるから，問3(1)で選んだグラフより，常に極板間に吸い込まれる向きに力を受ける。また，エネルギー保存則が成り立つことから，$x=0$ を中心として x 軸方向に $-\varDelta \sim \varDelta$ の範囲で振動運動(往復運動)をする。

(3) エネルギー保存則より，静電エネルギーが最小となる $x=0$ で運動エネルギーは最大値をとる。

$$\underset{\substack{x=0 \text{ での} \\ \text{エネルギー}}}{\underline{\frac{1}{2}mv^2}} = \underset{\substack{x=\varDelta \text{ でのエネルギー}}}{\underline{U(\varDelta) = \frac{\varepsilon_1 l^2 V^2}{2d} \cdot \frac{(\varepsilon_1 - \varepsilon_2)|\varDelta|}{\varepsilon_1 l - (\varepsilon_1 - \varepsilon_2)|\varDelta|}}}$$

よって，

$$v = \sqrt{\frac{\varepsilon_1 l^2 V^2}{md} \cdot \frac{(\varepsilon_1 - \varepsilon_2)|\varDelta|}{\varepsilon_1 l - (\varepsilon_1 - \varepsilon_2)|\varDelta|}}$$

答

(1) $\dfrac{\varepsilon a l}{2d}V^2$　(2) $\dfrac{\varepsilon a l}{2d^2}V^2\varDelta d$　(3) $\dfrac{\varepsilon a l}{2d^2}V^2$　(4) $\dfrac{1}{2}\varepsilon E^2$

(5) $-\dfrac{\varepsilon a V^2}{2d}\varDelta l$　(6) $\dfrac{\varepsilon a V^2}{2d}$　(7) $\dfrac{\varepsilon a V^2}{2d}\varDelta l$　(8) $\dfrac{\varepsilon a V^2}{d}\varDelta l$

(9) $\dfrac{\varepsilon a V^2}{2d}$　(10) ②　(11) ②　(12) $\dfrac{1}{2}\varepsilon E^2$　(13) 重ねられた導体

板は同符号に帯電しているので，電荷間に反発力が働くこと（34字）

精講 まずは問題のテーマをとらえる

■**コンデンサー回路におけるエネルギーの関係**

　右図のように，コンデンサーと抵抗と電池，および
スイッチSが接続された回路を考える。コンデンサー
の静電エネルギーの変化を $\varDelta U$ とし，コンデンサーの
極板間隔を変えたり誘電体や金属板を挿入したりして，
コンデンサーの電気容量を変化させる際に加えた外力
の仕事を W とする。また，電池のした仕事を w とし，

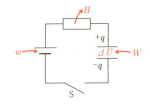

抵抗で発生したジュール熱の総和を H とする。この回路において $\varDelta U$, W, w, H の間
にどのような関係式が成り立つか，考えてみよう。

① **スイッチSが開いているとき**

　　コンデンサーの帯電量は変化しないので，回路に電流は流れない。よって，$w=0$,
$H=0$ である。これより，コンデンサーだけでエネルギーの関係を考えればよい。
すなわち，

　　　$\varDelta U = W$

② **スイッチSが閉じているとき**

　　回路全体でエネルギーの関係を考える。すなわち，

　　　$\varDelta U + H = W + w$

ただし，コンデンサーの電気容量の変化がゆっくりであれば，単位時間の帯電量の
変化はほぼ0とみなせ，回路を流れる電流も0としてよい。よって，抵抗で発生す
るジュール熱も0とみなせるので，$H=0$ となる。

着眼点

　　スイッチを介して電池に直列接続されたコンデンサーの，極板間隔や極板面積
を変えるとき，スイッチを開いていれば，コンデンサーに蓄えられる電気量が一
定となる。スイッチを閉じていれば，電気容量の変化に伴い，蓄えられる電気量
が変化していき，定常状態になったとき，コンデンサーにかかる電圧は電池電圧

に等しくなる。しかし，微小変化を考える場合，ゆっくり変化させる場合，回路の抵抗を考えない場合は，コンデンサーには常に電池電圧がかかるとしてよい。

標問 59 の解説

(1) コンデンサーの電気容量は $C=\varepsilon\dfrac{al}{d}$ であるから，コンデンサーに蓄えられた静電エネルギーを U とすると，

$$U=\frac{1}{2}CV^2=\frac{\varepsilon al}{2d}V^2$$

(2) スイッチ K を開いているので，コンデンサーに蓄えられた電気量は $Q=\varepsilon\dfrac{al}{d}V$ で一定である。一方，極板間隔を変化させると，電気容量は $C'=\varepsilon\dfrac{al}{d+\varDelta d}$ となる。よって，静電エネルギーの変化量を $\varDelta U$ とすると，(1)で求めた U の式を用いて，

$$\varDelta U=\frac{Q^2}{2C'}-\frac{\varepsilon al}{2d}V^2=\frac{\varepsilon al}{2d^2}V^2\varDelta d$$

(3) 微小変化を考えているので，この間に働く外力は一定とみなせる。外力の大きさを f とすると，

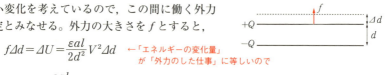

$$f\varDelta d=\varDelta U=\frac{\varepsilon al}{2d^2}V^2\varDelta d$$

←「エネルギーの変化量」
　が「外力のした仕事」に等しいので

これより，　$f=\dfrac{\varepsilon al}{2d^2}V^2$

極板間の引力は，外力とつり合っていると考えられるので，大きさを F とすると，

$$F=f=\frac{\varepsilon al}{2d^2}V^2$$

(4) 電場の強さ E は，$E=\dfrac{V}{d}$ と表せるので，単位面積あたりの力は，

$$\frac{F}{al}=\frac{\varepsilon}{2}\left(\frac{V}{d}\right)^2=\frac{1}{2}\varepsilon E^2$$

(5) スイッチ K を開いているので，コンデンサーに蓄えられている電気量は(2)と同様に Q で一定であり，変化後の電気容量は $C''=\varepsilon\dfrac{a(l+\varDelta l)}{d}$ となる。よって，静電エネルギーの変化量を $\varDelta U'$ とすると，

$$\varDelta U'=\frac{Q^2}{2C''}-\frac{\varepsilon al}{2d}V^2=\frac{\varepsilon alV^2}{2d}\left(\frac{l}{l+\varDelta l}-1\right)$$

ここで，

$$\frac{l}{l+\varDelta l}=\left(1+\frac{\varDelta l}{l}\right)^{-1}\fallingdotseq 1-\frac{\varDelta l}{l}\qquad ←(1+x)^a\fallingdotseq 1+ax \text{ を利用}$$

と近似できるから，

$$\varDelta U'=\frac{\varepsilon alV^2}{2d}\left(1-\frac{\varDelta l}{l}-1\right)=-\frac{\varepsilon aV^2}{2d}\varDelta l$$

(6) 側板に加えた外力のした仕事を W_f とすると,

$$W_f = \Delta U' = -\frac{\varepsilon a V^2}{2d}\Delta l \quad \textcolor{red}{\leftarrow \text{「エネルギーの変化量」が「外力のした仕事」に等しいので}}$$

$W_f < 0$ であるのは, 加えた外力の向きと微小変位 Δl の向きが逆であることを表す。以上より, 加えた外力の大きさを f' とすると,

$$f'\Delta l = \frac{\varepsilon a V^2}{2d}\Delta l \quad \text{これより,} \quad f' = \frac{\varepsilon a V^2}{2d}$$

(7) スイッチKを閉じたまま極板の長さを微小変化させたので, コンデンサーにかかる電圧は V と考えてよい。よって, 静電エネルギーの変化量を $\Delta U''$ とすると,

$$\Delta U'' = \frac{1}{2}C''V^2 - \frac{\varepsilon a l}{2d}V^2 = \frac{\varepsilon a l}{2d}V^2\left(\frac{l+\Delta l}{l}-1\right) = \frac{\varepsilon a V^2}{2d}\Delta l$$

(8) 蓄えられた電気量の変化量を ΔQ とすると,

$$\Delta Q = C''V - \varepsilon\frac{a l}{d}V = \varepsilon\frac{a l}{d}V\left(\frac{l+\Delta l}{l}-1\right) = \frac{\varepsilon a V}{d}\Delta l$$

と表せる。よって, 電池がする仕事を w とすると,

$$w = \Delta Q \times V = \frac{\varepsilon a V^2}{d}\Delta l$$

(9) 回路のエネルギー収支を考える。微小変化であるから, 回路で発生するジュール熱は無視できることに注意しよう。加えた外力がする仕事を W_f' とすると,

$$\underline{W_f' + w} = \underline{\Delta U''}$$

外力, 電池の した仕事　エネルギーの変化量

と表せる。(7), (8)の結果を用いて W_f' を求めると,

$$W_f' = \Delta U'' - w = \frac{\varepsilon a V^2}{2d}\Delta l - \frac{\varepsilon a V^2}{d}\Delta l = -\frac{\varepsilon a V^2}{2d}\Delta l$$

$W_f' < 0$ より, 加えた外力の向きと微小変位 Δl の向きが逆である。外力の大きさを f'' とすると,

$$f''\Delta l = \frac{\varepsilon a V^2}{2d}\Delta l \quad \text{これより,} \quad f'' = \frac{\varepsilon a V^2}{2d}^{※}$$

(10) 考えている側板Wに働く横向きの力は, 極板間の電場からの力であり, 外力とつり合っている。(6)の解説より, 加えた外力の向きは微小変位 Δl と逆向きであるから, 側板Wに働く横向きの力は微小変位 Δl と同じ右向きである。

(11) (10)と同様に, (9)の解説より, 側板Wに働く横向きの力は右向きである。

(12) (6), (9)より, 電場の強さ E を用いて, 単位面積あたりの力を求めると,

$$\frac{f'}{ad} = \frac{f''}{ad} = \frac{1}{2}\varepsilon\left(\frac{V}{d}\right)^2 = \frac{1}{2}\varepsilon E^2$$

(13) 両極板は2枚の薄い導体板が重ねられているので, この導体板には同符号の電荷が蓄えられる。これらの間には斥力が働き, 側板Wには横向きの力が働く。

※ (6), (9)では「力の大きさ」を答えたが, 問われているのは「力」である。そこで, 微小変位 Δl と逆向きであることを示す負号をつけて, $-\frac{\varepsilon a V^2}{2d}$ とすることも考えられる。

答

問1 $\varepsilon_0 \dfrac{S}{d}$ 問2 極板A：$-\dfrac{d-x}{d}Q$ 極板B：$-\dfrac{x}{d}Q$

問3 $\dfrac{x(d-x)}{2\varepsilon_0 Sd}Q^2$

問4 静電エネルギーの変化量：$\dfrac{(d-2x)Q^2}{2\varepsilon_0 Sd}\varDelta x$ 力：$-\dfrac{(d-2x)Q^2}{2\varepsilon_0 Sd}$

問5 条件：$Q < \sqrt{2\varepsilon_0 Skd}$ 角振動数：$\sqrt{\dfrac{1}{m}\left(2k - \dfrac{Q^2}{\varepsilon_0 Sd}\right)}$

問6 $I_{\max} = \dfrac{Q}{4}\sqrt{\dfrac{1}{m}\left(2k - \dfrac{Q^2}{\varepsilon_0 Sd}\right)}$

精講 まずは問題のテーマをとらえる

■**コンデンサーの極板間引力**

コンデンサーの2枚の極板には互いに逆符号の電荷が蓄えられているので，極板間には引力が働く。この力はコンデンサーの極板間の電場が及ぼす静電気力と考えられる。コンデンサーの帯電量を Q，電場の強さを E とすると，極板間引力の大きさ F は，

$$F = \frac{1}{2}QE$$

と表される。これは，**標問 59** (3)や本問問3のように，仕事とエネルギーの関係で求めればよい。

しかし，上式の "$\dfrac{1}{2}$" は，

極板間の電場は，各極板が作る電場の合成

とみなせ，

各極板が作る電場の強さは，共に $\dfrac{1}{2}E$ となる

ことを表していると考えれば，各極板の電荷は，向かい合う極板が作る電場だけから力を受けるとして，

$$F = Q \cdot \frac{1}{2}E$$

と簡単に求めることができる。

着眼点

問4で仕事とエネルギー変化の関係を考えるとき，スイッチ SW を閉じているので，一般には回路全体でエネルギーの関係を考えなければならない。しかし，題意により極板間引力を一定とみなしているので，極板 A，B の帯電量は変化しないとみなせ，コンデンサーだけでエネルギーの関係を考えればよい。

問1 題意より，金属板Pは厚さが無視でき帯電していない。よって，金属板Pの影響はないので，極板A，B間の電気容量を C_0 とすると，

$$C_0 = \varepsilon_0 \frac{S}{d}$$

問2 極板A，Bに誘導された電気量をそれぞれ Q_A，Q_B とすると，極板A，B，金属板Pの電気量の関係は右図のように仮定することができる。金属板Pの電荷保存より，

$$(-Q_A) + (-Q_B) = Q \quad \cdots ①$$

また，電圧の関係より，　←AP間の電圧とPB間の電圧は等しくなる

$$\frac{Q_A}{\varepsilon_0 \dfrac{S}{x}} = \frac{Q_B}{\varepsilon_0 \dfrac{S}{d-x}} \qquad これより，\quad \frac{Q_A}{Q_B} = \frac{d-x}{x} \quad \cdots ②$$

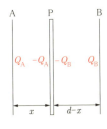

①，②式より，

$$Q_A = \frac{d-x}{(d-x)+x}(-Q) = -\frac{d-x}{d}Q$$

$$Q_B = \frac{x}{(d-x)+x}(-Q) = -\frac{x}{d}Q$$

問3 コンデンサーに蓄えられている静電エネルギーを $U(x)$ とすると，

$$U(x) = \frac{Q_A{}^2}{2\varepsilon_0 \dfrac{S}{x}} + \frac{Q_B{}^2}{2\varepsilon_0 \dfrac{S}{d-x}}$$

$$= \frac{Q^2}{2\varepsilon_0 S}\left\{ x\left(\frac{d-x}{d}\right)^2 + (d-x)\left(\frac{x}{d}\right)^2 \right\} = \frac{x(d-x)}{2\varepsilon_0 Sd}Q^2$$

問4 金属板Pの位置を変化させた後にコンデンサーに蓄えられている静電エネルギーを $U(x+\Delta x)$ とすると，題意により $(\Delta x)^2$ の項は無視して，

$$U(x+\Delta x) = \frac{(x+\Delta x)\{d-(x+\Delta x)\}}{2\varepsilon_0 Sd}Q^2$$

$$\fallingdotseq \frac{(x+\Delta x)(d-x) - x\Delta x}{2\varepsilon_0 Sd}Q^2$$

よって，求める静電エネルギーの変化量を $\Delta U(x)$ とすると，

$$\Delta U(x) = \underbrace{\frac{(x+\Delta x)(d-x) - x\Delta x}{2\varepsilon_0 Sd}Q^2}_{U(x+\Delta x)} - \underbrace{\frac{x(d-x)}{2\varepsilon_0 Sd}Q^2}_{U(x)}$$

$$= \frac{(d-2x)Q^2}{2\varepsilon_0 Sd}\Delta x$$

外力の大きさを $F_外$ とすると，仕事とエネルギー変化の関係を用いて，

$$F_外 \Delta x = \Delta U(x) \qquad これより，\quad F_外 = \frac{\Delta U(x)}{\Delta x} = \frac{(d-2x)Q^2}{2\varepsilon_0 Sd}$$

求める力を F とすると，F は外力 $F_外$ とつり合う力であるから，

$$F = -F_{外} = -\frac{(d-2x)Q^2}{2\varepsilon_0 Sd}$$

【参考】 **精講**に示した式を用いて求めてみよう。極板Aと金属板Pの間の電場の強さを E_{AP}，金属板Pと極板Bの間の電場の強さを E_{PB} とすると，それぞれ，

$$E_{AP} = \frac{|Q_A|}{\varepsilon_0 S} = \frac{(d-x)Q}{\varepsilon_0 Sd}, \quad E_{PB} = \frac{|Q_B|}{\varepsilon_0 S} = \frac{xQ}{\varepsilon_0 Sd}$$

と表せる。よって，

$$F = -\frac{1}{2}|Q_A|E_{AP} + \frac{1}{2}|Q_B|E_{PB}$$

$$= -\frac{(d-x)^2 Q^2}{2\varepsilon_0 Sd^2} + \frac{x^2 Q^2}{2\varepsilon_0 Sd^2} = -\frac{(d-2x)Q^2}{2\varepsilon_0 Sd}$$

問5 加速度を α として運動方程式を立てると，

$$m\alpha = \underbrace{-k\left(x - \frac{d}{2}\right) - k\left(x - \frac{d}{2}\right)}_{\text{ばねの弾性力}} \underbrace{- \frac{(d-2x)Q^2}{2\varepsilon_0 Sd}}_{\text{問4より}} = -\left(2k - \frac{Q^2}{\varepsilon_0 Sd}\right)\left(x - \frac{d}{2}\right)$$

いま，$X = x - \dfrac{d}{2}$ とすると，上式は，

$$m\alpha = -\left(2k - \frac{Q^2}{\varepsilon_0 Sd}\right)X$$

となる。よって，金属板Pが単振動するためには，

$$2k - \frac{Q^2}{\varepsilon_0 Sd} > 0 \quad これより，\quad Q < \sqrt{2\varepsilon_0 Skd}$$

また，単振動の角振動数を ω とすると，$\alpha = -\omega^2 X$ となるから，

$$\omega = \sqrt{\frac{1}{m}\left(2k - \frac{Q^2}{\varepsilon_0 Sd}\right)}$$

問6 金属板Pが Δx 移動したときの，極板Aの帯電量の変化を Δq とすると，

$$\Delta q = -\frac{d - (x + \Delta x)}{d}Q - \left(-\frac{d-x}{d}Q\right) = \frac{\Delta x}{d}Q$$

これより，電流 I は，

$$I = \frac{\Delta q}{\Delta t} = \frac{Q}{d}\frac{\Delta x}{\Delta t}$$

と表される。ここで，$\dfrac{\Delta x}{\Delta t}$ は金属板Pの速度を表す。その最大値を v_{max} とおくと，

金属板Pの単振動の振幅は $\underline{\dfrac{d}{4}}$ であるから，
問5の問題文より

$$v_{max} = \frac{d}{4}\omega = \frac{d}{4}\sqrt{\frac{1}{m}\left(2k - \frac{Q^2}{\varepsilon_0 Sd}\right)} \quad \leftarrow v_{max}=(振幅)\times(角振動数) \ を利用$$

よって，電流の最大値 I_{max} は，

$$I_{max} = \frac{Q}{d}v_{max} = \frac{Q}{4}\sqrt{\frac{1}{m}\left(2k - \frac{Q^2}{\varepsilon_0 Sd}\right)}$$

答

問1　極板3：$\dfrac{2}{3}Q$〔C〕　極板4：$-\dfrac{2}{3}Q$〔C〕　極板5：$\dfrac{2}{3}Q$〔C〕

極板6：$-\dfrac{2}{3}Q$〔C〕　問2　$\dfrac{5}{6}QV$〔J〕　問3　$\dfrac{5}{6}Q$〔C〕

問4　$\dfrac{5}{6}V$〔V〕　問5　$\dfrac{5}{36}QV$〔J〕　問6　$\dfrac{5}{24}Q$〔C〕

精講　まずは問題のテーマをとらえる

■極板に蓄えられる電気量

コンデンサーに蓄えられる電気量は通常，正に帯電している極板の電気量で表すが，極板ごとの電気量を考えることもできる。右図のような電気容量Cのコンデンサーにおいて，着目する極板の電気量Qは，その極板の電位をV_1，向かい合う極板の電位をV_2とすると，

$$Q = C(V_1 - V_2)$$

と表される。

> **着眼点**
>
> コンデンサー回路の問題では，電気的に孤立している部分（コンデンサーの極板だけがつながれている部分）に着目して，電荷保存の式を立てることがポイントとなる。この他に，極板に蓄えられる電気量の式や，キルヒホッフの第2法則の式などを立てて解く。

標問 **61** の解説

問1　コンデンサー1の電気容量をCとすると，

$$Q = C(V-0) = CV$$

と表される。また，題意より，コンデンサー2, 3の電気容量はそれぞれ$2C$, Cである。　←$C = \varepsilon\dfrac{S}{d}$ より，電気容量は極板間隔に反比例

極板3～6に蓄えられている電気量をそれぞれQ_3, Q_4, Q_5, Q_6とする。極板4, 5を接続する部分（右図の破線で囲んだ部分）は電気的に孤立しているから，電荷の和が保存される。よって，各極板の電荷は右図のように変化していることに注意して，電荷保存の式を立てると，

$$Q_4 + Q_5 = 0$$

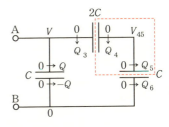

極板4，5を接続する部分の点Bに対する電位をV_{45}とすると，極板に蓄えられている電気量を表す式は，

$$Q_4=2C(V_{45}-V)$$
$$Q_5=C(V_{45}-0)$$

これらを，前ページの電荷保存の式に代入して，

$$2C(V_{45}-V)+C(V_{45}-0)=0 \qquad これより，\qquad V_{45}=\frac{2}{3}V \text{〔V〕}$$

求めたV_{45}をQ_4，Q_5の式に代入して，

$$Q_4=2C\left(\frac{2}{3}V-V\right)=-\frac{2}{3}CV=-\frac{2}{3}Q \text{〔C〕} \qquad \textcolor{red}{\leftarrow Q=CV \text{であることに注意}}$$

$$Q_5=-Q_4=\frac{2}{3}Q \text{〔C〕}$$

また，コンデンサーの向かい合う極板には，正負が逆で等量の電荷が帯電するので，

$$Q_3=-Q_4=\frac{2}{3}Q \text{〔C〕}$$

$$Q_6=-Q_5=-\frac{2}{3}Q \text{〔C〕}$$

〔別解〕 コンデンサー2と3の接続部分に電荷はないから，これらの直列接続として解くこともできる。コンデンサー2と3の合成容量をC_{23}とすると，

$$\frac{1}{C_{23}}=\frac{1}{2C}+\frac{1}{C} \qquad これより，\qquad C_{23}=\frac{2}{3}C$$

よって，極板3，5に蓄えられる電気量は，

$$Q_3=Q_5=C_{23}V=\frac{2}{3}Q \text{〔C〕}$$

極板4，6は負極板となるから，

$$Q_4=Q_6=-\frac{2}{3}Q \text{〔C〕}$$

問2　コンデンサー1，2，3にかかる電圧は，問1よりそれぞれV，$V-\frac{2}{3}V$，$\frac{2}{3}V$である。よって，3つのコンデンサーに蓄えられている静電エネルギーの総和をUとすると，

$$U=\underbrace{\frac{1}{2}QV}_{\textcolor{red}{1の静電エネルギー}}+\underbrace{\frac{1}{2}\times\frac{2}{3}Q\left(V-\frac{2}{3}V\right)}_{\textcolor{red}{2の静電エネルギー}}+\underbrace{\frac{1}{2}\times\frac{2}{3}Q\times\frac{2}{3}V}_{\textcolor{red}{3の静電エネルギー}}=\frac{5}{6}QV \text{〔J〕}$$

問3，問4　スイッチSを閉じてしばらくすると電流が0になり，抵抗にかかる電圧は0となる。そのため，抵抗と並列なコンデンサー2の電圧も0となり，極板3，4に蓄えられる電気量も0となる。またこのとき，コンデンサー1，3には同じ電圧がかかるので，点Bに対する点Aの電位をV'とすると，右図のようになる。このと

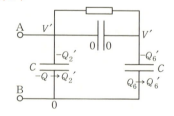

き，極板 2 と 6 に着目し，その電気量をそれぞれ Q_2'，Q_6' とすると，電荷保存の式は，

$$Q_2' + Q_6' = -Q + \left(-\frac{2}{3}Q\right)$$

一方，極板に蓄えられている電気量を表す式は，

$$Q_2' = Q_6' = C(0 - V') = -CV'$$

これを上記の電荷保存の式に代入して，

$$-2CV' = -\frac{5}{3}Q \qquad これより， \qquad V' = \frac{5Q}{6C} = \frac{5}{6}V \ \text{〔V〕} \quad \cdots問 4 の答$$

また，極板 4，5 の電気量の和について，スイッチSを閉じる前は $Q_4 + Q_5 = 0$ であり，スイッチSを閉じて電流が 0 になると，前ページの図より，

$$0 + (-Q_6') = 0 + CV' = \frac{5}{6}CV = \frac{5}{6}Q$$

となる。この電荷はすべて抵抗を通って流れたと考えられるので，求める電荷の総量は，$\frac{5}{6}Q$ 〔C〕※ $\cdots問 3 の答$

〔別解〕 問 4 について。コンデンサー 1，3 には同じ電圧がかかることから，並列接続と考えると，合成容量は $2C$ となる。これより，極板 1，5 に着目して，

$$2CV' = Q + \frac{2}{3}Q \qquad よって， \qquad V' = \frac{5Q}{6C} = \frac{5}{6}V$$

としても可。

※ 問題に与えられた量 V，Q の正負は不明であるので，本問の答は，厳密には正の値とするために絶対値をつけて，$\frac{5}{6}|Q|$ 〔C〕となる。

問 5 発生したジュール熱を H とすると，問 2 の状態と比べたコンデンサーの静電エネルギーの減少を考えて，

$$H = U - \left(\frac{1}{2}CV'^2 + 0 + \frac{1}{2}CV'^2\right)$$
$$= \frac{5}{6}QV - \frac{25}{36}QV = \frac{5}{36}QV \ \text{〔J〕}$$

問 6 右図のように，コンデンサー 3 の極板間を比誘電率 2 の絶縁体で満たすと，その電気容量は $2C$ となる。極板 1 と 3，4 と 5 に着目して，点Bに対する点Aの電位を V''，点Bに対する極板 4，5 を接続する部分の電位を V_{45}' とする。また，極板 1，3，4，5 の電気量をそれぞれ Q_1'，Q_3'，Q_4'，Q_5' とする。このとき，電荷保存の式は，

$$Q_1' + Q_3' = -Q_2' = CV' = \frac{5}{6}Q$$

$$Q_4' + Q_5' = -Q_6' = CV' = \frac{5}{6}Q$$

一方，各極板に蓄えられている電気量を表す式は，

$$Q_1' = CV''$$
$$Q_3' = 2C(V'' - V_{45}')$$
$$Q_4' = 2C(V_{45}' - V'')$$
$$Q_5' = 2C(V_{45}' - 0)$$

これらを前ページの電荷保存の式に代入して，V'' と V_{45}' を求めると，

$$V'' = \frac{5}{8}V \ (V)$$

$$V_{45}' = \frac{25}{48}V \ (V)$$

よって，極板 3 上の電荷は，

$$Q_3' = 2C\left(\frac{5}{8}V - \frac{25}{48}V\right) = \frac{5}{24}CV = \frac{5}{24}Q \ (C)$$

答

問1 　$C = \varepsilon_0 \dfrac{S}{d}$ 　　問2 　K_1 の上部極板：$\dfrac{3}{2}CV$，D の下面：$\dfrac{3}{2}CV$

問3 　$\dfrac{3}{8}V$ 　　　問4 　$-\dfrac{3}{8}CV$

問5 　(1) 　$-CV_n$ 　　(2) 　$\dfrac{1}{2}C(3V - V_n)$ 　　(3) 　$V_{n+1} = \dfrac{1}{8}(3V + V_n)$

精講 まずは問題のテーマをとらえる

■**等価回路**

　もとの回路と電気的に等価になる回路を，等価回路とよぶ。回路問題では，スイッチ操作などで回路の状態が変わるたびに，見やすい等価回路を描いてみると簡単になる。

■**コンデンサー回路の解法**

　コンデンサー回路の解法には様々なものがあるが，必ず必要なものは，電気的に孤立した部分の電荷保存の式である。さらに電荷，電圧，電気的に孤立した部分の電位のうちいずれかを仮定して，

　① 電荷，電圧を仮定した場合 ── 回路の関係式を立てて，電荷保存の式と連立して解く。

　② 電気的に孤立した部分の電位を仮定した場合
　　　── 極板に蓄えられる電気量を表し，電荷保存の式に代入して解く。

　また，これらを組合せた方がよい問題もあるので，1つの解法だけでなく様々な方法を修得しておくとよい。

　着眼点

　　極板間に金属板を挿入した問題では，コンデンサーの 2 枚の極板と金属板の上面，下面でそれぞれコンデンサーをなすとして考えていく。

標問 62 の解説

問1 　極板面積 S，極板間隔 d で，極板間が空気（誘電率 ε_0）の平行板コンデンサー K_2 の電気容量 C であるから，

$$C = \varepsilon_0 \frac{S}{d}$$

問2 　コンデンサー K_1 の上部極板と導体 D の上面からなるコンデンサーと，導体 D の下面とコンデンサー K_1 の下部極板からなるコンデンサーとに分けて考える。極板間隔は $\dfrac{d}{3}$ であるから，電気容量は共に，

$$\varepsilon_0 \frac{S}{\dfrac{d}{3}} = 3C$$

となるので，操作Aのときの回路は右図と等価になる。←見やすい等価回路で，簡単になる！

いま，操作A後のコンデンサー K_1 の上部極板と，導体Dの下面に現れる電荷をそれぞれ q_1, q_2 とすると，電圧の関係より，

$$V = \frac{q_1}{3C} + \frac{q_2}{3C}$$

一方，導体Dにおける電荷保存より，

$$-q_1 + q_2 = 0$$

以上2式より，

$$q_1 = q_2 = \frac{3}{2}CV$$

よって，求める帯電量は，

$$K_1 \text{の上部極板：} q_1 = \frac{3}{2}CV$$

$$D \text{の下面：} q_2 = \frac{3}{2}CV$$

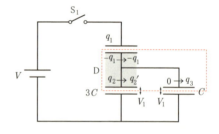

問3 操作Bのときの回路は右図と等価になる。操作Bでは，導体Dの下面とコンデンサー K_1 の下部極板からなるコンデンサーと，コンデンサー K_2 に，同じ電圧がかかる。その値を V_1 とする。

スイッチ S_1 を開いたので K_1 の上部極板の帯電量は変化しないことから，導体Dの上面の帯電量も変化しない。

導体Dの下面とコンデンサー K_2 の上部極板の帯電量を，それぞれ q_2', q_3 とすると，右図の破線で囲んだ部分の電荷保存より，

$$q_2' + q_3 + (-q_1) = q_2 + (-q_1)$$

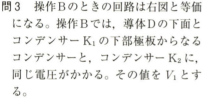

ここで，$q_2' = 3CV_1$, $q_3 = CV_1$ を用いて上式を整理すると，

$$3CV_1 + CV_1 = \underset{\color{red}{\text{問2より}}}{\frac{3}{2}CV} \quad \text{これより，} \quad V_1 = \frac{3}{8}V$$

問4 問2，問3より，導体Dの上面には $-q_1 = -\dfrac{3}{2}CV$ が帯電し，導体Dの下面には $q_2' = 3CV_1 = \dfrac{9}{8}CV$ が帯電するから，導体Dの帯電量は，

$$-\frac{3}{2}CV+\frac{9}{8}CV=-\frac{3}{8}CV$$

〔別解〕 電荷保存より，導体Dとコンデンサー K_2 の帯電量和は 0 になる。よって，導体Dの帯電量はコンデンサー K_2 の帯電量の符号を変えたものとなるから，

$$-q_3=-CV_1=-\frac{3}{8}CV$$

問5 (1) 問4の〔別解〕と同様に考えて，導体Dの帯電量はコンデンサー K_2 の帯電量の符号を変えたものとなる。よって，

$$-CV_n$$

(2) 操作A後のコンデンサー K_1 の上部極板と，導体Dの下面に現れる電荷をそれぞれ $q_{1,n}$，$q_{2,n}$ とすると，電圧の関係より，

$$V=\frac{q_{1,n}}{3C}+\frac{q_{2,n}}{3C}\quad\textcolor{red}{\leftarrow\text{問2の等価回路を参考に，式を立ててみよう}}$$

一方，導体Dにおける電荷保存より，

$$-q_{1,n}+q_{2,n}=\underline{-CV_n}$$

問5(1)より

以上2式より，

$$q_{2,n}=\frac{1}{2}C(3V-V_n)$$

(3) 導体Dの下面とコンデンサー K_2 の上部極板の電荷保存より，

$$3CV_{n+1}+CV_{n+1}=\frac{1}{2}C(3V-V_n)+CV_n$$

$n+1$ 回目の操作後のDの下面　$n+1$ 回目の操作後の K_2 の上部極板　$n+1$ 回目に入り操作A後のDの下面　n 回目の操作後の K_2 の上部極板

これより，

$$4V_{n+1}=\frac{1}{2}(3V+V_n)\qquad\text{よって，}\quad V_{n+1}=\frac{1}{8}(3V+V_n)$$

精講　まずは問題のテーマをとらえる

■オームの法則

導体を流れる定常電流の強さ I は，導体の両端の電圧 V に比例する。すなわち，

$$V = RI$$

が成り立つ。ここで，比例定数 R を電気抵抗，または単に抵抗という。

■電気抵抗と抵抗率

均質で一様な導体の電気抵抗 R は，導体の長さ l に比例し，断面積 S に反比例する。すなわち，

$$R = \rho \frac{l}{S}$$

が成り立つ。ここで，比例定数 ρ を抵抗率といい，物質に固有な量である。抵抗率は温度によって変化する。

■消費電力

抵抗値 R の抵抗に電流 I が流れて，電圧 V がかかっているとき，抵抗で単位時間に消費されるエネルギー，すなわち電力（または消費電力）P は，

$$P = IV = I^2 R = \frac{V^2}{R}$$

となる。

■ホイートストンブリッジ

抵抗値を精密に測定するための回路である。抵抗値のわかっている抵抗 R_1，R_2，可変抵抗 R_3，未知抵抗 R_x を，電池，スイッチ，検流計と共に右図のように接続する。ここで，検流計は微小電流を測定できる感度のよい電流計である。スイッチを閉じても検流計 G に電流が流れないように可変抵抗 R_3 を調節するとき，

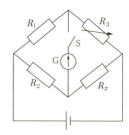

$$\frac{R_1}{R_2} = \frac{R_3}{R_x}$$

の関係が成り立つ。

問3(2)で電力を比較する際に，同じ電流が流れている抵抗では $P=I^2R$ より「電力は抵抗値に比例する」と考え，同じ電圧がかかっている抵抗では $P=\dfrac{V^2}{R}$ より「電力は抵抗値に反比例する」と考えると，計算が省ける。

標問 63 の解説

問1 (1) AC 間の抵抗 R_1 は AB 間に張った抵抗線と同じものを 2 つ折りにしたことから，長さは $\dfrac{1}{2}$ となり，断面積が 2 倍となったと考えることができる。<u>抵抗値は長さに比例し，断面積に反比例する</u>から，AC 間の抵抗 R_1 の抵抗値を R_1 とすると，

　　　　↳ $R=\rho\dfrac{l}{S}$ より

$$R_1=\underbrace{1.2\times10^2}_{\text{AB 間の抵抗値}}\times\dfrac{\dfrac{1}{2}}{2}=3.0\times10\ [\Omega]$$

(2) AC 間の抵抗 R_1 の抵抗率は，AB 間に張った抵抗線の抵抗率と等しいから，AB 間に張った抵抗線で考える。求める抵抗率を ρ とすると，断面積 $1.0\,\mathrm{mm^2}=1.0\times10^{-6}\,\mathrm{m^2}$ であるから，

$$1.2\times10^2=\rho\dfrac{2.0}{1.0\times10^{-6}}\quad\leftarrow R=\rho\dfrac{l}{S}\ \text{を利用}$$

これより，　$\rho=6.0\times10^{-5}\ [\Omega\cdot\mathrm{m}]$

問2 点Bに対する，点C，Dの電位をそれぞれ V_C, V_D とすると，まず点Dは AB の中間点であるから，

$$V_D=\dfrac{10}{2}=5\ [V]$$

また，BC 間の抵抗に流れる電流は $\dfrac{10}{3.0\times10+R_2}$ であるから，V_C は，

$$V_C=R_2\dfrac{10}{3.0\times10+R_2}\quad\leftarrow V=RI\ \text{を利用}$$

よって，求める電位差は，通常正で表すことに注意して，

$$|V_D-V_C|=\left|5-\dfrac{10R_2}{30+R_2}\right|\ [V]$$

問3 (1) AB 間の抵抗線は一様であるから，抵抗値は長さに比例する。よって，AD_1 間，BD_1 間の抵抗値をそれぞれ R_3, R_4 とすると，

$$\dfrac{R_3}{R_4}=\dfrac{1.2}{2.0-1.2}=\dfrac{3}{2}$$

ここで，ホイートストンブリッジの平衡条件より，

$$\dfrac{3.0\times10}{R_3}=\dfrac{R_2}{R_4}$$

これより，

$$R_2 = \frac{R_4}{R_3} \times 3.0 \times 10 = \frac{2}{3} \times 3.0 \times 10 = 2.0 \times 10 \ [\Omega]$$

(2) 抵抗 R_1, R_2, R_3, R_4 の消費電力をそれぞれ P_1, P_2, P_3, P_4 とする。R_1 と R_2, R_3 と R_4 にはそれぞれ同じ電流が流れるので，消費電力は抵抗値に比例する。よって，

$$P_1 > P_2, \quad P_3 > P_4$$

また，R_1 と R_3 には同じ電圧がかかることから，消費電力は流れる電流の大きさに比例する。よって，

$$P_1 > P_3$$

以上より，最も電力を消費する抵抗は R_1 とわかる。また，その消費電力 P は，

$$P = 3.0 \times 10 \times \left(\frac{10}{3.0 \times 10 + 2.0 \times 10} \right)^2 = 1.2 \ [W]$$

問4 (1) AC 間の抵抗線は AB 間に張った抵抗線と同じものであるから，AB 間の抵抗線に対して断面積が 5 倍になるので，体積一定より長さは $\frac{1}{5}$ 倍となる。よって，

$$R_5 = \underbrace{1.2 \times 10^2}_{\text{AB 間の抵抗値}} \times \frac{\frac{1}{5}}{5} = 4.8 \ [\Omega] \quad \text{← 抵抗値は長さに比例し，断面積に反比例するため}$$

(2) 接触点 D_2 の点 A からの距離を x とし，AD_2 間，BD_2 間の抵抗値をそれぞれ $R_3{'}$, $R_4{'}$ とする。ホイートストンブリッジの平衡条件より，

$$\frac{R_5}{R_3{'}} = \frac{R_2}{R_4{'}}$$

これより，

$$\frac{R_5}{R_2} = \frac{R_3{'}}{R_4{'}} = \frac{x}{2.0 - x} \quad \text{← 抵抗線は一様であるから，} \atop \text{抵抗値は長さに比例する}$$

問3(1)と**問4**(1)の結果を用いて，上式を整理すると，

$$\frac{2.0}{x} - 1 = \frac{R_2}{R_5} = \frac{2.0 \times 10}{4.8}$$

よって，

$$x = \frac{2.0 \times 4.8}{24.8} \fallingdotseq 3.9 \times 10^{-1} \ [m]$$

答

問1　$C=2.5\times10^{-6}$〔F〕　　問2　$E_1=12$〔V〕，$r_1=2.0$〔Ω〕

問3　$r_a=2.0$〔Ω〕，$r_b=10$〔Ω〕，$r_c=12$〔Ω〕　または

　　　$r_a=10$〔Ω〕，$r_b=2.0$〔Ω〕，$r_c=12$〔Ω〕

問4　$R_0=R_m-0.1r_s$　　　問5　$\dfrac{r_s}{R_m}\leqq0.01$

精講　まずは問題のテーマをとらえる

■ **キルヒホッフの法則**

回路の問題では，キルヒホッフの法則の活用が正攻法である。

> **キルヒホッフの法則**
> 第1法則　回路の分岐点において，流入電流の和＝流出電流の和
> 第2法則　任意の閉回路について，起電力の和＝電圧降下の和

なお，第2法則は，1つの閉回路に沿って1周すると電位は元に戻ることを表すので，例えば，電位が上がる場合を正，下がる場合を負として，代数和が0としてもよい。

着眼点

　問3では，並列接続の合成抵抗値は，接続する前のそれぞれの抵抗値より小さくなることがポイントになる。

　問5では，問題に与えられた相対誤差の式が誤差の割合を示すことから考えればよい。

標問 64 の解説

問1　$r=0.0$〔Ω〕なので，電気容量Cのコンデンサーに蓄えられる電気量Qは，電源の起電力Eにより，

$$Q=CE$$

となる。また，コンデンサーに流れ込む電流をIとすると，

$$I=\frac{\Delta Q}{\Delta t}$$

となる。以上2式より，

$$I=\frac{\Delta(CE)}{\Delta t}=C\frac{\Delta E}{\Delta t}$$

与えられた数値を用いて，Cについて解くと，

$$C=I\frac{\Delta t}{\Delta E}=5.0\times10^{-6}\times\frac{1}{2.0}=2.5\times10^{-6}\text{〔F〕}$$

問2　右図のように，測定端子間に接続する抵抗の抵抗値を R とし，電流計の指示値を I とすると，キルヒホッフの第2法則より，

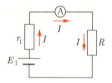

$$\underset{\text{起電力の和}}{E_1}=\underset{\text{電圧降下の和}}{r_1I+RI}$$

となる。いま，$R=10$〔Ω〕のとき $I=1.0$〔A〕，$R=18$〔Ω〕のとき $I=0.60$〔A〕を上式にそれぞれ代入して，

$$\begin{cases} E_1=r_1\times1.0+10\times1.0 \\ E_1=r_1\times0.6+18\times0.6 \end{cases}$$

2式より，

$$E_1=12\text{〔V〕}，\quad r_1=2.0\text{〔Ω〕}$$

問3　合成抵抗値が r であるから，

$$\frac{1}{r}=\frac{1}{6}=\frac{1}{r_a+r_b}+\frac{1}{r_c}$$

よって，

$$r_a+r_b>6，\quad r_c>6$$

となる。これらを考慮して，

$$r_a=2.0\text{〔Ω〕}，\quad r_b=10\text{〔Ω〕}，\quad r_c=12\text{〔Ω〕}$$

または，

$$r_a=10\text{〔Ω〕}，\quad r_b=2.0\text{〔Ω〕}，\quad r_c=12\text{〔Ω〕}$$

問4　電流計の示した値を I とする。抵抗に書かれた値 r_s を信じた場合，キルヒホッフの第2法則より，

$$\underset{\text{起電力の和}}{E_2}=\underset{\text{電圧降下の和}}{r_sI+R_mI}$$

しかし真の値 r_0 を用いると，キルヒホッフの第2法則より，

$$\underset{\text{起電力の和}}{E_2}=\underset{\text{電圧降下の和}}{r_0I+R_0I}$$

以上2式より，

$$R_0=R_m+r_s-r_0=R_m+r_s-1.1r_s=R_m-0.1r_s$$

問5　問4より，$R_0=R_m+r_s-r_0$ であるから，

$$\frac{R_m-R_0}{R_m}=\frac{r_0-r_s}{R_m}=\frac{r_0-r_s}{r_s}\times\frac{r_s}{R_m}$$

となる。よって，相対誤差を表す式は，

$$\left|\frac{R_m-R_0}{R_m}\right|\times100=\left|\frac{r_s-r_0}{r_s}\right|\times100\times\frac{r_s}{R_m}$$

ここで，題意より，$\left|\dfrac{r_s-r_0}{r_s}\right|\times100=10$ のとき，$\left|\dfrac{R_m-R_0}{R_m}\right|\times100\leqq0.1$ となる。以上より，

$$10\times\frac{r_s}{R_m}\leqq0.1 \quad\text{よって，}\quad \frac{r_s}{R_m}\leqq0.01$$

答

(1) $\dfrac{7V}{13R}$ (2) ⑤   (3) $\dfrac{2V}{7R}$ (4) $\dfrac{6}{7}CV$ (5) $\dfrac{1}{7}CV$

(6) $-\dfrac{7}{10}CV$ (7) $\dfrac{3}{10}CV$

精講 まずは問題のテーマをとらえる

■ **みかけの複雑な問題**

　物理の入試問題には，少数であるがみかけの複雑な設定の問題が見られる。このような問題のほとんどは，簡単な問題の組合せになっている。特に，本問のような回路問題では，まとめられる素子はまとめて，回路の形も含めて単純化すれば，キルヒホッフの法則の活用で十分に対応できる。

着眼点

　(2)では，対称性に着目して dg 間，eg 間での電圧降下を考えると，点dと点eの電位は等しく，点gより高い。よって，点f，点h，点i，点kの電位を点gと比べてみる。このとき，対称性より点fと点h，点iと点kの電位がそれぞれ等しくなることに注意する。その結果，点iと点kの電位が点gより高ければ，点l，点mも考える。

標問 65 の解説

(1)　a→b→d，a→c→e の部分の合成抵抗は $2R$ であり，d→f→i→l→j，e→h→k→m→ j の部分の合成抵抗は $4R$ であるので，回路は右図と等価である。対称性に注意して，右図のように電流を仮定すると，キルヒホッフの第 2 法則より，

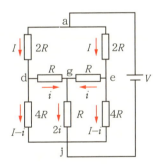

閉回路：電池→a→d→j→電池

$$\underline{V}=\underline{2RI+4R(I-i)}$$
　起電力の和　　電圧降下の和

閉回路：電池→a→d→g→j→電池

$$\underline{V}=\underline{2RI+Ri+R\times 2i}$$
　起電力の和　　　電圧降下の和

以上 2 式より，

$$I=\frac{7V}{26R}, \quad i=\frac{2V}{13R}$$

よって，電池から流れ出る電流は，

$$2I = \frac{7V}{13R}$$

(2) 点jを電位の基準として，点g, f, h, i, kの電位をV_g, V_f, V_h, V_i, V_kとすると，

$$V_g = R \times 2i = \frac{4}{13}V$$

$$V_f = V_h = 3R(I-i) = \frac{9}{26}V > V_g$$

$$V_i = V_k = 2R(I-i) = \frac{3}{13}V < V_g$$

よって，接続点gと同じ電位となる接続点はない（⑤）。

(3) 十分に時間が経つと，コンデンサー A, Bの充電は完了し，コンデンサー A, Bに電流は流れ込まなくなる。そのため，回路は右図と等価になる。よって，電池から流れ出る電流をI'とすると，対称性よりd→f→i→1と流れる電流とd→g→j→1と流れる電流は共に$\frac{I'}{2}$となる。

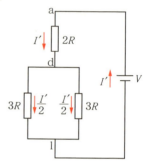

　閉回路：電池→a→d→1→電池　にキルヒホッフの第2法則を適用して，

$$V = 2RI' + 3R\frac{I'}{2} \qquad \text{よって，} \quad I' = \frac{2V}{7R}$$

起電力の和　　電圧降下の和

(4) (3)で考えたように，十分に時間が経ち，コンデンサー A, Bに電流が流れ込まなくなると，a→c，e→h→k→m→jには電流が流れない。そのため，回路は右図と等価になるから，コンデンサーAにかかる電圧は，点aj間の電圧に等しい。

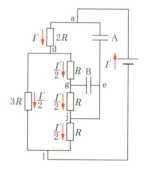

　点1を基準とした点a, jの電位はそれぞれV，$R \times \frac{I'}{2}$であるので，コンデンサーAに蓄えられる電気量をQ_Aとすると，

$$Q_A = C\left(V - R \times \frac{I'}{2}\right) = C\left(V - \frac{1}{7}V\right) = \frac{6}{7}CV$$

(5) (4)の解説図より，コンデンサーBにかかる電圧は点gj間の電圧に等しいので，点gj間の抵抗にかかる電圧を考えて，$R \times \frac{I'}{2}$となる。よって，コンデンサーBに蓄えられる電気量をQ_Bとすると，

$$Q_B = C \times R \times \frac{I'}{2} = \frac{1}{7}CV$$

(6), (7) このとき回路は右図と等価である。電池から流れ出る電流を I''，コンデンサーAの接続点 e 側の極板にある電気量を q_A，コンデンサーBの接続点 g 側の極板にある電気量を q_B とする。このとき電荷保存の式は，(3)，(4)より，スイッチ S_2，S_3 を開く直前のコンデンサーA，Bの接続点 e 側の帯電量はそれぞれ $-Q_A$，$-Q_B$ であるから，

$$q_A - q_B = -Q_A - Q_B = -CV \quad \cdots ①$$

また，キルヒホッフの第2法則より，

$$V = \frac{-q_A}{C} + \frac{-q_B}{C} + 3RI'' \quad \cdots ②$$

$$V = 2RI'' + 3RI''$$

2式より， $q_A + q_B = -\dfrac{2}{5}CV \quad \cdots ③$

よって，①，③より，

$$q_A = -\frac{7}{10}CV \quad \cdots (6) の答$$

$$q_B = \frac{3}{10}CV \quad \cdots (7) の答$$

〔別解〕 上の解答の②式の代わりに，極板に蓄えられる電気量を考えてもよい。点 e の電位を V_e として，

$$q_A = C(V_e - V)$$
$$q_B = C(3RI'' - V_e)$$

一方，キルヒホッフの法則より，

$$V = 2RI'' + 3RI'' \quad これより， \quad I'' = \frac{V}{5R}$$

ここで，q_A，q_B，I'' を①式に代入して，$V_e = \dfrac{3}{10}V$ を得る。以上より，

$$q_A = C\left(\frac{3}{10}V - V\right) = -\frac{7}{10}CV$$

$$q_B = C\left(3R\frac{V}{5R} - \frac{3}{10}V\right) = \frac{3}{10}CV$$

標問 **66** 未知回路を含む直流回路

答
問1	$-6.0\,\text{V}$	問2	$2.0\,\text{k}\Omega$	問3	解説の図を参照

問1　$-6.0\,\text{V}$　　問2　$2.0\,\text{k}\Omega$　　問3　解説の図を参照
問4　$1.0\,\text{mA}$　　問5　$-1.0\,\text{V}$　　問6　$2.2\,\text{V}$

精講　まずは問題のテーマをとらえる

■回路素子にかかる電圧

回路の問題では，電位の変化を把握することが重要である。

電池の電圧：正極の方が起電力の分だけ高電位となる。電池に内部抵抗があるときには，電池の端子間の電圧は起電力と等しくない。電池の両極間の電圧を端子電圧という。いま，電池の起電力をE，内部抵抗をr，起電力の向きに流れる電流をIとし，端子電圧をVとすると，

$$V = E - rI$$

抵抗にかかる電圧：電流Iが流れている抵抗値Rの抵抗では，電流の向きに電圧がRIだけ下がる。これを電圧降下という。

コンデンサーにかかる電圧：電荷$Q(Q>0)$が帯電した電気容量Cのコンデンサーでは，正極板の方が$\dfrac{Q}{C}$だけ高電位となる。

コイルにかかる電圧：電流Iが流れている自己インダクタンスLのコイルでは，自己誘導により，電流の向きに$-L\dfrac{\Delta I}{\Delta t}$となる起電力が生じる。

着眼点

　　問題中の図2のグラフがポイントである。直線a_1とa_2，b_1とb_2ではそれぞれ，電流値が0になるときの電圧値が一致している。したがって，この電圧値がそれぞれ回路A，Bにある電池の起電力の値を表している。このようにグラフの交点あるいは軸の切片が何を表しているかを考えることは重要である。また，それぞれのグラフにおける直線の傾きが抵抗値の逆数を表すことから，回路A，Bの端子T_1，T_2間の抵抗値 (合成抵抗値) が求められる。

標問 66 の解説

問1　このとき，回路Aと電圧計が直列であり，電圧計の抵抗は無限大としていることから，回路に電流は流れない。よって，問題中の図2におけるa_1，a_2の直線で，電流が0となるときの電圧を読んで，

$$V = -6.0\,\text{(V)}$$

すなわち，回路Aには起電力$6.0\,\text{V}$の電池がT_1側を正極として組み込まれている。

問2　問題中の図2において，a_1の直線の傾きが抵抗値の逆数を表す。求める抵抗値をR_1とすると，

$$\frac{1}{R_1}=\frac{3.0-0}{0-(-6.0)}=\frac{1}{2.0} \qquad \text{これより,}\quad R_1=2.0\,(\text{k}\Omega)$$

ただし，図2の縦軸が mA 単位であることに注意。

問3　問1，問2より，起電力 6.0 V の電池があり，合成抵抗値が 2.0 kΩ であるので，最も簡単な回路は右図のようになる。

（右図）T_1○—┤├—[2.0 kΩ]—○T_2　6.0 V

問4　問1，問2と同様に問題中の図2より，回路Bには起電力 4.0 V で T_2 側が正極の電池がある。また，回路Bの合成抵抗値を R_2 とすると，b_1 の直線の傾きから，

$$\frac{1}{R_2}=\frac{0-(-2.0)}{4.0-0}=\frac{1}{2.0} \qquad \text{これより,}\quad R_2=2.0\,(\text{k}\Omega)$$

電圧計の読みが 0 なので，直流電源の電圧は 0 であり，回路 A，B の T_1，T_2 間の電圧も 0 である。よって，回路 A，B に流れる電流は，直線 a_1，b_1 における電流軸（縦軸）の切片の値を読んで，それぞれ 3.0 mA，-2.0 mA となる。このとき，回路は右図と等価である。電流計の読みを I とすると，右図より，

$$2.0+I=3.0 \qquad \text{よって,}\quad I=1.0\,(\text{mA})$$

問5　「電圧計の抵抗は無限大とする」ことから，電圧計に電流は流れないので，右図のような回路を考える。この回路を流れる電流の大きさを I_1 として，キルヒホッフの第 2 法則より，

$$6.0+4.0=2.0I_1+2.0I_1$$

よって，$I_1=2.5\,(\text{mA})$

これより，電圧計の読みは，回路Aにかかる電圧を考えて，

$$-6.0+2.0I_1=-1.0\,(\text{V})$$

もちろん，回路Bにかかる電圧を考えて，$4.0-2.0I_1=-1.0\,(\text{V})$ としてもよい。

問6　S_2 状態で回路 A，B の T_1，T_2 間の合成抵抗値をそれぞれ R_A，R_B とすると，問題中の図2における a_2，b_2 の直線の傾きより，

$$R_A=3.0\,(\text{k}\Omega),\quad R_B=\frac{2}{3}\,(\text{k}\Omega)$$

となる。これより，回路は右図と等価である。回路 A，B に流れる電流の大きさを I_2 とすると，キルヒホッフの第 2 法則より，

$$6.0+4.0=R_AI_2+R_BI_2$$

以上より，$I_2=\dfrac{30}{11}\,(\text{mA})$

よって，求める電圧計の読みは，回路Aにかかる電圧を考えて，

$$-6.0+3.0I_2=2.18\cdots\fallingdotseq2.2\,(\text{V})$$

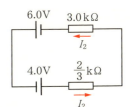

精講 まずは問題のテーマをとらえる

着眼点

問1では，スイッチ操作をした直後はコンデンサーの帯電量が変化していないので，帯電していないコンデンサーの極板間の電位差は0であることに注意する。

問2では，問題に与えられた，「スイッチSを $+V_0$ 側に接続すると，点 P_{2n-2} と点 P_{2n-1} の電位が等しくなる。」「スイッチSを $-V_0$ 側に接続すると，点 P_{2n-1} と点 P_{2n} の電位が等しくなる」ことから，スイッチSを $+V_0$ 側に接続すると必ず P_1G 間のコンデンサーには電荷 CV_0 が蓄えられ，ダイオードを含む右上がりの直線で結ばれた点の間の左右のコンデンサーが並列に結ばれる。そして，スイッチSを $-V_0$ 側に接続すると，ダイオードを含む右下がりの直線で結ばれた点の間の左右のコンデンサーが並列に結ばれる。これにより，スイッチの切り替えを繰り返すと，P_1G 間のコンデンサーに蓄えられた電荷が次々に上方のコンデンサーに送られていくと考えることができる。

何度も繰り返し切り替えた結果は，具体的に考えてみるとわかりやすい。まず，P_1G 間のコンデンサーと P_0P_2 間のコンデンサーに着目すると，P_1G 間のコンデンサーの P_1 側の極板の帯電量が CV_0 で，P_0P_2 間のコンデンサーの P_2 側の極板の帯電量が $2CV_0$ であれば，スイッチSを $+V_0$ 側に入れても，$-V_0$ 側に入れても電荷は移動しない。さらに，P_1P_3 間のコンデンサーの P_3 側の極板の帯電量が $2CV_0$ で，P_2P_4 間のコンデンサーの P_4 側の極板の帯電量が $2CV_0$ であれば，電荷は移動しない…と考えていけばよい。

標問 67 の解説

問1 (1) スイッチSを接続した直後，コンデンサー1，2には電荷が蓄えられていないので，点 P_1 の電位は点Gの電位に，点 P_2 の電位は点 P_0 の電位に等しくなる。

$V_1 = 0,\quad V_2 = V_0$

(2) (1)の後，電荷移動がなくなると，コンデンサー1には電池の電圧がかかり，点 P_0，P_1，P_2 の電位は等しくなるので，コンデンサー2には電圧がかからない。よって，

$V_1 = V_0,\quad V_2 = V_0$

このとき，コンデンサー1の静電エネルギー U は，
$$U = \frac{1}{2}CV_0{}^2$$
また，電池を通過した電荷は CV_0 であるから，電池がした仕事 W は，
$$W = CV_0{}^2$$

(3)　スイッチSを切り替えた直後，コンデンサーの電荷は(2)の状態で変化しないから，
$$V_1 = V_0$$
$$V_2 = -V_0 + 0 = -V_0$$

(4)　(3)の後，電荷移動がなくなったとき $V_1 = V_2$ となる。一方，電荷保存より，
$$CV_1 + C\{V_2 - (-V_0)\} = CV_0$$
以上より，
$$V_1 = V_2 = 0$$

問2　回路中で電荷移動が起こらなくなったことから，点 P_1G 間のコンデンサーの帯電量は CV_0，他のコンデンサーの帯電量は全て $2CV_0$ とわかる。よって，
$$V_{2N-1} = V_0 + (N-1) \cdot 2V_0 = (2N-1)V_0$$
$$V_{2N} = V_0 + N \cdot 2V_0 = (2N+1)V_0$$

〔**別解**〕　スイッチSを何度も切り替えたのち，スイッチSを $+V_0$ 側に接続したときの点 P_n の電位を V_n と表す。題意より，点 P_{2n-2} と点 P_{2n-1} の電位が等しくなるから，
$$V_{2n-2} = V_{2n-1}$$
回路中で電荷の移動がないことから，回路の右側の点 P_{2n-1} の電位 V_{2n-1} は変化しない。一方，スイッチSを $-V_0$ 側に接続すると，回路の左側の点 P_{2n-2} の電位 V_{2n-2} は $2V_0$ だけ下がる。よって，題意より，点 P_{2n-1} と点 P_{2n} の電位が等しくなるから，
$$V_{2n-1} = V_{2n} - 2V_0$$
以上2式より，
$$V_{2n} - V_{2n-2} = 2V_0$$
$$V_{2n} = V_{2n-2} + 2V_0$$
$$= V_{2n-4} + 2 \cdot 2V_0 = \cdots = V_0 + n \cdot 2V_0$$
よって，
$$V_{2N} = V_0 + N \cdot 2V_0 = (2N+1)V_0$$
また，
$$V_{2N-1} = V_{2N} - 2V_0 = (2N-1)V_0$$

答

問1　十分に時間が経つと，発生するジュール熱のため電球の温度が上昇して抵抗値は大きくなるので，電流と電圧の関係が直線からずれる。

(61字)

問2　$R_X = r + 6 - \dfrac{36}{R+9}$〔Ω〕　とりうる範囲：$r+2 \leqq R_X \leqq r+6$〔Ω〕

問3　$P = \dfrac{16(R_X - r)}{R_X{}^2}$〔W〕　グラフ：解説の図を参照

問4　Pの最大値はrによって変化し，$0 < r < 2$〔Ω〕のときは$\dfrac{32}{(r+2)^2}$〔W〕，

$2 \leqq r \leqq 6$〔Ω〕のときは$\dfrac{4}{r}$〔W〕，$r > 6$〔Ω〕のときは$\dfrac{96}{(r+6)^2}$〔W〕となる。

問5　$R_X = 5.7$〔Ω〕

精講　まずは問題のテーマをとらえる

■**非線形抵抗**

電流や電圧によって抵抗値が変化しない抵抗を線形抵抗といい，電球のような抵抗値が変化する抵抗を非線形抵抗または非オーム抵抗とよぶ。ただし，ある瞬間に抵抗を流れる電流をIとし，かかる電圧をVとすると，その瞬間の抵抗値Rは，$R = \dfrac{V}{I}$で与えられる。非線形抵抗の場合，電流が流れてジュール熱が発生すると，導体では抵抗値が大きくなり，半導体では抵抗値が小さくなる。

着眼点

問4では，問2で求めた回路全体の抵抗値R_Xの範囲と問3のグラフから，rの値による場合分けを考えることがポイントである。

標問 68 の解説

問1　電圧を大きくしていくと電流も大きくなるので，単位時間に発生するジュール熱が大きくなる。十分に時間が経過すると，単位時間の発生熱量と放出熱量が等しくなるまで温度が上昇し，電球フィラメントの金属イオンの熱振動が激しくなる。そのため，自由電子の運動を妨げる割合が大きくなるので，電球の抵抗値が大きくなり，電圧に対する電流の値が徐々に変化して直線からずれる。

問2　スイッチを入れた直後における電球の抵抗値の大きさをR_Lとすると，R_Lは題意より，問題中の図2に破線で示されている直線の傾きの逆数に等しいので，

$$\frac{1}{R_L} = \frac{1.0 - 0}{3.0 - 0} = \frac{1.0}{3.0}　　これより，　R_L = 3〔Ω〕$$

よって，3つの電球と可変抵抗からなる部分の合成抵抗は，

$$\left(\frac{1}{R_L+R_L}+\frac{1}{R+R_L}\right)^{-1}=\left(\frac{1}{3.0+3.0}+\frac{1}{R+3.0}\right)^{-1}=\frac{6(R+3)}{R+9}\ (\Omega)$$

となる。以上より，回路全体の抵抗値 R_X は，

$$R_X=r+\frac{6(R+3)}{R+9}=r+6-\frac{36}{R+9}\ (\Omega)$$

可変抵抗 R の大きさを 0 から無限大まで変化させるとき，上式より，

$$\begin{cases} R_X \text{ が最小となるのは，} R=0 \text{ のときであり，} R_X=r+2\ (\Omega) \\ R_X \text{ が最大となるのは} R \text{ を無限大にしたときであり，} R_X=r+6\ (\Omega) \end{cases}$$

これより，R_X のとりうる範囲は，

$$r+2\leqq R_X\leqq r+6\ (\Omega)$$

問3 問2より，3つの電球と可変抵抗の合成抵抗 の値は $R_X-r\ (\Omega)$ と表せる。右図のように，こ の合成抵抗に流れる電流は，電池を流れる電流に 等しく $\dfrac{4}{R_X}\ (A)$ となるので，電力の総和 P は，

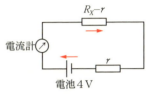

$$P=(R_X-r)\left(\frac{4}{R_X}\right)^2=\frac{16(R_X-r)}{R_X{}^2}\ (W) \quad \color{red}{\leftarrow P=RI^2 \text{ を利用}}$$

この P の式から，

① $R_X=r$ のとき $P=0$ となり，$R_X>r$ で $P>0$，$R_X<r$ で $P<0$ となる。

② $\dfrac{dP}{dR_X}=\dfrac{16(2r-R_X)}{R_X{}^3}$ より，

$$R_X=2r \text{ のとき } \frac{dP}{dR_X}=0, \quad R_X<2r \text{ で } \frac{dP}{dR_X}>0, \quad R_X>2r \text{ で } \frac{dP}{dR_X}<0$$

となる。増減表を書くと右表のように なり，$R_X=2r$ のとき P は極大となる。

③ $R_X \to \infty$ で $P\to 0$ となる。

したがって，これらを基に P の R_X に対 するグラフの概略を描くと，下図のよう

R_X	$r+2$	$\cdots$	$2r$	$\cdots$	$r+6$
$\dfrac{dP}{dR_X}$		$+$	0	$-$	
P	$\dfrac{32}{(r+2)^2}$	$\nearrow$	$\dfrac{4}{r}$	$\searrow$	$\dfrac{96}{(r+6)^2}$

になる。ただし，問2で求めた R_X のとりうる範囲を考慮すると，実線の部分とな る※。

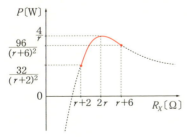

※ 問題中に「問2において」とある ことから，上の解説では， $r+2\leqq R_X\leqq r+6\ (\Omega)$ の範囲で考えた。 このとき厳密には，問4の解説に示す ように r の値による場合分けを考える ので，3通りのグラフとなる。しかし， 問題の流れからは，P の式からわかる 変化の概形を，R_X の範囲を定めずに 描くことが求められていると解釈でき るので，ここでは1つの場合を示した。

問4 問3のグラフとrの関係に注目すると，次の3つの場合が考えられる。

① $2r>r+6$ すなわち，$r>6$〔Ω〕のとき

PとR_Xのグラフは右図のようになるので，Pは，$R_X=r+6$〔Ω〕のとき最大となる。このとき，最大値P_{max}は，問3で求めたPの式より，

$$P_{max}=\frac{96}{(r+6)^2}\text{〔W〕}$$

ちなみに，問2より，この最大値は可変抵抗値Rが無限大となるときである。

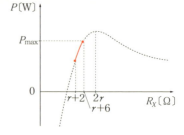

② $r+2\leqq 2r\leqq r+6$ すなわち，$2\leqq r\leqq 6$〔Ω〕のとき

問3に示したグラフより，Pは，$R_X=2r$〔Ω〕のとき最大となる。このとき，最大値P_{max}は，

$$P_{max}=\frac{16r}{4r^2}=\frac{4}{r}\text{〔W〕}$$

ちなみに，この最大値は可変抵抗値 $R=\dfrac{9(r-2)}{6-r}$〔Ω〕となるときである。

③ $r+2>2r$ すなわち，$0<r<2$〔Ω〕のとき

PとR_Xのグラフは右図のようになるので，Pは，$R_X=r+2$〔Ω〕のとき最大となる。このとき，最大値P_{max}は，

$$P_{max}=\frac{32}{(r+2)^2}\text{〔W〕}$$

ちなみに，問2より，この最大値は可変抵抗値 $R=0$ となるときである。

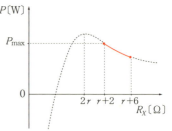

問5 3つの電球の明るさが同じになったことから，3つの電球に流れる電流が等しいときを考えればよい。このとき電球1つに流れる電流値をi〔A〕，電球1つにかかる電圧をV〔V〕とすると，キルヒホッフの第2法則より，

$$4=2\times 2i+2V \qquad \text{これより，} \quad 2=2i+V$$

この式を表す直線を問題中の図2に描き込むと右図のようになり，特性曲線との交点を読むと，

$$i=0.35\text{〔A〕}, \quad V=1.3\text{〔V〕}^※$$

とわかる。よって，回路全体の抵抗値R_Xは，

$$R_X=\frac{4}{2i}=\frac{4}{2\times 0.35}=5.71\cdots\fallingdotseq 5.7\text{〔Ω〕}$$

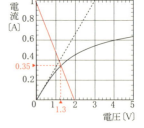

※ 特性曲線と回路の条件式との交点から電流値と電圧値が得られたら，必ず条件式に代入して成立することを確かめる。

答

問1 電池の内部抵抗。

電池の内部抵抗を r〔Ω〕とすると，電流は $\dfrac{V}{R+r}$〔A〕となる。

問2 右上図 問3 右下図

問4 問2より，力と電流 I_2 の関係は直線で表され，力の大きさ F〔N〕は電流 I_2〔A〕に比例する。さらに，作用・反作用の法則より，力の大きさ F〔N〕は電流 I_1〔A〕にも比例する。また，問3より，力の大きさ F〔N〕は距離 r〔m〕に反比例する。よって，比例定数を k として，力の大きさ F〔N〕は，

$$F = k\frac{I_1 I_2}{r}\ \text{〔N〕}$$

比例定数は，

$$k = 4.2 \times 10^{-8}\ \text{〔(N·m)/A}^2\text{〕}$$

問5 (1) 無 (2) 小 (3) 無
(4) 小

問6 $B = 1.4 \times 10^{-7} \times \dfrac{I_1}{r}$〔T〕，

$B = 7.0 \times 10^{-5}$〔T〕

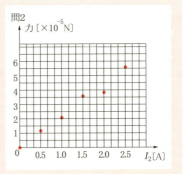

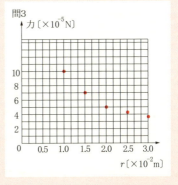

精講 まずは問題のテーマをとらえる

■電流の作る磁場

電流のまわりには磁場ができる。大きさ I の電流がつくる磁場の強さを H とすると，

直線電流：$H = \dfrac{I}{2\pi r}$ （r は直線電流からの距離）

円形電流(中心)：$H = \dfrac{I}{2r}$ （r は円の半径）

ソレノイド：$H = nI$ （n は単位長さあたりの巻き数）

■平行電流間に働く力

真空中に間隔 r で平行に張られた2本の十分に長い直線導線に，大きさ I_1，I_2 の電流がそれぞれ流れているとき，一方の導線の長さ l の部分が受ける力の大きさ F は，真空の透磁率を μ_0 として，

$$F = \frac{\mu_0 I_1 I_2 l}{2\pi r}$$

向きは，電流が同じ向きのとき引力，互いに逆向きのとき斥力となる。

■ 1 A の定義

　真空中に 1 m だけ隔てて張られた平行導線に，等しい大きさの電流を流すとき，導線 1 m あたりに働く力の大きさが 2×10^{-7} N となる電流の大きさを 1 A とする。また，1 A の電流が 1 秒間に運ぶ電気量が 1 C である。

　着眼点

　　問 2 〜 4 は，測定データからグラフを描き，関係を求める問題である。データをプロットするときには測定誤差を考慮して少し大きめの点を描く。また，関係は縦軸や横軸の物理量や目盛りを調節して，直線のグラフを描いて求めるのが原則である。

標問 69 の解説

問 1　電池の内部抵抗を知っておく必要がある。なぜならば，電池の内部抵抗を r〔Ω〕とすると電流 I は $I = \dfrac{V}{R+r}$〔A〕となり，電池の内部抵抗が無視できる場合の電流 $I = \dfrac{V}{R}$〔A〕より小さくなるからである。

問 2　問題中の表 1 の実験データを，グラフに記入する。目盛りは適当に取ればよいので，答では，縦軸は 2 目盛りが 1.0×10^{-5} N になるように，横軸は 3 目盛りが 0.5 A になるようにしてある。

問 3　問題中の表 2 の実験データを，グラフに記入する。目盛りは適当に取ればよいので，答では，縦軸は 1 目盛りが 1.0×10^{-5} N になるように，横軸は 6 目盛りが 1.0×10^{-2} m になるようにしてある。

問 4　問 2 で記入したデータより，力と電流 I_2 の関係は，右図に破線で示した直線で表されることがわかる。すなわち，

　　　① 力の大きさ F〔N〕は電流 I_2〔A〕
　　　　 に比例する

ことがわかる。さらに，電流 I_1〔A〕と電流 I_2〔A〕が及ぼし合う力は作用・反作用の関係にあると考えられるので，

　　　② 力の大きさ F〔N〕は電流 I_1〔A〕
　　　　 にも比例する

と考えられる。

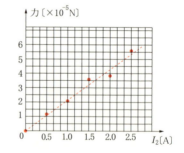

問3で記入したデータより，力と距離 r の関係は，右図に破線で示した直角双曲線で表されることがわかる。すなわち，

　③　力の大きさ F〔N〕は距離 r〔m〕に反比例する

ことがわかる。以上①②③より，力の大きさ F〔N〕は，比例係数を k として，

$$F=k\frac{I_1 I_2}{r}\ \text{〔N〕}$$

問2で記入したデータから得られた直線の傾きより，

$$\frac{F}{I_2}=2.1\times10^{-5}$$

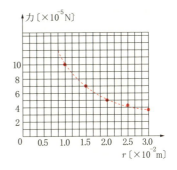

とわかるので，問題中に与えられた他の数値も用いて k の値を求めると，

$$k=\frac{F}{I_2}\cdot\frac{r}{I_1}=2.1\times10^{-5}\times\frac{0.010}{5}=4.2\times10^{-8}\ \text{〔(N·m)/A^2〕}$$

なお，問3で記入したデータから得られた双曲線のグラフより求めることもできるが，ここではより正確な値が得られやすい直線のグラフのみを用いた。

問5　(1)　導線 ab, ef に働く力は中心軸に働く力であり，この測定には関係しない。

(2)　導線 cd, gh が十分に長くないと，導線の端付近の磁場が弱くなるので，比例係数を小さくする。

(3)　はじめに導線1にだけ電流を流しててんびんをつり合わせているので，実験に地磁気の影響は無いとしてよい。

(4)　導線 cd, gh が完全には同一鉛直面内にないとき，導線 cd と gh の間に働く力は鉛直方向ではなくなる。測定されるのは力の鉛直成分であるから，F の値が小さくなり，比例係数 k も小さくなる。

問6　問4で求めた力の大きさ F は，磁束密度の大きさ B を用いて $I_2 B l$ と書くこともできる。よって，

$$k\frac{I_1 I_2}{r}=I_2 B l$$

$l=0.3$〔m〕を用いて，上式を B について整理すると，

$$B=\frac{kI_1}{lr}=\frac{4.2\times10^{-8}}{0.3}\times\frac{I_1}{r}=1.4\times10^{-7}\times\frac{I_1}{r}\ \text{〔T〕}$$

また，$I_1=5$〔A〕，$r=0.01$〔m〕のときの B の値は，

$$B=1.4\times10^{-7}\times\frac{5}{0.01}=7.0\times10^{-5}\ \text{〔T〕}$$

答

問1　Y端

問2　つり合いの式：$evB = eE$　（Eは電場の強さ，$-e$は自由電子の電荷）

　　　起電力の大きさ：$V = vBd$

問3　誘導起電力：解説を参照　電流の向き：Y→X　　　問4　$Q = CvBd$

問5　解説を参照　　問6　$W_J = \dfrac{1}{2}C(vBd)^2$　　問7　$\dfrac{\omega Cv_0Bd}{\sqrt{2}}$

問8　グラフ：解説を参照

　　　IとVの関係：電流Iの位相は電圧Vの位相に比べて$\dfrac{\pi}{2}$進んでいる。

精講　まずは問題のテーマをとらえる

■磁場からのローレンツ力

電気量qの粒子が磁束密度Bの磁場中で，磁場となす角θの方向に速さvで運動するとき（右図），磁場から受けるローレンツ力の大きさをfとすると，

$$f = qvB\sin\theta$$

■ファラデーの電磁誘導の法則

時間Δtの間に回路を貫く磁束が$\Delta\Phi$だけ変化するとき，発生する誘導起電力Vは，回路の巻き数をNとして，

$$V = -N\dfrac{\Delta\Phi}{\Delta t}$$

と表される。負の符号「$-$」は，磁束の変化を打ち消す向きに電流を流すような誘導起電力が発生すること，すなわちレンツの法則を表している。

■磁場中を運動する導体棒

右図のように，長さlの導体棒が，磁束密度Bの磁場に直交する向きに運動する場合を考える。このとき，発生する誘導起電力の大きさVは，導体棒の速さをvとして，

$V =$ 単位時間に横切る磁束

$$= \dfrac{B \times v\Delta t \times l}{\Delta t} = vBl$$

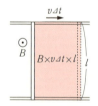

標問 70 の解説

問1　フレミングの左手の法則より，自由電子にはX→Yの向きに磁場からのローレンツ力が働く。よって，自由電子が多く集まり負に帯電するのはY端となる。

問2　電場の強さをEとし，導線内の自由電子の電荷を$-e\,(e > 0)$とすると，力のつ

り合いの式は，

$$evB = eE \qquad \text{これより，} \quad E = vB$$

よって，導線 XY 間に生じる起電力の大きさ V は，

$$V = Ed = vBd$$

問3　微小時間 Δt における，回路を貫く磁束の変化 $\Delta\Phi$ は，

$$\Delta\Phi = B \times v\Delta t \times d$$

よって，ファラデーの電磁誘導の法則より，誘導起電力の大きさを V' とすると，

$$V' = \left|-\frac{\Delta\Phi}{\Delta t}\right| = vBd \quad \text{← 回路の巻き数 } N=1$$

となり，確かに問2で求めた V と等しくなる。

　　この起電力によって回路 WXYZ に流れる電流の向きは，レンツの法則により，Y →X の向きとなる。

問4　導線 XY 間に生じる誘導起電力を「電池」として図示すると，右図の等価回路を得る。十分な時間が経つとコンデンサーの充電は完了し，回路に電流が流れなくなるので，コンデンサーに電圧 $V' = vBd$ がかかる。よって，求める電荷 Q は，

$$Q = CV' = CvBd$$

問5　この充電過程で導線 XY を動かす外力がした仕事 W は，誘導起電力がした電気的な仕事に変換されたと考えられるので，

$$W = QV' = C(vBd)^2$$

〔別解〕　流れる電流が i の瞬間に導線 XY を動かす外力は iBd であり，微小時間での変位は vdt であるので，この外力がする微小仕事は，$iBd \times vdt$ となる。よって，求める仕事 W は，

$$W = \int_0^\infty iBd \times vdt = vBd\int_0^\infty i\,dt$$

ここで，$\displaystyle\int_0^\infty i\,dt = Q = CvBd$ であるので，

$$W = vBd \times CvBd = C(vBd)^2$$

問6　十分な時間が経つと，コンデンサーの静電エネルギーは，$U = \dfrac{1}{2}C(vBd)^2$ となる。問5の仕事 W は，エネルギー保存則より，回路に供給されてコンデンサーの静電エネルギー U と抵抗 R で発生したジュール熱 W_J となる。すなわち，

$$W = U + W_J$$

よって，

$$W_J = W - U = C(vBd)^2 - \frac{1}{2}C(vBd)^2 = \frac{1}{2}C(vBd)^2$$

問7　抵抗による電圧降下は無視できることから，各瞬間にコンデンサーにかかる電圧は導線 XY に生じる起電力の大きさ vBd に等しい。よって，コンデンサーに蓄えられている電荷 Q は，

$$Q = CvBd = Cv_0Bd\sin\omega t$$

これより，回路に流れる電流 I は，

$$I = \frac{dQ}{dt} = \omega Cv_0Bd\cos\omega t$$

したがって，電流 I の実効値を I_e とすると，

$$I_e = \frac{\omega Cv_0Bd}{\sqrt{2}} \quad \text{← 実効値は最大値の } \frac{1}{\sqrt{2}} \text{ 倍（p.209 精講を参照）}$$

問8　問7で求めた電流 I の式よりグラフを描くと，右図のようになる。グラフより，電流 I の位相は電圧 V の位相に比べて $\dfrac{\pi}{2}$ 進んでいることがわかる。

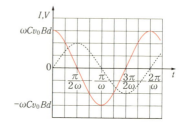

【参考】　題意より，$V = v_0Bd\sin\omega t$ と表せるので，電圧 V の位相は ωt となる。一方，問7で求めた I の式より，

$$I = \omega Cv_0Bd\cos\omega t = \omega Cv_0Bd\sin\left(\omega t + \frac{\pi}{2}\right)$$

と表せることから，電流 I の位相は $\omega t + \dfrac{\pi}{2}$ となる。

答

(1) $\sqrt{\dfrac{k}{m}}$　(2) $aBl\sqrt{\dfrac{k}{m}}\left|\sin\sqrt{\dfrac{k}{m}}\,t\right|$　(3) $\dfrac{1}{2}ka^2$　(4) $-\dfrac{EBl}{kR}$

(5) $\dfrac{E^2}{R}$　(6) $Ca\omega_1 Bl\sin\omega_1 t$　(7) $\dfrac{1}{2}C(a\omega_1 Bl)^2$

(8) $\sqrt{\dfrac{k}{m+CB^2l^2}}$　(9) $\dfrac{aBl}{L}\sin\omega_2 t$　(10) $\dfrac{a^2B^2l^2}{2L}$　(11) $\sqrt{\dfrac{k}{m}+\dfrac{B^2l^2}{mL}}$

精講　まずは問題のテーマをとらえる

■運動する導体棒と回路

　磁場の変化による電磁誘導も，ローレンツ力による電磁誘導も，ファラデーの電磁誘導の法則によって考えることができる。しかし，平行レール上の導体棒の運動に関する問題では，導体棒を「電池」と考えて，回路問題として扱うと考えやすくなる。

着眼点

　P，Q間に抵抗を接続すると，抵抗により導体棒 MN の振動のエネルギーが減少する。電池があるかないかは，最終的に導体棒 MN に働く力がつり合うときに電流が流れるかどうかの違いとなる。P，Q間にコンデンサーやコイルを接続すると，エネルギーの消費はないので，導体棒は単振動をする。

標問 71 の解説

(1) 位置 x における導体棒 MN の運動方程式は，加速度を α として，

$$m\alpha=-kx \qquad これより，\quad \alpha=-\frac{k}{m}x$$

一方，α は角振動数 ω_0 を用いて，$\alpha=-\omega_0^2 x$ と表せることから，

$$-\omega_0^2 x=-\frac{k}{m}x \qquad よって，\quad \omega_0=\sqrt{\frac{k}{m}}$$

(2) 導体棒 MN は $x=a$ を一方の端とし，$x=0$ を振動中心とする振幅 a の単振動をする。これより，位置 x を t の関数として表すと，

$$x=a\cos\omega_0 t$$

上式より，導体棒 MN の速度 v は，

$$v=\frac{dx}{dt}=-a\omega_0\sin\omega_0 t$$

と表せる。P，Q間に生じる誘導起電力，すなわち導体棒 MN のレール間の部分に生じる誘導起電力の大きさを V_0 とすると，単位時間に導体棒 MN のレール間の部分が切る磁束を考えて，

$$V_0=|vBl|=a\omega_0 Bl|\sin\omega_0 t|=aBl\sqrt{\frac{k}{m}}\left|\sin\sqrt{\frac{k}{m}}\,t\right|$$

【参考】 導体棒 MN のレール間に生じる誘導起電力を，N→M の向きに V_{MN} とすると，
$$V_{MN} = -vBl = a\omega_0 Bl \sin\omega_0 t$$
となる。

(3) エネルギー保存則より，はじめにばねに蓄えられていたエネルギーがすべて抵抗 R で消費されてジュール熱となる。よって，
$$\frac{1}{2}ka^2$$

(4) 導体棒 MN が静止した後，導体棒 MN に流れる電流は $\dfrac{E}{R}$ となる。この電流は，磁場から大きさ $\dfrac{E}{R}Bl$ の力を x 軸方向負の向きに受ける。 ←フレミングの左手の法則より

求める位置を $x'\,(x'>0)$ とすると，導体棒 MN に働く力のつり合いより，
$$-\frac{E}{R}Bl - kx' = 0 \qquad よって，\quad x' = -\frac{EBl}{kR}$$

(5) 静止した後，抵抗 R にかかる電圧は E なので，抵抗 R で単位時間に消費されるエネルギーは，
$$\frac{E^2}{R}$$

(6) コンデンサーの下側極板に対する上側極板の電位 V は，導体棒 MN のレール間の部分に生じる誘導起電力を考えて（右図参照），
$$V = a\omega_1 Bl \sin\omega_1 t \quad \text{←(2)の【参考】を参照}$$
となる。よって，求める電荷を Q とすると，
$$Q = CV = Ca\omega_1 Bl \sin\omega_1 t$$

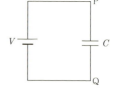

(7) (6)で求めた V の式より，導体棒 MN が $x=0$ を通過する瞬間にコンデンサーにかかる電圧は，最大値 $a\omega_1 Bl$ となる。よって，求める静電エネルギーは，
$$\frac{1}{2}C(a\omega_1 Bl)^2$$

(8) エネルギー保存則より，
$$\underbrace{\frac{1}{2}ka^2}_{\substack{\text{t=0 で与えた}\\ \text{全エネルギー}}} = \underbrace{\frac{1}{2}m(a\omega_1)^2}_{\substack{\text{x=0 での}\\ \text{運動エネルギー}}} + \underbrace{\frac{1}{2}C(a\omega_1 Bl)^2}_{\substack{\text{x=0 での}\\ \text{静電エネルギー}}}$$
よって，$\quad \omega_1 = \sqrt{\dfrac{k}{m + CB^2l^2}}$

(9) 題意より，導体棒 MN の速度を v_2 とすると，
$$v_2 = a\omega_2 \cos\omega_2 t$$
と表せる。よって，導体棒 MN のレール間の部分に生じる誘導起電力 V_2 は，M 側に対して N 側が高電位の場合を正として，
$$V_2 = v_2 Bl = a\omega_2 Bl \cos\omega_2 t$$

となる。一方，右図を参照して，キルヒホッフの第2法則より，

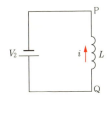

$$V_2 - L\frac{di}{dt} = 0$$

式変形する

$$\frac{di}{dt} = \frac{a\omega_2 Bl}{L}\cos\omega_2 t$$

積分する

$$i = \frac{aBl}{L}\sin\omega_2 t + c \quad (c：積分定数)$$

題意より，$t=0$ のとき $i=0$ であるから，$c=0$ がわかる。よって，

$$i = \frac{aBl}{L}\sin\omega_2 t$$

【参考】 V_2 の式からコイルにかかる電圧の最大値は $a\omega_2 Bl$ であるから，電流の最大値を i_m とすると，誘導リアクタンス $\omega_2 L$ を用いて，

$$a\omega_2 Bl = \omega_2 L \cdot i_m \quad これより，\quad i_m = \frac{aBl}{L}$$

一方，コイルを流れる電流の位相は，コイルにかかる電圧，すなわち V_2 の位相に比べて $\frac{\pi}{2}$ だけ遅れる。したがって，

$$i = i_m\cos\left(\omega_2 t - \frac{\pi}{2}\right) = i_m\sin\omega_2 t = \frac{aBl}{L}\sin\omega_2 t$$

(10) (9)で求めた i の式より，$x=a$ の位置においてコイルに流れる電流は $\dfrac{aBl}{L}$ となる。

よって，求めるエネルギーは，

$$\frac{1}{2}L\left(\frac{aBl}{L}\right)^2 = \frac{a^2 B^2 l^2}{2L}$$

(11) エネルギー保存則より，

$$\frac{1}{2}ka^2 + \frac{a^2 B^2 l^2}{2L} = \frac{1}{2}m(a\omega_2)^2$$

$x=a$ でばねに蓄えられるエネルギー　　$x=a$ でコイルに蓄えられるエネルギー　　$t=0$ での全エネルギー

よって，　$\omega_2 = \sqrt{\dfrac{k}{m} + \dfrac{B^2 l^2}{mL}}$

答

問1 $V_1 = vbd^2$ 〔V〕

問2 関係式：$V_1 = 3rdI_1 + rd(I_1 - I_2)$, $V_2 = 5rdI_2 - rd(I_1 - I_2)$

電流：$\dfrac{vbd}{23r}$ 〔A〕

問3 $f = \dfrac{26vb^2d^3}{23r}$ 〔N〕 等しいこと：解説を参照

精講 まずは問題のテーマをとらえる

■電磁誘導とエネルギーの変換

導体棒が磁場中を運動して誘導起電力が発生する問題では，**電磁誘導によりエネルギーの変換が起こっている**と考えると，現象が把握しやすい。

すなわち，導体棒に加えられた力学的仕事や導体棒の失った力学的エネルギーが，発生した誘導起電力により，回路に電気的エネルギーとして供給される。

一方，回路に電池があり，この電池により誘導起電力と逆向きに電流が流れるときは，誘導起電力によって，電気的エネルギーが力学的エネルギーや仕事に変換される。

着眼点

磁束を切るのは回路の辺 AF，BE，CD であるから，この部分を「電池」と考えて，回路問題として扱う。

標問 72 の解説

問1 導線 $\overline{\text{AF}}$ の位置における磁場の磁束密度を B とすると，導線 $\overline{\text{BE}}$，$\overline{\text{CD}}$ の位置における磁場の磁束密度は，それぞれ $B + bd$，$B + 3bd$ となる。よって，導線 $\overline{\text{AF}}$，$\overline{\text{BE}}$，$\overline{\text{CD}}$ に発生する誘導起電力を y 軸方向負の向きに E_1，E_2，E_3 とすると，

$$E_1 = vBd, \quad E_2 = v(B+bd)d, \quad E_3 = v(B+3bd)d$$

となるので，この回路は右図と等価である。よって，巡回路 ABEFA に誘導される起電力 V_1 は，

$$\begin{aligned}
V_1 &= E_2 - E_1 \\
&= v(B+bd)d - vBd \\
&= vbd^2 \text{〔V〕} \quad \cdots①
\end{aligned}$$

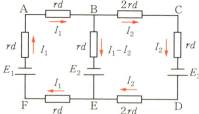

問2 右上図を参照して，キルヒホッフの第1法則を用いると，導線 $\overline{\text{BE}}$ に流れる電流は y 軸方向負の向きに $I_1 - I_2$ となる。よって，キルヒホッフの第2法則より，求める関係式は，

巡回路 ABEFA：$V_1 = 3rdI_1 + rd(I_1 - I_2) = 4rdI_1 - rdI_2$ $\cdots②$

巡回路 BCDEB：$V_2 = 5rdI_2 - rd(I_1 - I_2) = -rdI_1 + 6rdI_2$ $\cdots③$

となる。ここで，問1より，
$$V_2 = E_3 - E_2 = v(B+3bd)d - v(B+bd)d = 2vbd^2 \quad \cdots ④$$
なので，①〜④式から I_1，I_2 を求めると，
$$I_1 = \frac{8vbd}{23r}, \quad I_2 = \frac{9vbd}{23r}$$
したがって，$I_2 > I_1$ より，導線 $\overline{\mathrm{BE}}$ には，
$$I_2 - I_1 = \frac{vbd}{23r} \text{〔A〕}$$
の電流が E → B の向きに流れる。

問3　導線 $\overline{\mathrm{AB}}$ と $\overline{\mathrm{EF}}$ が磁場から受ける力，導線 $\overline{\mathrm{BC}}$ と $\overline{\mathrm{DE}}$ が磁場から受ける力は，それぞれ互いに打ち消し合う。よって，外力 f は導線 $\overline{\mathrm{AF}}$，$\overline{\mathrm{BE}}$，$\overline{\mathrm{CD}}$ が磁場から受ける力とつり合うので，
$$f = \underbrace{-I_1 Bd}_{\text{AF が磁場から受ける力}} \underbrace{-(I_2 - I_1)(B+bd)d}_{\text{BE が磁場から受ける力}} + \underbrace{I_2(B+3bd)d}_{\text{CD が磁場から受ける力}} = bd^2(I_1 + 2I_2)$$

問2で求めた I_1，I_2 を代入すると，
$$f = bd^2\left(\frac{8vbd}{23r} + 2\frac{9vbd}{23r}\right) = \frac{26vb^2d^3}{23r} \text{〔N〕}$$

これより，外力 f が単位時間にする仕事 W は，
$$W = fv = \frac{26v^2b^2d^3}{23r} \text{〔W〕}$$

一方，単位時間に回路に発生するジュール熱を P とすると，
$$P = 3rd \times I_1{}^2 + rd(I_2 - I_1)^2 + 5rd \times I_2{}^2 \quad \text{←問1の等価回路を参照}$$
$$= 4rdI_1{}^2 - 2rdI_1I_2 + 6rdI_2{}^2 = \frac{26v^2b^2d^3}{23r} \text{〔W〕}$$

よって，$W = P$ が成り立つ。

【参考】　このとき，導線 $\overline{\mathrm{AF}}$，$\overline{\mathrm{BE}}$，$\overline{\mathrm{CD}}$ に発生した誘導起電力が単位時間にする仕事を w とすると，
$$w = -E_1 I_1 - E_2(I_2 - I_1) + E_3 I_2$$
$$= -vBd \times \frac{8vbd}{23r} - v(B+bd)d \times \frac{vbd}{23r} + v(B+3bd)d \times \frac{9vbd}{23r}$$
$$= \frac{26v^2b^2d^3}{23r} \text{〔W〕}$$

すなわち，回路が一定速度で運動するようになると，**精講**に示したように，外力 f による仕事が誘導起電力によって回路に電気的エネルギーとして供給され，さらに回路の抵抗でジュール熱に変換されることがわかる。この様子を図示すると，右図のようになる。導体棒が磁場中で運動する場合の電磁誘導に関する問題では，このようにエネルギーの移り変わりを整理してみるとよい。

外力 f が単位時間にする仕事 W

↓

各誘導起電力が単位時間にする仕事の総和 w

↓

回路で単位時間に発生するジュール熱 P

導体棒

答

問1 (1) 正の向きに増加する。

理由：このとき図2より $V_1 = V_0 > 0$ であるから，(ii)式より $\Delta\Phi > 0$ である。一方，スイッチSが開いていることから磁束 Φ は電流 I_1 に比例する。よって，$\Delta I_1 > 0$ であるから。

(2) $\Phi = \dfrac{V_0 T}{n_1}$　(3) $I_1 = \dfrac{V_0 T}{k n_1^{\ 2}}$

(4) $0 < t < T : E = \left(1 + \dfrac{R_1 t}{k n_1^{\ 2}}\right) V_0$　$T < t : E = \dfrac{R_1 V_0 T}{k n_1^{\ 2}}$

問2 (1) $\Phi = \dfrac{V_0 T}{n_1}$　(2) $\dfrac{|V_1|}{|V_2|} = \dfrac{n_1}{n_2}$，c′ 点の電位が高くなる。

(3) $I_1 = \dfrac{V_0}{k n_1^{\ 2}} t + \dfrac{n_2^{\ 2}}{n_1^{\ 2}} \dfrac{V_0}{R_2}$

精講 まずは問題のテーマをとらえる

■変圧器

　鉄心に巻き付けた2つのコイルの電磁誘導によって，交流の電圧を変化させるものを**変圧器**という。入力側を1次コイル，出力側を2次コイルとよび，1次コイルの磁束変化による2次コイルの相互誘導で説明できる。

　巻き数 N_1 の1次コイルに交流電圧 v_1 をかけたとき，鉄心内の磁束の時間変化が $\dfrac{\Delta\Phi}{\Delta t}$ で

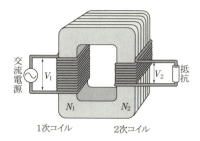

1次コイル　　　2次コイル

表されるとすると，$v_1 - N_1 \dfrac{\Delta\Phi}{\Delta t} = 0$ となる。このとき，鉄心により1次コイルと同じ

磁束が貫く2次コイル（巻き数 N_2）に生じる誘導起電力 v_2 は，$v_2 = -N_2 \dfrac{\Delta\Phi}{\Delta t}$ となる。

以上2式より，

$$\dfrac{v_1}{v_2} = -\dfrac{N_1}{N_2}$$

すなわち，入力電圧の実効値を V_1 とし，出力電圧の実効値を V_2 とすると，

$$\dfrac{V_1}{V_2} = \dfrac{N_1}{N_2}$$

なお，一般的には，鉄心であっても磁束の漏れはあるので，上式は結合係数 $k\,(k < 1)$ を用いて，

$$\dfrac{V_1}{V_2} = k\dfrac{N_1}{N_2}$$

と表される。ただし，入試では $k=1$ の場合が扱われる。

また，電力損失が無視できる理想的な変圧器では，入力電流，出力電流の実効値をそれぞれ I_1，I_2 とすると，

$$I_1 V_1 = I_2 V_2$$

と表される。

着眼点

問1では，スイッチSが開いているので $I_2=0$ として，ファラデーの電磁誘導の法則を用いる。問2では，スイッチSが閉じていても，時間 T での $\varDelta\varPhi$ は問1(2)と同じになる。

標問 73 の解説

問1　(1)　鉄心内の磁束 $\varPhi$ は，(i)式より，

$$\varPhi = kn_1 I_1 \quad \leftarrow I_2=0 \ なので$$

となる。また，(ii)式と問題中の図2より，

$$V_1 = n_1 \frac{\varDelta\varPhi}{\varDelta t} = V_0 > 0$$

となる。以上2式より，

$$kn_1{}^2 \frac{\varDelta I_1}{\varDelta t} > 0$$

$kn_1{}^2 > 0$ より $\dfrac{\varDelta I_1}{\varDelta t} > 0$ となるから，電流 I_1 は正の向きに増加する。

(2)　右表より，時刻 $t=0$ から時刻 $t=T$ では，$\varDelta\varPhi=\varPhi$，$\varDelta t=T$ であるから，問1(1)で求めた V_1 の式より，

時刻 t	0	T
磁束	0	$\varPhi$

$$V_0 = n_1 \frac{\varPhi}{T} \qquad よって，\quad \varPhi = \frac{V_0 T}{n_1}$$

(3)　問1(1)，(2)で求めた $\varPhi$ より，

$$\varPhi = kn_1 I_1 = \frac{V_0 T}{n_1}$$

となるので，

$$I_1 = \frac{V_0 T}{kn_1{}^2}$$

(4)　キルヒホッフの第2法則より，

$$E - V_1 = R_1 I_1$$

が成り立つ。まず $0 < t < T$ の場合，問題中の図2より $V_1 = V_0$ であり，I_1 は問1(3)と同様に $I_1 = \dfrac{V_0 t}{kn_1{}^2}$ となるから，

$$E = V_1 + R_1 I_1$$
$$= V_0 + R_1 \frac{V_0 t}{kn_1{}^2} = \left(1 + \frac{R_1 t}{kn_1{}^2}\right) V_0$$

また，$T<t$ の場合，問題中の図2より $V_1=0$ であり，I_1 は $I_1=\dfrac{V_0T}{kn_1{}^2}$ となるから，

$$E=V_1+R_1I_1=\frac{R_1V_0T}{kn_1{}^2}$$

問2　(1)　スイッチSを閉じている場合も，時刻 $t=0$ から時刻 $t=T$ までの $\Delta\Phi$，Δt は問1(2)と同様である。すなわち，

$$V_0=n_1\frac{\Phi}{T}\qquad\text{よって，}\quad\Phi=\frac{V_0T}{n_1}$$

(2)　コイル2の電圧 V_2 に関して，コイルの巻き方に注意して，(ii)式と同様に，

$$V_2=n_2\frac{\Delta\Phi}{\Delta t}$$

が成り立つ。よって，

$$\frac{|V_1|}{|V_2|}=\frac{n_1}{n_2}$$

　$0<t<T$ のとき，問1(1)で考えたように $\Delta\Phi>0$ であるから，コイルの巻き方に注意して，レンツの法則より，c′点の電位が高くなる。

(3)　コイル2と R_2 からなる回路は，右図と等価である。キルヒホッフの第2法則を適用すると，

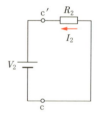

$$V_2=-R_2I_2$$
$$\frac{n_2}{n_1}V_0=-R_2I_2$$
$$I_2=-\frac{n_2}{n_1}\frac{V_0}{R_2}$$

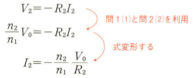

問1(1)と問2(2)を利用

式変形する

これを(i)式に $\Phi=\dfrac{V_0}{n_1}t$ と共に代入すると，

$$\frac{V_0}{n_1}t=k\Big(n_1I_1-\frac{n_2{}^2}{n_1}\frac{V_0}{R_2}\Big)\qquad\text{よって，}\quad I_1=\frac{V_0}{kn_1{}^2}t+\frac{n_2{}^2}{n_1{}^2}\frac{V_0}{R_2}$$

答

問1 $\dfrac{V_0{}^2}{R_1}$〔W〕　　問2 $\dfrac{1}{2}V_0{}^2\left(\dfrac{L}{R_1{}^2}+C\right)$〔J〕

問3 (1) $\dfrac{R_1 I_0{}^2}{2}$〔W〕　　(2) $\omega C R_1 I_0 \cos\omega t$〔A〕

(3) $R_1 I_0(\sin\omega t + \omega C R_2 \cos\omega t)$〔V〕　　(4) $C R_1 R_2$〔H〕

精講 まずは問題のテーマをとらえる

■瞬時値と実効値

各時刻における交流電圧や交流電流の値を瞬時値という。また，電圧，電流の瞬時値の 2 乗の時間平均の平方根の値を実効値という。

例えば，交流電圧の瞬時値を $v(t)$ とし，その周期を T とするとき，電圧の実効値 V_e は，$V_e=\sqrt{\dfrac{1}{T}\cdot\displaystyle\int_0^T \{v(t)\}^2 dt}$ と計算する。しかし，入試の範囲では主に正弦波交流を扱うので，実効値は最大値の $\dfrac{1}{\sqrt{2}}$ 倍で，これにより計算される電力が直流と同等の効果を与えると考えておけばよい。

■電圧と電流の位相差

コイルとコンデンサーでは，電圧と電流の瞬時値に位相差がある。

コイル：電圧 V の位相は電流 I の位相に対して $\dfrac{\pi}{2}$ 進んでいる。

$\qquad I=I_0\sin\omega t$ のとき，$V=\omega L I_0 \sin\left(\omega t+\dfrac{\pi}{2}\right)$ （L：自己インダクタンス）

コンデンサー：電圧 V の位相は電流 I の位相に対して $\dfrac{\pi}{2}$ 遅れている。

$\qquad I=I_0\sin\omega t$ のとき，$V=\dfrac{I_0}{\omega C}\sin\left(\omega t-\dfrac{\pi}{2}\right)$ （C：電気容量）

■リアクタンス

電圧，電流の最大値をそれぞれ V_0，I_0，および電圧，電流の実効値をそれぞれ V_e，I_e とし，リアクタンスを X とすると，

$\qquad V_0=XI_0,\quad V_e=XI_e$

が成り立つ。コイルの誘導リアクタンスを X_L，コンデンサーの容量リアクタンスを X_C とすると，

$$X_L=\omega L,\quad X_C=\dfrac{1}{\omega C}$$

■電流とコンデンサーの電気量

「変化」は増加する場合を正とするので，コンデンサーに流れ込む電流 I と蓄えられる電気量 Q の関係式は，

$$I = \frac{dQ}{dt}$$

また，コンデンサーから流れ出す電流 I と蓄えられる電気量 Q の関係式は，

$$I = -\frac{dQ}{dt}$$

着眼点

問3(2)では，「$P_2 P_3$ 間の電位差 E を測定した結果，$E = 0$ 〔V〕であった」ことから，コンデンサーにかかる電圧は抵抗1にかかる電圧に等しいことを用いる。

標問 74 の解説

問1　十分に時間が経つと，コンデンサーの充電は完了し，コイルの自己誘導起電力は0となる。そのため，回路には右図のように電流 I が流れ，抵抗1とコンデンサーには共に電圧 V_0 がかかる。よって，抵抗1で消費される電力を P とすると，

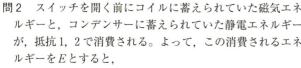

$$P = \frac{V_0{}^2}{R_1} \text{〔W〕}$$

問2　スイッチを開く前にコイルに蓄えられていた磁気エネルギーと，コンデンサーに蓄えられていた静電エネルギーが，抵抗1，2で消費される。よって，この消費されるエネルギーを E とすると，

$$E = \underbrace{\frac{1}{2}L\left(\frac{V_0}{R_1}\right)^2}_{\substack{\text{コイルの}\\\text{磁気エネルギー}}} + \underbrace{\frac{1}{2}CV_0{}^2}_{\substack{\text{コンデンサーの}\\\text{静電エネルギー}}} = \frac{1}{2}V_0{}^2\left(\frac{L}{R_1{}^2} + C\right) \text{〔J〕}$$

問3　(1)　抵抗1で消費される電力を P_1 とすると，

$$P_1 = R_1 I^2 = R_1 I_0{}^2 \sin^2\omega t$$

これより，求める平均電力を $\overline{P_1}$ とすると，

$$\overline{P_1} = R_1 I_0{}^2 \overline{\sin^2\omega t}$$
$$= \frac{R_1 I_0{}^2}{2}(1 - \overline{\cos 2\omega t})$$
$$= \frac{R_1 I_0{}^2}{2} \text{〔W〕}$$

倍角の公式 $\cos 2\alpha = 1 - 2\sin^2\alpha$ を利用

$\overline{\cos 2\omega t} = 0$ なので

〔別解〕　抵抗1に流れる電流の実効値は $\dfrac{I_0}{\sqrt{2}}$ となるので，

$$\overline{P_1} = R_1\left(\frac{I_0}{\sqrt{2}}\right)^2 = \frac{R_1 I_0{}^2}{2} \text{〔W〕}$$

(2)　**着眼点** のように，コンデンサーには抵抗1と同じ電圧 $R_1 I_0 \sin\omega t$ がかかる。このコンデンサーにおいて，抵抗2側の極板の電気量を Q とすると，

$$Q = C R_1 I_0 \sin\omega t$$

210

よって，P_3 から P_4 へ流れる電流を I_C とすると，

$$I_C = \frac{dQ}{dt}$$

$$= \omega C R_1 I_0 \cos \omega t \ \text{(A)}$$

(3) 抵抗 2 にかかる電圧は，

$$R_2 I_C = \omega C R_1 R_2 I_0 \cos \omega t$$

これより，P_4 を基準とした P_1 の電位を V_{14} とすると，

$$V_{14} = R_1 I_0 \sin \omega t + \omega C R_1 R_2 I_0 \cos \omega t$$

$$= R_1 I_0 (\sin \omega t + \omega C R_2 \cos \omega t) \ \text{(V)}$$

(4) コイルにかかる電圧は，

$$V = L \frac{dI}{dt}$$

$$= \omega L I_0 \cos \omega t$$

題意（$P_2 P_3$ 間の電位差 0）より，これは抵抗 2 にかかる電圧に等しい。すなわち，

$$\omega L I_0 \cos \omega t = \underline{\omega C R_1 R_2 I_0 \cos \omega t}$$

問3(3)より

これより，

$$L = C R_1 R_2 \ \text{(H)}$$

答

(1) $\sqrt{R^2+\left(\omega L-\dfrac{1}{\omega C}\right)^2}$

(2) 1.5×10^3

(3) 2.0×10^{-2}　　(4) 0

(5) $\dfrac{V_0}{\omega L}$　　(6) $\omega C V_0$

(7) 右図

(8) $\omega_2 C V_0\cos\omega_2 t$

(9) $-\dfrac{V_0}{\omega_2 L}\cos\omega_2 t$

(10) $\dfrac{1}{\sqrt{LC}}$

(11) コンデンサー

(12) コイル　　(13) 右図

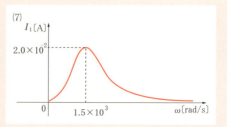

(7)

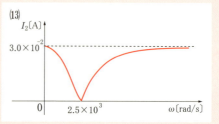

(13)

精講 まずは問題のテーマをとらえる

着眼点

　前半は直列共振回路に関する問題，後半は並列共振回路に関する問題である。このような共振回路は，特定の周波数の電波を選択するために用いられる。

標問 75 の解説

(1) 直列接続であるから，交流電圧 V は，

p.209 精講 を参照

$$V=\underbrace{RI_1\sin(\omega t+\alpha_1)}_{\text{抵抗にかかる電圧}}+\underbrace{\omega LI_1\sin\left(\omega t+\alpha_1+\frac{\pi}{2}\right)}_{\text{コイルにかかる電圧}}+\underbrace{\frac{I_1}{\omega C}\sin\left(\omega t+\alpha_1-\frac{\pi}{2}\right)}_{\text{コンデンサーにかかる電圧}}$$

$$=RI_1\sin(\omega t+\alpha_1)+\left(\omega L-\frac{1}{\omega C}\right)I_1\cos(\omega t+\alpha_1) \quad \leftarrow \sin\left(\theta+\frac{\pi}{2}\right)=\cos\theta,$$
$$\sin\left(\theta-\frac{\pi}{2}\right)=-\cos\theta$$

$$=\sqrt{R^2+\left(\omega L-\frac{1}{\omega C}\right)^2}\cdot I_1\sin(\omega t+\alpha_1+A) \quad \leftarrow \text{三角関数の合成}$$
$$a\sin\theta+b\cos\theta=\sqrt{a^2+b^2}\sin(\theta+A)$$

と表せる。最大電圧に着目すると，

$$V_0=\sqrt{R^2+\left(\omega L-\frac{1}{\omega C}\right)^2}\cdot I_1$$

これより，

$$I_1 = \frac{V_0}{\sqrt{R^2 + \left(\omega L - \dfrac{1}{\omega C}\right)^2}} = \frac{V_0}{Z}$$

よって,

$$Z = \sqrt{R^2 + \left(\omega L - \frac{1}{\omega C}\right)^2} \ \text{〔Ω〕}$$

(2) インピーダンス Z が最小のとき, 最大電流 I_1 は最大である。よって,

$$\omega_1 L - \frac{1}{\omega_1 C} = 0$$

これより,

$$\omega_1 = \frac{1}{\sqrt{LC}} = \frac{1}{\sqrt{0.090 \times 4.84 \times 10^{-6}}} = \frac{1}{6.6 \times 10^{-4}} \fallingdotseq 1.5 \times 10^3 \ \text{〔rad/s〕}$$

(3) (2)より, 最大電流 I_1 が最大のときインピーダンス Z は最小, すなわち $Z = R$ である。よって, 題意より,

$$I_1 = \frac{V_0}{Z} = \frac{V_0}{R} = \frac{2.00}{100} = 2.0 \times 10^{-2} \ \text{〔A〕}$$

(4) このとき, $\omega L - \dfrac{1}{\omega C} = 0$ より,

$$V_{AB} = \left(\omega L - \frac{1}{\omega C}\right) I_1 \cos(\omega t + \alpha_1) = 0 \ \text{〔V〕}$$

(5) (1)の I_1 の式を用いる。分母で ωL をくくり出すと,

$$I_1 = \frac{V_0}{\omega L \sqrt{\left(\dfrac{R}{\omega L}\right)^2 + \left(1 - \dfrac{1}{\omega^2 LC}\right)^2}} = \frac{V_0}{\omega L}\left\{\left(\frac{R}{\omega L}\right)^2 + \left(1 - \frac{\omega_1^2}{\omega^2}\right)^2\right\}^{-\frac{1}{2}}$$

(2)の $\omega_1 = \dfrac{1}{\sqrt{LC}}$ を利用

$\omega \gg \omega_1$, すなわち $\dfrac{\omega_1}{\omega} \ll 1$ より, 1 に対して $\dfrac{\omega_1}{\omega}$ の 2 次以上の項を無視して,

$$I_1 \fallingdotseq \frac{V_0}{\omega L}\left\{\left(\frac{R}{\omega L}\right)^2 + 1\right\}^{-\frac{1}{2}}$$

さらに $\omega \gg \dfrac{R}{L}$ すなわち $\dfrac{R}{\omega L} \ll 1$ より, 1 に対して $\dfrac{R}{\omega L}$ の 2 次以上の項を無視して,

$$I_1 \fallingdotseq \frac{V_0}{\omega L} \ \text{〔A〕}$$

(6) (1)の I_1 の式を用いる。分母で $\dfrac{1}{\omega C}$ をくくり出すと,

$$I_1 = V_0 \frac{1}{\dfrac{1}{\omega C}\sqrt{(\omega CR)^2 + \left(\dfrac{\omega^2}{\omega_1^2} - 1\right)^2}} = \omega C V_0 \left\{(\omega CR)^2 + \left(\frac{\omega^2}{\omega_1^2} - 1\right)^2\right\}^{-\frac{1}{2}}$$

(2)の $\omega_1 = \dfrac{1}{\sqrt{LC}}$ を利用

$\omega \ll \omega_1$, すなわち $\dfrac{\omega}{\omega_1} \ll 1$ より, 1 に対して $\dfrac{\omega}{\omega_1}$ の 2 次以上の項を無視して,

$$I_1 \fallingdotseq \omega CV_0\{(\omega CR)^2+1\}^{-\frac{1}{2}}$$

さらに $\omega \ll \dfrac{1}{RC}$, すなわち $\omega RC \ll 1$ より, 1 に対して ωRC の 2 次以上の項を無視して,

$$I_1 \fallingdotseq \omega CV_0 \,[\mathrm{A}]$$

(7) (2)で求めた ω_1 と, (5), (6)で求めた I_1 より, ω の関数として I_1 の概略を描くと 答 のグラフが得られる。

(8), (9) $\omega=\omega_2$ で抵抗 R を流れる電流が 0 のとき, 抵抗 R にかかる電圧も 0 となる。よって, 並列に接続されたコイル L とコンデンサー C に交流電圧 $V=V_0 \sin \omega_2 t$ がかかる。したがって, コンデンサー C に流れる電流 I_C, コイル L に流れる電流 I_L はそれぞれ,

$$I_C=\dfrac{V_0}{\dfrac{1}{\omega_2 C}}\sin\left(\omega_2 t+\dfrac{\pi}{2}\right)=\omega_2 CV_0\cos\omega_2 t \,[\mathrm{A}] \quad \cdots(8)\text{の答}$$

$$I_L=\dfrac{V_0}{\omega_2 L}\sin\left(\omega_2 t-\dfrac{\pi}{2}\right)=-\dfrac{V_0}{\omega_2 L}\cos\omega_2 t \,[\mathrm{A}] \quad \cdots(9)\text{の答}$$

(10) 抵抗 R を流れる電流が 0 であるから, キルヒホッフの第 1 法則より,

$$I_C+I_L=\omega_2 CV_0\cos\omega_2 t-\dfrac{V_0}{\omega_2 L}\cos\omega_2 t=\left(\omega_2 C-\dfrac{1}{\omega_2 L}\right)V_0\cos\omega_2 t=0$$

よって,

$$\omega_2 C-\dfrac{1}{\omega_2 L}=0 \quad これより, \quad \omega_2=\dfrac{1}{\sqrt{LC}}\,[\mathrm{rad/s}]$$

(11) $\omega \gg \omega_2=\dfrac{1}{\sqrt{LC}}$, すなわち $\omega L \gg \dfrac{1}{\omega C}$ のとき, コイルのリアクタンス ωL に比べてコンデンサーのリアクタンス $\dfrac{1}{\omega C}$ は十分に小さい。よって, 電流はほとんどコンデンサーを流れる。

(12) $\omega \ll \omega_2=\dfrac{1}{\sqrt{LC}}$, すなわち $\omega L \ll \dfrac{1}{\omega C}$ のとき, コンデンサーのリアクタンス $\dfrac{1}{\omega C}$ に比べてコイルのリアクタンス ωL は十分に小さい。よって, 電流はほとんどコイルを流れる。

(13) ω が十分に大きいとき(11)の考え方を参考にすると, コイルに流れる電流は無視できる。このとき,

$$I_2=\dfrac{V_0}{(回路のインピーダンス)}$$

$$=\dfrac{V_0}{\sqrt{R^2+\left(\dfrac{1}{\omega C}\right)^2}}=\dfrac{V_0}{R}\left\{1+\left(\dfrac{1}{\omega CR}\right)^2\right\}^{-\frac{1}{2}}$$

と表せる。よって,

$$\omega \longrightarrow \infty \text{ のとき,} \quad I_2 \longrightarrow \dfrac{V_0}{R}=\dfrac{1.50}{50.0}=3.0\times10^{-2}\,[\mathrm{A}]$$

また，ω が十分に小さいとき(12)の考え方を参考にすると，コンデンサーに流れる電流は無視できる。このとき，

$$I_2 = \frac{V_0}{(\text{回路のインピーダンス})}$$

$$= \frac{V_0}{\sqrt{R^2 + (\omega L)^2}} = \frac{V_0}{R}\left\{1 + \left(\frac{\omega L}{R}\right)^2\right\}^{-\frac{1}{2}}$$

と表せる。よって，

$$\omega \longrightarrow 0 \text{ のとき，} \quad I_2 \longrightarrow \frac{V_0}{R} = \frac{1.50}{50.0} = 3.0 \times 10^{-2} \ (\text{A})$$

さらに，

$$\omega_2 = \frac{1}{\sqrt{LC}}$$

$$= \frac{1}{\sqrt{0.050 \times 3.20 \times 10^{-6}}} = 2.5 \times 10^3 \ (\text{rad/s})$$

のとき $I_2 = 0$ となることを考慮して，ω の関数として I_2 の概略を描くと，答のグラフが得られる。

答

問1　$I_1 = 0$〔A〕, $I_2 = \dfrac{E}{R}$〔A〕　　　問2　$I_1 = \dfrac{E}{R}$〔A〕, $I_2 = 0$〔A〕

問3　コイル：$\dfrac{LE^2}{2R^2}$〔J〕　コンデンサー：0〔J〕

問4　$I_1 = \dfrac{E}{R}$〔A〕, $I_2 = -\dfrac{E}{R}$〔A〕　　問5　$T = 2\pi\sqrt{LC}$〔s〕

問6　$I_1 = I_0 \cos\left(\dfrac{2\pi}{T}t\right)$〔A〕　グラフ：解説の図を参照

問7　$U_L = \dfrac{1}{2}LI_0{}^2\cos^2\left(\dfrac{2\pi}{T}t\right)$〔J〕　　問8　解説の図を参照

問9　$V = -I_0\sqrt{\dfrac{L}{C}}\sin\left(\dfrac{2\pi}{T}t\right)$〔V〕　　問10　解説を参照

精講 まずは問題のテーマをとらえる

■過渡現象

スイッチ操作などにより，回路の条件が変化した瞬間から定常状態になるまでの現象。入試では，スイッチ操作の直後と定常状態を押さえて，考えればよい問題が多い。スイッチ操作の直後と定常状態について，下表にまとめた。

	スイッチ操作の直後	定常状態
コンデンサー	帯電量は変化しないとみなせる※1	帯電量は変化しなくなる ⟶ 電圧は一定※3
コイル	電流は変化しないとみなせる※2	電流は変化しなくなる ⟶ 電圧は0

ただし，

※1　帯電量の変化は始まっているので，電流は流れる。

※2　電流の変化は始まっているので，電圧はかかっている。なお，電流最大の状態からの変化では，電圧0とみなせる。

※3　最終的な帯電量が0の場合は，電圧0となる。

着眼点

　　問1では，スイッチSを閉じた瞬間には，コンデンサーの帯電量は変化せず0とみなせ，コイルを流れる電流も変化せず0とみなせることから考える。

　　問2，問3では，スイッチSを閉じてしばらくすると，コンデンサーの帯電量は変化しなくなるので，コンデンサー部分に電流は流れなくなり，コイルの電流は変化しなくなるので自己誘導起電力も0となることから考える。

問1 スイッチSを閉じた瞬間には，コンデンサーに蓄えられている電気量は0であり，自己誘導作用によりコイルに電流は流れない（$I_1=0$〔A〕）。すなわち，回路は右図と等価になり，電流は 電池 →（コンデンサー）→ 抵抗 → 電池 と流れる。右図より，

$$E=RI_2 \quad よって，\quad I_2=\frac{E}{R}〔A〕$$

問2 スイッチSを閉じてしばらくすると，コイルに一定の電流が流れるようになり，コイルとコンデンサーにかかる電圧は共に0になる。すなわち，回路は右図と等価になり，電流は 電池 → コイル → 抵抗 → 電池 と流れ，コンデンサーには流れ込まない（$I_2=0$〔A〕）。右図より，

$$E=RI_1 \quad よって，\quad I_1=\frac{E}{R}〔A〕$$

問3 問2より，コンデンサーの電気量が0であり，コイルには電流 $I_1=\dfrac{E}{R}$〔A〕が流れることがわかる。コイルに蓄えられているエネルギーを U_L，コンデンサーに蓄えられているエネルギーを U_C とすると，

$$U_L=\frac{1}{2}LI_1^2=\frac{LE^2}{2R^2}〔J〕, \quad U_C=0〔J〕$$

問4 スイッチSを開いた瞬間には，自己誘導により，コイルに流れる電流 I_1 はスイッチを開く前と変化しない。このとき，回路は右図と等価になる。よって，

$$I_1=\frac{E}{R}〔A〕$$

$$I_2=-I_1=-\frac{E}{R}〔A〕$$

問5 問4の解説図のように，コイルとコンデンサーには常に同じ電圧がかかり，同じ大きさの電流が流れる。したがって，電圧と電流の実効値をそれぞれ V_e，I_e とし，流れる振動電流の角振動数を ω とすると，

$$V_e=\omega LI_e=\frac{I_e}{\omega C} \quad これより，\quad \omega=\frac{1}{\sqrt{LC}}$$

よって，電気振動の周期 T は，

$$T=\frac{2\pi}{\omega}=2\pi\sqrt{LC}〔s〕$$

【**参考**】 電気振動と単振動の対応関係

$$L \leftrightarrow m（物体の質量）, \quad \frac{1}{C} \leftrightarrow k（ばね定数）$$

を用いて，単振動の周期の式 $T=2\pi\sqrt{\dfrac{m}{k}}$ から求めてもよい。

問6 電流値 I_1 の時間変化は，角振動数 $\omega = \dfrac{2\pi}{T}$，

振幅 I_0 の単振動とみなせる。また，問4より，
$t=0$ のとき電流は最大であるので，

$$I_1 = I_0 \cos \omega t = I_0 \cos\left(\frac{2\pi}{T}t\right)\,\text{(A)}$$

これより，グラフは右図のようになる。

問7 コイルに蓄えられているエネルギー U_L は，問6で求めた I_1 を用いて，

$$U_L = \frac{1}{2}LI_1{}^2 = \frac{1}{2}LI_0{}^2 \cos^2\left(\frac{2\pi}{T}t\right)\,\text{(J)}$$

問8 エネルギー保存則より，

$$U_L + U_C = U_0 = \frac{1}{2}LI_0{}^2$$

問7で求めた U_L を代入して，U_C について式変形すると，

$$
\begin{aligned}
U_C &= \frac{1}{2}LI_0{}^2\left\{1 - \cos^2\left(\frac{2\pi}{T}t\right)\right\} \\
&= U_0 \sin^2\left(\frac{2\pi}{T}t\right) \\
&= \frac{U_0}{2}\left\{1 - \cos\left(\frac{4\pi}{T}t\right)\right\}\,\text{(J)}
\end{aligned}
$$

$1 - \cos^2\theta = \sin^2\theta$ を利用

$\sin^2\dfrac{\alpha}{2} = \dfrac{1 - \cos\alpha}{2}$ を利用

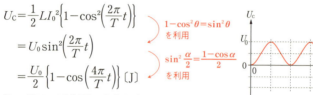

これより，グラフは右図のようになる。

問9 U_C は電圧計の示す値 V を用いて，$U_C = \dfrac{1}{2}CV^2$ と

表すことができる。よって，問8より，

$$\frac{1}{2}CV^2 = \frac{1}{2}LI_0{}^2 \sin^2\left(\frac{2\pi}{T}t\right)$$

これより，$V^2 = \dfrac{L}{C}I_0{}^2 \sin^2\left(\dfrac{2\pi}{T}t\right)$

ここで，$t=0$（スイッチを入れた瞬間）のとき $V=0$ であり，その後まず $V<0$※ となるので，

$$V = -I_0\sqrt{\frac{L}{C}}\,\sin\left(\frac{2\pi}{T}t\right)\,\text{(V)}$$

問10 コイルに流れる電流 I_1 が振動するとコイルを貫く
磁場も振動し，この磁場に直交して振動する電場が生じ
る。電場が振動すると，電場に直交して振動する磁場が
生じる。このようにして，次々と互いに直交して振動する磁場と電場が生じて広
がっていき，電磁波が発生する。

回路の他の部分からの電磁波の発生も考えられるが，「どのような過程でコイルか
ら電磁波が発生するのか」という題意から，本問では考えない。

※ 時刻 $t=0$ の後まず
$V<0$ となることは，問4で
考えたように，まず $I_2<0$
であり，コンデンサーの下側
極板が正に帯電することから
わかる。

または，コイルとコンデン
サーには向きも含めて常に同
じ電圧がかかることから，コ
イルの電圧を考えてもよい。
自己誘導によりまず $I_1>0$
の電流を流し続けようとし，
問題中の図で下向きの誘導起
電力が発生することからわか
る。

答

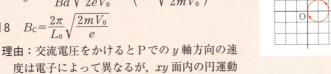

問1 　$v_z = \sqrt{\dfrac{2eV_0}{m}}$　　問2 　$v_y = \dfrac{eV_1 l}{m d v_z}$

問3 　$r_0 = \dfrac{m v_y}{eB}$　グラフ：右図

問4 　$\omega = \dfrac{eB}{m}$　　　問5 　右下図

問5 　右下図

問6 　$x = r_0(1 - \cos\omega t),\ y = -r_0 \sin\omega t$

問7 　$x = \dfrac{V_1 l}{Bd}\sqrt{\dfrac{m}{2eV_0}}\left\{1 - \cos\left(BL_0\sqrt{\dfrac{e}{2mV_0}}\right)\right\}$

　　　$y = -\dfrac{V_1 l}{Bd}\sqrt{\dfrac{m}{2eV_0}}\sin\left(BL_0\sqrt{\dfrac{e}{2mV_0}}\right)$

問8 　$B_C = \dfrac{2\pi}{L_0}\sqrt{\dfrac{2mV_0}{e}}$

　　　理由：交流電圧をかけるとPでの y 軸方向の速
　　　　　度は電子によって異なるが，xy 面内の円運動
　　　　　の周期は変わらないので，磁束密度を B_C と
　　　　　したときすべての電子がちょうど1回転して点Qに達する。

問9 　L_0 と V_0 を決めて実験を行って B_C を測定し，式 $\dfrac{e}{m} = \dfrac{8\pi^2 V_0}{B_C{}^2 L_0{}^2}$ に代

　　入して求める。

精講 まずは問題のテーマをとらえる

■荷電粒子の電場内での運動

電荷 q の荷電粒子が強さ E の一様電場に入射すると，電場の方向に qE の静電気力を受ける。$q > 0$ ならば電場の向きに大きさ qE の力を受け，$q < 0$ ならば電場と逆向きに大きさ $-qE$ の力を受ける。

電場内での加速

荷電粒子が電場の方向に入射すると，電場の方向に力を受けるので，等加速度直線運動をする。

電場内での放物運動

荷電粒子が電場とある角度をなして入射すると，電場の方向には力を受けるので等加速度直線運動をし，電場に垂直な方向には力を受けないので等速度運動をする。したがって，実際の運動はこれらを合成した放物運動となる。

■荷電粒子の磁場内での運動

次ページの図のように，電荷 q の荷電粒子が磁束密度 B の一様磁場に垂直に速さ v で入射すると，磁場と速度に垂直な方向，すなわち速度ベクトルを磁場ベクトルに近

回りをして重ねるように回転させるとき右ねじの進む向きに，qvB のローレンツ力を受ける。

磁場内での円運動

　荷電粒子が磁場に垂直に入射すると，ローレンツ力を向心力として等速円運動をする。

磁場内でのらせん運動

　荷電粒子が磁場とある角度をなして入射すると，磁場に垂直な速度成分により，磁場に垂直な面内に投影した運動は等速円運動になり，磁場に平行な方向には力を受けないので磁場に平行方向の速度成分により等速度運動をする。したがって，実際の運動はこれらを合成したらせん運動となる。

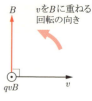

標問 77 の解説

問1　エネルギー保存則より，

$$\underbrace{\frac{1}{2}mv_z{}^2}_{\substack{\text{H での電子の}\\\text{エネルギー}}}=\underbrace{eV_0}_{\substack{\text{OH 間で電子が得る}\\\text{エネルギー}}} \qquad これより，\quad v_z=\sqrt{\frac{2eV_0}{m}}$$

問2　偏向板間の電場は y 軸の負の向きで，その大きさを E とすると，

$$E=\frac{V_1}{d}$$

と表せる。電子の y 軸方向の加速度を a_y として，運動方程式を立てると，

$$ma_y=eE=e\frac{V_1}{d} \qquad これより，\quad a_y=\frac{eV_1}{md}$$

偏向板を通過する時間を t とすると，z 軸方向には等速度運動をするから，

$$t=\frac{l}{v_z}$$

よって，電子の y 軸方向の速さ v_y は，

$$v_y=a_yt=\frac{eV_1l}{mdv_z}$$

問3　偏向板を通過した後，題意より電子は z 軸上で，x 軸の負の向きに大きさ ev_yB のローレンツ力を受けながら，半径 r_0 の円運動を始める。この円運動の運動方程式を立てると，

$$m\frac{v_y{}^2}{r_0}=ev_yB \qquad これより，\quad r_0=\frac{mv_y}{eB}$$

すなわち，電子の運動の軌跡を xy 平面に投影すると，中心が

$$x=-r_0, \quad y=0$$

で半径が r_0 の円となる。

問4　円運動の角速度 ω は，

$$\omega=\frac{v_y}{r_0}=\frac{eB}{mv_y}\cdot v_y=\frac{eB}{m}$$

問5　偏向板間の電場は y 軸の正の向きで，その大きさは I と同じ E である。

　　偏向板を通過した後，電子は z 軸上で，x 軸の正の向きに大きさ ev_yB のローレンツ力を受けながら，半径 r_0 の円運動を始める。問3と同様に，この運動の軌跡を xy 平面に投影すると，中心が

$$x = r_0, \quad y = 0$$

で半径が r_0 の円となる。

問6　投影面上で，時刻 t における電子の動径の回転角は ωt である。よって，右図を参照して，

$$x = r_0(1 - \cos\omega t)$$
$$y = -r_0 \sin\omega t$$

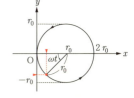

問7　P を通過してから蛍光板に衝突するまでの時間を t_0 とすると，

$$t_0 = \frac{L_0}{v_z} = L_0\sqrt{\frac{m}{2eV_0}} \quad \cdots(*) \quad \textcolor{orange}{\leftarrow z \text{軸方向には等速度運動}}$$

$$\textcolor{orange}{\underbrace{\qquad}_{\text{問1より}}}$$

よって，問1〜6の結果を用いて，衝突する位置の x 座標および y 座標は，

$$
\begin{aligned}
x &= r_0(1 - \cos\omega t) \\
&= \frac{V_1 l}{Bd}\sqrt{\frac{m}{2eV_0}}\left\{1 - \cos\left(BL_0\sqrt{\frac{e}{2mV_0}}\right)\right\} \\
y &= -r_0 \sin\omega t \\
&= -\frac{V_1 l}{Bd}\sqrt{\frac{m}{2eV_0}}\sin\left(BL_0\sqrt{\frac{e}{2mV_0}}\right)
\end{aligned}
$$

$$\left.\begin{aligned}
& r_0 = \frac{mv_y}{eB} = \frac{m}{eB}\cdot\frac{eV_1 l}{mdv_z} = \frac{V_1 l}{Bd}\cdot\sqrt{\frac{m}{2eV_0}} \\
& \omega t = \frac{eB}{m}\cdot L_0\sqrt{\frac{m}{2eV_0}} = BL_0\sqrt{\frac{e}{2mV_0}} \\
& \text{を利用}
\end{aligned}\right.$$

問8　円運動の周期を T とすると，問4で求めた ω を用いて，

$$T = \frac{2\pi}{\omega} = \frac{2\pi m}{eB}$$

となり，T は P での電子の y 軸方向の速さ v_y によらない。よって，P を通過してから蛍光板に衝突するまでの時間 t_0 が，自然数を n として，

$$t_0 = nT$$

となるとき，電子は Q に集まる。磁束密度 B を小さい値から大きくしていって，はじめて Q に集まったことから，$n = 1$ である。問7の $(*)$ を用いて，

$$L_0\sqrt{\frac{m}{2eV_0}} = \frac{2\pi m}{eB_c} \qquad \text{よって，} \quad B_c = \frac{2\pi}{L_0}\sqrt{\frac{2mV_0}{e}}$$

問9　問8より，

$$\frac{e}{m} = \frac{8\pi^2 V_0}{B_c^2 L_0^2}$$

となるから，L_0 と V_0 を決めて実験を行い，多数の点がはじめて Q に集まる磁束密度 B_c を測定し，上式に代入して比電荷 $\dfrac{e}{m}$ を求める。

答

問1 $\dfrac{\pi m}{qB}$　　問2 $\dfrac{2mv}{qB}$　　問3 解説の図を参照

問4 $v_0=\sqrt{\dfrac{2qEl}{m}}$

問5 $v<v_0：\dfrac{2mv}{qE}$　$v>v_0：\dfrac{2mv}{qE}\left(1-\sqrt{1-\dfrac{2qEl}{mv^2}}\right)+\dfrac{\pi m}{qB}$

問6 $v<v_0：\dfrac{2Ev}{\pi E+2Bv}$　$v>v_0：\dfrac{Ev\left(1-\sqrt{1-\dfrac{2qEl}{mv^2}}\right)}{\pi E+Bv\left(1-\sqrt{1-\dfrac{2qEl}{mv^2}}\right)}$

精講 まずは問題のテーマをとらえる

着眼点

問3, 5, 6 では，荷電粒子がローレンツ力により磁場中で等速円運動をするとき，半径は荷電粒子の速さに比例し，周期は速さによらないこと，また，磁場および電場中での運動の対称性に着目する。

標問 78 の解説

問1　荷電粒子が磁場から受けるローレンツ力の大きさは qvB である。荷電粒子はこのローレンツ力を向心力とし，右図のように等速円運動をしながら半周して，最初に x 軸を通過する。よって，この等速円運動の半径を r_1 とすると，運動方程式を立てて，

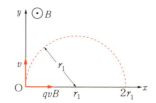

$$m\dfrac{v^2}{r_1}=qvB$$

これより，

$$r_1=\dfrac{mv}{qB} \quad \cdots ① \qquad \text{←①式より，半径は速さに比例}$$
$$\qquad\qquad\qquad\qquad\qquad\quad \text{することがわかる}$$

求める時間を t_0 とすると，t_0 はこの円軌道を半周する時間であるから，

$$t_0=\dfrac{\pi r_1}{v}=\dfrac{\pi m}{qB}$$

問2　荷電粒子が最初に x 軸を通過する点と原点との距離は，通過する点の x 座標に等しいので，問1の解説図より，

$$x=2r_1=\dfrac{2mv}{qB}$$

問3 $-l<y<0$ の領域で，荷電粒子は電場により y 軸
方向正の向きに力を受けて減速される。そのため，荷
電粒子が $y<-l$ の領域に入るかどうかで2種類の軌
道を描く。すなわち，はじめに x 軸を通過した後，
$-l\leqq y<0$ の領域で荷電粒子の速度が0になると，荷
電粒子は軌道を逆に進んで再び x 軸を通過する。そし

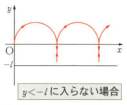

$y<-l$ に入らない場合

て，$y>0$ の領域に速度 v で入射して，半径 r_1 の等速円運動をする。その後また x
軸を通過し，以後同様な運動を繰り返す。この様子を右上図に示す(以下，軌道Ⅰと
よぶ)。

一方，$y<-l$ の領域に入った荷電粒子は，等速円運動を
始める。このとき，$-l<y<0$ の領域で電場により減速さ
れているので，半径は r_1 より小さくなる。その後，半円を
描き，再び $-l<y<0$ の領域で直線運動をして加速され，
$y>0$ の領域に速度 v で入射して，半径 r_1 の等速円運動を
始める。この様子を右図に示す(以下，軌道Ⅱとよぶ)。

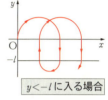

$y<-l$ に入る場合

問4 問3で考えたように，2種類の軌道を分ける初速度の大きさ v_0 は，荷電粒子が
$y=-l$ に達したときの速さが0になる場合を考えればよい。$-l<y<0$ の領域で
電場から受ける力の大きさは qE であるので，仕事と運動エネルギーの変化の関係
から，

$$0-\frac{1}{2}mv_0{}^2=-qEl \qquad これより， \quad v_0=\sqrt{\frac{2qEl}{m}}$$

問5 $-l<y<0$ の領域で，荷電粒子の加速度を y 軸方向正の向きに a とすると，

$$ma=qE \qquad これより， \quad a=\frac{qE}{m}$$

まず，軌道Ⅰの場合 ($v<v_0$ のとき)，求める時間を t_1 とすると，

$$0=-vt_1+\frac{1}{2}at_1{}^2 \quad \color{red}{\leftarrow -l<y<0 \text{ の領域で，荷電粒子は } y \text{軸方向に}}$$
$$\color{red}{\text{初速度 } -v，\text{加速度 } a \text{ の等加速度運動をする。}}$$

$t_1\neq 0$ なので， $\quad t_1=\dfrac{2v}{a}=\dfrac{2mv}{qE}$

一方，軌道Ⅱの場合 ($v>v_0$ のとき)，最初に x 軸を通過してから $y=-l$ に達す
るまでの時間を t とすると，

$$-l=-vt+\frac{1}{2}at^2 \qquad これより， \quad t=\frac{v\pm\sqrt{v^2-2al}}{a}$$

最初に $y=-l$ に達する時間であるから，複号は $-$ をとり，

$$t=\frac{v-\sqrt{v^2-2al}}{a}=\frac{mv}{qE}\left(1-\sqrt{1-\frac{2qEl}{mv^2}}\right) \quad \color{red}{\leftarrow a=\frac{qE}{m} \text{ を代入}}$$

$y<-l$ の領域で半円を描く時間は問1で求めた t_0 に等しいので，求める時間を t_2
とすると，

$$t_2=2t+t_0=\frac{2mv}{qE}\left(1-\sqrt{1-\frac{2qEl}{mv^2}}\right)+\frac{\pi m}{qB}$$

問6 原点から荷電粒子が打ち出されてから2度目にx軸を通過するまでの時間は，軌道Iでは $t_0 + t_1$，軌道IIでは $t_0 + t_2$ である。

まず，軌道Iの場合，x軸方向の平均速度を $\overline{v_1}$ とすると，

$$\overline{v_1} = \frac{2r_1}{t_0 + t_1} = \frac{\dfrac{2mv}{qB}}{\dfrac{\pi m}{qB} + \dfrac{2mv}{qE}} = \frac{2Ev}{\pi E + 2Bv}$$

一方，軌道IIの場合，$y < -l$ の磁場中での荷電粒子の速さを v' とすると，v' は荷電粒子が最初に $y = -l$ に達したときの速さに等しいので，

$$v' = v - at$$
$$= \sqrt{v^2 - 2al} = \sqrt{v^2 - \frac{2qEl}{m}} \quad \color{red}{\leftarrow \text{問5の } a = \frac{qE}{m} \text{ を代入}}$$

$y < -l$ の領域で描く円軌道の半径を r_2 とすると，問1の①式で r_1 を r_2，v を v' と置き換えて，

$$r_2 = \frac{mv'}{qB} = \frac{m}{qB}\sqrt{v^2 - \frac{2qEl}{m}}$$

よって，x軸方向の平均速度を $\overline{v_2}$ とすると，

$$\overline{v_2} = \frac{2(r_1 - r_2)}{t_0 + t_2}$$

$$= \frac{2\left(\dfrac{mv}{qB} - \dfrac{m}{qB}\sqrt{v^2 - \dfrac{2qEl}{m}}\right)}{\dfrac{2\pi m}{qB} + \dfrac{2mv}{qE}\left(1 - \sqrt{1 - \dfrac{2qEl}{mv^2}}\right)} = \frac{Ev\left(1 - \sqrt{1 - \dfrac{2qEl}{mv^2}}\right)}{\pi E + Bv\left(1 - \sqrt{1 - \dfrac{2qEl}{mv^2}}\right)}$$

答

問1 (1) $a_0 = \dfrac{mv_0}{eB_0}$, $t_c = \dfrac{2\pi m}{eB_0}$ (2) $I = \dfrac{e^2 B_0}{2\pi m}$ 磁場：z軸方向負の向き

問2 (1) $|V| = \dfrac{\phi(a)}{T}$, $|E| = \dfrac{\phi(a)}{2\pi a T}$

(2) レンツの法則より，誘導電場の向きはz軸の正方向から見て時計回りになるので，電子は運動の向きに力を受けて加速される。

$$v(t) = v_0 + \frac{e|E|}{m}t$$

(3) $B(a, t) = \dfrac{mv(t)}{ea}$

(4) $C = 2$

円軌道上の磁束密度は軌道半径内の平均磁束密度の半分になっていることから，$b(r)$はrの増加とともに減少する。

精講 まずは問題のテーマをとらえる

■ベータトロン

ベータトロンは，誘導電場によって電子（β線）を加速する装置である。円形の電磁石によって作った磁場を時間的に変化させ，磁場中で円運動する電子を軌道半径を変えずに加速する。

ベータトロンで一定半径を保って加速するためには，円軌道内の平均磁束密度の時間変化の割合$\dfrac{\Delta \overline{B}}{\Delta t}$と，電子の円軌道上での磁束密度の時間変化$\dfrac{\Delta B_a}{\Delta t}$の間に，

$$\frac{\Delta B_a}{\Delta t} = \frac{1}{2}\frac{\Delta \overline{B}}{\Delta t}$$

の関係がなくてはならない。これをベータトロンの条件という。

着眼点

問1(2)では，電子の円運動を電流とみなし，その電子が（軌道上の一点を単位時間に通過する回数）×（電荷e）を電流の大きさとする。

問2(1)では，円軌道に沿って誘導起電力が生じているが，この（起電力の大きさ）÷（軌道の長さ）で電場の強さを求める。

標問 79 の解説

問1 (1) 円運動の運動方程式を立てて，

$$\frac{mv_0^2}{a_0} = ev_0 B_0 \qquad \text{よって，} \quad a_0 = \frac{mv_0}{eB_0}$$

円周を一周するのに要する時間，すなわち周期t_cは，

$$t_c = \frac{2\pi a_0}{v_0} = \frac{2\pi m}{eB_0}$$

(2) 電流は，単位時間に導線の一断面を通過する電気量で与えられる。1個の電子は円軌道上の1点を単位時間に $\frac{1}{t_c}$ 回通過するから，この電子がつくる電流の大きさ I は，

$$I = e\frac{1}{t_c} = \frac{e^2 B_0}{2\pi m}$$

と求められる。この円軌道上の電流，すなわち円形電流が中心につくる磁場の方向は，右ねじの法則より z 軸方向負の向きとなる。

問2 (1) ファラデーの電磁誘導の法則より，誘導起電力の大きさ $|V|$ は，

$\Phi(t) = \phi(a)\left(1 + \frac{t}{T}\right)$ を用いて，

$$|V| = \left|\frac{d\Phi(t)}{dt}\right| = \frac{\phi(a)}{T}$$

また，電場と電位の関係から，

$$|V| = 2\pi a \times |E| \qquad \text{これより，} \quad |E| = \frac{|V|}{2\pi a} = \frac{\phi(a)}{2\pi a\, T}$$

〔別解〕 誘導起電力の大きさ $|V|$ について，微分を用いないならば，

$$\Delta\Phi(t) = \Phi(t + \Delta t) - \Phi(t)$$
$$= \left\{\phi(a)\left(1 + \frac{t + \Delta t}{T}\right) - \phi(a)\left(1 + \frac{t}{T}\right)\right\} = \phi(a)\frac{\Delta t}{T}$$

より，ファラデーの電磁誘導の法則を用いて，

$$|V| = \left|\frac{\Delta\Phi(t)}{\Delta t}\right| = \frac{\phi(a)}{T}$$

として求めても可。

(2) z 軸方向の正の向きの磁束が増加するから，レンツの法則により，誘導電場の向きは磁束の変化を妨げる向き，すなわち問題中の図の円軌道上で $z > 0$ の側から見て時計回りになる。そのため，電子は速度の向きに力を受けて加速される。

電子の加速度の大きさを α とすると，電子の運動方程式は，

$$m\alpha = e|E| \qquad \text{これより，} \quad \alpha = \frac{e|E|}{m}$$

問2(1)より $|E|$ は一定であるので，上式より α も一定となり，電子は円軌道に沿って等しい大きさの加速度で運動すると考えられる。よって，求める速さ $v(t)$ は，

$$v(t) = v_0 + \alpha t = v_0 + \frac{e|E|}{m}t$$

(3) 円周上を運動し続けることから，円運動の運動方程式が成り立つことが必要である。

$$\frac{mv(t)^2}{a} = ev(t) \times B(a,\ t) \qquad \text{これより，} \quad B(a,\ t) = \frac{mv(t)}{ea}$$

(4) 問2(2), (3)より,

$$B(a,\ t) = \frac{m}{ea}\left(v_0 + \frac{e|E|}{m}t\right)$$

ここで, $B(a,\ t) = b(a)\left(1 + \dfrac{t}{T}\right)$ および問2(1)で求めた $|E|$ を代入して整理すると,

$$eab(a) = mv_0 + \left\{\frac{e\phi(a)}{2\pi aT} - \frac{eab(a)}{T}\right\}t$$

この式が任意の正の時刻 t で成立するためには,

$$\frac{e\phi(a)}{2\pi aT} - \frac{eab(a)}{T} = 0$$

であればよい。よって,

$$\frac{\phi(a)}{\pi a^2} = 2b(a) = Cb(a) \quad \cdots(*) \qquad \text{すなわち,} \quad C = 2$$

$(*)$ で $\dfrac{\phi(a)}{\pi a^2}$ は電子の軌道半径内での平均磁束密度を表す。よって, $(*)$ は, 平均の磁束密度が円軌道上の磁束密度の2倍となることを表している。

磁束密度は連続的に変化するから, r が大きくなると $b(r)$ は減少することがわかる。

(1) $\dfrac{\rho I}{H}$　(2) 0　(3) $qnWHv$　(4) x 軸方向正の向き

(5) qvB　(6) $-vB$　(7) $\dfrac{IB}{qHV_2'}$　(8) 解説の図を参照

(9) V_1 は変わらない。V_2' は大きさは変わらないが，向きが反対になる。

精講 まずは問題のテーマをとらえる

■導体，不導体，半導体

物質を抵抗率の大小で分類すると，

・金属のように抵抗率が小さい導体

・ガラスのように抵抗率が大きい不導体

・ケイ素 Si やゲルマニウム Ge のような，導体と不導体の中間の抵抗率をとる半導体

に分けられる。不導体は，絶縁体ともよばれる。また，不導体を電場中に置くと誘電分極を生じるので，誘電体ともよばれる。

■キャリア

電流の担い手をキャリアとよぶ。導体では自由電子が電流の担い手であるが，n 型半導体では主な電流の担い手が電子であり，p 型半導体では主な電流の担い手が正孔（ホール positive hole）である。

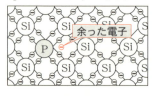

n 型半導体

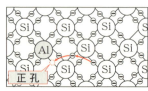

p 型半導体

■ホール効果

電流の流れている導体に磁場をかけると，電流および磁場の双方に垂直な方向に電位差（これをホール電圧またはホール起電力とよぶ）が現れる。この現象をホール効果といい，1879 年にホール（Hall）が発見した。本問で考えるように，ホール起電力の向きからキャリアの電荷の正負がわかり，ホール起電力の値からキャリアの数密度がわかる。

次ページに，直方体試料に流れる電流の向きと，電流担体（キャリア）の電荷による高電位側の違いを簡単に図解しておく。

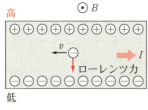

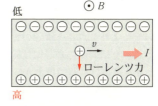

| キャリアの電荷が負の場合 | キャリアの電荷が正の場合 |

(1) cd 間の電気抵抗を R とすると，右図を参照して，

$$R = \rho \frac{W}{WH} = \frac{\rho}{H} \quad \leftarrow R = \rho \frac{l}{S} \text{ を利用}$$

であるから，電圧 V_1 は，

$$V_1 = RI = \frac{\rho I}{H} \, [\text{V}]$$

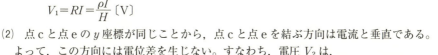

(2) 点 c と点 e の y 座標が同じことから，点 c と点 e を結ぶ方向は電流と垂直である。よって，この方向には電位差を生じない。すなわち，電圧 V_2 は，

$$V_2 = 0 \, [\text{V}]$$

(3) この直方体の y 軸方向に垂直な断面を単位時間に通過する粒子は，粒子の速さが v であるから体積 WHv に含まれる（右図参照）。ここで，単位体積あたりの粒子の数が n であるから，単位時間にこの断面を通過する粒子の数は $nWHv$ 個となる。よって，粒子の電荷は q であるので，求める電流 I は，

$$I = qnWHv \, [\text{A}]$$

(4) 各粒子が磁場から受けるローレンツ力は，フレミングの左手の法則より，x 軸方向正の向きとなる。

(5) ローレンツ力の大きさを f_L とすると，

$$f_L = qvB \, [\text{N}]$$

(6) x 軸方向に電流が流れないことから，各粒子が受ける x 軸方向の力はつり合っている。電場 E_x から各粒子が受ける力は，x 軸方向正の向きに qE_x となるので，力のつり合いの式を立てると，

$$\underline{qE_x} + \underline{qvB} = 0 \quad \text{これより，} \quad E_x = -vB \, [\text{V/m}]$$

電場 E_x から　　磁場からの
受ける力　　　　ローレンツ力

(7) 磁場をかけたときの電圧 V_2' は，

$$V_2' = V_c - V_e = -E_x W = vBW$$

となる。(3)で求めた I の式を，n について式変形すると，

$$n = \frac{I}{qWHv} = \frac{IB}{qHV_2'} \ (1/\mathrm{m}^3) \quad \textcolor{red}{\leftarrow 前ページの式より \ \frac{1}{vW} = \frac{B}{V_2'} \ を代入}$$

(8) $V_1 = V_2'$ より，点 d と点 e の電位は等しい。よって，
点 d と点 e を結ぶ直線が等電位線となり，これに平行
にあと 2 本を描けば右図のようになる。

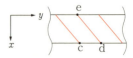

　　なお，この等電位線の方向は，x 軸方向の電場 E_x と

y 軸方向の電場 $\dfrac{V_1}{W}$ の合成電場の方向に垂直である。

(9) 電流は同じ向きであるから，V_1 は変わらない。
　　次に，V_2' について考える。電流と磁場の向きが変わらないため，粒子の電荷が負
の場合でも，各粒子の受けるローレンツ力の向きは変わらない。このため，x 軸方
向における電荷の偏りかたは逆になり，電場の向きは逆になる。よって，電荷の正
負が変わるだけで電荷の大きさは変わらないとすると，V_2' の大きさは変わらず向
きが変わる。

標問 81 光電効果

答

問1	7.9×10^{-19} J	問2	2.0×10^{12} 個/s	問3	9.0×10^{5} m/s
問4	2.6 eV	問5	$a = \dfrac{h}{e}$, $b = \dfrac{W}{e}$	問6	解説を参照
問7	③, ④				

精講 まずは問題のテーマをとらえる

■光電効果

　光電効果は光の粒子性を示す現象の1つである。アインシュタインの光量子仮説と共に，その特徴をまとめてみよう。

> **Point 21** 光の粒子性の特徴
> ① 光は粒子としての性質をもち，この粒子のことを光子とよぶ
>
> $$\text{エネルギー}: E = h\nu = \frac{hc}{\lambda} \qquad \text{運動量}: p = \frac{h\nu}{c} = \frac{h}{\lambda}$$
>
> ② 光電効果では，飛び出す電子の数は光量に比例する
> ③ 光電方程式 $h\nu = W + \dfrac{1}{2}mv_{\max}^{2}$ が成立する
>
> $\Big(h : プランク定数 \quad \nu : 光の振動数 \quad c : 光速 \quad \lambda : 光の波長$
> $W : 仕事関数 \quad m : 電子の質量 \quad v_{\max} : 飛び出す電子の最大の速さ \Big)$

　これらの理論は，電気素量 e の測定で有名なミリカンや，コンプトン効果のコンプトンなどによって，実験で実証された。ミリカンは，飛び出してくる電子の数や最大運動エネルギーを測定することで，以下のようなグラフをつくり，光電方程式の正当性を示した。

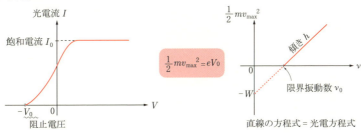

$$\frac{1}{2}mv_{\max}^{2} = eV_0$$

問1　光子のエネルギーは $E=h\nu$ であるので，

$$E=h\nu$$
$$=(6.6\times10^{-34})\times(1.2\times10^{15})$$
$$=7.92\times10^{-19}\fallingdotseq7.9\times10^{-19}\,[\text{J}]$$

問2　電流の定義より，求める電子の数を $n\,[\text{個/s}]$ とすると，

$$I_0=|-e|\times n$$

これより，

$$n=\frac{I_0}{|-e|}$$
$$=\frac{3.2\times10^{-7}}{1.6\times10^{-19}}=2.0\times10^{12}\,[\text{個/s}]$$

問3　光電流が0となるのは，最大の速さで飛び出した電子でも，阻止電圧 V_0 によって陽極Pの直前で停止した場合と考えればよい（右図参照）。エネルギー保存則より，

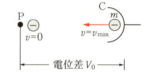

$$\frac{1}{2}mv_{\max}{}^2=eV_0$$

これより，

$$v_{\max}=\sqrt{\frac{2eV_0}{m}}$$
$$=\sqrt{\frac{2\times(1.6\times10^{-19})\times2.3}{9.1\times10^{-31}}}$$
$$\fallingdotseq\sqrt{81\times10^{10}}=9.0\times10^5\,[\text{m/s}]$$

問4　光電方程式 $h\nu=W+\dfrac{1}{2}mv_{\max}{}^2$ より，

$$h\nu=W+eV_0\qquad これより，\quad W=h\nu-eV_0$$

問1で求めた $h\nu$ の値と，e，V_0 に与えられた数値を代入すると，

$$W=7.9\times10^{-19}-1.6\times10^{-19}\times2.3\fallingdotseq4.2\times10^{-19}\,[\text{J}]$$

これを eV の単位に換算して，※

$$W=\frac{4.2\times10^{-19}}{e}$$
$$=\frac{4.2\times10^{-19}}{1.6\times10^{-19}}=2.625\fallingdotseq2.6\,[\text{eV}]$$

> ※　$W=h\nu-eV_0\,[\text{J}]$
> $=\dfrac{h\nu}{e}-V_0\,[\text{eV}]$
> に数値を代入してもよい。

問5　光電方程式と比較して考えればよい。光電方程式を eV の単位で考えると，

$$\frac{h\nu}{e}=\frac{W}{e}+V_0\qquad これより，\quad V_0=\frac{h\nu}{e}-\frac{W}{e}$$

$V_0=a\nu-b$ と比較して，

$$a=\frac{h}{e}$$

$$b = \frac{W}{e}$$

問6　ν が 4.0×10^{14}Hz のとき，光子のエネルギー E' は，

$$E' = h\nu$$
$$= (6.6 \times 10^{-34}) \times (4.0 \times 10^{14})$$
$$= 2.64 \times 10^{-19} \fallingdotseq 2.6 \times 10^{-19} \text{ (J)}$$

となる。**問4**より，仕事関数が 4.2×10^{-19} J であるから，このエネルギー E' では仕事関数を超えることができず，電子は飛び出さない。よって電流は 0 となる。

問7　光が波動として電子にエネルギーを与えると考えると，

① 最大運動エネルギーを表す V_0 の値は，振動数 ν だけでなく振幅にも依存することになる。不可。

② 光の強度を上げれば，小さい振動数でも仕事関数を超えるエネルギーが得られるはずである。不可。

③ 入射光の強度を下げると飛び出す電子の数も減少するので，電流も減少する。可。

④ 初速をもって電子が飛び出せば，電極間に加える電圧が 0 でも電流は流れる。可。

⑤ 入射光の強度が小さければ，エネルギーを蓄えるための時間が必要となり，電子はすぐには飛び出せない。不可。

以上の考察より，③，④となる。

精講 まずは問題のテーマをとらえる

■阻止電圧とコンデンサーの役割

光電管に光を照射すると，右図上のように飛び出した
光電子によって回路に電流が流れ，コンデンサーが徐々
に充電されていく。

徐々に充電されることによって，点Bに対する点Aの
電位は徐々に増加する。そして，飛び出した光電子のう
ち，陽極Pに到達できる数が減少していく。

やがて，点Bに対する点Aの電位が1.8 Vになったと
き，回路を流れる電流は0となる。これは，陰極Kから

最大運動エネルギー$\frac{1}{2}mv_{\max}^2$で飛び出した光電子が，

右図下のように陽極Pの直前で戻されて，電流が0に
なったと考えられる。

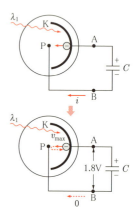

■光電管の基本式

回路中に含まれる光電管に対して流れる電流と，かかる電圧のグラフが，問題中の
図2のグラフである。このグラフが，光電管の基本式を示している。

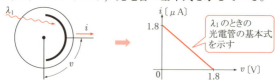

λ_1のときの
光電管の基本式
を示す

■照射光の強度の依存性

照射光の強度と光電子の数は比例関係にあるので，強度が半分$\left(\frac{1}{2}\right)$になると光電子
の数は半分になり，光電流も半分となる。したがって，光電管の基本式を示すグラフ
は，下図のように変化する。

強度を半分にする

照射している光の波長は不変なので，光子1個のエネルギーは不変である。したがって，光電子の最大運動エネルギーを示す阻止電圧1.8Vは不変となる。

着眼点

　問1では，コンデンサーの役割を正確につかむことが大切である。問題文の「点Bを基準とした点Aの電位 v はしだいに増加して，一定値1.8Vとなった。」ことの意味を，現象を具体化することで何が起きているかイメージし，どんな式を立てるべきかを考える。

標問 82 の解説

問1　問題中の図2の実線より，照射光の波長が λ_1 のときの阻止電圧 v_{C1} は，$v_{C1}=1.8$〔V〕とわかる。このとき，陰極Kを最大の速さ v_{max} で飛び出した光電子も，右図のように陽極Pの直前で戻される。よって，エネルギー保存則より，

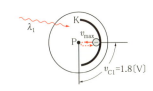

$$\frac{1}{2}mv_{max}{}^2=ev_{C1}$$

これより，

$$v_{max}=\sqrt{\frac{2ev_{C1}}{m}}$$
$$=\sqrt{\frac{2\cdot1.6\times10^{-19}\cdot1.8}{0.9\times10^{-30}}}=8\times10^5\ \text{〔m/s〕}^{※}$$

> ※　ここでは電子の質量 m が有効数字1桁で与えられているので，求める v_{max} も有効数字1桁で答えた。

問2　照射光の波長が λ_2 のときの阻止電圧 v_{C2} は，問1と同様に問題中の図2の破線を見て，電流 i が0となるところを読んで，$v_{C2}=0.9$〔V〕とわかる。これより，波長 λ_1，λ_2 のときの光電方程式はそれぞれ，

$$\frac{hc}{\lambda_1}=W+ev_{C1}$$

← p.231 **Point 21** を参照

$$\frac{hc}{\lambda_2}=W+ev_{C2}$$

2式の差をとって，W を消去すると，

$$hc\left(\frac{1}{\lambda_1}-\frac{1}{\lambda_2}\right)=e(v_{C1}-v_{C2})$$

両辺を hc で割って，$\frac{1}{\lambda_2}$ について整理

$$\frac{1}{\lambda_2}=\frac{1}{\lambda_1}-\frac{e(v_{C1}-v_{C2})}{hc}$$
$$=\frac{hc-(v_{C1}-v_{C2})e\lambda_1}{\lambda_1hc}$$

よって，

$$\lambda_2=\frac{\lambda_1hc}{hc-(v_{C1}-v_{C2})e\lambda_1}$$
$$=\frac{0.50\times10^{-6}\cdot6.6\times10^{-34}\cdot3.0\times10^8}{6.6\times10^{-34}\cdot3.0\times10^8-(1.8-0.9)\cdot1.6\times10^{-19}\cdot0.50\times10^{-6}}\fallingdotseq7.9\times10^{-7}\ \text{〔m〕}$$

問3　十分に時間が経過し一定の電流が流れている
　　ので，コンデンサーは右図のように充電完了の状
　　態である。電位の関係式より，

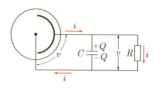

$$v = R \cdot i \times 10^{-6}$$
$$= 2.0 \times 10^6 \cdot i \times 10^{-6}$$
$$= 2i$$

　　これを光電管の基本式と連立すればよい。すなわち，
　　問題中の図2で波長がλ_1のときのグラフと，$v = 2i$
　　のグラフの交点を求めればよい。よって，右図より，

$$v = 1.2 \,(\text{V}), \quad i = 0.60 \,(\mu\text{A})$$

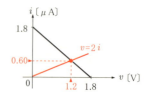

　　　また，コンデンサーに蓄えられている電気量をQ
　　とすると，コンデンサーの基本式より，

$$Q = Cv$$
$$= 5.0 \cdot 1.2 = 6.0 \,(\mu\text{C})$$

問4　可変抵抗で発生する単位時間あたりのジュール熱は，消費電力Pに等しいので，

$$P = v\,(\text{V}) \cdot i\,(\mu\text{A}) = vi\,(\mu\text{W}) \qquad \text{これより，} \quad i = \frac{P}{v}$$

　　と表すことができる。このiの式は直角双曲線群と
　　なる。Pが最大となるのは接する場合なので，右図
　　のグラフの交点のときである。すなわち，

$$v = 0.90 \,(\text{V}), \quad i = 0.90 \,(\mu\text{A})$$

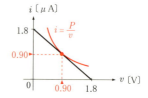

　　のとき，Pは最大となる。よって，Pが最大となる
　　Rの値を求めると，抵抗の基本式より，

$$R = \frac{v}{i}$$
$$= \frac{0.90}{0.90 \times 10^{-6}} = 1.0 \times 10^6 \,(\Omega) = 1.0 \,(\text{M}\Omega)$$

問5　照射光の強度を半分にすると，飛び出す光電子
　　の数が半分になり，光電流も半分となる。そのため，
　　光電管の基本式は右図のようになる。抵抗に対する
　　電位の式は問3と同様に$v = 2i$であるから，グラフ
　　の交点を考えて，

$$v = 0.90 \,(\text{V}), \quad i = 0.45 \,(\mu\text{A})$$

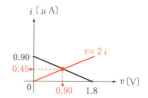

答

問1　$2d\sin\theta=n\lambda$　　問2　$\lambda=\dfrac{h}{\sqrt{2mE}}$

問3　$d_\alpha=\dfrac{h}{2\sqrt{2meV_1}\cos\left(\dfrac{\alpha}{2}\right)}$　　問4　3.1×10 eV　　問5　5.6×10^3 eV

問6　解説を参照　　問7　$W=\dfrac{e(\lambda_2 V_2-\lambda_1 V_1)}{\lambda_1-\lambda_2}$,　$h=\dfrac{e\lambda_1\lambda_2(V_2-V_1)}{c(\lambda_1-\lambda_2)}$

精講　まずは問題のテーマをとらえる

■物質波（ド・ブロイ波）

　光に波動性と粒子性の二面性があるように，電子のような小さな粒子も，粒子性にあわせて波動性をもつことがわかった。このときの波を物質波またはド・ブロイ波とよぶ。この物質波の波長はド・ブロイ波長とよばれ，

$$\lambda=\frac{h}{p}=\frac{h}{mv}\quad(p:運動量, h:プランク定数, m:粒子の質量, v:粒子の速さ)$$

で表される。これは，ダビソン，ガーマーらによる電子線の干渉実験で実証された。

　これにより，電子線を利用して原子面間隔を測定することが可能となり，さらには，電子顕微鏡の開発へとつながっていった。

標問 83 の解説

問1　右図より，行路差は $2d\sin\theta$ とわかる。
　よって，反射した電子線が強め合う干渉条件の式は，

$$2d\sin\theta=n\lambda$$

問2　運動エネルギー E をもつ電子の，運動量の大きさは，$p=\sqrt{2mE}$※ である。ド・ブロイの式より，

$$\lambda=\frac{h}{p}$$
$$=\frac{h}{\sqrt{2mE}}$$

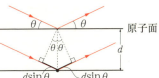

※　$E=\dfrac{1}{2}mv^2$, $p=mv$
より v を消去すると，
$$E=\frac{p^2}{2m},\quad p=\sqrt{2mE}$$
の関係が成立する。

問3　問題中の図1，図2より，

$$2\theta+\alpha=\pi\quad これより，\quad \theta=\frac{\pi}{2}-\frac{\alpha}{2}$$

求めた θ を問1の干渉条件の式に代入すると，

$$2d\sin\left(\frac{\pi}{2}-\frac{\alpha}{2}\right)=n\lambda$$

すなわち，

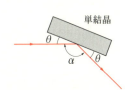

単結晶

$$2d\cos\left(\frac{\alpha}{2}\right)=n\lambda$$

一方，$E=eV_1$ と書けるので，問 2 で求めた λ は，$\lambda=\dfrac{h}{\sqrt{2meV_1}}$ と表せる。よって，

$$2d\cos\left(\frac{\alpha}{2}\right)=n\times\frac{h}{\sqrt{2meV_1}}$$

最も小さな原子面間隔を考えると，上式で $n=1$ のとき $d=d_\alpha$ とすればよい。以上より，

$$d_\alpha=\frac{h}{2\sqrt{2meV_1}\cos\left(\frac{\alpha}{2}\right)}$$

問4　問 3 より，

$$2d_\alpha\cos\left(\frac{\alpha}{2}\right)=1\times\frac{h}{\sqrt{2mE_e}}\qquad これより，\quad E_e=\frac{h^2}{8md_\alpha{}^2\cos^2\left(\frac{\alpha}{2}\right)}\ \text{〔J〕}$$

eV の単位にすると，

$$E_e=\frac{1}{e}\times\frac{h^2}{8md_\alpha{}^2\cos^2\left(\frac{\alpha}{2}\right)}\ \text{〔eV〕}$$

$$=\frac{1}{1.6\times10^{-19}}\times\frac{(6.6\times10^{-34})^2}{8\times(9.1\times10^{-31})\times(0.22\times10^{-9})^2\times(0.5)^2}$$

$$=30.9\cdots\fallingdotseq3.1\times10\ \text{〔eV〕}$$

問5　X 線は光子であるから，X 線のエネルギーは，

$$E_p=\frac{hc}{\lambda}\ \text{〔J〕}=\frac{hc}{e\lambda}\ \text{〔eV〕}\qquad すなわち，\quad\lambda=\frac{hc}{eE_p}$$

これより，干渉条件の式は，

$$2d_\alpha\cos\left(\frac{\alpha}{2}\right)=1\times\frac{hc}{eE_p}$$

E_p について解くと，

$$E_p=\frac{hc}{2ed_\alpha\cos\left(\frac{\alpha}{2}\right)}$$

$$=\frac{(6.6\times10^{-34})\times(3.0\times10^8)}{2\times(1.6\times10^{-19})\times(0.22\times10^{-9})\times0.5}$$

$$=5.625\times10^3\fallingdotseq5.6\times10^3\ \text{〔eV〕}$$

問6　電子の数を 2 倍にしたときを①，加速電圧を
V_1 から V_2 へ大きくしたときを②として，右図に
示す。

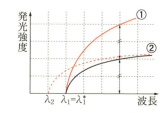

　まず，①について説明しよう。加速電圧が不変
であるから，$\lambda=\dfrac{h}{\sqrt{2meV}}$ より最短波長も不変で
ある。よって，$\lambda_1{}^*=\lambda_1$ となる。また，電子の数を

2倍にすると，発光で飛び出す光子の数は2倍になる。

次に，②について説明しよう。$V_2 > V_1$ より，最短波長 λ_2 は $\lambda_2 < \lambda_1$ の関係にある。また，入射電子の数が同じなので，もとのグラフを左へ平行移動する。

問7 波長 λ_1，λ_2 のときの光電方程式はそれぞれ，

$$\frac{hc}{\lambda_1} = W + eV_1$$

$$\frac{hc}{\lambda_2} = W + eV_2$$

2式の差をとって，W を消去すると，

$$\frac{hc(\lambda_1 - \lambda_2)}{\lambda_1 \lambda_2} = e(V_2 - V_1) \qquad \text{これより，} \quad h = \frac{e\lambda_1\lambda_2(V_2 - V_1)}{c(\lambda_1 - \lambda_2)}$$

求めた h を光電方程式に代入し，W について解くと，

$$W = \frac{e\lambda_2(V_2 - V_1)}{\lambda_1 - \lambda_2} - eV_1$$

$$= \frac{e(\lambda_2 V_2 - \lambda_1 V_1)}{\lambda_1 - \lambda_2}$$

答

問1 (1) C^{5+}　　(2) $\dfrac{nh}{m_e v}$　　(3) Ze^2　　(4) $\dfrac{\varepsilon_0 h^2 n^2}{\pi Z e^2 m_e}$

(5) $-\dfrac{Ze^2}{4\pi\varepsilon_0 r}$　　(6) $\dfrac{Ze^2}{8\pi\varepsilon_0 r}$　　(7) $-\dfrac{Ze^2}{8\pi\varepsilon_0 r}$　　(8) $-\dfrac{Z^2 e^4 m_e}{8\varepsilon_0^2 h^2 n^2}$

(9) Z^2　　(10) $\dfrac{Z^2 e^4 m_e}{8\varepsilon_0^2 h^3 c}\left(\dfrac{1}{m^2}-\dfrac{1}{n^2}\right)$

問2　解説を参照　　問3　リチウム（Li^{2+}）

問4　量子数 $n=5$ から $m=2$ への遷移　　問5　30.6 eV

精講　まずは問題のテーマをとらえる

■水素原子模型の解法手順

水素原子模型におけるボーアの理論は，次のような手順で考えると容易である。

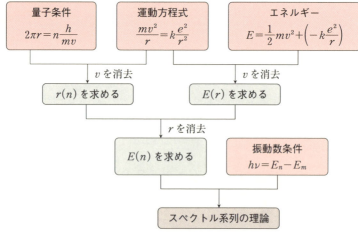

この考え方の中で最も重要なのは，観測不可能な電子の運動に関する量 v と r を消去していることにある。

標問 84 の解説

問1　(1)　炭素Cは6個の電子をもっているので，水素様イオンは C^{5+} である。

(2)　量子条件であるから，ド・ブロイ波長を λ として，

$$2\pi r = n\lambda$$

ここでド・ブロイの式より，$\lambda=\dfrac{h}{p}=\dfrac{h}{m_e v}$　であるから，上式を書き換えると，

$$2\pi r = \frac{nh}{m_e v} \quad \cdots(\mathrm{i})$$

(3) クーロンの法則の比例定数を k として，力のつり合いの式を立てると，

$$\underbrace{\frac{m_e v^2}{r}}_{\text{遠心力}} = \underbrace{k\frac{Ze^2}{r^2}}_{\text{電気力}}$$

ここで，$k = \dfrac{1}{4\pi\varepsilon_0}$ であるから，上式を書き換えると，

$$\frac{m_e v^2}{r} = \frac{Ze^2}{4\pi\varepsilon_0 r^2} \quad \cdots(\mathrm{ii})$$

(4) (i)，(ii)式より v を消去して，

$$r = \frac{\varepsilon_0 h^2 n^2}{\pi Z e^2 m_e} \quad \cdots(\mathrm{iii})$$

(5) クーロン力による位置エネルギーの式より，

$$U = -k\frac{Ze^2}{r} = -\frac{Ze^2}{4\pi\varepsilon_0 r}$$

(6) (ii)式より $m_e v^2 = \dfrac{Ze^2}{4\pi\varepsilon_0 r}$ であるから，

$$K = \frac{1}{2}m_e v^2 = \frac{Ze^2}{8\pi\varepsilon_0 r}$$

(7) $E_n(Z) = U + K$

$$= -\frac{Ze^2}{4\pi\varepsilon_0 r} + \frac{Ze^2}{8\pi\varepsilon_0 r} = -\frac{Ze^2}{8\pi\varepsilon_0 r} \quad \cdots(\mathrm{iv})$$

(8) 題意より，(iv)式の r に(iii)式を代入すると，

$$E_n(Z) = -\frac{Z^2 e^4 m_e}{8\varepsilon_0^2 h^2 n^2}$$

(9) 水素原子では $Z = 1$ であるから，(8)の結果より，Z^2 倍である。

(10) ボーアの振動数条件より，

$$\frac{hc}{\lambda} = E_n(Z) - E_m(Z)$$

$$= \frac{Z^2 e^4 m_e}{8\varepsilon_0^2 h^2}\left(\frac{1}{m^2} - \frac{1}{n^2}\right)$$

よって，

$$\frac{1}{\lambda} = \frac{Z^2 e^4 m_e}{8\varepsilon_0^2 h^3 c}\left(\frac{1}{m^2} - \frac{1}{n^2}\right)$$

問2　問1(10)の結果より，放出される光の波長は量子数 m，n に依存する。1つの m に対して n が大きくなると，波長の変化が小さくなり，スペクトル線が集中する。

問3　問2より，スペクトルが集中しているところの左端は，$n \to \infty$ に相当していることがわかる。また，波長が小さいほど光のエネルギー $\dfrac{hc}{\lambda}$ は大きいので，問題中の図の最も左側のスペクトル群は $m = 1$ と考えられる。よって，問1(10)より，

$$\frac{1}{\lambda}=\frac{Z^2 e^4 m_e}{8\varepsilon_0{}^2 h^3 c}\left(\frac{1}{1^2}-0\right)=\frac{Z^2 e^4 m_e}{8\varepsilon_0{}^2 h^3 c}$$

一方，$Z=1$ のとき，問1(8)および問題中の表 ($n=1$) を用いて，

$$-13.6=-\frac{1^2\times e^4 m_e}{8\varepsilon_0{}^2 h^2\times 1^2}\qquad\text{これより，}\qquad 13.6=\frac{e^4 m_e}{8\varepsilon_0{}^2 h^2}$$

2式より，$\dfrac{1}{\lambda}=Z^2\times 13.6\times\dfrac{1}{hc}$ となるので，

$$Z^2=\frac{hc}{13.6\times\lambda}$$

と表せる。問題中の図より，$\lambda=1.0\times 10^{-8}$ [m] と読み取れるので，

$$Z^2=\frac{(4.14\times 10^{-15})\times(3.00\times 10^8)}{13.6\times(1.0\times 10^{-8})}=9.1\cdots\fallingdotseq 9\quad\text{これより，}\quad Z=3$$

よって，この水素様イオンは，リチウム (Li^{2+}) である。

問4　問3の考察より，問題中の図の中央にある
スペクトル群は，電子が $m=2$ の定常状態に遷
移するときである。よって，右図のように，こ
のスペクトル群の右端のスペクトルは $n=3$ か
ら $m=2$ への遷移と考えられる。順に数えて，
＊のスペクトル線は $n=5$ から $m=2$ への遷
移とわかる。

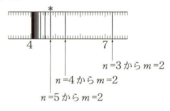

問5　$n=2$ から $n\to\infty$ までに必要なエネルギーは $E_\infty-E_2$ と考えられるので，問
1(8)の結果より，$Z=3$ として，

$$E=E_\infty(3)-E_2(3)$$
$$=-E_2(3)$$
$$=\frac{3^2\times e^4 m_e}{8\varepsilon_0{}^2 h^2\times 2^2}=\frac{3^2}{2^2}\times 13.6=30.6\ [\text{eV}]$$

$\underset{\displaystyle\quad 13.6=\frac{e^4 m_e}{8\varepsilon_0{}^2 h^2}}{\uparrow}$

精講 まずは問題のテーマをとらえる

■軌道電子捕獲

問題文にあるように，「原子核が原子内で原子核近傍をまわる電子を捕獲して，新しい原子核に変わる」ことを軌道電子捕獲という。この現象では，原子核内の陽子が捕獲した電子と結びついて中性子になり，陽子数が1つ減少する原子核反応と考えればよい。すなわち，

$$_{Z}^{A}X + _{-1}^{0}e^- \longrightarrow _{Z-1}^{A}Y$$

という反応が起きていることになる。

■軌道半径とエネルギー準位の Z 依存性

「原子内には着目している1つの電子以外に電子はないと仮定」とあるので，**標問84**で考えた水素様イオンと同様に考えればよい。問3，問4における軌道半径 r，エネルギー準位 E_n の Z 依存性，すなわち，

$$r\propto\frac{1}{Z}, \quad E_n\propto Z^2 \quad \text{← ∝は比例を表す記号}$$

に着目する。

> **着眼点**
>
> ボーアの理論を考える際は，**標問84**の**精講**で述べた「水素原子模型の解法手順」にしたがうことが大切である。本問では問3で運動方程式と量子条件，問4でエネルギーの式，問6で振動数条件に，それぞれ着目する。また，**精講**で述べた「軌道半径とエネルギー準位の Z 依存性」は，常に意識しておくことが大切である。

標問 85 の解説

問1　原子核反応式は以下のようになる。

$$_{26}^{55}Fe + _{-1}^{0}e^- \longrightarrow _{25}^{55}Mn \qquad \text{よって，} \quad Z=25, \ A=55$$

問2　$_{26}Fe$ は陽子数が26個であるから，水素原子 $_1H$ の26倍になる。

【参考】「原子核と電子間の距離が同じとすれば」と問題文にあるので，クーロンの法則より，原子内の静電気力は，原子核の電気量と電子の電気量の積に比例する。Fe原子内の静電気力を F_{Fe}，水素原子内の静電気力を F_H とすると，

$$F_{Fe}=k\frac{26e\cdot e}{r^2}, \quad F_H=k\frac{e\cdot e}{r^2}$$

であるから，$F_{Fe}=26F_H$ となる。

問3 円軌道をまわる電子と原子核の様子を図示すると，右図のようになる。このとき，電子の運動方程式は，

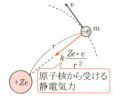

原子核から受ける静電気力

$$m\cdot\frac{v^2}{r}=k\frac{Ze\cdot e}{r^2} \quad \cdots①$$

また，題意より，量子条件は，

この先は p.240「水素原子模型の解法手順」にしたがって解いていく

$$mvr=\frac{nh}{2\pi} \quad \cdots②$$

②式より，$v=\dfrac{nh}{2\pi mr}$ と表せるので，これを①式に代入して，

$$m\cdot\frac{\left(\dfrac{nh}{2\pi mr}\right)^2}{r}=k\frac{Ze^2}{r^2} \quad これより，\quad r=\frac{h^2}{4\pi^2 kZme^2}\cdot n^2$$

以上より，量子数 $n=1$ の円軌道の半径は，$\dfrac{1}{Z}$ に比例することがわかる。Fe 原子は $Z=26$ なので，水素原子（$Z=1$）の場合の $\dfrac{1}{26}$ 倍となる。

問4 問3の解説図を参照して，電子のもつエネルギーを E とすると，

$$E=\frac{1}{2}mv^2+k\frac{(+Ze)\cdot(-e)}{r}$$
$$=\frac{kZe^2}{2r}-\frac{kZe^2}{r}=-\frac{kZe^2}{2r}$$

①式を利用

この式に問3で求めた r を代入して，E を E_n と書き換えると，

$$E_n=\frac{4\pi^2 kZme^2}{n^2h^2}\left(-\frac{kZe^2}{2}\right)=-\frac{2\pi^2 k^2Z^2me^4}{h^2}\cdot\frac{1}{n^2}$$

これより，量子数 $n=1$ のエネルギー準位は，Z^2 に比例することがわかる。Fe 原子は $Z=26$ なので，水素原子（$Z=1$）の場合の 26^2 倍＝676 倍 となる。

問5 問4より，Fe 原子では水素原子の場合の 26^2 倍となるので，
$$E_{Fe1}=-13.6\times26^2\fallingdotseq-9.19\times10^3 〔eV〕$$
また，Mn 原子（$Z=25$）では水素原子の場合の 25^2 倍と考えられるので，
$$E_0=E_{Mn1}=-13.6\times25^2=-8.50\times10^3 〔eV〕$$

問6 電子が遷移し，X 線が発生する様子を図示すると，右図のようになる。Mn 原子における $n=2$ のエネルギー準位 E_{Mn2} は，問4の結果を利用して，

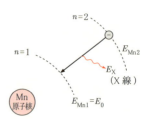

$$E_{Mn2}=E_{Mn1}\cdot\frac{1}{n^2}=\frac{E_0}{4}$$

となる。$n=2$ から $n=1$ への遷移であるから，求める X 線のエネルギー E_X は，振動数条件より，

$$E_X=E_{Mn2}-E_{Mn1}=\frac{E_0}{4}-E_0=-\frac{3}{4}E_0$$

答

問1 (1) $h=\dfrac{eV\lambda_{\mathrm{m}}}{c}$ (2) $h=6.6\times10^{-34}$ 〔J·s〕

問2 (1) $2\pi r=n\lambda$ 　物理的意味：量子条件とは電子波が円軌道の円周に沿って定常波を形成している条件であると考えられる。

(2) $r=\dfrac{n^2h^2}{4\pi^2k_0mZe^2}$ (3) $E=-\dfrac{k_0Z^2e^2}{2a_0}\cdot\dfrac{1}{n^2}$, $\lambda_{\mathrm{C}}=\dfrac{8hca_0}{3k_0Z^2e^2}$

(4) $n=1$ の軌道に残っている電子のために，クーロン力は若干小さくなる。これは，原子番号が小さくなることに相当する。そのため問2 (3)の結果より，λ_{C} は大きくなる。

精講 まずは問題のテーマをとらえる

■固有 X 線と連続 X 線

　問題文中のX線管とは，右図のような装置である。固有X線（特性X線ともいう）は，X線強度のグラフにおいて鋭いピークの形で現れる。このピークとなる波長は，陽極の金属のエネルギー準位によって異なる。なぜなら，**固有X線は金属原子内の電子によるエネルギー準位の遷移によって放出される**からである。

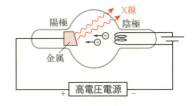

　一方，右図の陽極に衝突した電子が陽極中で急激に減速すると，電子のもっていた運動エネルギーの一部（または全部）がX線のエネルギーとなり，連続X線が放出される。したがって，連続X線のエネルギーの最大値は，衝突するときにもっていた電子の運動エネルギーの全部となる。このとき放出されるX線の波長は最短となり，X線の最短波長といわれる。電子の加速電圧をVとすると，エネルギー保存則より，

$$\frac{hc}{\lambda_{\min}}=eV \qquad これより，\quad \lambda_{\min}=\frac{hc}{eV}$$

となり，**最短波長$\lambda_{\min}$は，加速電圧Vにのみ依存する**ことがわかる。

標問 86 の解説

問1 (1) 最短波長では，電子の運動エネルギーがすべてX線光子のエネルギーになるので，

$$eV=\frac{hc}{\lambda_{\mathrm{m}}} \qquad これより，\quad h=\frac{eV\lambda_{\mathrm{m}}}{c}$$

(2) 問1(1)の結果に与えられた数値を代入して，

$$h=\frac{1.6\times10^{-19}\cdot20\times10^3\cdot6.2\times10^{-11}}{3.0\times10^8}=6.61\cdots\times10^{-34}\fallingdotseq6.6\times10^{-34}\,〔J\cdot s〕$$

問2 (1) 問題中の $mvr = \dfrac{nh}{2\pi}$ より,

$$2\pi r = \frac{nh}{mv}$$

ここで，ド・ブロイの式より，$\lambda = \dfrac{h}{mv}$ であるから，上式に代入して，

$$2\pi r = n\lambda \quad \textcolor{red}{\leftarrow 円軌道の円周の長さが波長の整数倍になっている}$$

(2) 軌道上の電子に働く力はクーロン力のみなので，この電子の運動方程式は，

$$\frac{mv^2}{r} = k_0 \frac{Ze^2}{r^2} \quad \cdots ①$$

となる。量子条件 $mvr = \dfrac{nh}{2\pi}$ を用いて，①式より v を消去すると，

$$\frac{m}{r}\left(\frac{nh}{2\pi mr}\right)^2 = k_0 \frac{Ze^2}{r^2}$$

$$\frac{n^2 h^2}{4\pi^2 mr} = k_0 Ze^2$$

よって，$\quad r = \dfrac{n^2 h^2}{4\pi^2 k_0 m Ze^2}$

(3) 問2(2)の結果において $n = 1$，$Z = 1$ とすると，ボーア半径 a_0 は，

$$a_0 = \frac{h^2}{4\pi^2 k_0 m e^2}$$

となる。これより，軌道半径 r は，

$$r = \frac{n^2}{Z} \times a_0$$

と表せる。一方，電子がもつエネルギー E は，

$$E = \frac{1}{2}mv^2 + \left(-k_0 \frac{Ze^2}{r}\right)$$
$$= \frac{k_0 Ze^2}{2r} - \frac{k_0 Ze^2}{r} \quad \textcolor{red}{\rightarrow ①式を利用}$$
$$= -\frac{k_0 Ze^2}{2r}$$
$$= -\frac{k_0 Z^2 e^2}{2a_0} \times \frac{1}{n^2} \quad \textcolor{red}{\rightarrow r = \frac{n^2}{Z} \times a_0 \text{ を利用}}$$

また，ボーアの振動数条件より，

$$\frac{hc}{\lambda_C} = E_2 - E_1 = -\frac{k_0 Z^2 e^2}{2a_0}\left(\frac{1}{2^2} - \frac{1}{1^2}\right) \quad \text{よって，} \quad \lambda_C = \frac{8hca_0}{3k_0 Z^2 e^2}$$

(4) $n = 1$ の軌道には，たたき出された電子の他にもう1つの電子が残っている。この電子のため，着目している電子に働くクーロン力は，無視した場合に比べて若干小さくなる。これは，電子の運動方程式を考慮すると，原子番号 Z が小さくなったことに相当する。問2(3)の結果より λ_C は Z^2 に反比例するので，Z が小さくなれば λ_C は大きくなる。

答

問1　a：α粒子　b：光子　c：電子　磁場の向き：表から裏

問2　(1)　$p=2erB$　(2)　$p_a=\sqrt{\dfrac{2m_a m_B Q}{m_a+m_B}}$,　$K_a=\dfrac{m_B Q}{m_a+m_B}$

問3　(1)　エネルギー保存則：$Q=\dfrac{p_Y{}^2}{2m_Y}+\dfrac{p_c{}^2}{2m_c}+\dfrac{p_\nu{}^2}{2m_\nu}$

　　　運動量保存則：$p_Y+p_c\cos\theta+p_\nu\cos\phi=0$,　$p_c\sin\theta-p_\nu\sin\phi=0$

　(2)　最大値：$\dfrac{4m_Y m_\nu Q}{m_c(m_Y+m_\nu)+4m_Y m_\nu}$　最小値：0

　　　ベクトルの関係図：解説を参照

問4　(1)　解説を参照　(2)　a：^{210}Po　b：^{203}Hg

　(3)　a：1242日　b：421.2日

精講　まずは問題のテーマをとらえる

■核反応の運動エネルギーと運動量

　原子核の分裂・融合では，エネルギー保存則や運動量保存則が有効な解法となる。運動エネルギーを K，運動量の大きさを p とすると，v を消去した形で，互いに，

$$K=\frac{p^2}{2m},\quad p=\sqrt{2mK}$$

の関係が成立する。これらの式を，求めるべき量に応じて用いると，式が簡略化でき，計算も容易になる。

Point 22

分裂・融合において，エネルギー保存則，運動量保存則を用いるときは，

$$\text{運動エネルギー：}K=\frac{p^2}{2m},\quad \text{運動量の大きさ：}p=\sqrt{2mK}$$

を用いるとよい。

■放射線とその特性

　自然放射性崩壊では，α線, β線, γ線 を放出する崩壊がある。これらの特性は，下表の通りである。

崩壊名	放射線名	放射線の実体	透過性	電離作用
α崩壊	α線	ヘリウム原子核 $^4_2$He	小	大
β崩壊	β線	電子 $^{\ 0}_{-1}$e	中	中
γ崩壊	γ線	電磁波（光子）	大	小

問1　放射線 b は磁場の影響を受けていないので，電磁波である γ 線である。したがって，粒子名は光子である。また，放射線 c は磁場の影響を大きく受けているので質量の軽い電子と考えられ，c と逆向きに曲げられたのが $_2^4\text{He}$（α 粒子）である。

また，フレミングの左手の法則より，磁場の向きは紙面に垂直に表から裏の向きである。

問2　(1)　α 粒子の運動の様子を図示すると，右図のようになる。α 粒子の質量を m_α，速さを v として，円運動の運動方程式を立てると，

$$m_\alpha \times \frac{v^2}{r} = (2e)vB$$

これより，求める運動量 p は，

$$p = m_\alpha v = 2erB$$

(2)　原子核 A の崩壊前後の様子を図示すると，右図のようになる。粒子 B の運動エネルギーを K_B とすると，粒子 B，a それぞれの運動量の大きさ p_B，p_a は，

$$p_B = \sqrt{2m_B K_B}, \quad p_a = \sqrt{2m_a K_a}$$

これより，運動量保存則は，

$$\sqrt{2m_B K_B} = \sqrt{2m_a K_a}$$

と表せる。一方，エネルギー保存則より，

$$Q = K_B + K_a \quad \text{←「崩壊のときに解放されるエネルギー } Q \text{ は，すべて運動エネルギーに変わる」とあるので}$$

以上より，

$$K_a = \frac{m_B}{m_a + m_B}Q$$

$$p_a = \sqrt{2m_a K_a} = \sqrt{\frac{2m_a m_B Q}{m_a + m_B}}$$

問3　(1)　崩壊後の運動量のベクトル図は，題意より右図のようになる。運動エネルギーの運動量表記（p.247 **Point 22** を参照）を用いて，エネルギー保存則は，

$$Q = \frac{p_Y^2}{2m_Y} + \frac{p_c^2}{2m_c} + \frac{p_\nu^2}{2m_\nu}$$

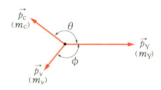

一方，運動量保存則は，$\vec{p_Y}$ 方向と，それに垂直な方向に分けて考えると，それぞれ，

$$\vec{p_Y} \text{ 方向}: p_Y + p_c \cos\theta + p_\nu \cos\phi = 0$$

$$\vec{p_Y} \text{ に垂直な方向}: p_c \sin\theta - p_\nu \sin\phi = 0$$

(2)　題意より $p_Y = p_\nu$ とする。K_c が最大値をとるのは，右図のように $\vec{p_Y}$ と $\vec{p_\nu}$ が同じ向きで $\vec{p_c}$ だけ逆向きに

なるとき，すなわち，$p_Y = p_\nu = \dfrac{1}{2}p_c$ のときである。これは，$\phi=0$，$\theta=\pi$ に相当する。このとき，エネルギー保存則は，

$$Q = \frac{\left(\dfrac{p_c}{2}\right)^2}{2m_Y} + \frac{p_c^2}{2m_c} + \frac{\left(\dfrac{p_c}{2}\right)^2}{2m_\nu}$$

$$= \frac{p_c^2}{2}\left(\frac{1}{4m_Y} + \frac{1}{m_c} + \frac{1}{4m_\nu}\right)$$

$$= \frac{p_c^2}{2} \times \frac{m_c m_\nu + 4m_Y m_\nu + m_Y m_c}{4m_Y m_c m_\nu}$$

$$= \frac{p_c^2}{2m_c} \times \frac{m_c(m_Y + m_\nu) + 4m_Y m_\nu}{4m_Y m_\nu}$$

ここで，$K_c = \dfrac{p_c^2}{2m_c}$ であるから，

$$K_c = \frac{4m_Y m_\nu}{m_c(m_Y + m_\nu) + 4m_Y m_\nu}Q$$

一方，K_c が最小値をとるのは，右図のように $\vec{p_Y}$ と $\vec{p_\nu}$ が逆向きのときで，このとき $\vec{p_c}$ は $\vec{0}$ となる。これは，$\phi=\pi$ に相当する。よって，K_c の最小値は，$K_c=0$ である。

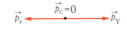

問4 (1) 問題中の表1を見ながらグラフを描くと，右図のようになる。

(2) 問4(1)のグラフより，初期量の半分になるまでの日数を読むと，a(●)は140日程度で，b(○)は40日程度である。これを問題中の表2の半減期と比較すると，a は ^{210}Po，b は ^{203}Hg ということがわかる。

(3) $\dfrac{1}{512} = \left(\dfrac{1}{2}\right)^9$ より，求める日数は半減期9回分であるから，

a：$138 \times 9 = 1242$〔日〕

b：$46.8 \times 9 = 421.2$〔日〕

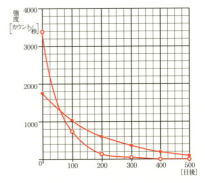

精講 まずは問題のテーマをとらえる

■エネルギーと質量の等価性

アインシュタインの特殊相対性理論によると，核分裂や核融合においてエネルギーが放出される場合，全体として質量は保存せず，減少する。この欠損分がエネルギーとなって放出されたのである。質量の変化量を $\varDelta m$，真空中の光速を c とすると，放出されたエネルギー E は，

$$E=\varDelta mc^2$$

と表される。したがって，この式は〔kg〕と〔J〕の換算式と考えればよい。すなわち，欠損した質量〔kg〕をエネルギー〔J〕へ換算した式なのである。

■原子核の結合エネルギー

例として，${}^4_2\mathrm{He}$ の原子核を考えてみよう。${}^4_2\mathrm{He}$ は，2個の中性子（質量 m_n）と2個の陽子（質量 m_p）から成る原子核であるが，天秤にかけると右図のようになる。これは，${}^4_2\mathrm{He}$ をばらばらの核子にするためにはエネルギーが必要となるからである。したがって，${}^4_2\mathrm{He}$ 側に，ばらばらにするためのエネルギーを加

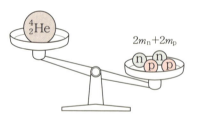

えてはじめて，天秤がつり合うのである。このエネルギー E のことを結合エネルギーとよぶ。この例では，

$$E=\{(2m_\mathrm{n}+2m_\mathrm{p})-({}^4_2\mathrm{He}\ の質量)\}c^2$$

と表されることになる。

標問 88 の解説

問1 質量エネルギー（mc^2）を考慮したエネルギー保存則より，

$$m_\mathrm{n}c^2=Q_0+(m_\mathrm{p}+m_\mathrm{e})c^2$$

よって，

$$Q_0=\{m_\mathrm{n}-(m_\mathrm{p}+m_\mathrm{e})\}c^2$$

問2 電子が放出されたので，

$$M(A,\ Z)>M(A,\ Z+1)$$

問3　電子が吸収されたので，
$$M(A,\ Z)<M(A,\ Z-1)$$

問4　題意より，
$$\frac{\Delta E(4,\ 2)}{c^2}=2m_{\mathrm{p}}+(4-2)m_{\mathrm{n}}-M(4,\ 2)$$
と表せる。一方，反応式より，
$$4m_{\mathrm{p}}c^2+2m_{\mathrm{e}}c^2=Q_1+M(4,\ 2)c^2$$
となる。この2式より，
$$\Delta E(4,\ 2)=(2m_{\mathrm{p}}+2m_{\mathrm{n}})c^2-(4m_{\mathrm{p}}c^2+2m_{\mathrm{e}}c^2-Q_1)$$
$$=2\{m_{\mathrm{n}}-(m_{\mathrm{p}}+m_{\mathrm{e}})\}c^2+Q_1$$
よって，
$$Q_1=\Delta E(4,\ 2)-2\{m_{\mathrm{n}}-(m_{\mathrm{p}}+m_{\mathrm{e}})\}c^2$$

〔別解〕　4個の陽子のうち，2個の陽子がそれぞれ電子を吸収して，2個の中性子になると考えればよい。すなわち，問1の Q_0 を用いて，
$$Q_1=\Delta E(4,\ 2)-2Q_0$$
として，これに Q_0 を代入しても可。

問5　結合エネルギーの差を考えればよいので，
$$Q_2=\Delta E(12,\ 6)-3\Delta E(4,\ 2)$$

問6　問4の〔別解〕と同様に考えて，
$$Q_3=\Delta E(12,\ 6)-6Q_0=\Delta E(12,\ 6)-\{3\Delta E(4,\ 2)-3Q_1\}=3Q_1+Q_2$$

【参考】　問5，問6も問4のように計算できる。問5で実際に求めてみる。題意より，
$$\frac{\Delta E(12,\ 6)}{c^2}=(6m_{\mathrm{p}}+6m_{\mathrm{n}})-M(12,\ 6)$$
と表せる。一方，反応式より，
$$3M(4,\ 2)c^2=Q_2+M(12,\ 6)c^2$$
となる。この2式より，
$$\Delta E(12,\ 6)=(6m_{\mathrm{p}}+6m_{\mathrm{n}})c^2-\{3M(4,\ 2)c^2-Q_2\}$$
$$=(6m_{\mathrm{p}}+6m_{\mathrm{n}})c^2-3\times\{-\Delta E(4,\ 2)+(2m_{\mathrm{p}}+2m_{\mathrm{n}})c^2\}+Q_2$$
$$=3\Delta E(4,\ 2)+Q_2$$
よって，
$$Q_2=\Delta E(12,\ 6)-3\Delta E(4,\ 2)$$

> **問1** 最初の状態で陽電子，電子はいずれも静止していたので，2 本の γ 線の運動量の和は，運動量保存則より 0 である。これは，常に互いに逆向きで，同じ大きさの運動量をもつ γ 線が放出されることを示しているので，2 本の γ 線は正反対の向きに放出された。(116 字)
>
> **問2** $p_1 = mc$, $\nu_1 = \dfrac{mc^2}{h}$ **問3** $P_x = p_A - p_B\cos\theta$, $P_y = p_B\sin\theta$
>
> **問4** $p_A = mc + \dfrac{1}{2}P_x$, $p_B = mc - \dfrac{1}{2}P_x$ **問5** $P_x = \dfrac{2h}{c}(\nu_A - \nu_1)$

精講 まずは問題のテーマをとらえる

■対消滅

陽電子と電子のような，互いに反粒子である粒子どうしが出会うと，両者とも消滅し，エネルギーが放出される。このような現象を対消滅とよぶ。この種の問題では，核分裂や核融合のときと同様に，運動量保存則とエネルギー保存則が重要となる。

対消滅では γ 線が放出されるので，これを光子と考える。そのため，運動量の大きさとエネルギーはそれぞれ $\dfrac{h\nu}{c} = \dfrac{h}{\lambda}$, $h\nu = \dfrac{hc}{\lambda}$ を用いなくてはならない。

標問 89 の解説

問1 最初の状態で陽電子，電子はいずれも静止しているので，運動量の和が 0 であることに着目すればよい。すなわち，放出された 2 本の γ 線の運動量の和は 0 であることから考える。

問2 まず，運動量保存則より，

$$p_1 = p_2$$

である。上式を ν_1, ν_2 を用いて表すと，

$$\frac{h\nu_1}{c} = \frac{h\nu_2}{c} \qquad \text{これより，} \quad \nu_1 = \nu_2$$

次に，エネルギー保存則より，

$$\underbrace{h\nu_1 + h\nu_2}_{\substack{\text{対消滅後の}\\\text{エネルギー}}} = \underbrace{2mc^2}_{\substack{\text{対消滅前の}\\\text{エネルギー}}}$$

$\nu_1 = \nu_2$ を上式に代入すると，

$$h\nu_1 = mc^2$$

以上より，

$$p_1 = \frac{h\nu_1}{c} = mc$$

$$\nu_1 = \frac{mc^2}{h}$$

問3 運動量のベクトル図は右図のようになる。

よって，運動量保存則より，

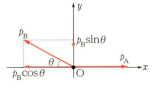

$$P_x = p_A - p_B \cos\theta$$

$$P_y = p_B \sin\theta$$

問4 問3で求めた P_x において，$\cos\theta \fallingdotseq 1$ とすると，

$$P_x = p_A - p_B \quad \cdots\text{①}$$

となる。問題中に「陽電子，電子の速度は十分に小さいので，それらの全エネルギー
は静止エネルギーに等しいとしてよい」とあるので，エネルギー保存則より，

$$\underline{h\nu_A + h\nu_B = 2mc^2}$$

対消滅後の　対消滅前の
エネルギー　エネルギー

両辺を c で割って，

$$\frac{h\nu_A}{c} + \frac{h\nu_B}{c} = 2mc \qquad \text{よって，} \quad p_A + p_B = 2mc \quad \cdots\text{②}$$

①，②式より，

$$p_A = mc + \frac{1}{2}P_x$$

$$p_B = mc - \frac{1}{2}P_x$$

問5 問4で求めた p_A より，

$$P_x = 2p_A - 2mc$$

と表せる。ここで，$p_A = \dfrac{h\nu_A}{c}$，$h\nu_1 = mc^2$ より，

$$P_x = \frac{2h}{c}(\nu_A - \nu_1)$$

答

(1) $\dfrac{h\nu}{c}$ (2) $h\nu$ (3) $h\nu+\dfrac{1}{2}MV_1{}^2+E_1=\dfrac{1}{2}MV_2{}^2+E_2$

(4) $MV_1-\dfrac{h\nu}{c}=MV_2$ (5) $h\nu\left(1+\dfrac{V_1}{c}\right)-\dfrac{1}{2M}\left(\dfrac{h\nu}{c}\right)^2$ (6) ①   (7) $\dfrac{nh\nu}{c}$

(8) $\dfrac{McV_1{}^2}{2nh\nu}$ (9) $\dfrac{2V_0}{g}$ (10) $\sqrt{2gD}$ (11) ①   (12) $2\sqrt{\dfrac{2D}{g}}$ (13) 9.808

精講 まずは問題のテーマをとらえる

■原子・光子間での運動量，エネルギーのやりとり

運動量保存則はベクトルの関係式である。アインシュタインの光量子仮説における $p=\dfrac{h\nu}{c}$ は大きさを示しているので，運動量の向きに注意が必要となる。必ず図を描いてから，式を立てよう。また原子については，エネルギー準位を考慮すべきである。

標問 90 の解説

(1)，(2)

運動エネルギー	$h\nu$	$\dfrac{1}{2}MV_1{}^2$		$\dfrac{1}{2}MV_2{}^2$
静止エネルギー	——	E_1		E_2
運動量	$\dfrac{h\nu}{c}$	MV_1		MV_2
		吸収前		吸収後

(3) 光子の吸収前後における運動エネルギー，静止エネルギー，運動量をまとめると，上図のようになる。上図より，エネルギー保存則は，

$$h\nu+\dfrac{1}{2}MV_1{}^2+E_1=\dfrac{1}{2}MV_2{}^2+E_2$$

(4) 上図より，左向きを正として，運動量保存則は，

$$MV_1+\left(-\dfrac{h\nu}{c}\right)=MV_2$$

(5) (3)，(4)より V_2 を消去して，

$$\begin{aligned}
E_2-E_1&=h\nu+\dfrac{1}{2}MV_1{}^2-\dfrac{1}{2}M\left(V_1-\dfrac{h\nu}{Mc}\right)^2\\
&=h\nu+\dfrac{1}{2}MV_1{}^2-\dfrac{1}{2}M\left(V_1{}^2-\dfrac{2h\nu V_1}{Mc}+\dfrac{h^2\nu^2}{M^2c^2}\right)\\
&=h\nu+\dfrac{h\nu V_1}{c}-\dfrac{h^2\nu^2}{2Mc^2}
\end{aligned}$$

$$= h\nu\left(1+\frac{V_1}{c}\right) - \frac{1}{2M}\left(\frac{h\nu}{c}\right)^2$$

(6) (5)の式について，$\dfrac{1}{2M}\left(\dfrac{h\nu}{c}\right)^2$ の項を無視すると，

$$E_2 - E_1 \fallingdotseq h\nu\left(1+\frac{V_1}{c}\right)$$

となる。$E_2 - E_1$ は一定値であるから，$V_1 = 0$（静止）のときと比べると ν は小さくなる。ここで $\nu = \dfrac{c}{\lambda}$ より，ν が小さくなると，長い波長の光を吸収することになる。

(7) (1)，(2)の図より，1個の光子を受け取ると，運動量は $\dfrac{h\nu}{c}$ だけ変化する。求める力の大きさをFとすると，運動量と力積の関係より，

$$\underbrace{F\times 1}_{\substack{1秒間に\\受ける力積}} = \underbrace{n\times\frac{h\nu}{c}}_{\substack{1秒間の\\運動量変化}} \quad これより，\quad F=\frac{nh\nu}{c}\,〔N〕$$

(8) 水素原子の加速度を初速度 V_1 の向きにaとして，運動方程式を立てると，

$$Ma = -F = -\frac{nh\nu}{c} \quad これより，\quad a=-\frac{nh\nu}{Mc}$$

求める距離をxとすると，等加速度運動の式より，

$$0^2 - V_1^2 = 2ax$$

よって，$\quad x=-\dfrac{V_1^2}{2a}=\dfrac{McV_1^2}{2nh\nu}\,〔m〕$

(9) 再び $z=0$ に戻ってくる時刻を t とすると，等加速度運動の式より，

$$0 = V_0 t - \frac{1}{2}gt^2$$

これより，$\quad t=\dfrac{2V_0}{g}\,〔s〕$

(10) エネルギー保存則より，<u>水素原子が板に到着する限界</u>を考えて，
　　　　　　　　　　　　　　　↳ $z=D$ で水素原子の速度0

$$\frac{1}{2}MV_0^2 = MgD$$

これより，$\quad V_0=\sqrt{2gD}\,〔m/s〕$

(11) 初速が $\sqrt{2gD}$ より大きな原子は，$z=0$ には戻ってこない。初速 V_0 が $\sqrt{2gD}$ 以下の原子では，V_0 の値の小さい原子ほど早く $z=0$ に到着する。このため，t_c が板ぎりぎりのところで引き返す場合と考えられるので，①が正しい。

(12) (9)，(10)より，

$$t_c = \frac{2V_0}{g} = 2\sqrt{\frac{2D}{g}}\,〔s〕$$

(13) (12)より，

$$g = \frac{8D}{t_c^2} \fallingdotseq \frac{8\times 1.226}{(1.000)^2} = 9.808\,〔m/s^2〕$$

答

(1) $\dfrac{mg}{k}$　(2) $\dfrac{m}{k}$　(3) g　(4) ③　(5) $\sqrt{\dfrac{mg}{c}}$

(6) $\dfrac{1}{2}\sqrt{\dfrac{m}{cg}}$　(7) 5.8 m/s　(8) 8.2 m/s

問　Ⅲの2つの実験結果より $\dfrac{v_2}{v_1} \fallingdotseq \sqrt{2}$ となるが，(1)と(5)の結果より質量が2倍となるとき終端速度が $\sqrt{2}$ 倍となるのは抵抗力の大きさが速さの2乗に比例しているときであるから。

(9) 0.3 s　(10) ④　(11) Sv　(12) $-\rho S$

精講 まずは問題のテーマをとらえる

着眼点

　　速さに比例する抵抗力を受ける場合，速さの2乗に比例する抵抗力を受ける場合を考える問題である。大学では運動方程式を微分方程式として解く問題となるが，高校の範囲で考えられるように工夫されている。問題の流れにのって考える力が求められる。また，実験に関する設問もあるが内容は基本的である。

【参考】　Ⅰの問題で与えられた運動方程式

$$m\dfrac{dv}{dt} = mg - kv$$

を微分方程式として解くと，C を定数として

$$v = \dfrac{mg}{k} + Ce^{-\frac{k}{m}t} \quad \cdots ①$$

式①で $t \to \infty$ とすれば $e^{-\frac{k}{m}t} \to 0$ となるので，終端速度 v_f は

$$v_\mathrm{f} = \dfrac{mg}{k}$$

また，式①で $t=0$ のとき $v=0$ であれば，$C = -\dfrac{mg}{k}$ となり

$$v = \dfrac{mg}{k}\left(1 - e^{-\frac{k}{m}t}\right)$$

一方，式①で $t=0$ のとき $v=2v_\mathrm{f} = \dfrac{2mg}{k}$ であれば，$C = \dfrac{mg}{k}$ となり

$$v = \dfrac{mg}{k}\left(1 + e^{-\frac{k}{m}t}\right)$$

これらを描くと，図1の正解のグラフとなる。

　　Ⅱの問題で与えられた運動方程式も微分方程式として解くことはできるが，煩雑になる。

Ⅰ (1) 題意より，重力と抵抗力のつり合いを考えて，

$$0 = mg - kv_f \quad \text{←問題の運動方程式で，加速度} \frac{\varDelta v}{\varDelta t} = 0 \text{ としたもの}$$

よって，　$v_f = \dfrac{mg}{k}$

(2) $v = v_f + \overline{v}$ より，問題の式(ⅰ)は，

$$\frac{\varDelta v}{\varDelta t} = \frac{\varDelta(v_f + \overline{v})}{\varDelta t} = \frac{\varDelta \overline{v}}{\varDelta t} \quad \text{および} \quad k(v_f - v) = k(-\overline{v})$$

$$\underset{v_f \text{ は時間変化しない}}{}$$

を用いて式変形すると，

$$m\frac{\varDelta \overline{v}}{\varDelta t} = -k\overline{v} \quad \text{さらに変形して，} \quad \frac{\varDelta \overline{v}}{\varDelta t} = -\frac{k}{m}\overline{v} = -\frac{\overline{v}}{\frac{m}{k}}$$

(3) 題意の $\tau_1 = \dfrac{m}{k}$ と(1)の結果より，

$$v_f = g \times \tau_1$$

(4) $\dfrac{\varDelta v}{\varDelta t} = \dfrac{\varDelta \overline{v}}{\varDelta t} = -\dfrac{\overline{v}}{\tau_1}$ で $t=0$ の直後を考えると，初速度 0 のとき $\overline{v} = 0 - v_f$，初速度 $2v_f$ のとき $\overline{v} = 2v_f - v_f = v_f$ となる。よって，$t=0$ の直後での $\dfrac{\varDelta v}{\varDelta t}$ はそれぞれの場合で絶対値が等しく符号が逆である。以上より，正しく表しているグラフは③である。

【参考】　緩和時間 $\tau_1 = \dfrac{m}{k}$ は初速度によらないので，同じ時間で終端速度となると考えられることから，①と③と見当をつけて考えていくことができる。

〔別解〕　運動方程式 $m\dfrac{\varDelta v}{\varDelta t} = mg - kv$ より，

初速度 0 のとき：$m\dfrac{\varDelta v}{\varDelta t} = mg$ 　より　$\dfrac{\varDelta v}{\varDelta t} = g$

初速度 $2v_f$ のとき：$m\dfrac{\varDelta v}{\varDelta t} = mg - k \times 2v_f = -mg$ 　より　$\dfrac{\varDelta v}{\varDelta t} = -g$

となるから，時刻が 0 のとき v–t 図の 2 曲線の接線の傾きは 0 ではなく，絶対値が等しく符号が逆となる。

Ⅱ (5) 終端速度 v_t となるとき，問題の式(ⅱ)の運動方程式で加速度 $\dfrac{\varDelta v}{\varDelta t} = 0$ となるから，

$$0 = mg - cv_t{}^2 \quad \text{よって，} \quad v_t = \sqrt{\frac{mg}{c}}$$

(6) (2)と同様に考えて，問題の式(ⅱ)の運動方程式は，

$$m\frac{\varDelta \overline{v}}{\varDelta t} = mg - c(v_t + \overline{v})^2 \quad \text{←} \frac{\varDelta v}{\varDelta t} = \frac{\varDelta(v_t + \overline{v})}{\varDelta t} = \frac{\varDelta \overline{v}}{\varDelta t}, \; cv^2 = c(v_t + \overline{v})^2$$

となるから，(5)の関係を用いて，題意の近似をすると，

$$m\frac{\Delta \bar{v}}{\Delta t}=mg-c\left\{\left(\sqrt{\frac{mg}{c}}\right)^2+2v_{\mathrm{t}}\bar{v}+\bar{v}^2\right\}$$
$$=-c(2v_{\mathrm{t}}\bar{v}+\bar{v}^2)\fallingdotseq-2cv_{\mathrm{t}}\bar{v}=-2\bar{v}\sqrt{cmg}$$

よって，

$$\frac{\Delta \bar{v}}{\Delta t}=-2\sqrt{\frac{cg}{m}}\,\bar{v}=-\frac{\bar{v}}{\frac{1}{2}\sqrt{\frac{m}{cg}}}=-\frac{\bar{v}}{\tau_2}\qquad \text{ゆえに，}\qquad \tau_2=\frac{1}{2}\sqrt{\frac{m}{cg}}$$

Ⅲ (7), (8) 表1より，実験1の場合には時間 3.0 s 以降の 1.0 s あたりの落下距離は 5.8 m で一定であり，実験2の場合には時間 3.0 s 以降の 1.0 s あたりの落下距離は 8.2 m で一定である。よって，実験1，2の終端速度 v_1，v_2 は，

$$v_1=5.8\ \mathrm{m/s},\quad v_2=8.2\ \mathrm{m/s}$$

【参考】 図2から，物体の落下距離は落下を始めてからの時間に対して直線的に変化することを読み取ることができる。この傾きは落下速度を表すので，落下速度は一定となっていることがわかる。

問 抵抗力の大きさが速さに比例するとき，(1)より $v_1=\dfrac{m_1 g}{k}$，$v_2=\dfrac{m_2 g}{k}$ となるので，

$$\frac{v_1}{v_2}=\frac{m_1}{m_2}=\frac{1.0}{2.0}$$

となる。しかし，(7), (8)の結果より $\dfrac{v_1}{v_2}=\dfrac{5.8}{8.2}$ となるので一致しない。

次に，抵抗力の大きさが速さの2乗に比例するとき，(5)より $v_1=\sqrt{\dfrac{m_1 g}{c}}$，

$v_2=\sqrt{\dfrac{m_2 g}{c}}$ となるので，

$$\frac{v_1}{v_2}=\sqrt{\frac{m_1}{m_2}}=\sqrt{\frac{1.0}{2.0}}=\frac{1}{\sqrt{2}}\fallingdotseq0.707$$

となる。一方，(7), (8)の結果より $\dfrac{v_1}{v_2}=\dfrac{5.8}{8.2}\fallingdotseq0.707$ となる。よって，抵抗力の大きさは速さの2乗に比例している。

(9) (5)と(6)の結果より，

$$\frac{\tau_2}{v_{\mathrm{t}}}=\frac{1}{2}\sqrt{\frac{m_1}{cg}}\Bigg/\sqrt{\frac{m_1 g}{c}}=\frac{1}{2g}$$

したがって，$v_{\mathrm{t}}=v_1=5.8\ \mathrm{m/s}$，$g=9.8\ \mathrm{m/s^2}$ を用いると，

$$\tau_2=\frac{v_{\mathrm{t}}}{2g}=\frac{5.8}{2\times9.8}\fallingdotseq0.3\ \mathrm{s}$$

(10) 時間 0.0 s のとき，問題の式(ii)の運動方程式より加速度はともに g であるから，図3のグラフの傾きは実験1と2で変わらない。

また，実験2（$m_2=2.0\ \mathrm{kg}$）のとき，緩和時間は実験1（$m_1=1.0\ \mathrm{kg}$）のときの $\sqrt{2}$ 倍となるから，終端速度に達する時間も $\sqrt{2}$ 倍となる。図3では終端速度の大

(7) (8)より $v_2=\sqrt{2}\,v_1$，(9)より $\tau_2=\dfrac{v_1}{2g}$ なので

258

きい方が実験 2 の場合であるから，④が正しい。

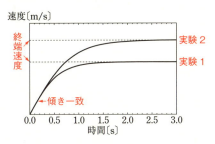

IV (11) 円柱形の物体は時刻 t から微小時間 Δt の間に水中を $v\Delta t$ だけ進むから，体積 $Sv\Delta t$ の水と衝突すると考えることができる。この水のかたまりの質量は，
$$\Delta m = \rho \times Sv \times \Delta t$$

(12) 物体と水のかたまりを合わせた全運動量が保存されることから，
$$\underbrace{mv}_{\substack{\text{時刻 } t \text{ での}\\\text{全運動量}}} = \underbrace{(m+\Delta m)(v+\Delta v)}_{\substack{\text{時刻 } t+\Delta t \text{ での}\\\text{全運動量}}} = mv + m\Delta v + \Delta m \times v + \Delta m \Delta v$$

(11)の結果と，微小量 Δt，Δv の 1 次までを残し，2 次は無視する近似を用いて，
$$0 = m\Delta v + \rho Sv^2 \Delta t \qquad \text{よって，} \qquad m\frac{\Delta v}{\Delta t} = -\rho S \times v^2$$

答

I 問1 (1) v_x　(2) v_y　(3) a_x　(4) a_y　(5) a_y　(6) a_x

問2 $xF_y - yF_x = 0$

問3 問2の力ベクトル $\vec{F}$ は位置ベクトル $\vec{r}$ と平行であり，小球の速度
ベクトル $\vec{v}$ はつねに位置ベクトル $\vec{r}$ に垂直であるから，力ベクトル $\vec{F}$
はつねに速度ベクトル $\vec{v}$ に垂直となるので，どちらの仕事も 0 であり，
等しい。

II 問4 $\dfrac{2mA_v^2}{r^2}$

問5 運動：等速円運動　力学的エネルギー：$-\dfrac{G^2M^2m}{8A_0^2}$

III 問6 $r_n = \dfrac{n^2h^2}{4\pi^2GMm^2}$　問7 $10^{-61}\,\text{kg}$

精講 まずは問題のテーマをとらえる

着眼点

I では，面積速度が時間変化しない条件を誘導に従って式的に扱っている。II
では，面積速度が定数値をとるときに力学的エネルギーが最小となる運動を式を
用いて考える。III では，実質的には万有引力による円運動にボーアの量子条件を
用いて半径を求める。いずれも題意を把握し，求められる計算をして考えていけ
ばよい。

【参考】 位置 $\vec{r}$ にある小球の運動量が $\vec{p}$ のとき，これらの外積を角運動量 $\vec{l}$ とよぶ。
すなわち，$\vec{l} = \vec{r} \times \vec{p}$ である。この時間変化を考えると，

$$\frac{d\vec{l}}{dt} = \frac{d\vec{r}}{dt} \times \vec{p} + \vec{r} \times \frac{d\vec{p}}{dt}$$

$$= \vec{v} \times \vec{p} + \vec{r} \times \vec{F} = \vec{r} \times \vec{F} \quad \text{←} \vec{r} \times \vec{F} \text{は力のモーメントを表す}$$

となる。ここで，$\dfrac{d\vec{r}}{dt} = \vec{v}$ であり，運動方程式より $\dfrac{d\vec{p}}{dt} = \vec{F}$ となること，および $\vec{v}$
と $\vec{p}$ は平行であるから $\vec{v} \times \vec{p} = 0$ であることを用いた。

いま，$\vec{r} \times \vec{F} = 0$ となるとき，すなわち $\vec{r}$ と $\vec{F}$ が平行であるとき角運動量は一定
$\left(\dfrac{d\vec{l}}{dt} = 0 \text{ より} \right)$

となる。これを角運動量保存の法則といい，万有引力による運動では $\vec{r}$ と $\vec{F}$ が平行
になるので角運動量が保存される。面積速度一定の法則はこのことを表している。

Ⅰ 問1 微小時間 Δt を考えているので，この間の速度や加速度の変化は無視でき，一定とみなすことができる。よって，微小時間 Δt 後の位置ベクトルは，
$$\vec{r'}=(x+v_x\Delta t,\ y+v_y\Delta t)$$
また，このときの速度ベクトルは
$$\vec{v'}=(v_x+a_x\Delta t,\ v_y+a_y\Delta t)$$
よって，このときの面積速度は，
$$A_{v'}=\frac{1}{2}\{(x+v_x\Delta t)(v_y+a_y\Delta t)-(y+v_y\Delta t)(v_x+a_x\Delta t)\}$$
ここで，$(\Delta t)^2$ の項を無視すると，
$$(x+v_x\Delta t)(v_y+a_y\Delta t)\fallingdotseq xv_y+xa_y\Delta t+v_xv_y\Delta t$$
$$(y+v_y\Delta t)(v_x+a_x\Delta t)\fallingdotseq yv_x+ya_x\Delta t+v_xv_y\Delta t$$
すなわち，
$$A_v'=\frac{1}{2}(xv_y+xa_y\Delta t-yv_x-ya_x\Delta t)$$
ゆえに，
$$\Delta A_v=A_v'-A_v=\frac{1}{2}(xa_y\Delta t-ya_x\Delta t)=\frac{1}{2}(xa_y-ya_x)\Delta t$$

問2 面積速度が時間変化しないとき $\Delta A_v=0$ であるから，
$$xa_y-ya_x=0$$
一方，運動方程式を立てると，
$$ma_x=F_x,\ ma_y=F_y$$
以上2式より，$m>0$ であるから，
$$xF_y-yF_x=0$$

【参考】 この結果は $\dfrac{F_x}{F_y}=\dfrac{x}{y}$ と表すことができ，これより $\vec{F}$ と $\vec{r}$ の方向が等しいことがわかる。

問3 問2の力 $\vec{F}$ は $\vec{r}$ に平行である。一方，円周上の運動では速度 $\vec{v}$ は $\vec{r}$ につねに垂直である。よって，力 $\vec{F}$ は速度 $\vec{v}$ に垂直であるから，円周上の運動では力 $\vec{F}$ は仕事をしない。すなわち，力 $\vec{F}$ が点Aから点Cまでに小球に行う仕事と点Aから点Bまでに小球に行う仕事とは等しく，ともに0である。

Ⅱ 問4 小球の運動エネルギーを K とすると，
$$K=\frac{1}{2}m(v_x{}^2+v_y{}^2)$$
となるから，
$$K-K_r=\frac{1}{2}m(v_x{}^2+v_y{}^2)-\frac{1}{2}m\left(\frac{xv_x+yv_y}{r}\right)^2$$
$$=\frac{m}{2r^2}\{r^2(v_x{}^2+v_y{}^2)-(xv_x+yv_y)^2\}$$

ここで，$r^2 = x^2 + y^2$ であるから，

$$
\begin{aligned}
r^2(v_x{}^2 + v_y{}^2) - (xv_x + yv_y)^2 &= (x^2 + y^2)(v_x{}^2 + v_y{}^2) - (xv_x + yv_y)^2 \\
&= x^2 v_y{}^2 + y^2 v_x{}^2 - 2xy v_x v_y \\
&= (xv_y - yv_x)^2 \\
&= 4A_v{}^2
\end{aligned}
$$

問題の式 $A_v = \dfrac{1}{2}(xv_y - yv_x)$ を利用

ゆえに，

$$
K - K_r = \frac{m}{2r^2} 4A_v{}^2 = \frac{2mA_v{}^2}{r^2}
$$

〔別解〕 小球の動径方向に垂直方向の速度を v_θ とすると，小球の運動エネルギー K は，

$$
K = \frac{1}{2} m(v_r{}^2 + v_\theta{}^2)
$$

と表すこともできる。また，面積速度 A_v と速度 v_θ の関係は，

$$
A_v = \frac{1}{2} r v_\theta
$$

これらより，

$$
K - K_r = \frac{1}{2} m(v_r{}^2 + v_\theta{}^2) - \frac{1}{2} m v_r{}^2 = \frac{1}{2} m v_\theta{}^2 = \frac{1}{2} m \left(\frac{2A_v}{r} \right)^2 = \frac{2mA_v{}^2}{r^2}
$$

問5 問4より運動エネルギー K は，

$$
K = \frac{2mA_v{}^2}{r^2} + K_r = \frac{2mA_v{}^2}{r^2} + \frac{1}{2} m v_r{}^2
$$

となるから，小球の力学的エネルギーを E とすると，

$$
\begin{aligned}
E = K + U &= \frac{2mA_v{}^2}{r^2} + \frac{1}{2} m v_r{}^2 - G \frac{Mm}{r} \\
&= \frac{1}{2} m v_r{}^2 + 2mA_v{}^2 \left(\frac{1}{r} - \frac{GM}{4A_v{}^2} \right)^2 - \frac{G^2 M^2 m}{8A_v{}^2}
\end{aligned}
$$

面積速度 A_v が定数値 A_0 をとるとき，力学的エネルギー E が最小となるのは

$$
\frac{1}{2} m v_r{}^2 = 0 \quad \text{より} \quad v_r = 0
$$

かつ

$$
\frac{1}{r} - \frac{GM}{4A_v{}^2} = 0 \quad \text{より} \quad r = \frac{4A_0{}^2}{GM}
$$

のときであり，その値は

$$
E = -\frac{G^2 M^2 m}{8A_0{}^2}
$$

となる。$v_r = 0$ より r は一定となり，面積速度も一定であるから，小球の運動は等速円運動となる。

Ⅲ **問6** 小球の円運動の運動方程式は，

$$
m \frac{v^2}{r_n} = G \frac{Mm}{r_n{}^2} \quad \cdots ①
$$

一方，量子条件は，

$$2\pi r_n = n\frac{h}{mv} \quad \cdots ②$$

式①，②より，

$$r_n = \frac{n^2 h^2}{4\pi^2 GMm^2}$$

【参考】　式①，②から v を消去して r_n を求める計算の一例は次のようになる。

式②より，$(mvr_n)^2 = \left(\frac{nh}{2\pi}\right)^2$

式①より，$mv^2 r_n = GMm$

上の2式の辺々割り算して，

$$\frac{(mvr_n)^2}{mv^2 r_n} = \frac{\left(\frac{nh}{2\pi}\right)^2}{GMm}$$

これより，

$$mr_n = \frac{n^2 h^2}{4\pi^2 GMm} \qquad ゆえに，\qquad r_n = \frac{n^2 h^2}{4\pi^2 GMm^2}$$

問7　問6の結果で $n=1$ として，

$$r_1 = \frac{h^2}{4\pi^2 GMm^2} \qquad これより，\qquad m = \frac{h}{2\pi\sqrt{GMr_1}}$$

題意より，$r_1 = R = 10^{22}$ 〔m〕として，与えられた数値を用いると，

$$m = \frac{h}{2\pi\sqrt{GMR}} = 10^{-34} \times \frac{1}{\sqrt{10^{-10} \times 10^{42} \times 10^{22}}} = 10^{-61} \text{〔kg〕}$$

答

I (1) $PS-(P+\Delta P)S-\rho S\Delta z\times g=0$　(2) $\dfrac{nM}{V}$

(3) $-\dfrac{nMg}{V}\Delta z$　(4) $(P+\Delta P)(V+\Delta V)=nR(T+\Delta T)$

(5) $P\Delta V+\Delta P\times V=nR\Delta T$　(6) $0=nC_V\Delta T+P\Delta V$

(7) $\Delta P=\dfrac{n(C_V+R)}{V}\Delta T$　(8) $-\dfrac{Mg}{C_p}$

問1　問題の式(ii)に数値を代入して，空気塊の温度変化 $T-T_0$ は，

$$T-T_0=-\frac{2.9\times10^{-2}\times9.8}{\dfrac{7}{2}\times8.3}\times3.5\times10^3\fallingdotseq-34\,\mathrm{K}$$

(9) $-\dfrac{C_V}{R}$　(10) $\left(1-\dfrac{Mg}{C_pT_0}z\right)^{\frac{C_V}{R}}\rho_0$

II 問2　図2の場合，地表面より上方ではつねに空気塊の温度が大気の温度より低いので，大気の密度の方が小さくなり，空気塊にはたらく力は浮力より重力が大きくなる。よって，合力の向きは鉛直下向きとなる。

　図3の場合，高度 z_p までは空気塊の温度が大気の温度より高いので，大気の密度の方が大きくなり，空気塊にはたらく力は重力より浮力が大きくなる。よって，合力の向きは鉛直上向きとなる。高度 z_p では重力と浮力がつり合い合力の大きさは0となる。高度 z_p を超えると浮力より重力が大きくなり，合力の向きは鉛直下向きとなる。

精講 まずは問題のテーマをとらえる

着眼点

　実際には積分の計算をともなう内容であるが，問題の流れに従って考えれば高校の範囲で十分対応できる。

【参考】エネルギー等分配則より，絶対温度 T の気体分子は1自由度あたり $\dfrac{1}{2}k_BT$ のエネルギーをもつ。ここで，k_B はボルツマン定数で，気体定数 R とアボガドロ定数 N_A により，$k_B=\dfrac{R}{N_A}$ と表される。いま，この気体分子 n モルからなる気体の内部エネルギー U は，気体分子の自由度を f とすると，

$$U=nN_A\times f\times\frac{1}{2}k_BT=\frac{f}{2}nRT$$

となる。一方，この気体の定積モル比熱を C_V とすると，$U=nC_VT$ となるから，

$$C_V = \frac{f}{2}R$$

となる。問1では $C_p = C_V + R = \frac{7}{2}R$, すなわち $C_V = \frac{5}{2}R$ の場合を扱っているので, 自由度は5となり, 並進運動の自由度3に回転運動の自由度2を加えたものと考えられ, 二原子分子と考えられる。

標問 93 の解説

I (1) 直方体内の空気にはたらく力のつり合いより,
$$PS - (P + \Delta P)S - \rho S \Delta z \times g = 0$$

(2) 題意より, 体積 V の空気の質量は nM であるから, 密度 ρ は,
$$\rho = \frac{nM}{V} \quad \cdots(\mathrm{i})$$

(3) (1)の結果の式と式(i)より,
$$\Delta P = -\rho \Delta z \times g = -\frac{nMg}{V}\Delta z$$

(4) 状態変化後の状態方程式は,
$$(P + \Delta P)(V + \Delta V) = nR(T + \Delta T)$$

(5) (4)の結果の式より,
$$PV + P\Delta V + \Delta P \times V + \Delta P \times \Delta V = nRT + nR\Delta T$$
はじめの状態方程式 $PV = nRT$ の関係を用い, 題意により $\Delta P \times \Delta V$ の項を無視すると,
$$P\Delta V + \Delta P \times V = nR\Delta T$$

(6) 断熱微小変化で気体が外部にする仕事は $P\Delta V$ と表される。よって, 熱力学第1法則を表す式は,
$$0 = nC_V\Delta T + P\Delta V \qquad \text{←断熱変化なので, } Q=0$$

(7) (5)と(6)の結果の式から $P\Delta V$ の項を消去して,
$$\Delta P = \frac{n(C_V + R)}{V}\Delta T$$

(8) (7)の結果の式に定圧モル比熱 $C_p = C_V + R$ を用いて, (3)の結果を用いると,
$$\Delta T = \frac{V}{nC_p}\Delta P = \frac{V}{nC_p} \times \left(-\frac{nMg}{V}\Delta z\right) = -\frac{Mg}{C_p} \times \Delta z$$

【参考】 上式を微分形で書くと,
$$dT = -\frac{Mg}{C_p}dz$$

積分して,
$$\int_{T_0}^{T} dT = -\frac{Mg}{C_p}\int_{0}^{z} dz \qquad \text{←} T_0 \text{ は } z=0 \text{ における温度}$$

よって,
$$T - T_0 = -\frac{Mg}{C_p}(z - 0) \qquad \text{すなわち} \qquad T = T_0 - \frac{Mg}{C_p} \times z \qquad \text{←問題の式(ii)}$$

問1　問題の式(ii)は，$T = T_0 - \dfrac{Mg}{C_p} \times z$ であり，$z = 0$ から $z = 3.5\,\text{km} = 3.5 \times 10^3\,\text{m}$ に高度が高くなるときの温度の変化量を求める。$C_p = \dfrac{7}{2}R$ および他の数値を代入すると，解答に示したように $T - T_0 \fallingdotseq -34\,\text{K}$ となり，温度の変化量は $-34\,\text{K}$，すなわち $34\,\text{K}$ 温度が下がることがわかる。

(9)　(6)の結果より $P\varDelta V = -nC_V \varDelta T$ となるから，状態方程式 $PV = nRT$ と辺々割り算して，

$$\frac{P\varDelta V}{PV} = \frac{-nC_V \varDelta T}{nRT}$$

これより，

$$\frac{\varDelta V}{V} = -\frac{C_V}{R} \times \frac{\varDelta T}{T}$$

【参考】　上式を微分形で書くと，

$$\frac{dV}{V} = -\frac{C_V}{R}\frac{dT}{T}$$

積分して，

$$\int_{V_0}^{V} \frac{dV}{V} = -\frac{C_V}{R} \int_{T_0}^{T} \frac{dT}{T} \qquad \text{より} \qquad \log_e \frac{V}{V_0} = -\frac{C_V}{R} \log_e \frac{T}{T_0} \quad \textcolor{red}{\leftarrow 問題の式(iii)}$$

(10)　式(i)の ρ を ρ_0 に，V を V_0 に置き換えると $\rho_0 = \dfrac{nM}{V_0}$ となる。これより，式(iii)の左辺を書き換えると，

$$\log_e \frac{V}{V_0} = \log_e \frac{\dfrac{nM}{\rho}}{\dfrac{nM}{\rho_0}} = \log_e \frac{\rho_0}{\rho}$$

と表せる。また，式(ii)を用いて式(iii)の右辺を書き換えると，

$$\log_e \frac{T}{T_0} = \log_e \frac{T_0 - \dfrac{Mg}{C_p} \times z}{T_0} = \log_e \left(1 - \frac{Mg}{C_p T_0} z\right)$$

以上より，式(iii)に代入すると，

$$\log_e \frac{\rho_0}{\rho} = -\frac{C_V}{R} \log_e \left(1 - \frac{Mg}{C_p T_0} z\right)$$

よって，

$$\frac{\rho_0}{\rho} = \left(1 - \frac{Mg}{C_p T_0} z\right)^{-\frac{C_V}{R}} \qquad \text{すなわち，} \qquad \rho = \left(1 - \frac{Mg}{C_p T_0} z\right)^{\frac{C_V}{R}} \rho_0$$

Ⅱ　問2　空気塊にはたらく重力と浮力の大小は，空気塊の密度と大気の密度の大小に一致する。同じ高度では圧力が同じなので 密度×温度＝一定 となり，温度が高い方の密度が，小さくなることから考える。

答

(1) $\dfrac{\lambda}{n}$　(2) $-pE\sin 2\pi\left(ft+\dfrac{z}{\lambda}\right)$　(3) $qE\sin 2\pi\left(ft-\dfrac{nz}{\lambda}\right)$

(4) $q'pqE$　(5) $-\dfrac{4\pi nD}{\lambda}$

問1　解説参照

(6) $\dfrac{2m-1}{4n}$　(7) $(1+q'q)pE$　(8) $\dfrac{m}{2n}$　(9) $(1+p^2)q'qE$

(10) $\dfrac{2m-1}{4n}$　(11) $(1-p^2)q'qE$

問2　解説参照

問3　光の強度変化が鋭い方が特定の波長を選択して抽出するのに適当であるから，薄膜Xを用いるのがより適当である。また，弱め合いの際に強度がほぼ0となることから，問2の強度 $\left(\dfrac{1-p^2}{1+p^2}\right)^2 E^2$ が0に近い，すなわち1に近い値の p をもつ薄膜である。

精講 まずは問題のテーマをとらえる

着眼点

反射による位相の変化，振幅の変化に注意し，距離を位相差に直して電場を式で表す。重ね合わせの原理により光の干渉を考える。後半の問いでは，式を立てて干渉を考えていてはかなりの計算力を要するので，前半の計算の意味を考えて処理する力があると有利になる。

標問 94 の解説

(1) 屈折率1の大気中における光の波長が λ であるから，屈折率 n の薄膜中における T_1' 光の波長は $\dfrac{\lambda}{n}$ となる。

(2) 面Aでの電場の x 成分は $E\sin 2\pi ft$ である。反射をすると位相が π 変化し，振幅の変化も考慮すると，反射光の面Aでの電場の x 成分は $-pE\sin 2\pi ft$ となる。また，R_0 光を考えるとき，面Aから位置 z までの距離は $-z$ であるから，位相は $2\pi\dfrac{-z}{\lambda}$ だけ遅れる。以上より，位置 z での R_0 光の電場の x 成分は，

$$E_{R_0}=-pE\sin\left(2\pi ft-2\pi\dfrac{-z}{\lambda}\right)=-pE\sin 2\pi\left(ft+\dfrac{z}{\lambda}\right)$$

(3) 透過では位相の変化はない。また，T_1' 光を考えるとき，面Aから位置 z までの距離は z であるから，位相は $2\pi\dfrac{nz}{\lambda}$ だけ遅れる。以上より，位置 z での T_1' 光の電場

の x 成分は,

$$E_{T_1'} = qE \sin\left(2\pi ft - 2\pi \frac{nz}{\lambda}\right) = qE \sin 2\pi\left(ft - \frac{nz}{\lambda}\right)$$

(4), (5)　面B $(z=D)$ において, T_1' 光の電場の x 成分は, (3)の結果より,

$$E_{T_1'} = qE \sin 2\pi\left(ft - \frac{nD}{\lambda}\right)$$

面Bでの反射で位相の変化はないから, 面AでR$_1'$ 光の電場の x 成分は,

$$E_{R_1'} = pqE \sin\left\{2\pi\left(ft - \frac{nD}{\lambda}\right) - 2\pi\frac{nD}{\lambda}\right\} = pqE \sin 2\pi\left(ft - \frac{2nD}{\lambda}\right)$$

よって, R$_1$ 光の電場の x 成分は,

$$E_{R_1} = q'pqE \sin\left\{2\pi\left(ft - \frac{2nD}{\lambda}\right) - 2\pi\frac{-z}{\lambda}\right\}$$

$$= q'pqE \sin\left\{2\pi\left(ft + \frac{z}{\lambda}\right) - \frac{4\pi nD}{\lambda}\right\}$$

問題の式(ii)の形に直す

ゆえに, $\quad E' = q'pqE, \quad \phi = -\dfrac{4\pi nD}{\lambda}$

問1　R$_0$ 光と R$_1$ 光の電場の重ね合わせにより,

$$E_{R_0} + E_{R_1} = -pE \sin 2\pi\left(ft + \frac{z}{\lambda}\right) + q'pqE \sin\left\{2\pi\left(ft + \frac{z}{\lambda}\right) + \phi\right\}$$

文字指定からϕを用いてよいことに気づかないと, さらに式が煩雑になる

ここで, 右辺第2項に関して, 加法定理を用いて,

$\sin(\alpha + \beta) = \sin\alpha\cos\beta + \cos\alpha\sin\beta$

$$\sin\left\{2\pi\left(ft + \frac{z}{\lambda}\right) + \phi\right\} = \sin 2\pi\left(ft + \frac{z}{\lambda}\right)\cos\phi + \cos 2\pi\left(ft + \frac{z}{\lambda}\right)\sin\phi$$

したがって, 整理すると,

$$E_{R_0} + E_{R_1} = pE\left\{(q'q\cos\phi - 1)\sin 2\pi\left(ft + \frac{z}{\lambda}\right) + q'q\sin\phi\cos 2\pi\left(ft + \frac{z}{\lambda}\right)\right\}$$

与えられた式を用いて, $\leftarrow a\sin\theta + b\cos\theta = \sqrt{a^2 + b^2}\sin(\theta + \beta)$ を利用

$$E_{R_0} + E_{R_1} = pE\sqrt{(q'q\cos\phi - 1)^2 + (q'q\sin\phi)^2}\,\sin\left\{2\pi\left(ft + \frac{z}{\lambda}\right) + \beta\right\}$$

$$ただし, \quad \tan\beta = \frac{q'q\sin\phi}{q'q\cos\phi - 1}$$

上式と問題の式(iii)より,

$$A^2 = \left\{pE\sqrt{(q'q\cos\phi - 1)^2 + (q'q\sin\phi)^2}\right\}^2 = p^2E^2(1 + q'^2q^2 - 2q'q\cos\phi)$$

(6)　(5)と**問1**の結果より, 光の強度 A^2 が最大となるとき,

$$\cos\phi = \cos\left(-\frac{4\pi nD}{\lambda}\right) = -1 \quad すなわち \quad \frac{4\pi nD}{\lambda} = (2m-1)\pi$$

これより, $\quad \dfrac{D}{\lambda} = \dfrac{2m-1}{4n}$

【参考】　この結果は, $2nD = (2m-1)\dfrac{\lambda}{2}$ となり, 光路差 $2nD$ の光線の, 反射によって π の位相変化が起こる場合の, 干渉条件の式になっている。

(7) このとき，電場の振幅は，
$$A = pE\sqrt{1 + q'^2q^2 + 2q'q} = (1 + q'q)pE$$

(8)〜(11) 問1と同様に考えればよい。すなわち，T_1光の電場のx成分は，
$$E_{T_1} = \underbrace{q'qE\sin\left\{2\pi\left(ft - \frac{nD}{\lambda}\right) - 2\pi\frac{z-D}{\lambda}\right.}_{E_{T_1}'} \right\} = q'qE\sin 2\pi\left\{ft - \frac{z}{\lambda} - \frac{(n-1)D}{\lambda}\right\}$$

T_2光の電場のx成分は，
$$E_{T_2} = \underbrace{q'p^2qE\sin\left\{2\pi\left(ft - \frac{3nD}{\lambda}\right) - 2\pi\frac{z-D}{\lambda}\right.}_{E_{T_2}'} \right\}$$
$$= q'p^2qE\sin 2\pi\left\{ft - \frac{z}{\lambda} - \frac{(3n-1)D}{\lambda}\right\}$$

よって，電場の重ね合わせを考えて，
$$E_{T_1} + E_{T_2} = q'qE\sin 2\pi\left\{ft - \frac{z}{\lambda} - \frac{(n-1)D}{\lambda}\right\}$$
$$+ q'p^2qE\sin 2\pi\left\{ft - \frac{z}{\lambda} - \frac{(3n-1)D}{\lambda}\right\}$$

ここで，
$$\sin 2\pi\left\{ft - \frac{z}{\lambda} - \frac{(3n-1)D}{\lambda}\right\} = \sin\left[2\pi\left\{ft - \frac{z}{\lambda} - \frac{(n-1)D}{\lambda}\right\} + \phi'\right]$$
$$= \sin 2\pi\left\{ft - \frac{z}{\lambda} - \frac{(n-1)D}{\lambda}\right\}\cos\phi' + \cos 2\pi\left\{ft - \frac{z}{\lambda} - \frac{(n-1)D}{\lambda}\right\}\sin\phi'$$

ただし，$\phi' = -\dfrac{4\pi nD}{\lambda}$ とした。よって，
$$E_{T_1} + E_{T_2}$$
$$= q'qE\left[(1 + p^2\cos\phi')\sin 2\pi\left\{ft - \frac{z}{\lambda} - \frac{(n-1)D}{\lambda}\right\}\right.$$
$$\left. + p^2\sin\phi'\cos 2\pi\left\{ft - \frac{z}{\lambda} - \frac{(n-1)D}{\lambda}\right\}\right]$$
$$= q'qE\sqrt{(1 + p^2\cos\phi')^2 + (p^2\sin\phi')^2}\left[\sin 2\pi\left\{ft - \frac{z}{\lambda} - \frac{(n-1)D}{\lambda}\right\} + \beta'\right]$$
$$\text{ただし，} \tan\beta' = \frac{p^2\sin\phi'}{1 + p^2\cos\phi'}$$

上式より，振幅をA'とすると，
$$A' = q'qE\sqrt{(1 + p^2\cos\phi')^2 + (p^2\sin\phi')^2} = q'qE\sqrt{1 + p^4 + 2p^2\cos\phi'}$$

これより，光の強度が最大になるとき，
$$\cos\phi' = \cos\left(-\frac{4\pi nD}{\lambda}\right) = 1 \quad \text{すなわち} \quad \frac{4\pi nD}{\lambda} = 2m\pi$$

よって，$\dfrac{D}{\lambda} = \dfrac{m}{2n}$

このとき，干渉してできる光の振幅は，
$$q'qE\sqrt{1 + p^4 + 2p^2} = (1 + p^2)q'qE$$

一方，干渉光の強度が最小になるとき，

$$\cos\phi' = \cos\left(-\frac{4\pi nD}{\lambda}\right) = -1 \qquad \text{すなわち} \qquad \frac{4\pi nD}{\lambda} = (2m-1)\pi$$

これより，　$\dfrac{D}{\lambda} = \dfrac{2m-1}{4n}$

その振幅は，

$$q'qE\sqrt{1 + p^4 - 2p^2} = (1 - p^2)q'qE$$

〔別解〕　この計算を試験中に行うことはかなり大変である。したがって，通常の干渉問題と同様に，反射による位相の変化を考慮して，光路差による干渉条件の式を立てる方が実戦的である。すなわち，<u>T₁光，T₂光共に反射による位相の変化は</u>ないので，光の強度が最大になるとき，　↳問題の図1より，光路差 $2nD$

$$2nD = m\lambda \qquad \text{より，} \qquad \frac{D}{\lambda} = \frac{m}{2n}$$

振幅は，重ね合わせの原理より，

$$q'qE + q'p^2qE = (1 + p^2)q'qE$$

一方，光の強度が最小になるとき，

$$2nD = (2m-1)\frac{\lambda}{2} \qquad \text{より，} \qquad \frac{D}{\lambda} = \frac{2m-1}{4n}$$

振幅は，重ね合わせの原理より，

$$q'qE - q'p^2qE = (1 - p^2)q'qE$$

問2　面A，Bでの反射で振幅は p 倍になるから，面Bを透過したすべての光が干渉した光の振幅は，重ね合わせの原理および $p^2 + qq' = 1$ の関係を用いて，(8)の薄膜の厚さ D が波長 λ の $\dfrac{m}{2n}$ 倍の場合，

$$(1 + p^2 + p^4 + \cdots)q'qE = \left(\sum_{k=0}^{\infty} p^{2k}\right)q'qE = \frac{1}{1-p^2}(1-p^2)E = E$$

よって，光の強度は E^2 となる。

一方，(10)の薄膜の厚さ D が波長 λ の $\dfrac{2m-1}{4n}$ 倍の場合，

$$(1 - p^2 + p^4 - \cdots)q'qE = \left\{\sum_{k=0}^{\infty}(-p^2)^k\right\}q'qE = \frac{q'qE}{1-(-p^2)} = \frac{1}{1+p^2}(1-p^2)E$$

よって，光の強度は $\left(\dfrac{1-p^2}{1+p^2}\right)^2 E^2$ となる。

問3　光の強度の変化が大きく，弱め合うときに強度がほぼ0になると特定の波長を選択して抽出しやすい。これより，薄膜Xを用いるのがより適当であるといえる。また，弱め合いの際に強度がほぼ0となることから，**問2**の(10)の場合の強度の式がほぼ0になるとして，p は1に近い値をもつ。

答

問1 (1) 0 C (2) $E_x = \dfrac{kQ}{\left(r-\dfrac{a}{2}\right)^2} - \dfrac{kQ}{\left(r+\dfrac{a}{2}\right)^2}$ 〔V/m〕

(3) $G = 2kQa$ 〔V·m²〕

問2 (4) $U = k\dfrac{Qq}{r} - k\dfrac{Qq}{r+a} - k\dfrac{Qq}{r-a} + k\dfrac{Qq}{r}$ 〔J〕

(5) 問題に与えられた近似式を用いて,

$$\frac{1}{r \pm a} = \frac{1}{r}\left(1 \pm \frac{a}{r}\right)^{-1} \fallingdotseq \frac{1}{r}\left\{1 \mp \frac{a}{r} + \left(\frac{a}{r}\right)^2\right\}$$

よって, (4)の式は,

$$U = kQq\left[\frac{1}{r} - \frac{1}{r}\left\{1 - \frac{a}{r} + \left(\frac{a}{r}\right)^2\right\} - \frac{1}{r}\left\{1 + \frac{a}{r} + \left(\frac{a}{r}\right)^2\right\} + \frac{1}{r}\right]$$

$$= -\frac{q \times 2kQa^2}{r^3}$$

ゆえに, $H = 2kQa^2$ 〔J·m³/C〕

(6) $q = \dfrac{cG}{ar^3}$ 〔C〕 (7) $K = \dfrac{cGH}{a}$ 〔J·m⁶〕

問3 (8) $F = -\dfrac{K}{\Delta r}\left\{\dfrac{1}{r^6} - \dfrac{1}{(r+\Delta r)^6}\right\}$ 〔N〕 (9) $24k^2cQ^2a^2$ 〔N·m⁷〕

(10) クーロン引力は r^2 に反比例するが, ファンデルワールス力は r^7 に反比例するので, 距離 r が大きくなるにつれて急激に小さくなる。

(59字)

精講 まずは問題のテーマをとらえる

着眼点

目新しい設定であるが誘導に従って計算を進めていけばよい。ただし, 近似計算は普段から慣れていると有利である。また, 最後の論述では題意を把握してポイントを押さえて書く。

標問 95 の解説

問1 (1) 電気量の総和であるから,

$-Q + Q = 0$

(2) 点Pに置いた $+1$ C の点電荷が 2 つの点電荷から受ける力を考えて,

$$E_x = -k\frac{Q}{\left(r+\dfrac{a}{2}\right)^2} + k\frac{Q}{\left(r-\dfrac{a}{2}\right)^2} \text{〔V/m〕}$$

(3) 問題に与えられた近似式を用いて、

$$\frac{1}{\left(r\pm\dfrac{a}{2}\right)^2}=\frac{1}{r^2}\left(1\pm\frac{a}{2r}\right)^{-2}\fallingdotseq\frac{1}{r^2}\left(1\mp 2\frac{a}{2r}\right)=\frac{1}{r^2}\left(1\mp\frac{a}{r}\right)\quad(\text{複号同順})$$

よって、(2)の式は、

$$E_x=-\frac{kQ}{r^2}\left(1-\frac{a}{r}\right)+\frac{kQ}{r^2}\left(1+\frac{a}{r}\right)=\frac{2kQa}{r^3}\qquad\textcolor{red}{\leftarrow E_x=\frac{G}{r^3}\ \text{の形!}}$$

ゆえに、　$G=2kQa$〔V·m²〕

問2 (4) AC, AD, BC, BD 間の静電気力による位置エネルギーの和 U は、

$$U=k\frac{Qq}{r}-k\frac{Qq}{r+a}-k\frac{Qq}{r-a}+k\frac{Qq}{r}\ \text{〔J〕}$$

(5) 問題に与えられた近似式の用い方がポイントである。

(6) 問題に与えられた式 $qa=cE_x$ と、(3)の $E_x=\dfrac{G}{r^3}$ より、

$$qa=c\frac{G}{r^3}\qquad\text{よって、}\qquad q=\frac{cG}{ar^3}\ \text{〔C〕}$$

(7) (5), (6)の結果から、

$$U=-\frac{cG}{ar^3}\frac{H}{r^3}=-\frac{cGH}{a}\frac{1}{r^6}\qquad\text{ゆえに、}\qquad K=\frac{cGH}{a}\ \text{〔J·m}^6\text{〕}$$

問3 (8) 位置エネルギーの変化が外力による仕事に等しいことから、

$$U(r+\Delta r)-U(r)=-F\times\Delta r$$

ここで、　$U(r+\Delta r)-U(r)=-\dfrac{K}{(r+\Delta r)^6}-\left(-\dfrac{K}{r^6}\right)$ であるから、

$$F=-\frac{U(r+\Delta r)-U(r)}{\Delta r}=-\frac{K}{\Delta r}\left\{\frac{1}{r^6}-\frac{1}{(r+\Delta r)^6}\right\}\text{〔N〕}$$

(9) 式(ⅰ)の近似を用いて、

$$\frac{1}{(r+\Delta r)^6}=\frac{1}{r^6}\left(1+\frac{\Delta r}{r}\right)^{-6}\fallingdotseq\frac{1}{r^6}\left(1-6\frac{\Delta r}{r}\right)$$

よって、(8)の式は、

$$F=-\frac{K}{\Delta r}\frac{1}{r^6}\left\{1-\left(1-6\frac{\Delta r}{r}\right)\right\}=-\frac{6K}{r^7}\qquad\textcolor{red}{\leftarrow F=-\frac{L}{r^7}\ \text{の形!}}$$

ゆえに、(3), (5)より、

$$L=6K=\frac{6cGH}{a}=\frac{6c\times 2kQa\times 2kQa^2}{a}=24k^2cQ^2a^2\ \text{〔N·m}^7\text{〕}$$

(10) クーロン引力が距離 r の2乗に反比例するのに対して、ファンデルワールス力は距離 r の7乗に反比例する。これよりファンデルワールス力の方が距離 r の増加に対して急激に減少することを記述する。距離 r が非常に小さくなるとファンデルワールス力の方が急激に増大することを書くことも考えられるが、「クーロン引力もファンデルワールス力も距離 r が大きくなるにつれて小さくなる」という最初の記述と「60字程度で」という制限から、距離 r が大きくなるときの変化の違いについて述べる。

Standard
Exercises
in
Physics

Obunsha